普通高等教育“十二五”系列教材

普通高等教育“十一五”国家级规划教材

电网监控与调度自动化

（第四版）

主编　张永健
编写　应敏华　高　亮　王　鹏
主审　辛耀中　张　焰

中国电力出版社
CHINA ELECTRIC POWER PRESS

内 容 提 要

本书为普通高等教育“十二五”系列教材，普通高等教育“十一五”国家级规划教材。

全书共分七章，主要内容包括概述、交流数据采集与处理、远方终端、变电站自动化、配电网自动化、数据通信系统和EMS能量管理系统。本书涵盖了监控与调度自动化的各个方面及过程，以介绍基础知识为主，使读者能够对监控与调度自动化有完整、系统的了解与认识。

本书可作为高等院校电气工程及其自动化专业相关课程的教学用书，也可作为研究生及相关专业本科生的学习辅助用书，还可作为有关工程技术人员的参考用书。

图书在版编目（CIP）数据

电网监控与调度自动化/张永健主编．—4版．—北京：中国电力出版社，2012.3（2025.9重印）

普通高等教育“十二五”规划教材　普通高等教育“十一五”国家级规划教材

ISBN 978-7-5123-2631-6

Ⅰ.①电…　Ⅱ.①张…　Ⅲ.①电力系统—监视控制—自动化—高等学校—教材②电力系统调度—自动化—高等学校—教材　Ⅳ.①TM734

中国版本图书馆CIP数据核字（2012）第014631号

中国电力出版社出版、发行

（北京市东城区北京站西街19号　100005　http://www.cepp.sgcc.com.cn）

北京雁林吉兆印刷有限公司印刷

各地新华书店经售

*

2006年6月第一版

2012年3月第四版　2025年9月北京第二十九次印刷

787毫米×1092毫米　16开本　18.25印张　444千字

定价 **49.00** 元

前 言

从编写本书的目的出发，结合多年的教学实践，《电网监控与调度自动化（第四版）》根据当前监控与调度自动化迅速发展、高技术集中开发运用的特点，紧密结合电力系统对安全、可靠、经济运行的要求，介绍计算机新技术、电子新技术、数学工具等在各个方面的运用。

全书内容共分七章。第一章介绍电力系统运行与监控与调度自动化的关系、监控与调度自动化系统的结构与功能；第二章介绍模拟量采集装置的工作原理、数据的预处理及标度变换。第三章介绍远方终端的功能、软硬件配置、遥测信息和遥信信息的采集电路原理、遥控和遥调的输入与输出；第四章介绍变电站自动化的基本功能和结构形式、变电站内通信、电压—无功控制、不直接接地系统接地选线、故障录波方式、低频减载、备用电源自投控制和遥视系统；第五章介绍配电自动化功能与构成、馈线自动化原理、配电管理系统和需方用电管理系统构成、配电网重构；第六章介绍电网数据通信系统构成、数据传输的差错控制、电网数据通信方式和通信规约；第七章介绍能量管理系统的硬件软件配置及系统构成、电力系统状态估计、安全分析、经济调度、发电控制、与电力市场关系等。

根据模拟数据采集最新技术在电网中的发展运用，本次修订在第二章“交流数据采集与处理”中删除了有关变送器的叙述，而添加了电子式电流互感器、电子式电压互感器的介绍，微机变送器的叙述改为对合并单元（MU）的介绍。电能数据处理的部分内容从第二章移至第三章，组成完整的叙述。第三章“变电站自动化”修改了数字式变电站的内容，增加了对智能变电站的介绍和功能描述。第七章“EMS 能量管理系统”则根据可再生能源和分布式电源蓬勃发展的现状与前景，增加了可再生能源和分布式电源接入电网可能对电网运行产生的影响及相应的对策。

《电网监控与调度自动化（第四版）》在该书第一版至第三版的基础上，根据多年的教学使用实践和各高校教师的反馈意见进行了修改，在此对这些老师表示诚挚的感谢。

限于作者水平，书中存在的疏漏之处，敬请读者批评指正。

编 者

2011 年 12 月

第三版前言

《电网监控与调度自动化（第三版）》为普通高等教育“十一五”国家级规划教材，编写大纲经中国电力教育协会组织专家审定。

编写本书的出发点与目的是根据当前高等教育注重多方面综合、宽口径发展的教学需要，从教学角度出发，紧密结合电力系统对安全、可靠、经济运行的要求，以基本原理的分析与应用为主，介绍计算机技术、电子技术、数学工具等在监控与调度自动化各个方面的运用。

全书内容在介绍了监控与调度自动化的基本概念之后，从监控与调度自动化的最低层开始，讲述各种电气量的采集方法、适应于各种需要的对数据的变换及处理过程，继而是远动终端这种基本工作单元的功能及其实现。作为监控与调度自动化的中间层次，变电站自动化和配电自动化承担了承上启下的作用，本书相应介绍了变电站自动化和配电自动化的构成、功能和各种自动化控制设备的原理。电网数据通信系统是构成监控与调度自动化系统不可或缺的一环。各种通信系统的构成、信息传输过程中所需要的数据处理及通信规约组成了有关章节的内容。能量管理系统章节的叙述则围绕调度端的系统构成、分析软件的运用、监控与电力市场关系等各方面展开。综上所述，本书涵盖了监控与调度自动化各个方面及过程，以介绍基础知识为主，使读者能够对监控与调度自动化有完整的、系统的了解与认识。

全书共分七章。第一章介绍电力系统运行及监控与调度自动化的关系、监控与调度自动化系统的结构与功能；第二章介绍各类电量的模拟式和微机型变送器的工作原理、数据的预处理及标度变换；第三章介绍远方终端的功能、软硬件配置、遥测信息和遥信信息的采集电路原理、遥控和遥调的输入与输出；第四章介绍变电站自动化的基本功能和结构形式、变电站内通信、无功—电压控制、不直接接地系统接地选线、故障录波方法、低频减载、备用电源自投控制和遥视系统；第五章介绍配电自动化功能与构成、馈线自动化原理、配电管理系统和需方用电管理系统构成、配电网重构；第六章介绍电网数据通信系统构成、数据传输的差错控制、电网数据通信方式和通信规约；第七章介绍能量管理系统的硬件软件配置及系统构成、电力系统状态估计、安全分析、经济调度、发电控制、与电力市场关系等。

《电网监控与调度自动化（第三版）》在该书第一版、第二版基础上根据多年的教学使用实践和各高校教师的反馈意见进行了修改，原七章顺序不变，部分节前后顺序改动。根据当前监控技术的发展，部分内容作了增删。

本书由上海电力学院张永健主编，第一章、第二章（部分）、第五章（部分）、第六章由张永健编写，第二章（部分）、第三章由上海电力学院应敏华编写，第四章、第五章（部分）由上海电力学院高亮编写，第七章由华北电力大学王鹏编写。全书由国家电力调度通信中心辛耀中总工程师、上海交通大学张焰教授主审，并提出了宝贵的意见与建议，各高校教师提出了若干修改意见，在此一并表示衷心的感谢。

限于作者水平，书中存在的疏漏之处，敬请读者批评指正。

编　者

2008 年 11 月

目　　录

第一章　概　　述

第一节　电力系统运行及监控与调度自动化

一、电力系统运行状态

电力系统由发电厂、输变电系统、配电系统和各种不同类型的负荷等组成，由各级调度中心对系统的运行进行控制和管理。电力系统是一个大系统，电能的生产、输送及分配是在一个地域广阔、涉及各行各业的区域内进行的，加上电磁过程的快速性，因此对电力系统运行控制的有效性提出了非常高的要求。对电力系统运行的基本要求是：①保证安全可靠地发供电；②要有合格的电能质量；③要有良好的经济性。

由于电力负荷始终是变动的，加上出现系统故障的不可预见性，电力系统有多种运行状态，要求电力系统的运行监视及调度控制系统能够进行快速、有效的判别和处理，以实现对电力系统运行的基本要求。

电力系统各种运行状态及其相互间的转变关系如图 1 - 1 所示。

1. 正常运行状态

电力系统是由许多发电机、变压器、线路、开关等发供电设备组成的庞大网络，在任何时刻的用户所用电功率，即负荷的有功、无功（包括线路损耗）一定与发电机发出的功率相等。这是电能平衡所决定的正常运行状态。在正常运行状态下，电力系统的频率和各母线电压均在正常运行的允许范围内，各电源设备和输变电设备又均在参数允许范围内运行，系统内的发电设备和输变电设备均有足够的备用容量。此时，系统不仅能以电压和频率均合格的电能满足负荷用电的需求，而且还具有适当的安全储备，能承受系统正常的干扰（如断开一条线路或停运一台发电机组）而不致造成不良的后果（如设备过载等），系统能迅速地过渡到新的正常运行状态。电力系统运行管理的目的就是尽量维持它的正常运行，为用户提供高质量的电能，并使发电成本最经济。

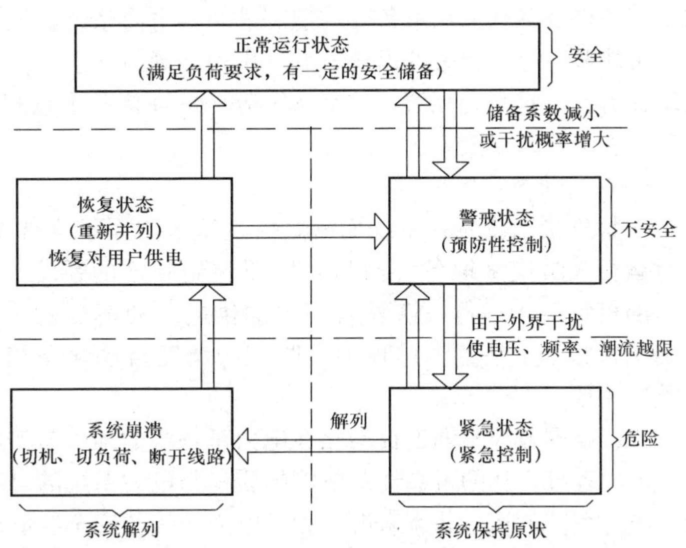

图 1 - 1　电力系统各种运行状态及其相互间的转变关系

2. 警戒状态

由于负荷或系统运行结构的变动以及一系列非大干扰的积累造成某段时间内的单向自动调节，使系统中发电机发出的功率虽然与用户的相等，电压、频率仍在允许范围内，但安全储备系数大为减少，某些运行参数处于临界状态，对外界的抗干扰能力下降了，系统由正常运行状态进入警戒状态。此时，如果再有一个新的干扰，有可能使某些条件越限，如设备过载等，从而使系统的安全运行受到威胁或遭到破坏。

电网调度中心要随时监测系统的运行情况，并通过静态安全分析、动态安全分析对系统的安全水平作出评价。当发现系统处于警戒状态时，调度人员应及时采取预防性控制措施（如增加发电机发出的功率、调整负荷、改变运行方式等），使系统尽快地恢复到正常状态。

3. 紧急状态

当系统处于警戒状态且又发生一个相当严重的干扰（如发生短路故障或一台大容量发电机组退出运行等）时，使得电力系统的某些参数越限，如变压器过负荷、系统的电压或频率超过或低于允许值。这时电网监控与调度自动化系统就担负着特别重要的任务，它向调度人员发出一系列的告警信号。调度人员根据监视器屏幕或调度模拟屏的显示，掌握系统的全局运行情况，以便及时采取正确而且有效的紧急控制措施，则仍有可能使系统恢复到警戒状态，进而再恢复到正常状态。

4. 系统崩溃

在紧急状态下，如果不及时采取措施，或采取措施不当或不够有力，或者采取了错误的措施，那么整个系统就会失去稳定运行，造成系统瓦解，形成几个子系统。此时，发电机与负荷之间功率不平衡，不得不大量切除负荷及发电机，从而导致整个电力系统的崩溃，系统的平衡条件及参数的约束条件均遭到破坏。电力系统监控与调度自动化系统的目的之一就是要尽可能避免这种状态的出现，万一出现了紧急状态，应尽可能采取正确的有力措施，不使系统瓦解。一旦系统瓦解，控制系统应尽量维持各子系统的功率供求平衡，维持部分供电，以避免整个系统崩溃。

5. 恢复状态

在紧急状态或者在系统崩溃之后，待电力系统大体上稳定下来，系统转入恢复状态。这时运行人员应采取各种措施，按照预先制定的系统“黑启动”预案，迅速而平稳地使停运的机组投入运行，恢复对用户的供电，使解列的小系统逐步并列运行，并使系统恢复到正常状态。在这个过程中，监控与调度自动化系统也是调度人员恢复电力系统运行的重要手段。

二、电网监控与调度自动化在电力系统中的地位与作用

电力系统运行的可靠性及电能的质量与电力系统的自动化水平有密切的联系。从以上讨论的电力系统的运行状态来看，为了电力系统的安全经济运行，各种继电保护和自动装置组成了信息就地处理的自动化系统。信息就地处理的自动化系统的特点是能对电力系统的情况作出快速的反应。如高压输电线上发生短路故障时，继电保护能够快速而及时地切除故障，保证系统稳定；而同步发电机的励磁自动调节系统，在电力系统正常运行时可以保证系统的电压质量和无功功率的平衡，在故障时可以提高系统的稳定水平；按频率自动减负荷装置能在电力系统出现严重的有功功率缺额时，快速切除一些较为次要的负荷，以免造成系统的频率崩溃。但由于信息就地处理的自动化系统获得的信息是局部的，因而不能从全局的角度来处理问题。如频率及有功功率自动调节装置，虽然可以跟踪负荷的变化，但不能实现有功功率的经济分配。另外，信息就地处理自动装置一般只能“事后”处理出现的事件，因不能“事先”从全局的角度对系统的安全性作出全面而精确的评价，因而有其局限性。

以现代电力系统的运行要求来看，仅依靠信息就地处理的自动化系统还不能保证电力系统的安全、优质、经济运行，因为这些装置往往都是根据局部的、事后的信息来处理电力系统的故障，而不能以全局的、事先的信息来预测、分析系统的运行情况和处理系统中出现的各种情况，所以电网监控与调度自动化系统有着独特的不可取代的作用。电网监控与调度自动化系统又称为信息集中处理的自动化系统，可以通过设置在各发电厂和变电站的远动终端（RTU）采集电网运行的实时信息，通过信道传输到设置在调度中心的主站上（MS），主站根据收集到的全局信息，对电网的运行状态进行安全性分析、负荷预测以及自动发电控制、经济调度控制等。当系统发生故障，继电保护装置动作切除故障线路后，调度自动化系统便可将继电保护和断路器的动作状态采集后送到调度员的监视器屏幕和调度模拟屏上显示。调度员在掌握这些信息后可以分析故障的原因，并采取相应的措施使电网恢复供电。但是由于信息的采集、传输需要一定的时间，所以目前在发生系统故障时还不可能依靠信息集中处理系统来切除故障。

信息就地处理系统和信息集中处理系统各有其特点，互相补充而不能替代，但以往这两个系统的联系不够紧密。随着微机保护、变电站综合自动化等技术的发展，两个信息处理系统之间的相互联系必然会更加紧密。如微机保护的定值可以远方设置，并随着系统运行状态的改变，可以使保护的整定值总是处于最佳状态。可以预料，随着计算机技术和通信技术的发展，电力系统的自动化技术将发展到一个新的水平。

继电保护、安全自动装置、安全稳定控制系统、电网调度自动化系统、电力专用通信网系统、电力市场技术支持系统等现代化技术手段，是保证电力系统在进入电力市场时代后安全、优质、经济运行的支柱，是现代电力系统运行必不可少的手段。

三、电力系统的分层控制

电能的产、输、配和用均在一个电力系统中进行。我国目前已建成六个大电网（华北、东北、华东、华中、西北、南方电网）以及一些省网，并且在大网之间通过联络线进行能量交换（如三峡、葛洲坝到上海的500kV输电线路将华东和华中两大电网联系起来）。受现行电网运行、管理体制的制约，国家电网公司管辖的国家电网（除南方电网）实行五级分层调度管理，即国家调度控制中心、大区电网调度控制中心、省电网调度控制中心及地、县电网调度控制中心。

电网调度管理实行分层管理，因而调度自动化系统的配置也与之相适应，信息分层采集、逐级传送，命令也按层次逐级下达。为了保证电力系统的安全、经济、高质量运行，对各级调度都规定了一定的职责与功能。

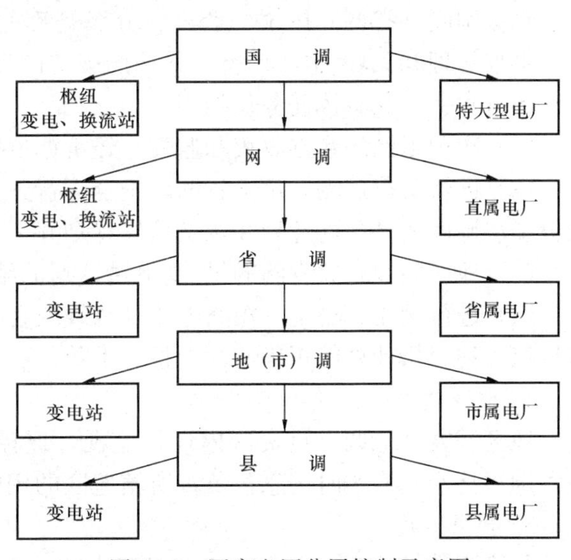

图1-2 国家电网分层控制示意图

国家电网调度机构目前分为五级，即国家调度机构（简称国调），跨省、自治区、直辖市调度机构（简称网调），省、自治区、直辖市级调度机构（简称省调），省辖市级调度机构（简称地调），县级调度机构（简称县调）。国家电网分层控制示意图如图 1－2 所示。

1. 国家调度机构

国家调度机构（国调）通过计算机数据通信网与各大区电网控制中心相连，协调、确定大区电网间的联络线潮流和运行方式，监视、统计和分析国家电网运行情况，根据系统运行情况，对所辖枢纽变电、换流站和特大型电厂进行监视控制。其主要任务包括：

（1）在线收集各大区电网和有关省网的信息，监视大区电网的重要监测点工况及国家电网运行概况，并作统计分析和生产报表。

（2）进行大区互联系统的潮流、稳定、短路电流及经济运行计算，通过计算机数据通信校核计算结果的正确性，并向下传达。

（3）处理有关信息，参与电网规划及各种技术经济指标的制定和审查，作中期、长期安全经济运行分析。

2. 网调（大区级调度）

网调按统一调度、分级管理的原则，负责跨省大电网超高压线路的安全运行并按规定的发用电计划及监控原则进行管理，提高电能质量和运行水平。其具体任务包括：

（1）实现电网的数据收集和监控、经济调度以及有实用效益的安全分析。

（2）进行负荷预测，制定开停机计划和水火电经济调度的日分配计划，闭环或开环地指导自动发电控制。

（3）省（市）间和有关大区电网的供/受电量计划编制和分析。

（4）进行潮流、稳定、短路电流及离线或在线的经济运行分析计算，通过计算机数据通信校核各种分析计算的正确性并上报、下传。

（5）进行大区电网继电保护定值计算及其调整试验。

（6）大区电网中系统性事故的处理。

（7）大区电网系统性的检修计划安排。

（8）统计、报表及其他业务。

3. 省级调度

省级调度（省调）按统一调度、分级管理的原则，负责省内电网的安全运行监控、操作、事故处理和无功/电压调整，并按照规定的发电计划及监控原则进行管理，提高电能质量和运行水平。其具体任务包括：

（1）实现电网的数据收集和监控、经济调度以及有实用效益的安全分析。

（2）进行负荷预测，负责省网的安全运行，编制省网的运行方式，制定开停机计划、水火电经济调度的日分配计划和设备检修计划并下发，闭环或开环地指导自动发电控制。

（3）地区间和有关省网的供/受电量计划的编制和分析。

（4）进行潮流、稳定、短路电流及离线或在线的经济运行分析计算，通过计算机数据通信校核各种分析计算的正确性并上报、下传。

4. 地区调度

地区调度（地调）负责区内运行监视，遥控、遥调操作、事故处理和无功/电压调整，与省调和县调交换实时信息；负责所辖地区的用电负荷管理及负荷控制。

5. 县级调度

县级调度（县调）主要监控 110kV 及以下城镇、农村电网的运行。其主要任务包括：

（1）指挥系统的运行和倒闸操作。

（2）充分发挥本系统的发供电设备能力，保证系统的安全运行和对用户连续供电。

（3）合理安排运行方式，在保证电能质量的前提下，使本系统在最佳方式下运行。

随着我国社会经济的发展和文化的进步，我国的电网调度取得了前所未有的发展，以《中华人民共和国电力法》和《电网调度管理条例》的发布施行为标志，我国的电网调度进入了依法调度的新时期。我国电网调度的基本原则是统一调度、分级管理、分层控制。

1. 统一调度

统一调度的含义和内容主要是指：

（1）电网调度机构统一组织全网调度计划（或称电网运行方式）的编制和执行，包括统一平衡和实施全网发电、供电调度计划，统一平衡和安排全网主要发电、供电设备的检修进度，统一安排全网的主接线方式，统一布置和落实全网安全稳定措施等。

（2）统一指挥全网的运行操作和事故处理。

（3）统一布置和指挥全网的调峰、调频和调压。

（4）统一协调和规定全网继电保护、安全自动装置、调度自动化系统和调度通信系统的运行。

（5）统一协调水电厂水库的合理运用。

（6）按照规章制度统一协调有关电网运行的各种关系。

在形式上，统一调度表现为在调度业务上，下级调度必须服从上级调度的指挥。

2. 分级管理

分级管理是指根据电网分层的特点，为了明确各级调度机构的责任和权限，有效地实施统一调度，由各级电网调度机构在其调度管理范围内具体实施电网调度管理的分工。

电网运行的统一调度、分级管理是一个整体，统一调度以分级管理为基础，分级管理是为了有效地实施统一调度。统一调度、分级管理的目的是有效地保证电网的安全、优质、经济运行，最终目的是维护社会的公共利益。

（1）从电力系统调度控制的角度来看，信息可以分层采集，只需把采集处理成一些必要的信息转发给上一级调度部门。上一级调度只向下一级调度发出总指标，由下一级调度进行控制。这样做既减轻了上级调度的负担，又加速了控制过程。

（2）在分层控制的电力系统中，若局部的控制系统发生故障，一般不会严重影响电力系统的其他控制部分，并且各分层间可以部分地互为备用，从而提高了电力系统运行的可靠性。在电力系统中，即使在紧急状态下部分电网与系统解列，也可以分别地独立运行，因为局部地区也有相应的调度自动化系统，可以对电网实现监控。

（3）实现分层控制以后，可以大大地降低信息流量，因而减少了对通信系统的投资。同样，分层以后减轻了计算机的负荷，投资也相应地下降。

（4）分层控制的自动化系统结构灵活，可适应电力系统变更或扩大的需要。

3. 分层控制

（1）电力系统调度组织结构一般都是分层的。如国际电工委员会标准（IEC－870－1－1）提出的典型分层结构中就将电力系统调度中心分为主调度中心、区域调度中心及地区调度中心。分层控制和调度组织结构是相适应的，尤其是调度控制任务有全网性的亦有局部性的。

大量的局部性的调度控制任务可以由下层相应的调度机构来完成，而全网性或跨地区性的调度可以由上层相应调度机构来完成，这样便于协调和平衡。同时，电力系统不断扩大，运行信息大量增加，分层控制方式亦使运行信息的采集分散化，各层次根据各自分担的调度控制任务采集运行信息，大大压缩了信息量的传输和处理，提高了调度效能。

（2）系统可靠性提高。采用调度分层控制方式后，调度自动化系统亦相应分层设立，因而当某一层次自动化系统停运或故障时，不致影响全系统调度自动化功能的实现，而且相应层次的自动化系统还有备用和互补作用，从而提高了整个系统的可靠性。

（3）系统响应改善。在电力系统调度中实时性很重要，事故处理、负荷调度、不正常运行状态的改善和消除都必须在一定的时间内完成。采用调度分层控制方式使不少调度控制任务可以由不同层次的调度自动化系统并行处理，从而加快了处理速度，亦改善了整个系统的响应时间。此外，采用调度分层控制还便于调度自动化系统的功能扩充、系统升级和分期投资。

四、电力系统调度自动化系统的发展

随着电力系统的发展，装机容量的不断增加，输电电压等级的不断升高和电网的覆盖范围的不断扩大，对电网运行管理手段的要求愈来愈高，电网监控与调度控制技术也随着电网的发展而发展。

1. 早期阶段

电力系统运行的早期阶段，由于通信设备的限制，调度人员要花很长的时间才能掌握有限的信息，主要靠一些自动装置、电话以及运行人员的经验来调度和操作，因此不能很有效地管理电网。由于实时性差，有时会使故障得不到及时的处理而扩大，以致造成较大的经济损失。

2. 远动技术的应用

我国最早的遥测装置是电子管和继电器逻辑的遥测、遥信、遥控装置，由于设备容量小、精度低，不能满足电网发展的需要。

随着电子元器件和数字逻辑技术的发展，我国在20世纪60年代中期的晶体管数字综合远动装置采用了模/数转换技术，实现了数字遥测，遥测精度大为提高；采用了时分多路复用技术，遥测的路数也增多了；采用了抗干扰编码技术，使传输的可靠性也得到了提高。总之，在数字综合远动装置中，将数据通信、计算机技术引进远动技术领域，使远动技术在原理上有了一个飞跃，这些技术原理即使在现在的微机远动中仍被继续采用。

随着集成电路技术的发展，在数字综合远动装置中也广泛采用了集成电路技术，但从晶体管到集成电路数字综合远动装置只是器件上的更新替代，原理上没有发生实质性的变化。

远动技术和通信技术的发展，使电力系统的实时信息直接进入调度控制中心成为可能，调度人员可根据这些信息迅速掌握电力系统的运行状态，及时发现和处理发生的事故。20世纪60年代系统内开始采用数字式远动设备，使信息的收集和传输在精度、速度和可靠性上都有很大的提高。电子计算机和图像显示技术在电力系统调度控制中心的应用使自动化程度达到一个新的水平。在这一阶段，计算机和相应的远动装置及通信设备组成的系统，主要用来完成电力系统运行状态的监视（包括信息的收集、处理和显示）、远距离开关操作以及制表记录和统计等功能，一般称为数据采集与监视控制（Supervisory Control And Data Acquisition，SCADA）。

3．以计算机技术为基础的调度自动化技术的应用

将微机技术应用于远动技术后，远动技术发生了重大的变化，原来许多不易实现的功能，采用微机技术后便迎刃而解。与常规远动相比，微机远动功能强、体积小、可靠性高。如在微机远动终端上，可以方便地完成事件顺序记录、主站与远动终端对时以及当地打印制表等功能；在主站可以方便地实现 1∶N 的接收以及转发等功能。

在 20 世纪 60 年代后期国际上出现多起大面积停电事故以后，电力系统加强了全网的安全监视、分析和控制。这种控制系统不仅能完整地了解全系统的实时状态，而且可在计算机及其外围设备的帮助下，对电网正常和事故情况及时而正确地做出控制决策。这种包括 SCADA、自动发电控制与经济运行、网络分析、调度管理和计划功能的系统称为能量管理系统（Energy Management System，EMS）。利用这种先进的自动化系统，运行人员从过去以监视记录为主的状况转变为较多地进行分析、判断和决策，而日常的记录事务则由计算机取代。现在常讲的电力系统调度自动化系统基本上基于这时的概念展开并有所发展。

4．调度自动化系统数据网络的建立

由于计算机网络技术的普及和市场化的需要，开放、互连、标准化已成为电力工业中业务系统发展的必然趋势，数据网络在电力系统中的应用日益广泛，已经成为不可或缺的基础设施。我国国家电力信息网作为电力工业市场化运作所必需的网络基础设施已建设成为基于 IP 交换技术的四级网络。网上开通的业务主要有调度自动化系统、电子邮件服务、WWW 服务、域名解析服务、办公自动化系统、管理信息系统、视频点播系统等，同时承载着实时、准实时生产控制业务和管理信息业务。

5．世界上典型的调度管理模式

根据电网管理形式的不同，世界上典型的调度管理模式大致可分为以下三种：

（1）统一电网、统一调度。该模式是当今世界调度管理的主流模式，它包括两个层次的统一：

1）局部电网的统一管理、统一调度。这是电网运行的基本组织形式，几乎所有局部电网都采用这一模式。

2）国家电网的统一管理、统一调度。这是电网运行的先进组织形式，是生产力与生产关系相适应的合理选择，世界上大多数发达国家如西欧、北欧、东欧的绝大部分国家以及已经形成国家电网的大部分亚洲国家、南美洲国家都采用这一电网调度管理模式。

（2）联合电网、统一调度。这是一种由于不同所有权属的电网逐步互联而出现的调度模式。由局部电网联合而实施的统一调度是电网所有权与调度权分离的电网运行组织形式。例如美国的 PJM 电网，它是由包括宾州、新泽西州、马里兰州等 6 个州的 11 个公司所有的电网共同成立的一个调度机构，来实现 PJM 联合电网的统一调度。

（3）联合电网、联合调度。世界上采用这种模式的国家为数不多，它的特点就是无专设调度机构或只有形同虚设的调度机构，北美电网（包括美国、加拿大电网和墨西哥电网一部分）就是典型例子。西欧电网、东欧电网（UCPE）、北欧电网（NORDEL）也可以归类于这一调度管理模式。北美电网目前设若干个控制区，整个电网分区按协议运行，每个控制区是平等协作关系，都由其控制中心对所辖电网实施统一调度，各个控制区之间缺乏协调。这种联合电网、联合调度的最大弊端就是抵御事故的能力较差，美国近年来连续发生的几次波

及面颇大的电网事故都在一定程度上证明了这一点。

随着计算机技术的发展，微机远动从芯片级向板级、系统机级、网络级的方向不断地发展。远动终端已从单CPU向多CPU的方向发展，直接交流采样取代模拟变送器。开放分布式系统、数据库、数字图形技术以及计算机网络技术的应用使调度自动化展现出崭新的面貌，使电力系统的运行控制更迅速、有效。

五、调度自动化系统与电力市场

随着我国电力系统市场化改革的深入，需要建立相应的电力市场技术支持系统，同时对调度自动化系统又提出了新的要求。电力市场技术支持系统是支持电力市场运营的计算机、数据网络与通信设备、各种技术标准和应用软件的有机组合。

国家电力监管委员会于2003年8月公布的《电力市场技术支持系统功能规范（试行）》中规定：电力市场技术支持系统必须对电力市场的数据申报、负荷预测、合同的分解与管理、交易计划的编制、安全校核、计划执行、辅助服务、市场信息发布、市场结算等运作环节提供技术支持；必须符合国家有关技术标准、行业标准和有关的国际标准；必须保证系统及其数据的安全，满足全国二次系统安全防护要求，采用适当的加密防护措施、数据备份措施、防病毒措施及防火墙技术，提供严格的用户认证和权限管理手段，并考虑信息保密的时效性；结构设计、系统配置、软件编制，必须满足对区域电力市场可靠运营的要求；必须保证整个交易数据的完整，确保各类数据的准确性及一致性，必须确保提供连续的服务；在保证能量管理系统（EMS）实时性以及电能量计量系统（TMR）连续性的同时，保证报价、交易、结算及信息发布的处理和数据传输的及时性；采用开放式体系结构和分布式系统设计，保证系统的开放性、可扩展性，能满足与未来电力监管系统接口的要求，适应电力市场发展、规则的变化、新技术发展和设备的升级换代；必须满足软件平台、硬件平台的兼容及各子系统间互连的要求；系统的结构设计应注重系统的可维护性，并提供系统运营状态实时监视信息。

电力市场技术支持系统主要由以下子系统组成：

（1）能量管理系统（Energy Management System，EMS）用于保障电网的安全稳定运行，主要由数据采集和监视控制（SCADA）、自动发电控制（AGC）及高级应用软件等功能模块组成。在电力市场环境中，要充分利用现有的EMS功能和数据资源，实现信息资源的共享。

（2）交易管理系统（Trade Management System，TMS）依据市场主体的申报数据，根据负荷预测和系统约束条件，编制交易计划，通过安全校核后将计划结果传送给市场主体和相关系统。

（3）电能量计量系统（Tele Meter Reading System，TMR）对电能量数据进行自动采集、远传和存储、预处理、统计分析，以支持电力市场的运营、电费结算、辅助服务费用结算和经济补偿计算等。

（4）结算系统（Settlement & Billing System，SBS）根据电能量计量系统提供的有效电能数据、交易管理系统的交易计划和交易价格数据、调度指令、EMS的相关运行数据、合同管理系统的相关数据，依据市场规则，对市场主体进行结算。

（5）合同管理系统（Contract Management System，CMS）对市场主体之间的中期合同和长期合同进行管理，以长期负荷预测的结果和市场未来供需状况及市场价格的预测为依据，进行未来合同的辅助决策。

(6) 报价处理系统（Bidding Process System，BPS）接收注册和申报数据，并对申报数据进行预处理。

(7) 市场分析与预测系统（Market Analysis & Forecast System，MAF）对电力市场运行情况进行信息采集和分析，从而使市场主体能够提前了解市场未来的发电预期目标、负荷预测、交易价格走势、输电网络可用传输能力及系统安全水平，便于交易决策。

(8) 交易信息系统（Trade Information System，TIS）对系统运行数据和市场信息进行发布、存档、检索及处理，使所有市场主体能够及时、平等地访问相关的市场信息，保证电力监管机构对市场交易信息的充分获取。系统运行数据和市场信息包括预测数据、计划数据、准实时数据、历史数据、报表数据等。

(9) 报价辅助决策系统（Bidding Support System，BSS）根据市场分析与预测系统（MAF）和交易信息系统（TIS）发布的信息，结合市场主体本身的成本分析和市场规则，形成报价决策方案，进行电量及电价的数据申报。

六、调度自动化系统及数据网络的安全防护

目前数据网络在电力系统中的应用日益广泛，已经成为不可或缺的基础设施。国家电力数据网同时承载着实时、准实时控制业务及管理信息业务，虽然网络利用率较高，但安全级别较低、实时性要求较低的业务与安全级别较高、实时性要求较高的业务在一起混用，级别较低的业务严重影响级别较高的业务，存在较多的安全隐患。随着信息与网络技术的发展，计算机违法犯罪行为在不断增加，信息安全问题已经引起了政府部门和企业的高度重视。因此，根据调度自动化系统中各种应用的不同特点，优化电力调度数据网，建立调度系统的安全防护体系，具有十分重要的意义。

电力生产事关国计民生，电力系统的安全和保密都很重要。电力自动化系统要求可靠、安全、实时，而电力信息系统要求完整、保密。自动控制系统应与外部网络绝对物理隔离，可根据业务的需要建立专用数据网络。两种业务应该隔离，特别是电力调度控制业务是电力系统的命脉，一定要与其他业务有效、安全地隔离。

由于复杂系统的安全性能决定于安全性能最低的子系统，所以信息安全是一个系统级概念，仅仅解决局部或个别子系统的安全问题是不够的。电力工业信息安全涉及电网调度自动化、配电网自动化、厂站自动化、电力市场运营、企业管理信息系统等有关生产、经营、管理的各个方面，是一个崭新的研究方向。

第二节 电网监控与调度自动化系统的结构与功能

一、电网监控与调度自动化系统的结构

以计算机为核心的电网监控与调度自动化系统的基本结构如图 1-3 所示，按其功能可以分成四个子系统。

1. 信息采集和命令执行子系统

信息采集和命令执行子系统是指设置在发电厂和变电站中的远动终端，包括变送器屏、遥控执行屏等。远动终端与主站配合可以实现四遥功能：在遥测方面的主要功能是采集并传送电力系统运行的实时参数，如发电机功率、母线电压、系统中的潮流、有功负荷和无功负

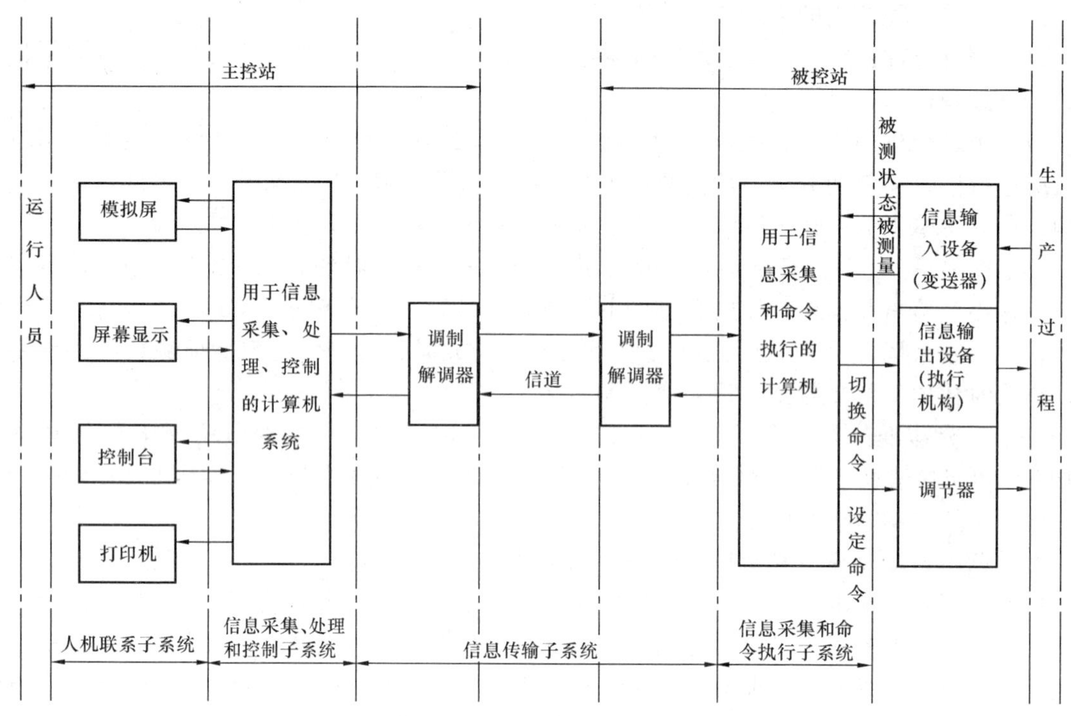

图 1-3　电网监控与调度自动化系统基本结构

荷、线路电流、电能量以及事故追忆等；在遥信方面的主要功能是采集并传送继电保护的动作信息、断路器的状态信息、形成事件顺序记录等；在遥控方面的主要功能是接收并执行从主站发送的遥控命令，并完成对断路器的分闸或合闸操作；在遥调方面的主要功能是接收并执行从主站发送的遥调命令，调整发电机的有功功率或无功功率等。

2. 信息传输子系统

信息传输子系统按其信道的制式不同，可分为模拟传输系统和数字传输系统两类。

对于模拟传输系统（其信道采用电力线载波机、模拟微波机等），远动终端输出的数字信号必须经过调制后，才能传输。模拟传输系统的质量指标可用其衰耗—频率特性，相移—频率特性、信噪比等反映，它们都将影响到远动数据的误码率。

对于数字传输系统（其信道采用数字微波、数字光纤等），低速的远动数据必须经过数字复接设备，才能接到高速的数字信道。随着通信技术的发展，数字传输系统所占的比重将不断增加，信号传输的质量也将不断提高。

3. 信息采集、处理和控制子系统

为了实现对整个电网的监视和控制，需要收集分散在各个发电厂和变电站的实时信息，对这些信息进行分析和处理，并将结果显示给调度员或产生输出命令对系统进行控制。

4. 人机联系子系统

高度自动化技术的发展要求调度人员在先进的自动化系统的协助下，充分、深入和及时地掌握电力系统实时运行状态，作出正确的决策和采取相应的措施，使电力系统能够更加安全、经济地运行。从电力系统收集到的信息，经过计算机加工处理后，通过各种显示装置反馈给运行人员。运行人员对这些信息作出决策后，再通过键盘、鼠标、显示屏触摸等操作手段，对电力系统进行控制，这就是人机联系。

二、电网监控与调度自动化系统的基本功能

电网监控与调度自动化系统由电力系统中的各个监控与调度自动化装置的硬件和软件组成，按其分布特点与实现的功能又可以分成一定的层次，而其高一级的功能往往建立在一定的基础功能之上。

（一）变电站自动化

变电站是电力系统中的一个重要组成部分，其实现综合自动化是电网监控与调度自动化得以完善的重要方面。变电站综合自动化采用分布式系统结构、组网方式、分层控制，其基本功能通过分布于各电气设备的远动终端对运行参数与设备状态的数字化采集处理、继电保护微机化、监控计算机与各远动终端和继电保护装置的通信，完成对变电站运行的综合控制，完成遥测和遥信数据的远传，连与控制中心对变电站电气设备的遥控及遥调，实现变电站的无人值守。

对于传统的变电站无人值班的改造，则是从经济的角度出发，在保留原有的基本设备的前提下，通过对控制回路、信号回路以及模拟远动装置数字化的改造，实现对变电站的遥测、遥信、遥控及遥调。

随着电子式互感器、计算机网络的应用，数字式变电站进入建设进程。伴随智能式控制电器、综合分析控制保护系统的开发，智能式变电站正进入研发过程。

（二）配电网管理系统

配电管理系统（Distribution Management System，DMS）是一种对变电、配电到用电过程进行监视、控制、管理的综合自动化系统，包括配电自动化（DA）、地理信息系统（GIS）、配电网络重构、配电信息管理系统（MIS）、需方管理（DSM）等部分。

配电自动化是配电管理系统中最主要的部分，包括变配电站的综合自动化和馈线自动化，其中的数据采集监控（DSCADA）系统通过安装于变电站、开闭所的远方终端（RTU）、安装于线路分段开关的馈线终端（FTU）、安装在配电变压器的数据终端（TTU）采集配电网的运行数据和故障数据，经过数据的变换与处理，经通信通道传至控制中心，DSCADA 对收集到的数据进行综合分析，对当前配电网的运行状态进行判断，相应发出维护配电网安全运行的控制操作。

地理信息系统（GIS）或生产管理系统（PMS）是一种人机交互系统，通过基于地理信息的配电网运行状态的拓扑网络着色显示，为调度人员提供实时、直观的运行信息内容。同时，GIS（或 PMS）还能实现配电网的电气设备的管理、寻找和排除设备故障、统计与维修计划等服务。

配电网络重构、电压/无功优化等计算机软件通过分析与计算为调度人员提供配电网运行控制建议，使供电可靠性、安全性、经济性得以提高，使配电网运行结构优化，降低网损，改善电压质量等。

配电信息管理系统（MIS）不同于我们日常所称的部门、人员信息管理系统，配电信息管理系统的管理对象为配电网历年运行数据数据库、用户设备及负荷变动，进行业扩、供电方式与路径、统计分析等数据显示与建议。

需方管理（DSM）提供电力供需双方对用电市场进行共同管理的手段，内容包括供电合同下的负荷监控、削峰和降压减载、远方抄表、用户自发电管理等，以达到提高供电质量

与可靠性，减少能源消耗及供需双方的供用电费用支出的目的。

（三）能量管理系统（EMS）

能量管理系统是电力系统监视与控制的硬件及软件的总成，主要包括数据采集与监控（SCADA）、自动发电控制与经济调度控制（AGC/EDC）、电力系统状态估计与安全分析（SE/SA）、调度员模拟培训（DTS）等。

1. 数据采集和监控（SCADA）

SCADA 是 EMS 得以实现的基础，EMS 其他功能均从 SCADA 得到电力系统实时的运行信息。其主要功能为：

（1）数据采集（Data Acquisition，DA）；

（2）数据预处理及报警（Calculation & Alarm）；

（3）事件顺序记录（Sequence Of Events，SOE）；

（4）事故追忆（Post Disturbance Review，PDR）；

（5）远方控制（Control）；

（6）远方调整（Adjustment）；

（7）趋势曲线（Trend）和棒图（Bargraph）；

（8）历史数据存储（History）和制表打印（Report）；

（9）系统统一时钟（Clock）；

（10）模拟盘接口（Mimic board Interface）。

2. 自动发电控制（AGC）和经济调度控制（EDC）

自动发电控制功能（Automatic Generation Control，AGC）是以 SCADA 功能为基础而实现的功能。对于独立运行的省网或大区统一电网，AGC 的功能目标是自动控制网内各发电机组的出力，以保持电网频率为额定值。对跨省的互联电网，各控制区域（相当于省网）AGC 的功能目标是既要求承担互联电网的部分调频任务，以共同保持电网频率为额定值，又要保持其联络线交换功率为规定值，即采用联络线偏移控制的方式（在这种情况下，网调、省调都要承担 AGC 任务）。

经济调度控制（EDC）通常都同 AGC 相配合进行。当系统在 AGC 程序下运行较长时间后，就可能会偏离最佳运行状态，这就需要按一定的周期（通常可设定为 5～10min），启动 EDC 程序重新分配机组功率，以维持电网运行的经济性，并恢复调频机组的调节范围。

3. 电力系统状态估计（State Estimator，SE）

电力系统状态估计（SE）根据有冗余的测量值对实际网络的状态进行估计，得出电力系统状态的准确信息，并产生“可靠的数据集”。其主要功能为：

（1）网络接线分析，又称网络拓扑（Network Topology）；

（2）调度员潮流计算，包括三相潮流；

（3）状态估计，包括三相状态估计；

（4）负荷预报，包括系统负荷预报和母线负荷预报；

（5）短路电流计算；

（6）电压/无功优化等。

4. 安全分析（Security Analysis，SA）

安全分析（SA）可以分为静态安全分析和动态安全分析两类。

（1）静态安全分析。一个正常运行着的电网常常存在着许多潜在危险因素，静态安全分析的方法就是对电网的一组可能发生的事故进行假想的在线计算机分析，校核发生这些事故后电力系统稳态运行方式的安全性，从而判断当前的运行状态是否有足够的安全储备。当发现当前的运行方式安全储备不够时，就要修改运行方式，使系统在有足够安全储备的方式下运行。

（2）动态安全分析。动态安全分析就是校核电力系统是否会因为一个突然发生的事故而失去稳定，校核发生假想事故后电力系统能否保持稳定运行的稳定计算。由于精确计算的工作量大，难以满足实施预防性控制的实时性要求，因此人们一直在探索一种快速而可靠的稳定判别方法。

5. 调度员模拟培训（DTS）

调度员模拟培训（DTS）通过对电网的模拟仿真，可使调度员得到离线的运行操作训练，培养调度员处理紧急事件的能力。DTS 的信息可用电网实时数据更新，可帮助调度员在实际操作前了解操作后的结果，从而提高调度的安全性，并可试验和评价新的运行方法和控制方法。

思　考　题

1. 电力系统运行状态共有几种？各种运行状态的特征分别是什么？相互如何转换？
2. 电力系统控制如何分层？为什么要实行统一调度？
3. 电力市场技术支持系统主要由哪些子系统组成？
4. 电网监控与调度自动化系统由哪些子系统组成？各完成什么任务？
5. 电网监控与调度自动化系统的功能有哪些？对应的分析与控制对象是什么？

第二章　交流数据采集与处理

第一节　概　　述

在电网监控系统中，为了实现对电网的监视和控制，首先必须获得表征电网实时运行状态的遥测量值和遥信状态，以便对这些信息进行适当的加工处理，形成控制电网安全、稳定和经济运行的遥控、遥调命令。

从电力系统运行监控需求出发，交流数据的测量要求包括交流量的各序分量的幅值、相位以及谐波含量等。交流数据的测量方法有很多种，基本可分为直流采样和交流采样两种方式。采用何种方式进行交流数据采集，需根据监控对数据的要求来定。比如对用于显示的数据精度要求不高，而对用于电能计量的数据精度必须满足有关规定的要求；对一般运行监控无序分量的要求，而对于故障分析或继电保护来说，就有序分量的要求；另外由于高压系统中谐波含量不高，而低压系统中谐波含量大、影响大，需要有对谐波量的处理要求等。

电力系统监控对数据采集的要求不仅仅在对数据的构成上，对数据的准确性、可靠性、冗余度、同时性等都有相应的要求。

直流采样方式是首先把交流量进行整流，得到与幅值（有效值）成正比的直流量，然后进行数据变换成为二进制量，提供给计算机系统进行显示和处理。

交流采样方式则是在一个（或半个）交流周期内对采集对象进行多次的数据采集并转换成二进制量，然后由计算机进行数值计算处理，求得交流量的幅值（有效值），并同时得到交流量的相位、频率等。

直流采样方式电路简单，但无法得到交流量的相位、序分量、谐波含量等细致表达交流数据特点的量。而交流采样方式电路较复杂，且需要有数据计算程序功能，但数据采集完整，并且一个电路可同时对多路数据进行采集。由于计算机芯片的性价比逐年提高，交流采样方式得到日益广泛的运用。

数据的采集在电网监控系统中居首要环节，起着十分重要的作用。没有符合要求的数据采集方式和完整的采集系统，就没有可靠、安全、经济的电网监控与调度运行。

第二节　互　感　器

在电力系统中，被测的模拟电量通常具有较高的电压或较大的电流，不能直接进行数据采集。例如，被测电压量程可以在不到 1kV 至几百千伏之间变化，被测电流量程可以在数安至数万安之间变化。因此，可通过电压互感器和电流互感器，使输入数据采集设备的交流电压为 0～100V，输入数据采集设备的交流电流为 0～5A（有些场合允许输入交流电流为 0～1A），再通过数据采集设备中配备的中间变换器变换至计算机设备所能承受的低电压。采用电子式互感器则可直接变换到数据变换设备所规定的低电压。

一、电流互感器

在电力系统监控系统中，对发电机、变压器、输电线路、配电线路和设备等回路的电流都应该加以测量。一般地说，这些线路上的电流都很大，不可能直接进行测量，因此先用电流互感器（设备文字符号为 TA）将大电流转换为小电流。电流互感器把大电流变换成小电流，按安装地点可分为室内的和室外的。室内的（包括柜内的）受外部影响较小，但环境温度较高。室外的受天气影响较大，要求也较高。电流互感器针对不同的输出对象有不同的采集数据精度要求。

1. 普通电流互感器

普通的电流互感器（见图 2-1）以电磁感应为基本工作原理，以电—磁—电的转换关系，通过电流互感器一、二次绕组的匝数比，把一次侧大电流变换为二次侧的小电流。电流互感器以铁芯磁通为传递媒介，由于铁芯固有的磁滞回线特性，当大电流流过电流互感器一次侧时，容易引起铁芯的磁饱和，从而使测量误差变大。电磁式电流互感器还存在着铁磁谐振、动态范围小等缺点，难以满足电力系统更高精度的数据采集要求。

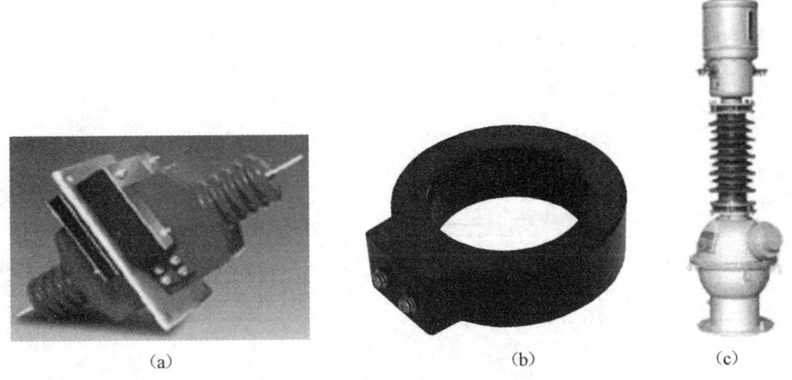

(a)　(b)　(c)

图 2-1　普通电流互感器

(a) 户内浇注式电流互感器；(b) 套管式电流互感器；(c) 户外油浸式电流互感器

普通电流互感器的工作原理和变压器相似，但其使用方法与变压器完全不同。电流互感器的一次绕组串联在一次电路内，并且匝数很少（贯穿式电流互感器将载流导体直接从中间穿过电流互感器，匝数只有 1 匝），一次绕组中的电流即是被测电路的电流，与二次侧无关。二次绕组与测量仪表或保护装置等元件串联，仪表和保护装置的电流线圈阻抗很小，在正常运行时，电流互感器二次侧处于近似短路状态，其额定电流规定为 5、1A 或 0.5A（后者在弱电二次系统采用）。

电流互感器的额定一、二次电流之比称为电流互感器额定变比，可用公式表示为

$$K_i = \frac{I_{N1}}{I_{N2}}$$

实际运行的电流互感器二次侧接入设备不可能没有阻抗，因此，由于电流互感器短路饱和、二次侧设备阻抗等因素的影响，使得一次电流与二次电流在数值比上和相位上产生了差异，造成测量结果的误差。电流互感器的误差通常用比值误差和角误差来表示。

电流互感器的电流误差（又称比值误差）用二次电流的测量值乘上额定变比所得一次电流的近似值与实际一次电流 I_1 之差的百分数来表示，即

$$f_i = \frac{K_i I_2 - I_1}{I_1} \times 100\%$$

电流互感器的角误差用二次电流相量与一次电流相量的角度偏移来表示。

2. 电子式电流互感器

国际电工委员会发布的电子式电流互感器标准为 IEC 60044.8，我国等同采用并转化为相应的国标 GB 20840.8—2007《电子式电流互感器》。电子式电流互感器有抗饱和、动态范围宽的特点。

（1）罗氏线圈电流互感器。

罗氏线圈电流互感器采用Rogowski线圈电流传感器原理。其回路构成如图2-2（a）所示，实物外形如图2-2（b）所示。Rogowski线圈为一空心环形线圈，二次绕组缠绕在非磁性骨架上，被测电流垂直穿过线圈中心，根据电磁感应原理可以得到线圈输出电压为

$$e = -\mu_0 DS \mathrm{d}I/\mathrm{d}t = H \mathrm{d}I/\mathrm{d}t$$

式中 μ_0——真空磁导率；

D——匝数密度，匝数/m；

S——二次绕组导线面积，m^2；

$\mathrm{d}I/\mathrm{d}t$——一次电流对时间的导数；

H——电感系数，h。

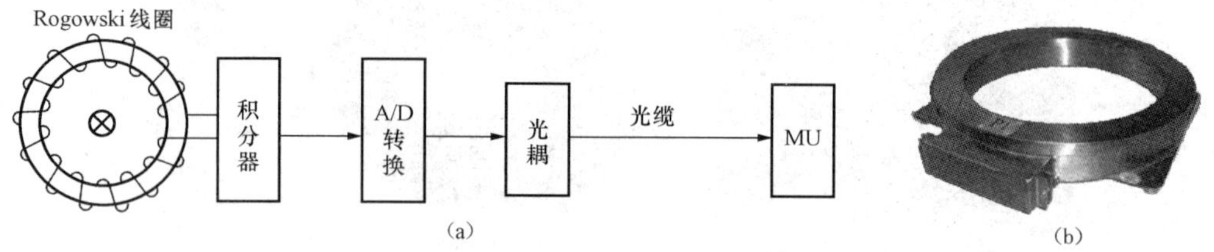

图2-2 Rogowski线圈电流互感器回路构成

（a）回路；（b）实物外形

Rogowski线圈电流互感器没有铁芯，因此没有非线性影响，如饱和等问题，故可以测量从数安到数十千安的电流，且具有良好的线性特性。

但Rogowski线圈的输出电压正比于电流对时间的导数，必须积分后才可以还原电流波形。而且由于线圈电感小，二次输出电压信号很小，有在高压侧数字化的要求，以避免在信息传输过程中易受干扰的问题。

Rogowski线圈电流互感器高压侧存在积分器和采样变换回路，使得高压侧电路的供电成为工程难题，线圈材质易受环境温度影响变形，导致电感系数的变化，直接影响测量精度。

（2）光学电流互感器（OCT）。

光是一种电磁波，光振动的方向与它前进的方向垂直。普通光由不同波长的光组成，这些不同波长的光各自在垂直于其传播路线的平面内振动。当不同波长组成的普通光通过一个由方解石制成的尼可尔（Nicol）棱镜时，只有振动方向和棱镜晶轴平行的光才能通过，所得到的光就只在一个平面上振动。这种只在某一平面上振动的光叫做平面偏振光，简称偏振光（Plane-polarized Light）。

光学电流互感器（OCT）采用法拉第磁光效应原理构成。法拉第磁光效应是指光的偏振面因受到外加磁场的作用而产生旋转的现象。如果磁场的方向与光的传播方向平行，线性偏振光通过置于磁场中的法拉第旋光材料后，出射线性偏振光与入射线性偏振光的偏振面将

产生旋转角。旋转角 θ 正比于磁场沿着偏振光通过材料路径的线积分 $\theta=V\cdot l$，即

$$\theta = v\oint_L H\mathrm{d}l$$

式中　v——材料的 Verdet 常数；

H——磁场强度；

L——通过法拉第磁光玻璃的光程。

OCT 采用法拉第磁光效应以及安培环路定律来完成对一次电流的测量，工作原理如图 2-3 所示。光学电流互感器中的光学器件由光学玻璃、全光纤等构成，传输系统用光纤，输出电压大小正比于被测电流大小。测得线性偏振光的旋转角度 θ 就可以求出导体中的电流 $i(t)$。OCT 就是基于这一原理工作的。OCT 具有不受电磁干扰、不饱和、测量范围大、有效频带宽、体积小、质量轻及便于数字传输等优点，适用于各种电压等级，特别是超高压电网中。但 OCT 的测量精度易受到外界环境（稳定、震动）的影响，限制了其应用。

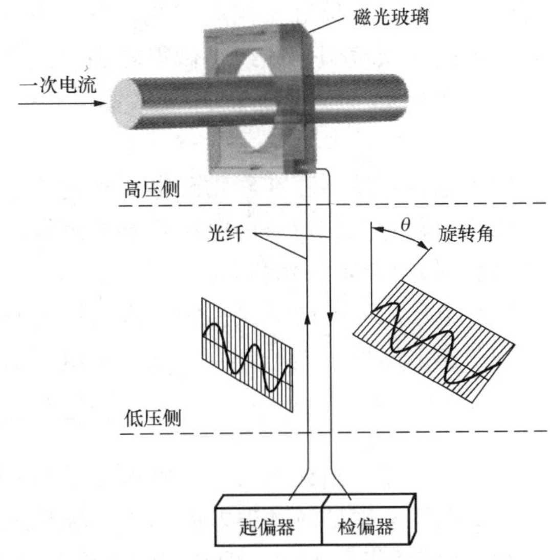

图 2-3　光学电流互感器原理图

二、电压互感器

1. 电磁式电压互感器

户内式电压互感器如图 2-4 所示，户外式电压互感器如图 2-5 所示。

图 2-4　户内式电压互感器

图 2-5　户外式电压互感器

电磁式电压互感器是一种特种变压器，一次绕组并接于需采集电压量的高压回路上，其额定电压等于电网电压。二次绕组接测量仪表、继电保护自动装置，额定电压规定为 100V 或 $100/\sqrt{3}$V。由电网电压与二次侧额定电压之比称为电压互感器的额定变比，即

$$K_u = \frac{U_{1N}}{U_{2N}}$$

由于接入互感器二次绕组的设备的阻抗都很大，电压互感器二次回路中电流很小，正常运行时，电压互感器处于接近空载状态。由于处于空载状态，反映到高压侧的电流很小，电压互感器的一次绕组导线线径做得较细，匝数也多，一次绕组对外显示较大的阻抗。若电压互感器二次回路发生短路，将严重损坏电压互感器。因此，电压互感器二次侧是严禁短路的。

由于电压互感器存在着励磁电流和内阻抗，使二次侧电压乘上变比后与一次侧电压的大小不相等，且存在相位，即电压互感器测量结果出现了误差。通常把测量误差分为电压误差（比值差）和角误差（相角差）。

（1）电压误差。电压误差为二次电压的测量值乘额定变比所得一次电压的近似值 K_uU_2 与实际一次电压值之差，并以实际一次电压值相比的百分数，即

$$f_u = \frac{K_uU_2 - U_1}{U_1} \times 100\%$$

（2）角误差。角误差为二次电压相量与一次电压相量之间的夹角偏移。

影响电压互感器两种误差的运行工况是二次侧负荷大小（负荷越大，电流越大，误差越大）和一次电压 U_1 的值，即与正常工作条件有关。

2. 电子式电压互感器

国际电工委员会发布的电子式电压互感器标准为 IEC 60044.7，我国等同采用并转化为相应的国标 GB 20840.7—2007《电子式电压互感器》。

（1）分压原理电压互感器（采用电容分压、电阻分压或阻容分压原理）。

通常情况下，电磁式电压互感器将一次电压转换至 0～100V，数据采集设备中的中间变换器再将电压进一步转换为几伏的电压供 A/D 转换用。而基于电阻分压原理的电压互感器将电压直接变成可供 A/D 转变使用的输入电压，简化了数据采集装置的结构，如图 2-6 所示。

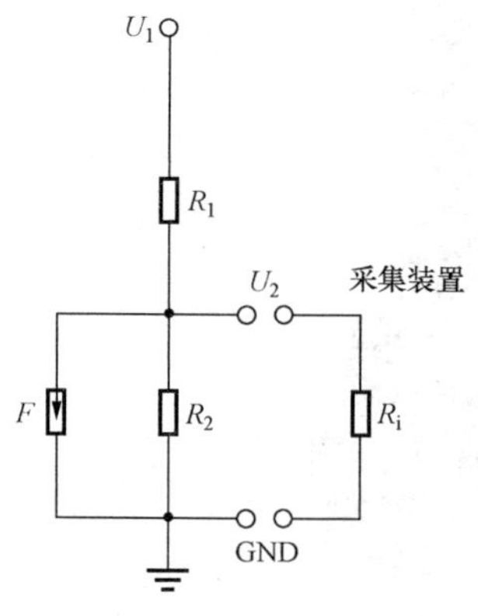

图 2-6 电阻分压电路

R_1—高压臂分压电阻；R_2—低压臂分压电阻；F—过电压保护元件；R_i—采集装置输入电阻抗

两个电阻 R_1 和 R_2 构成一个电阻分压器，则分压比 K 为

$$K = \frac{R_1 + R_2//R_i}{R_2//R_i}$$

由于电阻分压器不能隔离一次侧和二次侧的电位，所以用一个内置的过电压保护元件下来保证当高压臂电阻 R_1 被击穿或低压臂电阻 R_2 开路时，输出端不会出现高电压而损坏与之相连接的电气设备。

由于电阻分压器采用分压原理，对数据采集装置的输入阻抗要求很高，即 R_i 应尽量大，以保证测量的精确度。对于母线电压互感器，二次侧连接的电压回路如果较多时，应采取一定措施。如为了将信息分给多个二次设备，而且保证信号传输的抗干扰性和可靠性，可以先把二次电压转换为数字量，然后通过网络进行分享数据传送。

（2）光学电压互感器（OVT）。

压电晶体作为光学介质在没有外加电场作用时是各向同性的。在外加电场作用下，晶体将变为各向异性的双轴晶体，从而导致其折射率发生变化，通过晶体的偏振光将产生双折射，使一束偏振光变为两束相位不同（因两束光的传播速度不同）的偏振光。电场对透明晶体中偏振光产生的电光效应被称为 Pockels 效应。

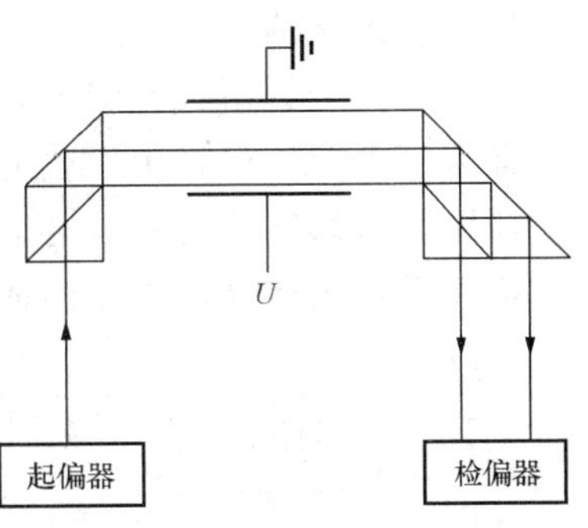

图 2-7　光学电压互感器原理图

入射光经起偏器形成偏振光，进入压电晶体后在电场作用下发生双折射，沿感生主轴方向分解的两束光由于折射率不同导致在晶体内的传播速度不一样，从而形成相位差。光学电压互感器原理如图 2-7 所示。

由检偏器检测出的相位差与晶体上所施加的电压成正比，即

$$\Delta\varphi = (2\pi/\lambda)n^3\gamma U$$

式中　λ——光波波长；

n——晶体折射率；

γ——晶体材料的电光系数；

U——待测的交流电压。

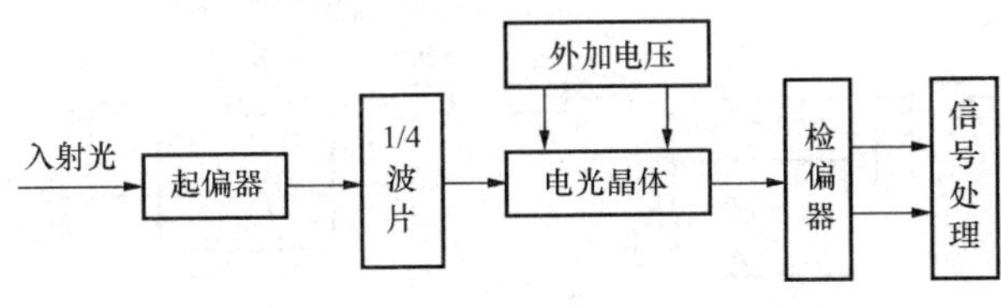

图 2-8　光学电压互感器方框图

只要测出相位差 $\Delta\varphi$ 就可确定所要测量的电压 U 的大小。

光学电压互感器方框图如图 2-8 所示，其具有不受电磁干扰、无铁磁谐振、体积小、质量轻及便于数字传输等优点。

第三节　直　流　采　样

直流采样首先把电流、电压量转换成 A/D 转换器能够接受的低电压交流量，然后经整流为成正比的直流电压量，通过滤波和 A/D 转换为二进制数字量。直流采样过程如图 2-9 所示。

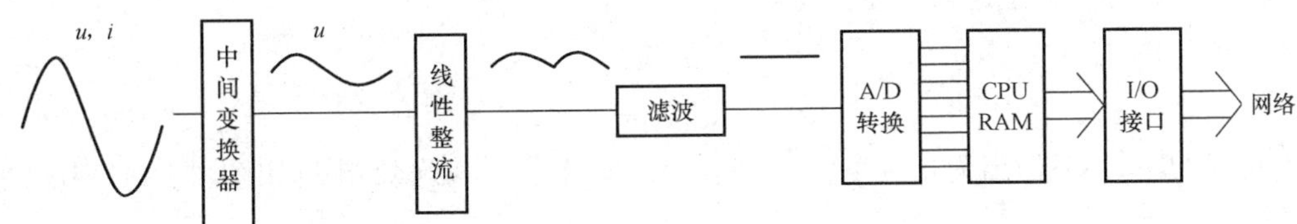

图 2-9　直流采样过程

一、中间电流变换器和中间电压变换器

在直流采样过程中，中间变换器主要起电磁隔离作用，同时需完成把电流量或电压量转换成低电压，与转换单元实现电压匹配，并降低后级功率损耗。中间电流变换器的结构与普通电流互感器相同，通过在二次侧的电阻把小电流转换成低电压。中间电压变换器的结构与普通电压互感器相同。重要的是处理好阻抗的匹配问题。

二、整流电路

普通的二极管桥式整流电路能较好地完成较高电压量的整流。但数据采集装置的 A/D 变换器采用低电压量，由于普通的二极管所存在的导通管压降，使对小电压进行整流时，导通管压降直接影响整流的线性输出，因此对小信号的整流不能采用普通的二极管桥式整流方式，需要采用由运算放大器构成的精密交流—直流变换电路来完成。

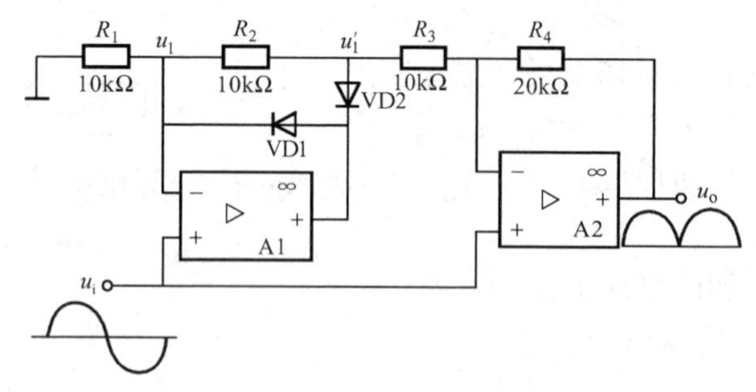

图 2 - 10　全波线性整流电路图

精密交流—直流变换电路由线性整流电路和低通滤波器组成。采用线性整流电路可以改善由于整流二极管的非线性对交流—直流转换线性度的影响，低通滤波器滤除全波整流后的工频二次以上的谐波，输出全波整流信号的平均值。

（1）全波线性整流电流。图 2 - 10 所示为全波线性整流电路图。由于运算放大器电路的“虚短、虚断”特性，输入阻抗很大，输出阻抗很小，因而负载效应小，易于级间配合。整流信号从运算放大器 A1 的同相端输入，输出信号从 A2 的输出端取得。

当 $u_i>0$ 时，A1 输出为正，VD1 导通，VD2 截止，其等效电路如图 2 - 11（a）所示。很显然 $u_1=u_i$。对于运算放大器 A2，同相端输入产生的输出设为 u_{o1}，反相端输入产生的输出为 u_{o2}，则

$$u_{o1}=\left(1+\frac{R_4}{R_2+R_3}\right)u_i \tag{2-1}$$

$$u_{o2}=\frac{R_4}{R_2+R_3}u_1=-\frac{R_4}{R_2+R_3}u_i \tag{2-2}$$

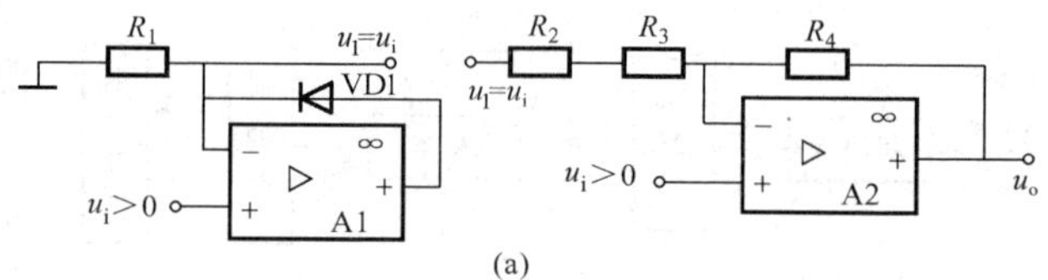

(a)

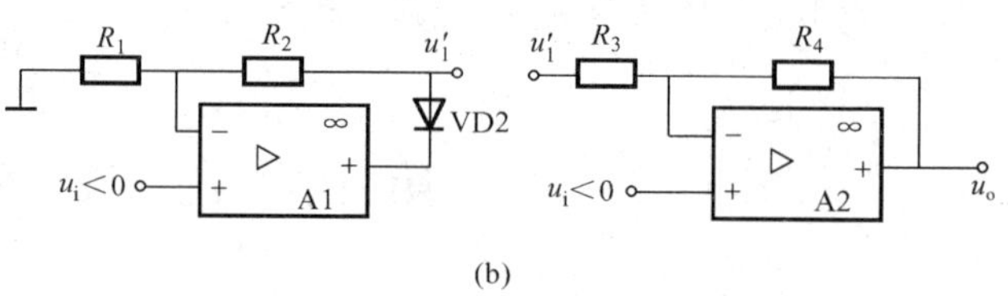

(b)

图 2 - 11　全波线性整流电路的等效电路

（a）$u_i>0$；（b）$u_i<0$

将 $R_4=2R_1=2R_2=2R_3$ 代入式（2 - 1）、式（2 - 2）得

$$u_{o1}=2u_i;u_{o2}=-u_i$$

从而 $u_i>0$ 时

$$u_o=u_{o1}+u_{o2}=u_i \tag{2-3}$$

当 $u_i<0$ 时，A1 输出为负，VD1 反偏，VD2 导通，其等效电路如图 2 - 11（b）所示。由图可得

$$u_1=(1+R_2/R_1)u_i$$

$$u_{o1}=(1+R_4/R_3)u_i=3u_i$$

$$u_{o2}=-(R_4/R_3)u_1=-4u_i$$

从而 $u_i<0$ 时

$$u_o=u_{o1}+u_{o2}=-u_i \tag{2-4}$$

同时考虑式（2 - 3）、式（2 - 4）得到

$$u_o=|u_i| \tag{2-5}$$

(2) 有源低通滤波电路。经过全波线性整流的信号，通过有源低通滤波便可得到一个平滑的直流电压输出信号。图 2-12 所示为有源低通滤波电路原理图。在这个电路中，运算放大器 A3 的输出 U_{o3}，全部反馈到它的同相输入端，从而 C_2 两端的电压近似为 U_{o3}。

(3) 恒压输出电路

恒压输出电路如图 2-13 所示。它是一个单位反馈的同相放大电路。由图 2-13 可知，$U_{o4}=U_i$。

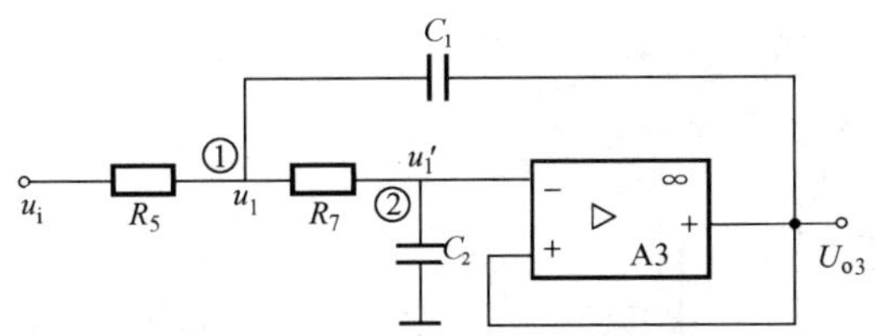

图 2-12　有源低通滤波电路原理图

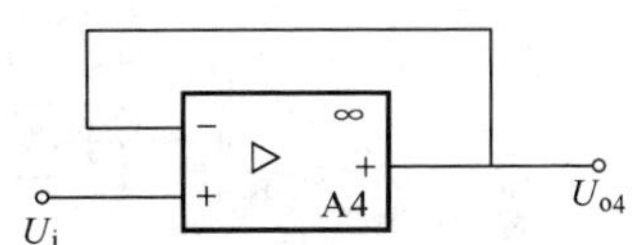

图 2-13　恒压输出电路

第四节　交流采样与合并单元 MU

智能电网为了实现对系统的运行状态进行完整的分析、对电气设备的状态进行评估，要求对所有可以采集的表征各电气元件运行状态的参量都要进行数据采集，并且就地将数据变换成为二进制数字量，通过网络进行数据信息的传送，实现信息的共享。电网中需要采集的数据是庞大的，对每一路信息一对一地配置数据转换电路是不经济的，而且没有减少数据通信线的数量，众多的连接点再组成网络也是很难实现的。由此，应该采用一种方式，采集对象的信息通过互感器变换为小的模拟信号或数字量（互感器包含有数据转换功能），在采集对象点（相对集中）的附近配置一种设备，对象的信息均接至该设备，进行集中合并，并与变电站中的保护设备、控制设备、中央控制系统等构成网络通信，实现信息的共享。这样的设备具备将分散的信息进行同时转换、集中合并，减少通信线路，并按照规定的通信规约实现数据通信的功能，称为合并单元（Merging Unit，MU）。采集器单元将一次电压电流值变换为二次信号输出，根据不同工作原理的采集器单元，二次信号可以是数字信号，也可以是小模拟信号。合并单元接收各路采集器单元的二次信号，并以标准的通信报文格式传输给二次设备。

一、交流采样

选择交流信号的某一点（初相不一定为 0）为采样起始点，在交流一个周期 T 内均匀分布采集 N 个点电压信号（见图 2-14），经 A/D 转换后得到 N 个二进制数，通过计算机的计算，可以得到所采集对象的有效值、初相位等参数。

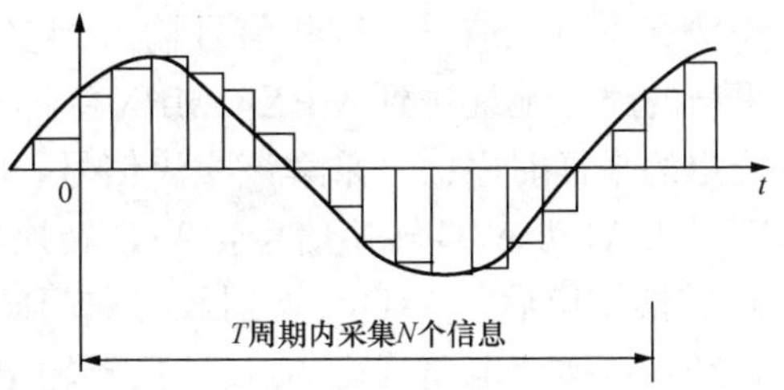

图 2-14　交流采样示意

二、数据采集过程

合并单元 MU 的功能是测取电压、电流、功率、电能量等电气量，并以数字量形式输出给网络或就地显示系统。在硬件上，合并单元是以微处理器为核心的微机系统。由于微处理器不能直接处理模拟量，因此，需要将交流信号通过模拟/数字通道转换成微处理器能直接操作处理的数字量，合并单元采集的电气量数值通过数字接口对外输出。其电路原理如图 2-15 所示。

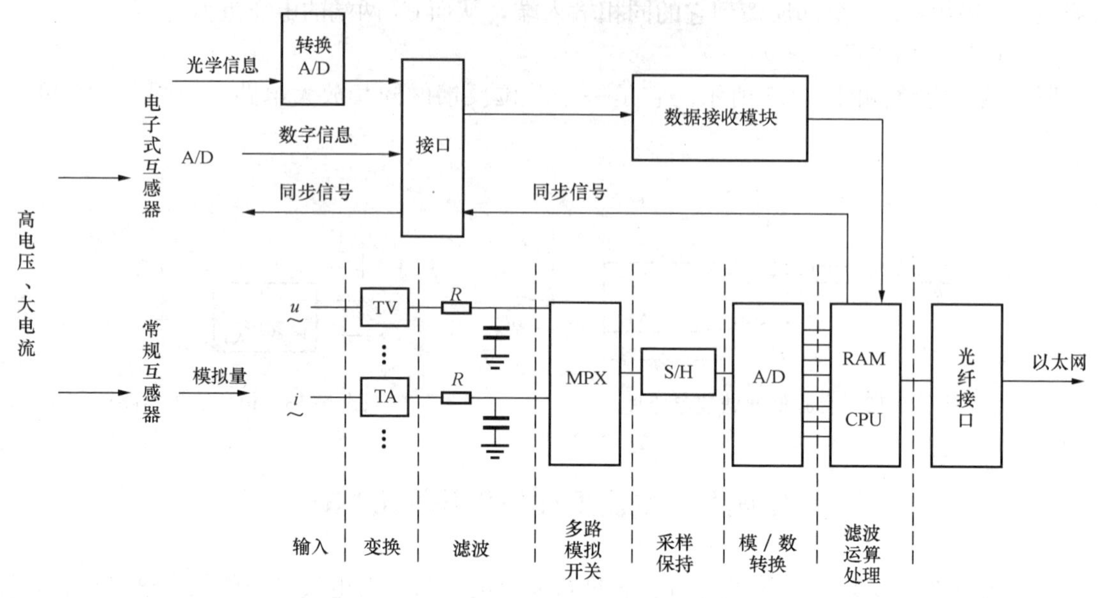

图 2-15　合并单元电路原理图

由图 2-15 可见，合并单元由交流信号输入回路、采样保持器、A/D 转换器、CPU 和存储器以及数字量输入回路和同步信号电路等组成。

合并单元的输入信号取自电压互感器和电流互感器的输出回路，分别是有效值为 0～100V 和 0～5A 的交流信号。这些信号不能直接输入到 A/D 转换器，而需要变换成 A/D 转换器输入所允许的信号形式以及变化范围。一般 A/D 转换器输入有－5～＋5V 或－10～＋10V的电压信号。图中，中间电压互感器 TV 将 0～100V 交流电压按比例变换成峰值为 0～5V的交流电压信号，中间电流互感器 TA 将 0～5A 的电流信号变换成较小的电流后使之在电阻 R 上形成峰值为 0～5V 的交流电压信号。多路模拟电子开关 MPX 有多个信号输入端以及一个信号输出端，它根据给定的地址选择信号，将多个输入信号中与地址信号相对应的一路输入作为输出信号。

合并单元对输入为交流信号的工作过程简述如下：输入信号经相应的 TV 或 TA 变换成 0～5V 交流电压信号，这些信号输入到多路模拟电子开关。CPU 经并行接口芯片，将当前需采样的路号地址送到 MPX，MPX 立即将选定的模拟电压输出到采样保持器。采样保持器按确定的采样时序信号采集该交流信号，当保持脉冲到达后，其输出信号保持不变。之后，CPU 发出启动 A/D 转换信号，A/D 转换器将采样保持器输出的模拟电压转换成数字量。当 A/D 转换结束后，A/D 转换器经与非门向 CPU 发出 A/D 转换结束信号，CPU 中断当前工作，经并行接口电路读得 A/D 转换器输出数据。CPU 再次发出选择下一路采样的地址信号到 MPX……这种过程在一个交流信号周期内重复 $(1+m)N$ 次（其中，1、m 分别为合并单元采集的电压和电流的路数），CPU 获得了一个周期内每路输入信号的 N 个采样值。CPU 将已采集的数据进行处理，并计算出线路上的各种电气量值。

合并单元对经电子式互感器处理后的光学信息配备光电转换电路，并向电子式互感器发送同步采集数据的信号。

合并单元对经电子式互感器处理后的数字信息配备输入电路，并向电子式互感器发送同步采集数据的信号。

合并单元与通信网络相连，满足通信规约的数字量输出格式，与连接网络的各个设备实现信息共享。

第五节　电力系统数据预处理

一、滤波

由于发电机、变压器以及各种非线性负荷的作用，电力系统中除了基波之外，还存在着各次谐波，这给准确地测量交流系统的各个运行参数带来了困难。

针对谐波与各种干扰的存在，在交流被测量进入测量装置时，设置了模拟式滤波器，以滤除较高次的谐波。在交流被测量经交流一周期 N 次采样并通过模/数转换后，得到 N 个二进制数序列，可以通过一定的计算，滤除不需要的谐波量，并计算出希望得到的交流量幅值和有效值。

交流信号采样、变换的两侧均进行滤波的原因是：

(1) 模拟式滤波器在设计时出于制造成本和体积上的考虑，往往采用简单的 RC 电路进行滤波。若希望将较低次谐波滤除，需将转折频率设置较低，但根据对 RC 电路幅频特性的分析，我们希望完整保留的基波也将有一定的衰减，造成有用信息的损失和测量精度的降低。因此模拟式滤波器设计的出发点是滤除较高次谐波，而放弃对较低次谐波的滤除。

(2) 根据采样定理，对某个频率 f 的信号进行采样，采样脉冲频率 f_c 必须满足

$$f_c = Kf \quad (K = 2,3,4,\cdots)$$

由于在电力系统交流量测量时，若要求有效采集到完整的各次高次谐波信息，需要在一个工频周期内采集足够多个数据。电网中存在较多、较高次谐波的情况下，采样频率需要足够的高，这样不能通过较简单的算法将谐波去除，将使具备滤波功能的计算机程序复杂化，计算速度变慢。

出于以上两个方面的考虑，为了简化电路和利用计算机的计算能力，在模拟量输入回路中设置由 RC 电路组成的模拟式低通滤波器，滤除较高次谐波；在计算机程序中则相应包含用于滤除低次谐波的计算子程序。

（一）模拟式滤波

模拟式滤波器的作用是消除输入信号中的干扰（包括较高次谐波），保留有用信号，相对提高输入信号的信/噪比。模拟式滤波器一般由简单而有效的一级或二级、单向或双向 π 型 RC 低通滤波器构成。滤波器同时还作浪涌电压保护，防止浪涌电压进入通道内部，破坏信息处理设备。对电网信号常用的 RC 低通滤波器原理电路如图 2-16 所示。

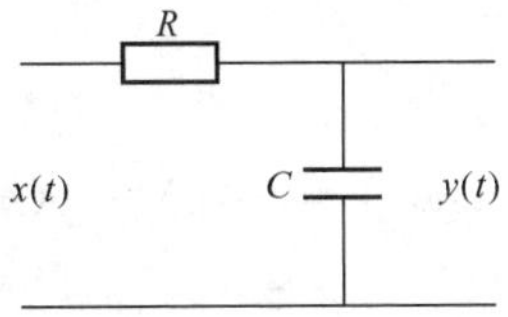

图 2-16　RC 低通滤波器

由图 2-16 可知

$$y(t) = x(t) - i_C R \tag{2-6}$$

$$i_C = \frac{\mathrm{d}y}{\mathrm{d}t}C \tag{2-7}$$

$$y(t) = x(t) - CR\frac{\mathrm{d}y}{\mathrm{d}t} \tag{2-8}$$

$$y(t) + CR\frac{\mathrm{d}y}{\mathrm{d}t} = x(t) \tag{2-9}$$

$y(t)$ 与输入 $x(t)$ 之间的传递函数为

$$y(s) = \frac{x(s)}{RCs+1} = \frac{x(s)}{Ts+1} \tag{2-10}$$

式中 T——滤波器的时间常数，$T=RC$。

电路的频率特性为

$$\frac{y(\mathrm{j}\omega)}{x(\mathrm{j}\omega)} = \frac{1}{1+T\mathrm{j}\omega} \tag{2-11}$$

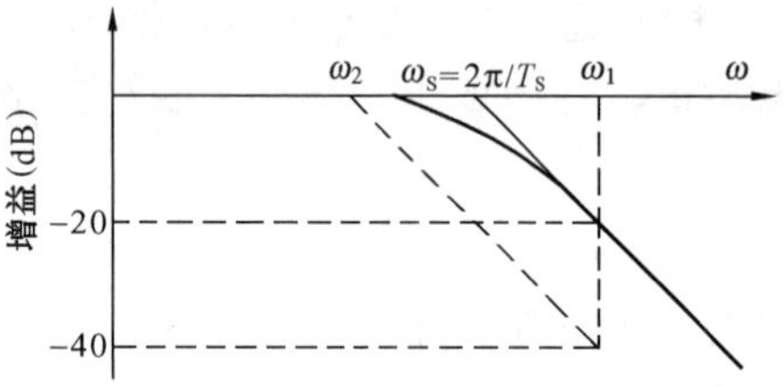

图 2-17 RC 低通滤波器的对数幅频特性

RC 低通滤波器的对数幅频特性如图 2-17 所示。在 $\omega > \frac{2\pi}{T}$ 处，可以近似地用一条斜率为−20dB 倍频的直线来代表。该滤波器对 ω_1 的信号增益为−20dB，即在 $\omega=\omega_1$ 的信号经过滤波后，幅值降为原来的 1/10。

如果需要降为原来的 1/100，则可将幅频特性左移，使 ω_1 与之相交于−40dB 即可。

RC 滤波器的时间常数取决于希望将某次谐波信号抑制到什么程度，设渐进线与水平线相交于 ω_2，则时间常数为 $T=\frac{2\pi}{\omega_2}$，由 T 可以确定电阻 R、电容 C 的大小。

近似折线的转折点对应的角频率 ω_S 称为转折角频率。ω_S 不能设置过低，原因是对数幅频特性实际上是平滑曲线，不是折线，ω_S 过小接近工频，则要求保留的基波量将有衰减损失。由于 ω_S 不能设置过低，则较低次谐波不可能全部滤除，将进入后面的数据回路环节。

（二）数字滤波

数字滤波实际上是一种算法，通过数字滤波程序的处理，可以削弱干扰和谐波的影响。采用数字滤波可以不必配置模拟式滤波器中所需要的 R、C 元件；数字滤波程序可以为若干路遥测量公用；对于高次谐波的滤除，数字滤波尤其能够发挥较好的作用。

1. 低通滤波

滤波器也可以用软件方式实现。从式（2-9）可得

$$T\frac{\mathrm{d}y(t)}{\mathrm{d}t} + y(t) = x(t) \tag{2-12}$$

令 $\mathrm{d}y(t) = y(n) - y(n-1)$，$\mathrm{d}t = T_0$（$T_0$ 为采样周期），其中 n 为第 n 次采样，即有

$$T\frac{y(n)-y(n-1)}{T_0} + y(n) = x(n)$$

$$y(n)\left(\frac{T}{T_0}+1\right) - \frac{T}{T_0}y(n-1) = x(n) \tag{2-13}$$

令 $Q = \frac{1}{T/T_0+1}$，由于 T 和 T_0 均为常数，因此 Q 也为常数，即

$$y(n)=(1-Q)y(n-1)+Qx(n) \tag{2-14}$$

从式（2-14）可看到，本次计算值不仅与本次采样值有关，而且与上一个计算结果有关，这种滤波方式称为递归滤波。

根据式（2-14）可编制一计算机程序。当对一个信号在其一周期内采样 N 次，可得到 N 个采样值 $X_k(k=1,2,\cdots,N)$，经滤波计算可得 N 个计算值 $Y_k(k=1,2,\cdots,N)$，Y_k 的高次谐波含量被基本滤除。

2. 非递归滤波

这里以一个非递归滤波算例来解释其原理。设一个模拟信号，该信号由两个分量组成，即

$$x(t)=u(t)+v(t)$$
$$u(t)=U\sin 2\pi f_1, f_1=50\text{Hz}$$
$$v(t)=V\sin 2\pi f_2, f_2=350\text{Hz}$$

要求保留 $f_1=50\text{Hz}$ 的基波部分，滤除 $f_2=350\text{Hz}$ 的谐波（7 次）部分。若对 $x(t)$ 采样，采样频率 $f_s=3500\text{Hz}$，则对于基波，每周期有 70 个采样值；对于 7 次谐波，则每周期有 10 个采样值。

现将相对于基波一周期的 70 个采样值分成 7 组，每组 10 个采样值求取平均值。

令 $y(k)$ 是 $x(t)$ 连续 10 个采样值的平均值，即

$$y(k)=\frac{1}{10}[x(k)+x(k-1)+x(k-2)+x(k-3)+\cdots+x(k-9)]$$

$x(t)=u(t)+v(t)$ 由两个分量组成，因此可有

$$\begin{aligned}y(k)=&\frac{1}{10}[u(k)+u(k-1)+u(k-2)+u(k-3)+\cdots+u(k-9)]\\&+\frac{1}{10}[v(k)+v(k-1)+v(k-2)+v(k-3)+\cdots+v(k-9)]\end{aligned} \tag{2-15}$$

由于 $v(t)$ 是 350Hz 的正弦波，采样频率为 3500Hz，恰好是 $v(t)$ 每周期 10 次采样，因而式（2-15）中的第二部分必然等于零，于是有

$$y(k)=\frac{1}{10}[u(k)+u(k-1)+u(k-2)+u(k-3)+\cdots+u(k-9)]$$

对于 50Hz 的基波，上述计算可得到 7 个分组值，每个分组值恰好分别等于对基波进行每周期 7 次采样的各个采样值，并且不包含任何 7 次谐波成分。

上述方法写成一般式为

$$y(k)=A_i\sum_{i=0}^{k-1}x(k-i)$$

式中　A_i——滤波因子；

　　k——滤波因子长度。

这种数字滤波的输出值仅与当前的和过去的采样输入值有关，和过去的输出值无关，因此称其为非递归滤波。

3. 算术平均滤波

根据交流信号一周期的积分为零的原理，采用平均滤波算法可用于直流量的求取。

平均滤波算法的公式为

$$y_n = \frac{1}{n}\sum_{i=1}^{n} x_i$$

式中 y_n——滤波器输出；

x_i——第 i 次采样值；

n——采样次数。

二、交流数值计算

以往电力系统数据的采集多用变送器将交流信号变成直流信号。计算机技术的发展，高速 AAI 的出现，使得我们可以采用某些算法，对 AAI 来的信号进行处理后，由计算机直接计算出电力系统的电压、电流、功率及功率因数等参数。

计算方法有多种，如傅里叶算法、沃尔什函数法、曲线拟合法等。电力系统中用的较多的是傅里叶算法。

傅里叶算法是以傅里叶级数为基础的，对于任何输入量为周期函数的信号 $u(t)$ 、$i(t)$ 都可以分解为含有直流分量 U_0、I_0 及各种谐波分量的傅氏级数，即

$$i(t) = I_0 + \sum_{n=1}^{\infty} I_{nc}\cos(n\omega_1 t) + \sum_{n=1}^{\infty} I_{ns}\sin(n\omega_1 t) \tag{2-16}$$

$$u(t) = U_0 + \sum_{n=1}^{\infty} U_{nc}\cos(n\omega_1 t) + \sum_{n=1}^{\infty} U_{ns}\sin(n\omega_1 t) \tag{2-17}$$

式中 n——n 次谐波，n=1，2，…；

I_{nc}、U_{nc}、I_{ns}、U_{ns}——分别为 n 次谐波的余弦分量、正弦分量电流、电压值。

由 $\cos n\omega t$、$\sin n\omega t$（n=1，2，…）组成的正交函数组作样品函数，分别用｛1、$\cos n\omega t$、$\sin n\omega t$、$\cos n2\omega t$、$\sin n3\omega t$、…｝正交函数集中的各项与 $i(t)$ 或 $u(t)$ 相乘，可相应得到各次波分量。例如，需要得到基波分量电流，则用 $\sin n\omega t$ 和 $\cos n\omega t$ 分别与 $i(t)$ 相乘，从任一时刻 t_0 积分一周期 T，利用正交函数的特性即可消去直流分量和各次谐波，从而得到

$$I_{\mathrm{r}} = \frac{2}{T}\int_{t_0}^{t_0+T} i(t)\sin\omega t\,\mathrm{d}t \tag{2-18}$$

$$I_{\mathrm{i}} = \frac{2}{T}\int_{t_0}^{t_0+T} i(t)\cos\omega t\,\mathrm{d}t \tag{2-19}$$

$$U_{\mathrm{r}} = \frac{2}{T}\int_{t_0}^{t_0+T} u(t)\sin\omega t\,\mathrm{d}t \tag{2-20}$$

$$U_{\mathrm{i}} = \frac{2}{T}\int_{t_0}^{t_0+T} u(t)\cos\omega t\,\mathrm{d}t \tag{2-21}$$

设每个工频周期采样 N 次，对式（2-18）～式（2-21）用梯形数值积分来代替，可求得

$$I_{\mathrm{r}} = \frac{2}{N}\sum_{k=1}^{N} i_k \sin k\frac{2\pi}{N} \tag{2-22}$$

$$I_{\mathrm{i}} = \frac{2}{N}\sum_{k=1}^{N} i_k \cos k\frac{2\pi}{N} \tag{2-23}$$

$$U_{\mathrm{r}} = \frac{2}{N}\sum_{k=1}^{N} u_k \sin k\frac{2\pi}{N} \tag{2-24}$$

$$U_{\mathrm{i}} = \frac{2}{N}\sum_{k=1}^{N} u_k \cos k\frac{2\pi}{N} \tag{2-25}$$

从而可以求出电流、电压有效值为

$$I=\sqrt{\frac{I_r^2+I_i^2}{2}}\qquad\left(\tan\varphi_i=\frac{I_i}{I_r}\right)\tag{2-26}$$

$$U=\sqrt{\frac{U_r^2+U_i^2}{2}}\qquad\left(\tan\varphi_u=\frac{U_i}{U_r}\right)\tag{2-27}$$

$$\varphi=\varphi_u-\varphi_i\tag{2-28}$$

也可以简单求得功率为

$$P=\frac{1}{2}(U_rI_r+U_iI_i)$$

$$Q=\frac{1}{2}(U_iI_r-U_rI_i)\tag{2-29}$$

例如：有一电压为

$$u=U\sin(\omega t+20^\circ)$$

每周期采集12个电压数据。式（2-24）、式（2-25）展开为

$$U_r=\frac{1}{6}\left[U_3-U_9+\frac{\sqrt{3}}{2}(U_2+U_4-U_8-U_{10})+\frac{1}{2}(U_1+U_5-U_7-U_{11})\right]$$

$$U_i=\frac{1}{6}\left[U_{12}-U_6+\frac{\sqrt{3}}{2}(U_1+U_{11}-U_5-U_7)+\frac{1}{2}(U_2+U_{10}-U_4-U_8)\right]$$

12个采样数据依次为

0.766　0.985　0.940　0.643　0.174　−0.342　−0.766　−0.985　−0.940　−0.643　−0.174　0.342

依次代入上面公式内，有

$$U_r=\frac{1}{6}\left[0.94+0.94+\frac{\sqrt{3}}{2}(0.985+0.643+0.985+0.643)\right.$$
$$\left.+\frac{1}{2}(0.766+0.174+0.766+0.174)\right]=0.94$$

$$U_i=\frac{1}{6}\left[0.342+0.342+\frac{\sqrt{3}}{2}(0.766-0.174-0.174+0.766)\right.$$
$$\left.+\frac{1}{2}(0.985-0.643-0.643+0.985)\right]=0.342$$

$$U=\sqrt{\frac{0.94^2+0.342^2}{2}}=\frac{1}{\sqrt{2}}$$

$$\varphi=\arctan\frac{0.342}{0.94}=20^\circ$$

当一周期采集 N 个数据后，可以方便地对应代入公式，得到结果。采用正交函数的特性可消去直流分量和有完整采集信息的谐波。

第六节　标　度　变　换

电力系统中的各种参数有不同的量纲和数值变换范围，如电压测量值单位为V或kV，电流的测量值单位为A或kA等。一次量测设备的变化范围也不同，如电压互感器输出为

0～100V，电流互感器输出为 0～5A 等。所有这些信号又都需经过各种形式的变换转化为 A/D 转换器所能接收的信号范围，如－5～＋5V。经 A/D 转换成数字量，然后再由计算机进行数据处理和运算。经 A/D 转换成的数字量已成为一种标幺值形态，无法表明该遥测量的物理大小。为了显示、打印、报警及向调度传送，又必须把这些数字量转换回原来的数值量纲，以便于操作人员进行监视与管理，这就是标度变换。

远动中的遥测量经电压（电流）互感器和中间变换器变换为幅值为 0～±5V 的电压。以 12 位 A/D 转换为例，转换结果是 12 位，其中最高位是符号位，其余 11 位为数值。这是一个定点数，若约定将小数点定在最低位的后面，则数值部分为整数。当被测值与满量程相等时，转换结果为全 1 码，11111111111B＝2047。

例如，被测电流的满量程为 1500A。当电流在 0～1500A 范围内变化时，A/D 转换的输出在 0～2047 之间变动，两者呈线性比例关系，比例系数为 S/D。设遥测量的实际值为 S，A/D 转换后的值为 D，则因为 S 和 D 呈线性比例关系，所以可以以满量程的对应关系来求出标度变换系数 K。对于 12 位 A/D 转换器，经转换后的满量程结果为 2047。

例如，幅值为 1500A 的电流，则

$$\frac{S}{D}=\frac{1500}{2047}=0.732\ 779\ 677=0.101\ 110\ 111\ 001\ 011\text{B}$$

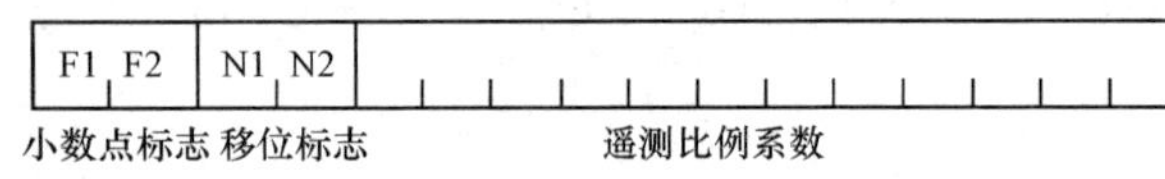

图 2-18　标度变换系数格式

各个遥测量都有对应的标度变换系数 K，均以确定的形式存储在遥测系数区中，待需要时读取。标度变换系数 K 在遥测系数区中以两个字节存放，其格式如图 2-18 所示。

1500A 电流的标度变换系数 K 为

$$K=0\ 000\ 010\ 111\ 011\ 100$$

在经过 A/D 转换得到某个遥测量的 11 位二进制数，需乘上系数得到有量纲的实际值，考虑到应保证在乘法运算时的精度，标度变换系数 K 应具有 11 位的有效位。但在某些场合，根据 S/D 所得的系数 K 并不具有 11 位有效位，因此需要预先对 S/D 进行处理。

例如，某电流的幅值满量程为 150A，则

$$\frac{S}{D}=\frac{150}{2047}=0.073\ 277\ 967=0.00010010110\text{B}$$

这一比例系数的有效位仅有 8 位，当 A/D 转换的结果与之相乘后，有效位数减少了。

为了保证有效位数，可以将被测量预放大，例如上例放大 10 倍，在十进制数显示时相应将小数点向左移 1 位，即可显示原值。如果将上述 150A 的满量程值放大 10 倍后成为 1500，系数 K 即有 11 位有效位数。在 1500 转换成二进制数后，与比例系数相乘，并在二—十进制转换后，将小数点向左移一位，即为 150.0A 的表达。

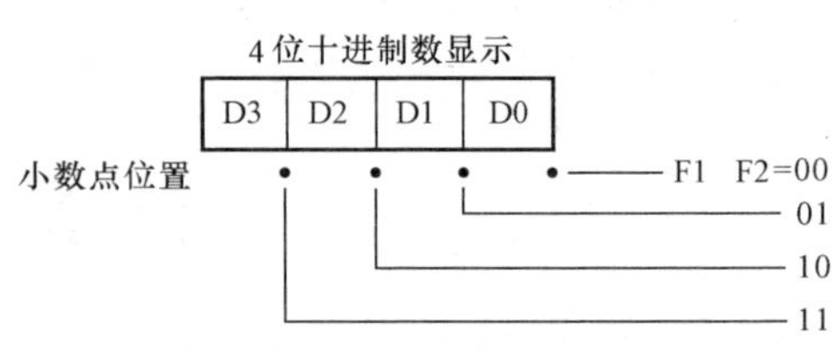

图 2-19　小数点标志与十进制显示

遥测量一般用 4 位十进制 D3D2D1D0 显示。用小数点标志 F1F2 来设定小数点位置，其内容由通信双方约定。例如，小数点设在最低位 D0 之前，把 F1F2 置为 01。图 2-19 所示为一种可

选择的方案。

150.0A 的标度变换系数 K 为

$$K = 0\ 100\ 010\ 111\ 011\ 100$$

以显示的物理单位（kV、kA、kVA 等）与小数点标志设置相配合，可以使比例系数 S/D 为 0.1～0.999 999 9…。但在 S/D 小于 0.5 时，对应的二进制仍会出现有效位数不足 11 位的情况。例如，满量程值为 100A 的电流，先扩大 10 倍为 1000A，则

$$\frac{S}{D} = \frac{1000}{2047} = 0.488\ 519\ 785 = 0.011\ 111\ 010\ 000\ 1\text{B}$$

实际有效位为 10 位不能满足要求，而且 100 不能扩大 100 倍，因为将使 $S/D > 1$ 而不符合要求。解决方法是将 S/D 计算到小数点后 12 位，然后将 S/D 左移 1 位成为 0.111 110 100 00B作为标度变换系数的遥测比例系数部分，并在 N 移位标志上设置相应值。在乘系数运算后再将乘积右移相应位数，使数值还原。

标度变换系数中的 N 移位标志部分的设置方法可以是 N1N2＝00，系数未位移；N1N2＝01，系数左移了 1 位；N1N2＝10，系数左移了 2 位；N1N2＝11，系数左移了 3 位。

100.0A 的标度变换系数 K 为

$$K = 0\ 101\ 011\ 111\ 010\ 000$$

综上所述，标度变换系数共由三部分组成。当一个遥测量经 A/D 转换后，相应从遥测系数区取出相应的标度变换系数与之相乘，再把乘积右移 N 位。若需显示，则在二—十进制转换后，根据 F1F2 标上小数点，完成标度变换。

思　考　题

1. 电子式电流互感器的原理是什么？有什么特点？
2. 光学电压互感器的原理是什么？
3. 直流采样为什么要采用全波线性整流电路？其工作过程如何？
4. 合并单元主要由哪几部分组成？各自完成什么任务？
5. 为什么要在模拟电路中设置滤波电路？而在计算时仍需增加滤波程序？
6. 递归滤波与非递归滤波各自的适用场合是什么？
7. 用 4 位十进制数显示满量程为 40kV 的测量电压，求标度变换系数 K。

第三章　远　方　终　端

远方终端（Remote Terminal Unit，RTU）是电网监视和控制系统中安装在发电厂或变电站的一种运动装置。图3-1所示为RTU在电网监控系统中的示意图。RTU采集所在发电厂或变电站表征电力系统运行状态的模拟量和状态量，监视并向调度中心传送这些模拟量和状态量，执行调度中心发往所在发电厂或变电站的控制和调节命令。

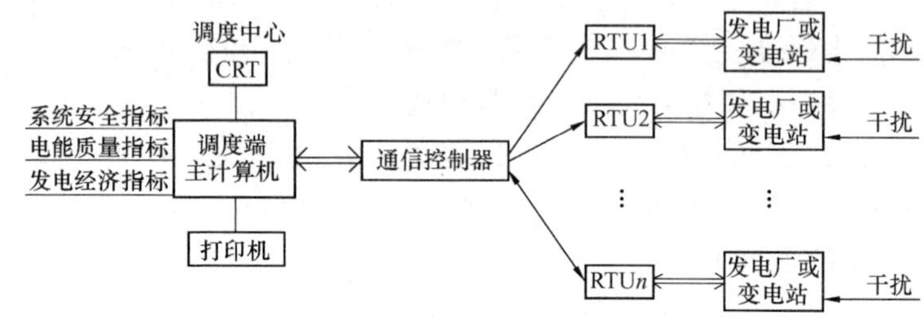

图3-1　RTU在电网监控系统中的示意图

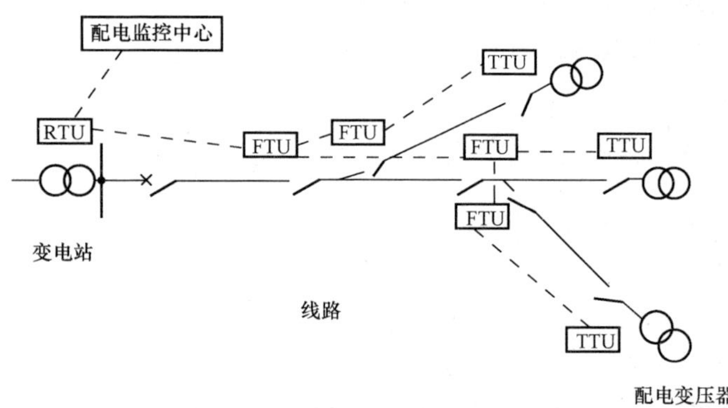

图3-2　RTU、FTU、TTU在配电网监控系统中的示意图

安装于线路分段开关的馈线终端（Feeder Terminal Unit，FTU）和安装在配电变压器的数据终端（Transformer Terminal Unit，TTU）采集配电网的运行数据和故障数据，经过数据的变换与处理，由通信通道传至控制中心DSCADA，对收集到的数据进行综合分析，对当前配电网的运行状态进行判断，相应发出维护配电网安全运行的控制操作。图3-2所示为RTU、FTU、TTU在配电网监控系统中的示意图。

早期的远方终端是由一些分立元件构成的电子设备，所能采集的信息量很少，功能极为简单。随着集成电路的布线逻辑式远方终端的产生，它所采集的信息量比分立元件式远方终端有明显增加，实现的功能也有所增强。直到20世纪80年代初远方终端采用了微型计算机，才使其发展到一个崭新的阶段。现代的远方终端是一个以微型计算机为核心的具有多输入/多输出通道、功能较为齐全的计算机系统，系统中的硬件在程序（软件）的指挥下完成规定的功能，不同的程序可以完成不同的功能，具有很强的数据处理能力，改变程序比较方便，工作灵活，适应性强。用微机构成的远方终端的硬件和软件可以按照需要以模块形式适当组合，性能价格比高，可靠性也高，因此在电力系统调度自动化系统中得到广泛运用。

随着电力系统的迅速发展，对电网的监视和控制要求日益提高，作为采集电网运行数据和执行调度命令的远方终端，其作用也越来越重要。由远方终端提供完备可靠的实时数据，并正确执行控制和调节命令，是实现对电力系统安全、可靠、经济运行的必不可少的手段之一。

第一节 远方终端的功能

在电网监控系统中，远方终端的功能是指终端对电网的监视和控制能力，也包括终端的自检、自调和自恢复等能力。由于电网监控系统面对一个庞大而错综复杂的对象，远方终端所承担的任务不仅数量多，而且复杂。通常的远方终端功能可划分为远方功能和当地功能。

一、远方功能

远方终端是安装在发电厂、变电站或线路上的一种远方装置，它与调度中心相距遥远、与调度中心计算机通过信道相连接。远方终端与调度中心之间通过远距离信息传输所完成的监控功能称为远方终端的远方功能。

1. 遥测（Tele-measurement）

遥测即远程测量，它将采集到的被监控发电厂、变电站或线路、配电变压器的主要参数按规约传送给调度中心。这些测量参数可能是发电厂或变电站中的发电机组、调相机组、变压器、输电线路、配电线路、配电变压器等通过的有功功率和无功功率，传输线路中重要支路的电流和重要母线上的电压、频率等，还可能是变压器油温等非电参量。通常一台远方终端可以处理几十个甚至上百个遥测量。

数字值是指直接以数字的形式输入给远方终端的一些物理量。它通常指电力系统中电能累计量、水力发电厂的水库水位等。远方终端按规约将这些数字量送往调度中心。

计数脉冲（Counter Pulse）：RTU 所采集的脉冲量是指反映电能量的脉冲信号量。RTU 能直接接收和累计这些脉冲信号，将其处理成电能信息，定时发送给调度中心。一台 RTU 一般可接收多达几十路电能量脉冲信号。

事故追忆（Accident Look Back）：当 RTU 检测到检测范围内发生故障时，记录故障发生前、后的电压、电流量，组成为事故追忆报告，发送至调度中心，供调度人员进行事故分析。

2. 遥信（Tele-indication、Tele-signalization）

遥信即远程信号，它将采集到的被监控发电厂或变电站的设备状态信号，按规约传送给调度中心。这些设备状态可能是断路器、隔离开关的位置状态，继电保护和自动装置的动作状态，发电机组、远方设备的运行状态等。通常，一台 RTU 可能处理几十个甚至几百个遥信量。

事件顺序记录（SOE）：当 RTU、FTU 检测到发生遥信状态变位时，应立即组织变位信息，即时优先向调度中心传送，同时记录发生遥信变位的时刻、变位状态和变位开关或变位设备序号，组成事件记录信息向调度中心传送。

3. 遥控（Tele-command）

遥控即远程命令，它从调度中心发出改变运行设备状况的命令。这种命令包括操作发电厂或变电站各级电压回路的断路器、投切补偿电容器和电抗器、发电机组的开停等。因此，这种命令只取有限个离散值，通常只取两种状态命令，如断路器的“合”或“分”命令。一台 RTU 可以实现对几十台设备的远方操作。

4. 遥调（Tele-adjusting）

遥调即远程调节，它从调度中心发出命令实现远方调整发电厂或变电站的运行参数。这种命令包括改变变压器分接头的位置，以调节电力系统运行电压；改变机组有功和无功成组调节器的整定值，以增减机组的功率；对自动装置整定值的设定等。一台 RTU 可以实现对几个甚至十几个这类装置的远方调节。

5. 电力系统统一时钟

在电力系统中，因设备或输电线路的故障等，可能引起一系列设备的跳、合闸动作。为区别事件的前因后果，分布在同一电网中的不同发电厂或变电站应按同一时钟去记录发生事件的时标量，分布在各处的电能计量装置的同步计量，这就要求电网内的时钟是统一的。为了及时纠正远方终端时钟运行的误差，远方终端必须具备对时功能。

6. 转发

转发接收到的远方终端送来的远方信息，然后根据上级调度的需要，按规约编辑组装后转发给指定的调度中心。

7. 适合多种规约的数据远传

远方终端与调度中心之间的远距离信息交换是按一定规约传送的。按照规定远方终端应符合远方任务配套标准 IEC 60870—5—101 或 IEC 60870—5—102、103、104，以实现与调度中心及与之联网的其他智能设备通信。

二、当地功能

远方终端的当地功能是指远方终端通过自身或连接的显示、记录设备，实现对电网的监视和控制的能力。

1. CRT 显示

与远方终端相连接的 CRT 显示器，可以显示所在发电厂或变电站的电气主接线图。在这个主接线图上可实时显示发电机组的运行状态、断路器的位置状态等重要遥信量，也可在线显示发电厂、变电站或线路的实时运行参数。同时，事故变位遥信和遥测越限告警也可通过 CRT 显示器醒目地显示出来。

2. 汉字报表打印

与 RTU 相连接的打印机，可以实现将数据信息打印记录，存档以备查索。通常打印机可完成三种类型的打印任务，即定时制表打印、召唤打印和事件记录随机打印。

3. 本机键盘、显示器

远方终端都有一块操作面板，在面板上带有小键盘和显示器，通过操作小键盘，在显示器上显示有关信息，以实现巡测、定测、选测、显时等功能。

4. 远方终端的自检与自调功能

其反映了远方终端装置的可维护能力。可维护能力越强，远方终端的可用率将越高。远方终端的程序自恢复能力是指在受到某种干扰影响而使程序“走飞”时，能够自行恢复正常运行的能力。

第二节 远方终端硬件与软件配置

从功能上考虑，远方终端主要是采集发电厂或变电站的遥测量、遥信量、数字值和计数值，经适当的处理后及时向调度中心发送，形成对电网运行的监视。同时，远方终端接收并执行调度中心发送到所在厂站的命令，形成对电网运行的控制。因此，远方终端是一个多输入/多输出的微型计算机系统。

一、单 CPU 的远方终端硬件和软件配置

1. 单 CPU 的 RTU 硬件组成

所谓单 CPU 的 RTU 是指所有数据采集、处理、显示和发送，命令的接收和执行等都由单个 CPU 独立完成的 RTU。其硬件原理框图如图 3-3 所示。

由图 3-3 可见，在单 CPU 的 RTU 中，硬件包括定时器/计数器、中断控制器等系统部分，遥测、遥信、数字量和电能脉冲量等远动信息输入电路，遥控、遥调等命令的输出电路，本机键盘和显示器、CRT 显示器以及打印机等人机联系部分。各部分都经可编程接口芯片，通过系统总线与 CPU 相连接。CPU 通过对各接口芯片的操作管理，控制各部分电路的正常工作。

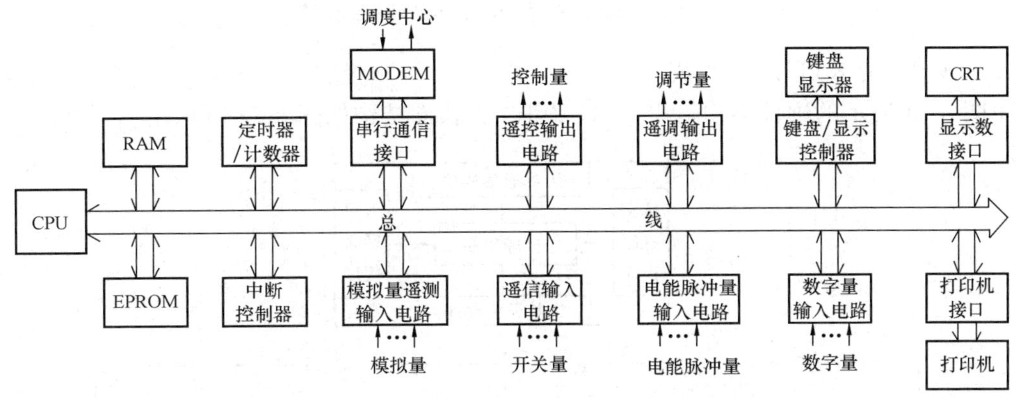

图 3-3　单 CPU 的 RTU 硬件原理框图

2. 单 CPU 的 RTU 软件组成

RTU 是实时监控系统的一个组成部分，显然，RTU 运行的软件是实时软件。实时软件要完成的任务由定时或不定时触发产生，可用中断服务程序来完成。因此，单 CPU 的 RTU 软件包括一个主程序和多个中断服务程序。主程序完成对整个系统的初始化和人机联系的功能。中断服务程序完成 RTU 的输入和输出功能，主要包括实时时钟中断服务程序、A/D 结束中断服务程序、字节发送空中断服务程序和字节接收满中断服务程序等。

3. 单 CPU 的 FTU、TTU

由于 FTU 仅需要遥测、遥信、遥控功能，TTU 仅需遥测功能，相对 RTU 功能简单得多。一般 FTU 和 TTU 均采用单 CPU 形式，以简化设备和降低成本。

二、多 CPU 的 RTU 硬件和软件配置

1. 多 CPU 的 RTU 硬件组成

所谓多 CPU 的 RTU 是指多个 CPU 分工协作共同完成功能的一种 RTU。其硬件原理框图如图 3-4 所示。从图 3-4 可见，这种 RTU 由一个主控系统和多个子系统组成，主控系统和每个子系统都带有 CPU。子系统的 CPU 负责子系统范围内的数据采集或执行命令，并与主控系统的 CPU 通信。主控系统的 CPU 负责管理各子系统，并与调度中心通信以及人机

联系。采用多个CPU构成RTU，有利于提高RTU采集和处理远方信息的能力。

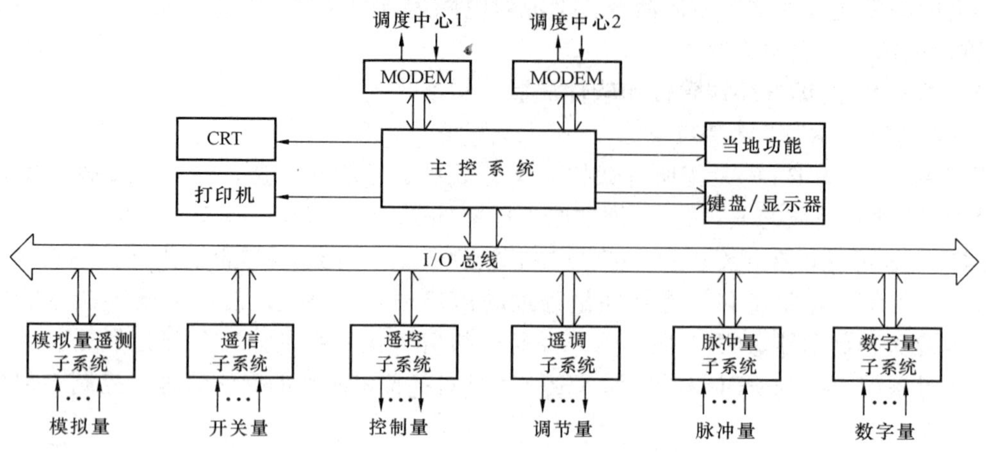

图3-4 多CPU的RTU硬件原理框图

2. 多CPU的RTU软件组成

按图3-4所示的硬件结构，多CPU的RTU软件结构如图3-5所示。

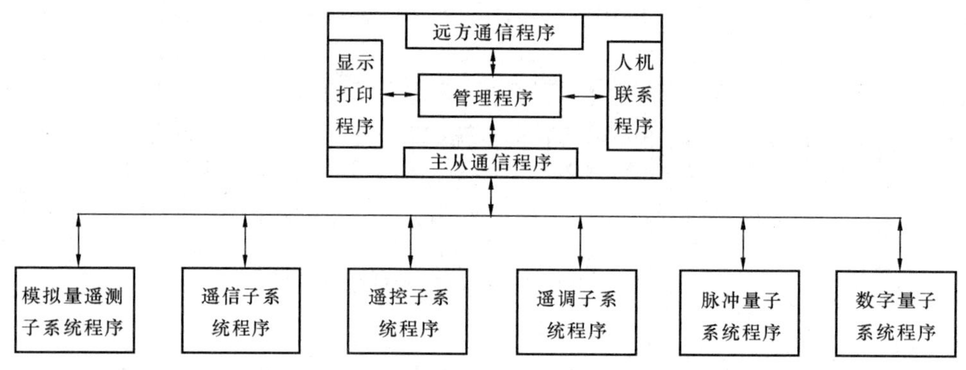

图3-5 多CPU的RTU的软件结构

每个子系统中的CPU运行相应子系统的软件，这些软件都包括一个主程序和一个或多个中断服务程序。主控系统的CPU软件主要包括与子系统的CPU的通信程序、与调度中心的通信程序、数据处理程序以及人机联系程序。多个子系统的CPU运行各自的程序，主、从CPU协调工作，共同完成RTU功能所指定的任务。

三、中断与中断优先权

由于远方终端的任务对实时性要求较强，所以远方终端的任务大多数采用中断方式完成。因此，远方终端在实时运行中可以出现多个中断源。8085A有五条中断输入线INTR、RST5.5、RST6.5、RST7.5、TRAP，这五条中断输入线不能满足远方终端的应用要求，故采用一片8259A来扩展中断输入，使整个系统可扩展到12级中断服务。8085A的中断扩展如图3-6所示。

8085A中的五条中断输入线，其优先级别是不相同的。TRAP中断是不可屏蔽的，这是级别最高的中断，用来处理掉电等最为紧急的事故。RST5.5、RST6.5、RST7.5中断可用 SIM 指令屏蔽。SIM 指令是一条中断屏蔽置数指令，把累加器数据中的屏蔽标志置“1”或置“0”，从而决定该屏蔽标志位所相应的中断请求是否允许。累加器数据中的位 0、位 1 和位 2 分别相应于 RST5.5、RST6.5 和 RST7.5 的中断请求的屏蔽标志位，它用 RIM 指令读入。INTR 用来使 CPU 接受一条由外部电路送到数据总线上的 RST 指令，并根据该指令转移到相应 8 个中断服务程序入口之一。INTR 也可受 8259A 的控制，从而直接产生一条调用子程序的 CALL 指令。CALL 指令调用的地址是 16 位的，经过程序预先安排，可以指向系统存储器中任一地址的中断处理子程序的入口。8085A 中五条中断输入级的优先级及转移地址见表 3-1。TRAP 中断优先级最高，INTR 最低。

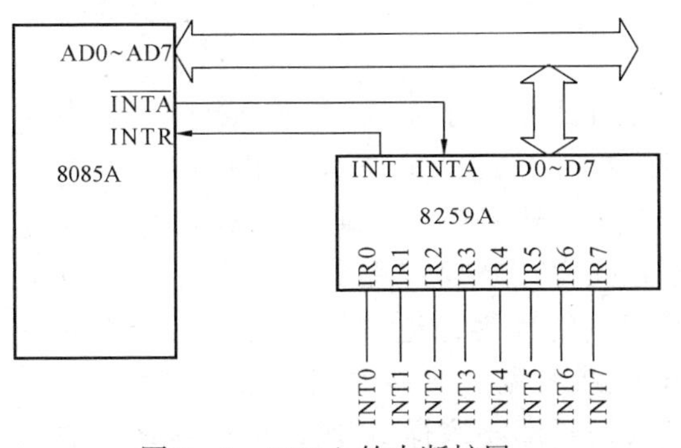

图 3-6 8085A 的中断扩展

表 3-1 8085A 中五条中断输入级的优先级及转移地址

中断输入线	优先级	中断后的转移地址
TRAP	1	24H
RST7.5	2	3CH
RST6.5	3	34H
RST5.5	4	2CH
INTR	5	程序设定，由 8259A 提供

在远方终端中，各个中断请求要求 CPU 为其服务的紧迫性不相同。实时时钟中断要求 CPU 及时响应，与调度中心的通信必须保持连续进行。打印机中断、慢变的数字量输入中断可以安排在较低的中断优先级。而程序自恢复（Watch-dog）功能决定着远方终端的运行状态，必须放在最高优先级别。模型远方终端整机的各中断优先级分配见表 3-1。

第三节 遥测信息采集电路

一、模拟量遥测信息及其来源

在电网调度自动化系统中，调度中心必须随时掌握全网的运行情况，以便形成控制电网正常运行的命令。在反映全网运行状态的信息中，遥测量信息是其中非常重要的部分。遥测量可分为模拟量、数字量、脉冲量三大类。

（1）模拟量是指发电厂、变电站的母线电压，发电机、变压器、输电与配电线路的电流、有功功率、无功功率，系统频率，大容量发电机组的功率角等。

（2）数字量是指某些模拟量已经由另外的设备转换成数字量的被测量。例如，经微机变送器处理的输入量、水库水位经数字式仪表测得的水位数字量等。

（3）脉冲量包括总发电量和厂用电量、联络线交换电能量等电能脉冲量，用于累计电能量。

厂站端必须将测量到的遥测量及时编码成遥测信息，并按规约向调度中心传送。模拟遥测量编码过程如图 3-7 所示。

二、交流采样过程

为了完成对多路交流输入量的交流采样，可采用对这些交流量按序依次采样方式（如图

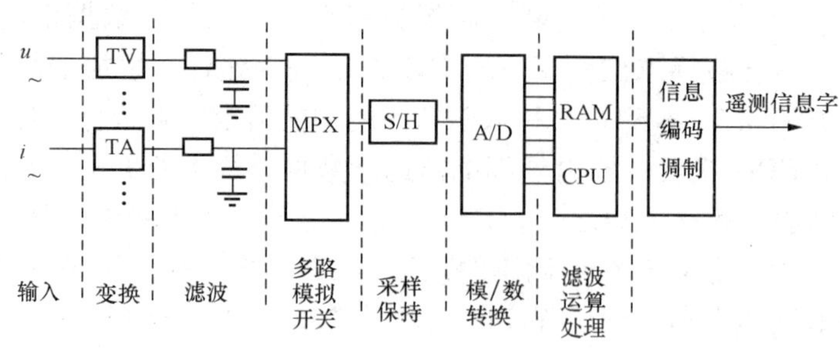

图 3-7 模拟遥测量编码过程

3-7 所示）。交流采样时序如图 3-8 所示。

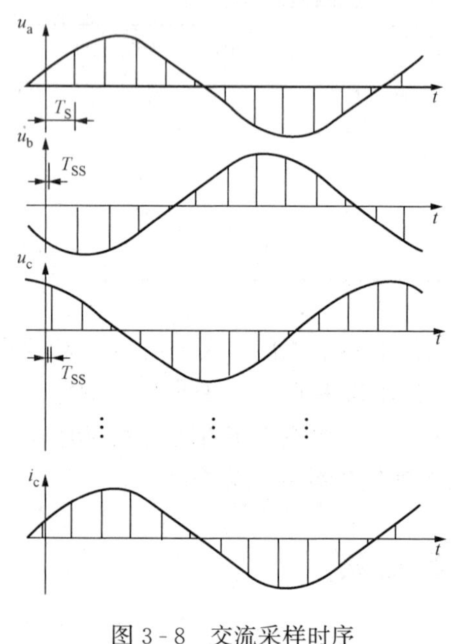

图 3-8 交流采样时序

交流采样方式下，多个模拟遥测量首先由中间变换器进行变换成合适的电压，经滤波后进入多路模拟开关，按序多选一输出，通过采样保持器实现电压采样，并在模数转换过程中保持不变。A/D 转换器将电压信号转换为二进制数码输出。若输入有 M 路电压和 L 路电流，在一个交流信号周期 T 内，对每一路输入信号都要采样 N 次，那么对某一输入信号两次采样之间的时间间隔 $T_S=T/N$，则在 T_S 时间内应实现共 $M+L$ 路信息的一次采集。两次采集的时间间隔用 T_{SS} 表示。T_{SS} 也是采样时序脉冲信号的周期，包括一路信号的采样时间和保持时间。在保持时间内，A/D 转换器必须完成数模转换，A/D 转换时间 t_A 与 A/D 转换器工作原理有关，t_A 越短，在 T_S 内所能转换的路数越多。在远方终端中，必须满足

$$(M+L)T_{SS}\leqslant T_S \tag{3-1}$$

一个交流周期内，远方终端完成多路输入信息的采集与转换，对二进制数码进行运算及处理，并编码成遥测信息字，向调度中心发送。

在远方终端遥测量输入通道中，A/D 转换器是重要的组成部分。A/D 转换的速度、精度直接关系到遥测信息的处理量和精度。因此，应慎重选择 A/D 转换器。

三、工频跟踪和采样脉冲的产生

由于实际电网频率的波动，按 $T=0.02$s 计算的 T_S 采样，将导致采样间隔过大或过小，从而造成附加误差。在远方终端中，跟随测量当时的交流信号周期 T，则 T_S 将随 T 而变化，使每一个采样周期内都能均匀地采样。

为了测量工频周期 T，首先应将交流信号变换为方波信号，再经分频后控制 8253 定时计数器计数。只要获得一个工频周期内 8253 定时计数器的计数值，由于计数脉冲频率已知，即可测得 T。图 3-9 所示为微机变送器工频跟踪和采样脉冲产生的原理图。它包括过零比较器、D 触发器、定时计数器 8253、并行接口芯片 8255 以及与非门等部分。

正弦交流信号输入零比较器变成对称方波信号输出，该方波信号作为双 D 触发器 CLK1

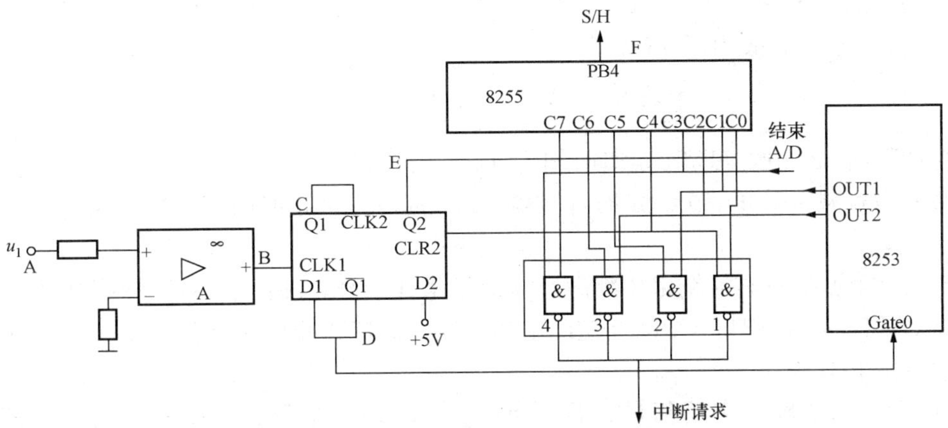

图 3-9　工频跟踪和采样脉冲产生的原理图

的输入，D1 接$\overline{Q1}$，在 Q1 和$\overline{Q1}$端得到其分频信号。又 CLK2 接 Q1，因 D2 接高电平，故当 Q1 上跳时，Q2 上跳，使 C0 处的 PC0 变为高电平，这时 C4 处的 PC4 为高电平，与非门 1 输出中断请求信号至 CPU，CPU 响应后查询 PC0～PC3，确认 Q2 上跳，通过 PC4 复位使 Q2 跳至低电平。因$\overline{Q1}$控制 8253 计数器的 Gate0，所以在交流信号 2 个周期内（$\overline{Q1}$的一个周期内），计数器计数一个交流信号周期时间，读取计数器在该时间内的计数值，即可求出周期 T。工频跟踪和采样脉冲产生的工作波形如图 3-10 所示。

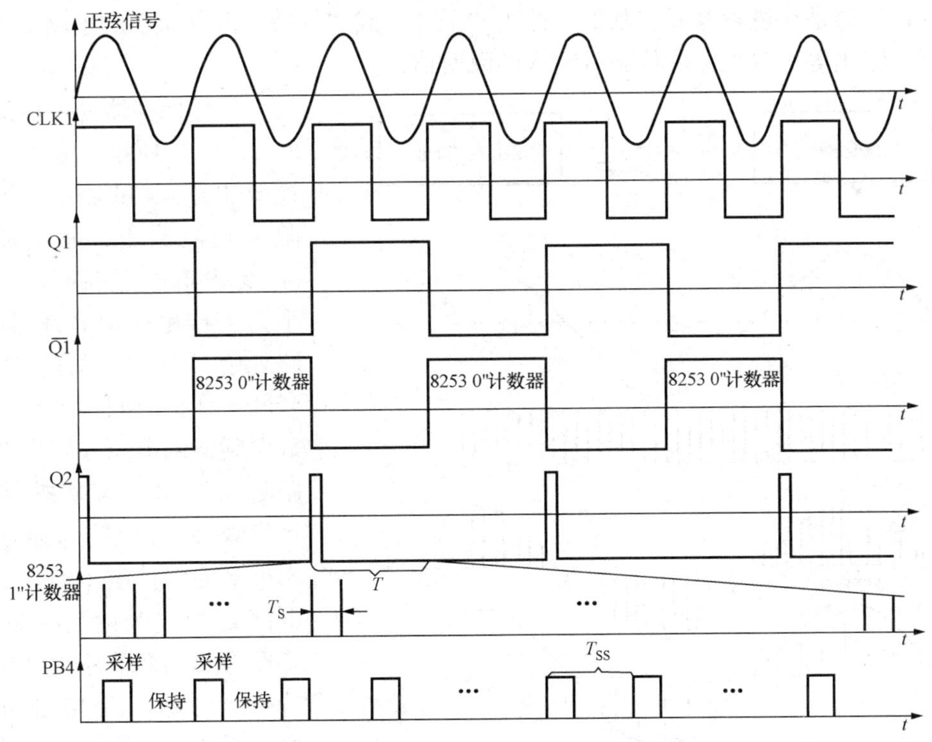

图 3-10　工频跟踪和采样脉冲产生的工作波形

设计数器的计数频率 $f=2\text{MHz}$，$\overline{\text{Q1}}$下跳时计数器数值为 C，则实际计数值为 $2^{16}-C$（设计数器初态为 0）。故周期 $T(\text{s})$ 为

$$T=\frac{2^{16}-C}{f}=\frac{1}{2}(2^{16}-C)\times 10^{-6} \tag{3-2}$$

定时计数器 8253 的 OUT1 定时时间为 T_S（$T_S=T/N$），在 T_S 时间内，采样保持器将对每路输入信号顺序采样一次。定时计数器 8253 的 OUT2 定时时间为顺序两个交流信号的采样间隔 T_{SS}。

当 CPU 响应 A/D 转换结束中断后，立即发采样信号，并读取 A/D 转换结果。8253 定时计数器 OUT2 定时到时，CPU 响应此中断后发出保持脉冲，并启动 A/D 转换。采样和保持脉冲信号由 PB4 输出。

PC0～PC3 分别输入周期测量、T_S 定时、T_{SS}定时、A/D 转换结束后的中断信号，由 CPU 查询中断源。PC4～PC7 分别控制相应中断是否允许输出，其中 PC4 总是允许周期测量中断，并兼作触发器 D2 的复位信号。在非采样周期，PC5～PC7 均在复位状态，禁止相应中断；在采样周期，PC5～PC7 依次置位，适时开放相应中断。

四、采样保持器的作用与原理

在远方终端中，若不用采样保持器，而将 MPX 的输出直接输入 A/D 转换器，把工频跟踪和时序产生部分稍作修改，并用时序控制 A/D 转换，仍能得到各输入信号一周期内均匀间隔的 u_k 和 i_k 的数字量。由于交流信号随时变化，由此得到的 u_k 和 i_k 会产生较大的误差。因此远方终端中必须使用采样保持器，使 A/D 转换器在转换时间内输入信号保持不变。

采样保持器是在逻辑电平控制下，处于“采样”或“保持”两种状态的电路器件。在采样状态下，输出等于输入保持状态时输入的瞬时值。

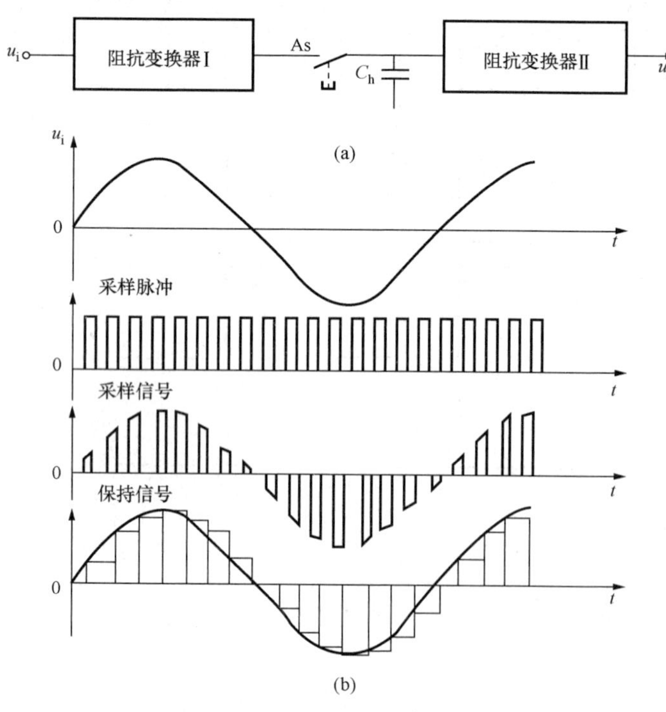

图 3-11 交流信号的采样与保持

采样保持器的电路原理如图 3-11（a）所示，它由一个电子模拟开关 As 和保持电容 C_h 以及阻抗变换器Ⅰ、Ⅱ组成。开关 As 受逻辑电平控制。当逻辑电平为采样电平时，As 闭合，电路处于“采样”状态，经过很短时间（捕捉时间）已迅速充电或放电到输入电压 u_i，即电容电压跟随 u_i 变化。显然捕捉时间越短意味着 C_h 电容量越小。当逻辑电平为保持电平时，As 断开，电路处于“保持”状态，C_h 上将保持 As 断开时的电压。从维持电压考虑，C_h 电容量越大越好。因此，为使采样保持器采样时间短、保持性能好，C_h 的电容量要选择合适、质量要好。当

C_h 选定后，为了缩短捕捉时间，要求采样回路的时间常数小，故用阻抗变换器Ⅰ，因其输出阻抗极小；为使保持性能好，保持回路时间常数要大，故用阻抗变换器Ⅱ，因它有极高的输入阻抗。

从上述分析可知，实际的采样器虽然采样时间做得很小，但不能为零。图 3-11（b）给出了实际采样保持器的工作波形。

单片集成采样保持器型号有多种，其内部结构基本一样，精度有所不同，适用于不同层次。当作为单位跟随器使用时，DC 增益精度可达 0.002～0.02FSR（满刻度，1FSR＝10V）。其输入阻抗很高，可达 $10^{10}\Omega$，输出阻抗为 0.5～4Ω，具有较高采样速度和捕捉时间。当输入信号达到满刻度的±0.01%，而且 C_h＝1000pF 时，响应时间达 4μs；当 C_h＝0.01pF 时，响应时间为 20μs。其具有低的输出电压下降率，当 C_h＝1pF 时，可达 5mV/min。

由于对电容充电时，充电电荷不能立刻进入或以前充入的电荷不能立即放出，因此有介质吸收这一指标。采样保持器在电路中用于多通道数据采集，每次采集不同通道的信号，前后电压变化大，由于电容介质吸收效应，来不及快速响应，其结果会出现误差，因此，电容器必须使用介质吸收的电容器。

五、A/D 转换器

A/D 转换器在微机变送器中是一个重要部件。实现 A/D 转换的方法很多，有逐位比较式、计数式、并行比较式等。下面介绍目前广泛使用的一种逐位比较式 A/D 转换器。

逐位比较式 A/D 转换就是将待转换的直流电压与一组呈二进制关系的标准电压逐位地进行比较，得到一组标准电压的计数值，这组计数值就是模拟电压的二进制数字量形式，从而实现了 A/D 转换。

完成 A/D 转换所需的一组标准电压，由 D/A 转换网络产生。常用的 D/A 转换网络有 T 型网络和权电阻网络。图 3-12 所示为 T 型网络（又称 R—2R 数/模转换网络）原理图。图中，S1～S11 是受寄存器 z1～z11 状态控制的电子开关。当 zi（i=1，2，…，11）＝“1”时，Si（i=1，2，…，11）接通电源+U_R；当 zi＝“0”时，Si 接地。

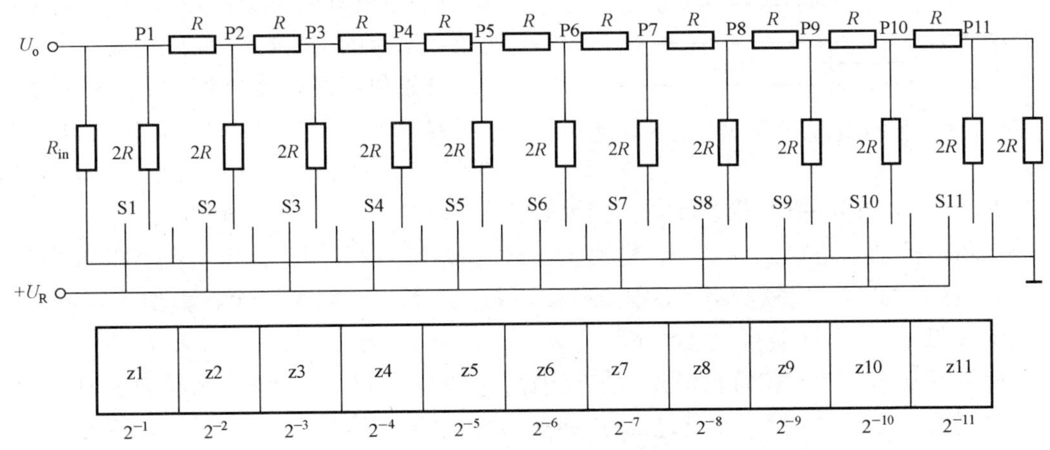

图 3-12 R—2R 数/模转换网络原理图

R—2R 网络的一个特点是：如果 S1～S11 全部接地，从任意一个节点 Pi（i=1，2，…，11）向右看（不包括节点下面的电阻 $2R$），右边电路的等效电阻总是等于 $2R$。因此很容易找出输出电压U_o与 z1～z11 所代表的数字量之间的关系。

令 z1＝“1”，zi＝“0”（i＝2，3，…，11），则 S1 接$+U_R$，Si（i＝2，…，11）接地，可计算出此时的输出电压为

$$U_{o1}=\frac{R_{in}}{R+R_{in}}U_R\times 2^{-1} \tag{3-3}$$

当U_R、R_{in}、R确定后，［R_{in}/（$R+R_{in}$）］U_R为一常数。若令k＝［R_{in}/（$R+R_{in}$）］U_R，则式（3-3）可写成

$$U_{o1}=k\times 2^{-1} \tag{3-4}$$

令 z2＝“1”，zi＝“0”（i＝1，3，4，…，11），则 S2 接$+U_R$，Si（i＝1，3，4，…，11）接地，可计算出此时的输出电压为

$$U_{o2}=k\times 2^{-2} \tag{3-5}$$

容易证明，当任意一个寄存器zj＝“1”，zi＝“0”（i＝1，2，…，11，$i\neq j$），网络输出电压为

$$U_{oj}=k\times 2^{-j} \tag{3-6}$$

因为 R－2R 网络是线性电阻网络，可以采用叠加原理来计算 z1～z11 取任意状态时的输出电压U_o，经计算可得

$$U_{o1}=k(z1\times 2^{-1}+z2\times 2^{-2}+\cdots+zn\times 2^{-n}) \tag{3-7}$$

其中，z1～zn取 0 或 1。可见，R－2R 网络输出电压与二进制数$z1\times 2^{-1}+z2\times 2^{-2}+\cdots+zn\times 2^{-n}$成比例。

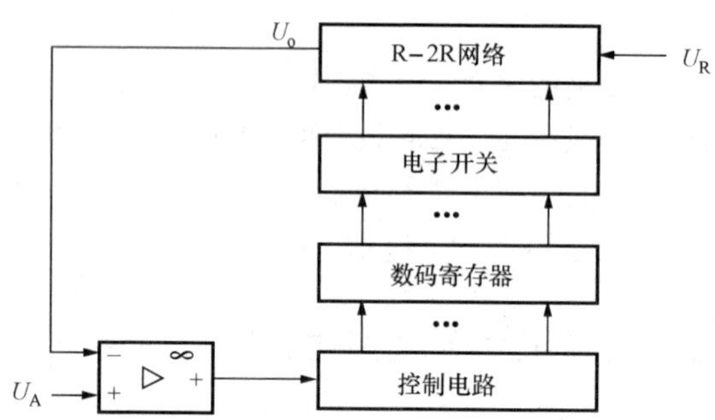

图 3-13　逐位比较式 A/D 转换器的原理图

图 3-13 所示为逐位比较式 A/D 转换器的原理图。图中，比较器用来比较 D/A 电路的输出电压U_o与待转换的模拟电压U_A的大小，控制电路根据比较结果对数码寄存器的状态进行置“1”或清“0”，从而使 R－2R 网络输出电压更接近U_A，并进入下一轮比较。电路的工作过程如下：

首先数码寄存器全部清零。控制电路第一步置数码寄存器z1＝“1”，这时 R－2R 网络输出$U_o=U_{o1}$，比较器将U_o与U_A进行比较。若$U_o<U_A$，z1＝“1”状态保留；如果$U_o>U_A$，控制电路将 z1 置“0”。

第二步由控制电路置 z2＝“1”，这时 R－2R 网络输出$U_o=U_{o1}+U_{o2}$（若 z1＝“1”）或$U_o=U_{o2}$（z1＝“0”），比较器第二次比较U_o与U_A的大小。同第一次相类似，根据比较结果，确定保留 z2＝“1”或将 z2 置“0”。

如此进行共十一次比较后，可在一定范围内达到$U_o=U_A$，这时寄存器 z1～z11 中的十一位二进制数与U_A成比例，它就是 A/D 转换后得到的数字量。

逐位比较式 A/D 转换采用二分搜索法，使 D/A 网络输出电压逼近待转换电压，转换速度比较快，通常在几十微秒至上百微秒，适用于实时转换多路遥测模拟量。由于模拟电压U_A是连续量，R－2R 网络输出U_o不是连续可变的电压，所以，最终一般得到$U_o\approx U_A$。由前面分析可见，U_A进制位数越多，逐位比较式 A/D 转换引起的误差也

将越小。

例如，模/数转换器为10位A/D，输入到R—2R网络的数字量从全0到全1共1024个数码，最大输出电压为10.24V，一个码$LSB=\frac{10.24}{1024}=10\text{mV}$。设待变换的电压信号$U_i=5.0\text{V}$，转换开始，z1＝“1”，R—2R网络输出$U_o$电压为5120mV，因$U_o>U_i$，即控制电路重新置z1＝“0”，再置z2＝“1”，U_o电压为2560mV，因$U_o<U_i$，故控制电路保留z2＝“1”，再置z3＝“1”，以此逐位10次比较，最后得到结果0111110000B。

在电力系统交流量测量时，往往需要同时对多路的交流量进行采集。由于同时被采集量的个数与交流一周期采样次数成反比关系，在被采集量的个数较多的情况下，交流一周期采样次数N不可能很大，即不可能有效采集到完整的高次谐波信息，也就不能通过较简单的算法将高次谐波去除。

六、与相位差有关的修正

当采用多路转换开关进行顺序采样时，常常输入三相电压、三相或二相电流。这样前后两路之间有采样时间差T_{SS}，对于电流、电压有效值的计算无多大影响。但当利用三相电压、电流计算功率时，T_{SS}的存在对P、Q的计算会产生误差，必须消除。

假定T_{SS}时间内对应角度为$\Delta\varphi$，采样的电压、电流分别为U_{ab}、U_{bc}、U_{ca}、I_a、I_c，那么当按顺序依次采样时，其相位差分别为$\Delta\varphi$、$2\Delta\varphi$、$3\Delta\varphi$和$4\Delta\varphi$，这可以用移相法进行校正。

设第一个采样值的相位计算点为参考轴，则第二个模拟量被采样，相位计算计入了T_{SS}所产生的$\Delta\varphi$，依次第n个会有$n\Delta\varphi$。在P、Q的计算时应进行修正，以恢复到第一个采样值的相位计算参考轴。图3-14所示为相位计算参考轴的变化。

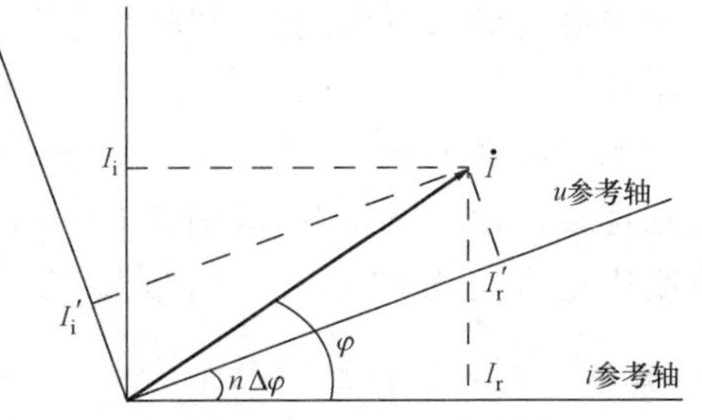

图3-14 相位计算参考轴的变化

设I_r、I_i为校正前的实部、虚部电流，I'_r、I'_i为校正后的实部与虚部电流，那么

$$\left.\begin{aligned}I'_r&=I\cos(\varphi-n\Delta\varphi)\\I'_i&=I\sin(\varphi-n\Delta\varphi)\end{aligned}\right\}\tag{3-8}$$

将电流实、虚部展开代入式（3-8），从而可得单相功率为

$$\left.\begin{aligned}P&=U_rI'_r+U_iI'_i\\Q&=U_iI'_r-U_rI'_i\end{aligned}\right\}\tag{3-9}$$

三相功率为

$$S=P+\text{j}Q=\dot{U}_a\hat{\dot{I}}'_a+\dot{U}_b\hat{\dot{I}}'_b+\dot{U}_c\hat{\dot{I}}'_c=\dot{U}_{ab}\hat{\dot{I}}'_a-\dot{U}_{bc}\hat{\dot{I}}'_c\tag{3-10}$$

将式（3-10）展开，得

$$\left.\begin{aligned}P&=U_{abr}I'_{ar}+U_{abi}I'_{ai}+U_{bcr}I'_{cr}-U_{bci}I'_{ci}\\Q&=U_{abi}I'_{ar}-U_{abr}I'_{ai}+U_{bcr}I'_{ci}-U_{bci}I'_{cr}\end{aligned}\right\}\tag{3-11}$$

这样处理后，就可消除因采样时间的差异而引起的误差。

对$M+L$路交流量采用在T_S时间内均依次相隔T_{SS}采集一次的交流采样方式会有相位移$\Delta\varphi$的矛盾。下面介绍同时采集$M+L$回路，且保持相位一致的方法，如图3-15所示。

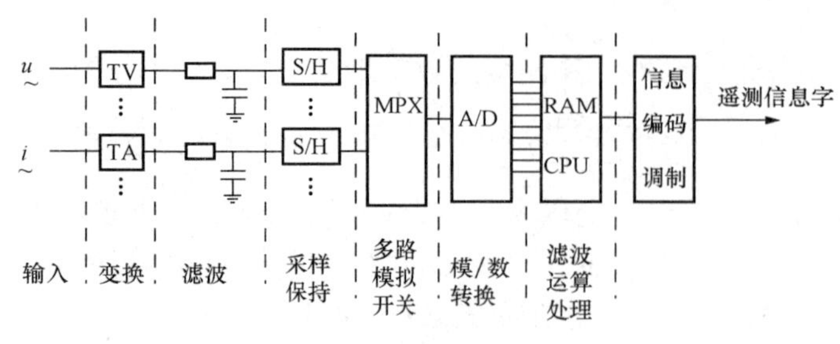

图 3 - 15　同时采集 $M+L$ 回路

该电路把 S/H 采样保持器置于多路模拟开关之前，按 T_S 间隔同时对 $M+L$ 输入量进行采样并保持，然后按 T_{SS} 时序控制 MPX 多选一依次进行 A/D 变换，这样得到的交流量相位参考是一致的，实现同步采样的要求。

由图 3 - 15 可看到，应相应增加 $M+L-1$ 个采样保持器。但应注意，此种方案对采样保持器的要求将更高，因为只有一个 A/D 变换器，需依次进行模/数转换，对最后的一个 S/H 采样保持器，应该能够满足在（$M+L$）T_{SS}时间内保持被采集到的电压不变的要求，否则将产生附加误差。

七、极性转换

模/数转换 A/D 芯片的品种很多，选用时应从实际需要出发，选择参数角度包括分辨率、转换时间、输入电压范围以及转换结果的表达方式等；从芯片的硬件特征看，包括芯片电源电压、端子排列与连接、转换启动方式和转换结束的标志等。

通常模/数转换 A/D 芯片的输入表达为单极性，即输入电压为 $0\sim+U_F$ 之间。由于电力系统对被测量进行交流采样时，对象大多是有正负变化的交流量，因此不能直接使用单极性的模/数转换芯片，需要附加一些简单的电路，以实现单极性到双极性的转换。

单极性输入电压的模/数转换芯片运用叠加偏移电流的方法实现极性的转换，如图 3 - 16 所示。

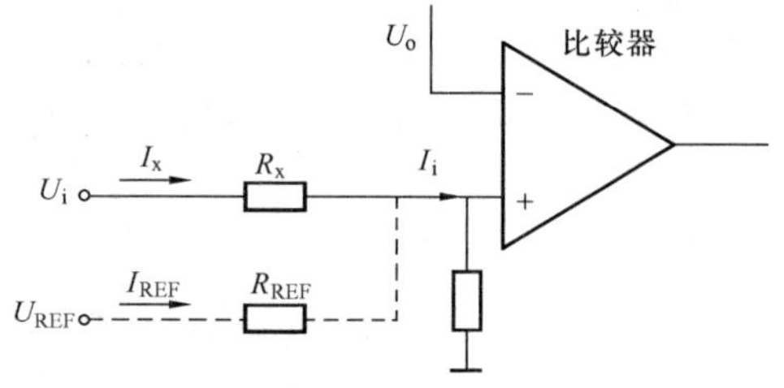

图 3 - 16　单极性、双极性输入电压测量

当单极性的模/数转换芯片如图 3 - 16 中实线电路连接，输入电压 U_i 范围为 $0\sim+U_F$，输出二进制码范围为全“0”～全“1”。在满量程电压 $+U_F$ 时，流入比较器的电流 $I_i=I_x=\dfrac{U_F}{R_x}=I_F$，满量程以全“1”码表达。

使用该芯片作为双极性输入运用时，接入一个参考电压 U_{REF} 和电阻 R_{REF}，形成一个偏移电流 I_{REF}。若令 $I_{REF}=\dfrac{U_{REF}}{R_{REF}}=\dfrac{1}{2}I_F$，则当输入电压 $U_i=\dfrac{1}{2}U_F$ 时，有

$$I_i=I_x+I_{REF}=\frac{1}{2}I_F+\frac{1}{2}I_F=I_F$$

当输入电压 $U_i=0$ 时，有

$$I_i=I_x+I_{REF}=0+\frac{1}{2}I_F=\frac{1}{2}I_F$$

当输入电压 $U_i=-\dfrac{1}{2}U_F$ 时，有

$$I_i=I_x+I_{REF}=-\frac{1}{2}I_F+\frac{1}{2}I_F=0$$

即当输入电压 U_i 从 $-\dfrac{1}{2}U_F$ 变到 $+\dfrac{1}{2}U_F$ 时，模/数转换的输出从零变到满量程值。若将单极

性和双极性的转换结果与输入电压的关系分别画在图 3 - 17（a）、（b）中，则可以看出后者的输入/输出关系就是把前者的向左平移。

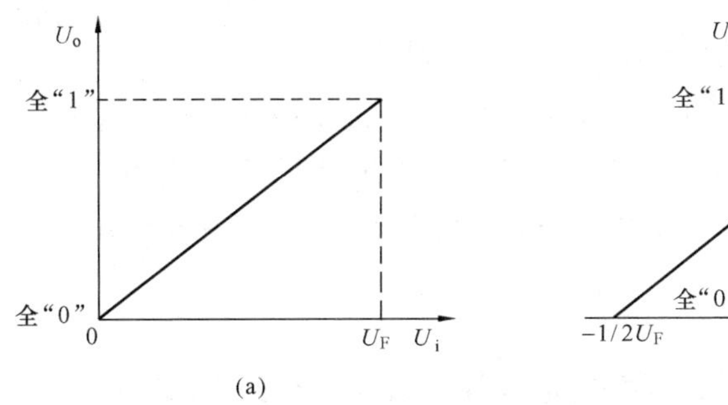

图 3 - 17 模/数转换输入/输出关系

（a）单极性；（b）双极性

表 3 - 2 以 4 位二进制数示意性表示这种双极性运用时转换结果与输入电压之间的关系。从表 3 - 2 可以看出，转换结果为全零时对应输入为负的最大值。这种转换结果可看成是对单极性转换结果的二进制码作 1/2 偏移，故称为偏移二进制码。若把偏移二进制码的最高位取反，则可把偏移二进制码方便地转换为 2 的补码。通常把二进制码的首位设置成符号位，以“0”表示正数，以“1”表示负数；其余位为数值部分。

表 3 - 2　　偏移二进制码和 2 的补码

十进制（分数）	偏移二进制码	2 的补码	十进制（分数）	偏移二进制码	2 的补码
+7/8	1 1 1 1	0 1 1 1	−1/8	0 1 1 1	1 1 1 1
+6/8	1 1 1 0	0 1 1 0	−2/8	0 1 1 0	1 1 1 0
+5/8	1 1 0 1	0 1 0 1	−3/8	0 1 0 1	1 1 0 1
+4/8	1 1 0 0	0 1 0 0	−4/8	0 1 0 0	1 1 0 0
+3/8	1 0 1 1	0 0 1 1	−5/8	0 0 1 1	1 0 1 1
+2/8	1 0 1 0	0 0 1 0	−6/8	0 0 1 0	1 0 1 0
+1/8	1 0 0 1	0 0 0 1	−7/8	0 0 0 1	1 0 0 1
0	1 0 0 0	0 0 0 0	−8/8	0 0 0 0	1 0 0 0

计算机中数据采用 2 的补码表达对数值运算有很大的好处。由于计算机进行计算主要采用相加和移位的方法实现，对用 2 的补码表达的数据，可以直接用相加来实现加法和减法。例如，表 3 - 2 中的+3/8−5/8 运算，相当于 2 的补码 0011+1011 的加法运算，结果为 1110 即−2/8。

八、模拟量越阈传送

这个问题是由于厂站端的一些参数，如母线电压等，平时变化不大，远动装置在收集后要传送到调度中心去。如果它变化不太大，甚至无变化，也向调度中心传送是不必要的，反而增加了装置处理数据的负担。为了提高装置效率和信道利用率，在处理这类模拟量时，采用“阈值”方法，只有变化量超过这个“阈值”时才传送，小于或等于“阈值”就不传送，这个“阈值”称为“死区”。

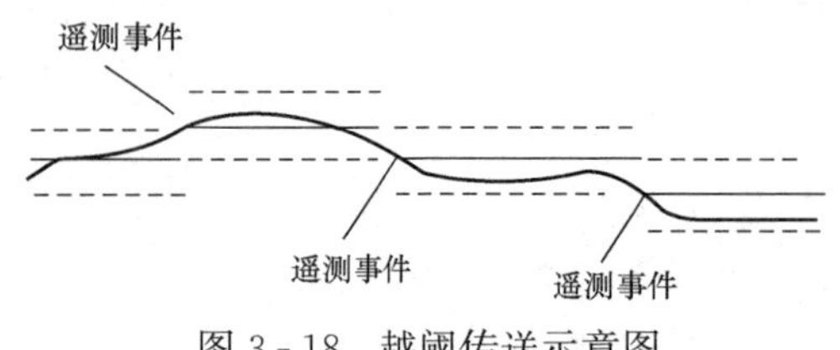

图 3 - 18 越阈传送示意图

阈值是在上一次遥测数据传送后产生的，在数值的上下均划出一个小区域“阈值”，越阈的概念是向上穿过或向下穿过阈值时，均会产生一个遥测量传送。

在本次遥测量传送后，当前值就成为中间值，而在其上下各再划出一个小区域“阈值”，这样处理后，可以大大减少信息传送量，提高传输效率。越阈传送示意图如图 3 - 18 所示。

九、电能量信息的采集

（一）电能量信号的来源

在电力系统中，为了进行经济核算，加强经营管理，提高电能的经济效益，必须对发电量、用电量、供电量、用户消耗电量进行计量。通常，电能的计量是用感应式电能表来完成的，这种电能表存在着测量精度低、电能信号不易远传等缺点。

随着电网调度自动化水平的提高，为加强电能大范围的平衡管理，电能信息必须随时传送到电网调度中心。一般用两种方法实现对电能的测量传输：一种是在原有感应式电能表的基础上，加装电能/脉冲变换器，形成所谓的脉冲电能表。它一方面积累电能计量，另一方面输出反映电能的脉冲信号，并向调度中心传送。另一种是采用电能变送器。电能变送器是在功率变送器的基础上形成的，它将功率变送器输出的直流信号变换为与之成正比的脉冲信号，并将该脉冲信号输出，向调度中心发送。有些电能变送器还附带积算器，将电能计量积累起来在当地显示，这样便实现了脉冲电能表的功能。本节将主要介绍三相有功电能变送器的工作原理。

1. 脉冲电能表

脉冲电能表是一种将电能数分频转换成脉冲输出的仪表。脉冲电能表是在电能表转盘上开一个圆孔，并在转盘的上下方分别安装一个发光二极管和光敏三极管，由此构成脉冲转换的主要部分，如图 3 - 19 所示。当转盘的圆孔转到发光二极管和光敏三极管之间时，发光二极管发出的光通过圆孔被光敏三极管接收，光敏三极管便导通，输出高电平；当圆孔转离发光二极管和光敏三极管之间时，发光二极管发的光被转盘遮挡，光敏三极管截止，输出低电平。实际上，在脉冲电能表中，实现转速到脉冲数的变换不止一种方法，其他变换方法在此不作介绍。

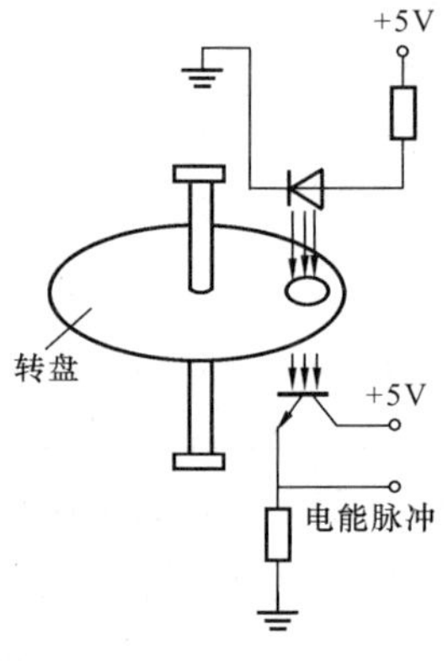

图 3 - 19 脉冲电能表原理图

2. 电能变送器

电能变送器是在功率变送器的基础上，增加 U/f 变换和分频等电路构成。功率变送部分输出的电压信号，经 U/f 变换成与功率成正比的频率信号，再经分频即可成为适合于 RTU 接收的电能脉冲信号。

（二）功率与电能的关系

设三相电路的瞬时功率为 $p(t)$，则该电路的有功电能 W 就是瞬时功率 $p(t)$ 的时间积分，即

$$W = \int_{t_0}^{t_1} p(t)\mathrm{d}t \tag{3 - 12}$$

式中 t_0、t_1——测量电能的起始和终止时间。

设在时间 $t_0 \sim t_1$ 内的平均功率为 P_{av}，则

$$W = \int_{t_0}^{t_1} p(t)\mathrm{d}t = P_{av}(t_1 - t_0) \tag{3-13}$$

式（3-13）表明，在时间 $t_0 \sim t_1$ 之间的电能量等于该时间内平均功率与时间的乘积。

因三相有功功率变送器输出电压 U_o 与有功功率 P 成正比，设

$$U_o = k_1 P$$

若将 U_o 进行电压/频率（U/f）变换，使之成为与 U_o 成正比、频率为 f 的脉冲信号，即

$$f = k_2 U_o$$

在时间 $t_0 \sim t_1$ 内，计得以 f 为频率的脉冲数为 N，则 $N/(t_1 - t_0)$ 代表在时间 $t_0 \sim t_1$ 内频率 f 平均值 f_{av}。因此可求得相应时间内 U_o 的平均值 U_{oav}，即

$$U_{oav} = \frac{f_{av}}{k_2} = \frac{N}{t_1 - t_0}\frac{1}{k_2} \tag{3-14}$$

从而

$$P_{av} = \frac{U_{oav}}{k_1} = \frac{N}{k_1 k_2}\frac{1}{t_1 - t_0} \tag{3-15}$$

根据式（3-13）可得有功电能为

$$W = P_{av}(t_1 - t_0) = \frac{N}{k_1 k_2} = kN \tag{3-16}$$

式中 k——比例系数，$k = 1/k_1 k_2$。

式（3-16）表明，在时间 $t_0 \sim t_1$ 时间内的电能量与该时间内对有功功率所转换成的电脉冲计数值 N 成正比。因此，电能的测量就可转化为对电脉冲的计数。电能变送器就是将通过电路的电能转化为与之成正比的电脉冲信号的一种仪表。

（三）电能变送器的电路结构

根据上述分析，电能变送器主要由三个部分组成：第一，将电路功率转变为直流电压信号的功率变送部分；第二，将代表功率的电压信号转变为脉冲信号的 U/f 变换部分；第三，将脉冲信号进行分频整形的输出部分。图 3-20 所示为有功电能变送器的原理框图。

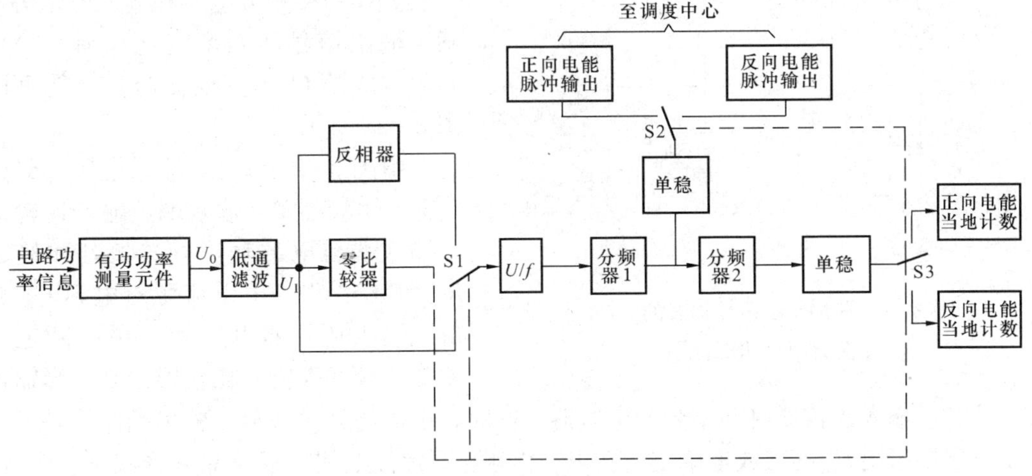

图 3-20 有功电能变送器原理框图

被测电路的电压和电流分别经 TV 和 TA 后输入电能变送器，在电能变送器中，首先将输入信号变换成与电路有功功率成正比的电压信号 U_0，U_0 经进一步变换，除去交流成分和杂波干扰信号后成为 U_1。该直流电压 U_1 用作零比较器和反相器的输入信号。

当 $U_1>0$ 时，零比较器输出信号控制电子开关 S1 使 U_1 信号直接进入 U/f 变换电路。当 $U_1<0$ 时，零比较器输出信号控制电子开关 S1 使 U_1 经反相运算后的信号（$-U_1$）进入 U/f 变换电路。因此，U/f 变换电路输入的是 $|U_1|$ 信号。U/f 变换电路将 $|U_1|$ 转换为频率为 f 的脉冲信号。一般说来，该脉冲频率 f 较高，为便于后级传输、信号处理以及显示输出，必须将脉冲信号分频。经分频器 1 的脉冲信号可作为传输到调度中心的输出信号，用以计量电路电能量；经分频器 2 的脉冲信号放大后即可作为当地显示、积算信号。

由于电路电能的流向可能变化，电能的积算必须按正、反方向独立积算。因此，在电能脉冲输出端分为正、反向两路输出，输出脉冲属于正向还是反向由零比较器输出信号来控制。当电路电能实际流向与定义正方向相同时，$U_1>0$，零比较器输出信号控制电子开关 S2、S3，使脉冲信号接通正向电能积算支路；当电路电能实际流向与定义方向相反时，$U_1<0$，零比较器输出信号控制电子开关 S2、S3，使脉冲信号接通到反向电能积算支路。

1. 电压/频率变换器

从图 3-20 可知，在电能变送器中，除功率测量元件外，电压/频率（U/f）变换电路是一个重要的组成部分，它将模拟电压转换成相应频率的脉冲信号，使电能信号易于传输和计量。U/f 变换电路在各个领域中应用广泛，实现方法很多。这里介绍集成 U/f 变换电路，以说明 U/f 变换原理。

分立式 U/f 变换电路需要精确设计，才能获得预期的输出频率以及 U/f 变换精度，而集成式 U/f 变换电路芯片可使设计工作大为简化，U/f 变换精度也容易得到保证。

一般说来，由 U/f 集成芯片组成的变换器具有优良的技术性能：①输入信号允许是电压或电流；②动态范围宽；③满量程频率调整范围宽；④输出电平可与所有逻辑形式兼容；⑤线性度高，虽然随输出频率变化而有所变化，但一般不超过 0.1%。

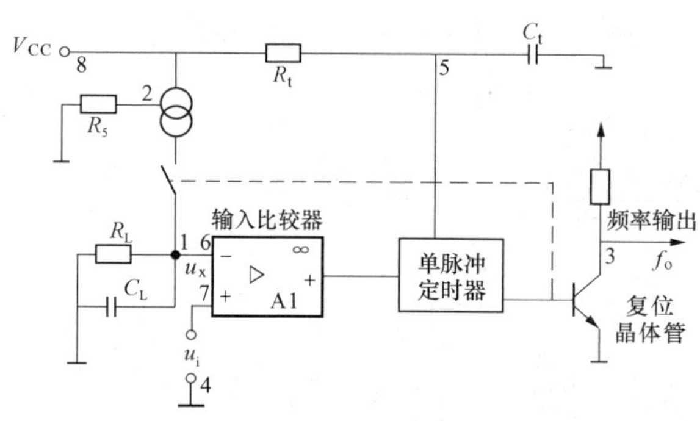

图 3-21 LMX31 芯片构成的 U/f 变换器简化功能框图

使用 U/f 集成芯片构成 U/f 变换器，一般需要外接积分电容和输入电阻等，以确定输出信号的频率变化范围。LMX31 芯片构成的 U/f 变换器简化功能框图如图 3-21 所示。

由图 3-21 可见，输入电压 u_i 经引脚 7 输入比较器 A1 输入端，输入比较器另一输入端与电源输出相连接，并接电阻 R_L 和电容 C_L，由电流源对电容 C_L 充电形成输入比较器电压 u_x。单脉冲定时器的脉冲频率受输入比较器控制。当输入电压 $u_x<u_i$ 时，输入比较器启动单脉冲定时器，同时，电流源开关接通，输出晶体管导通。定时器定时周期可由 C_t 的充放电确定。在 R—S 触发器置位期间，复位晶体管截止。V_{CC} 经过 R_t 向 C_t 充电，在 C_t 充电期间，电流源电流同时向 C_L 充电，u_x 上升。当 C_L 充电至 $2/3V_{CC}$

时，电子开关自行复位。同时电流源开关断开，C_L 通过 R_L 放电，直至 $u_x < u_i$ 为止。然后重新启动单脉冲定时器，开始下一个循环，从而可实现 U/f 变换的功能。

2. 电能脉冲输出电路

经 U/f 变换电路得到的频率代表功率大小的脉冲信号还不能直接输出，首先因为这个信号的频率较高，不适于直接送给 RTU 计数；其次这个信号不能反映功率的流向；此外这个信号未经整形不能作为后级设备的输入。为了实现电气隔离，输出信号还需经后面的处理才能输出。

(1) 分频。为了保证传输信号的可靠性，易于与干扰相区别，电能计量规程规定代表电能的脉冲信号宽度不得小于 10ms。另外，RTU 中以采样信号电平的方法确定电能脉冲，并需要同时测量几十路电能量信号，因此，不允许电能脉冲的频率过高。由于 U/f 变换器的输出信号可能高达几百赫及千赫，需要分频器进行分频。

如图 3-22 所示的 N 进制计数器，输入 N 个脉冲产生一个进位脉冲，因而进位脉冲的频率就是输入计数脉冲频率的 $1/N$，称为 N 分频。可采用多种方法设计出模为 N 的计数器，如卡诺图法、反馈置零法以及利用一个 K 进制（任意进制）计数器和一个 N 位二进制计数器组合成 $N=K2^n$ 进制计数器，或者使用集成的可编程计数器实现。

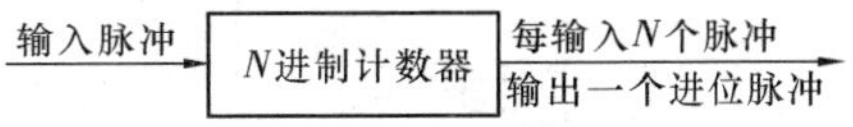

输入脉冲 → N进制计数器 → 每输入N个脉冲输出一个进位脉冲

图 3-22 N 进制计数器输入/输出关系

(2) 脉冲整形。U/f 变换电路在不同大小的电压输入时，将产生不同频率的输出脉冲信号，经过分频后仍然是脉宽不同、周期不等的方波信号。脉宽不同将给有效脉冲的检测带来困难，且若脉冲太窄将不符合规程规定，因此需要采用单稳触发器构成的电路来将脉宽不同的信号整形成正脉冲相等的信号，以便累积器可以方便地检测和累积。

(3) 电子开关与光电耦合器。由于被测对象中的电能流向可能有两个方向，相应在电能变送器中有两个代表不同流向的电能脉冲信号输出口，如图 3-20 所示。电能变送器功率变送部分的输出电压随电能实际流向可正可负，在进入 U/f 变换器之前，通过零比较器的输出来控制接入 U/f 变换器的电压极性，使 U/f 变换电路输入电压总是正的。电子开关受零比较器的输出信号控制，将当前流向电能脉冲接至指定的输出端，实现不同流向电能的分别累积。当电能实际流向与参考正方向相同时，功率变送部分输出电压为正，零比较器输出控制电子开关 S 将电能脉冲信号接通正向电能脉冲输出支路。当电能实际流向与参考正方向相反时，功率变送部分输出电压为负，零比较器输出控制电子开关 S 将电能脉冲信号接通反向电能脉冲输出支路。

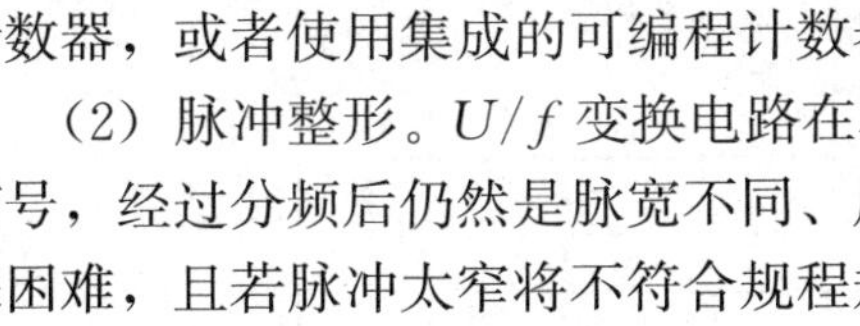

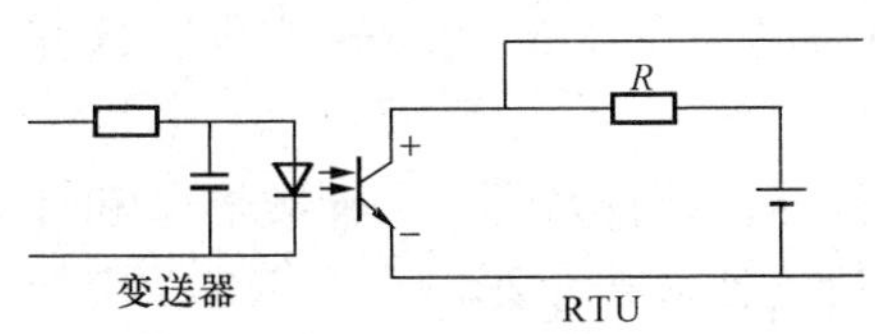

图 3-23 电能脉冲信号经光耦输出

光电耦合器简称光耦，主要用于实现信号的电气隔离、隔离驱动和远距离驱动等。在电能变送器中，电能脉冲输出端实际提供一对开关信号触点，需要后级 RTU 提供电源，如图 3-23 所示。当电能脉冲正电平到达时，光电二极管发光，光敏三极管导通，脉冲累计系统输入为低电平，相当于触点接通；当无电能脉冲时，光电二极管不发光，光敏三极管截止，脉冲累计系统输入为高电平，相当于触点断开。

（四）电能量采集电路

功率的时间积分就是电能，对与功率成正比的脉冲频率进行时间积分，相当于对脉冲数累计。因此，累计的脉冲个数与电能量成正比，电能量信息的采集电路就是对脉冲电能表或电能变送器输出脉冲的计数电路。

1. 检测电能脉冲跳变采集电能量

图 3 - 24 所示为采用了 8253 检测电能脉冲跳变的脉冲量输入电路。该电路实现对 8 个输入脉冲量计数，输入阻抗为 10kΩ，允许输入脉冲的幅度为 5V 或 12V。

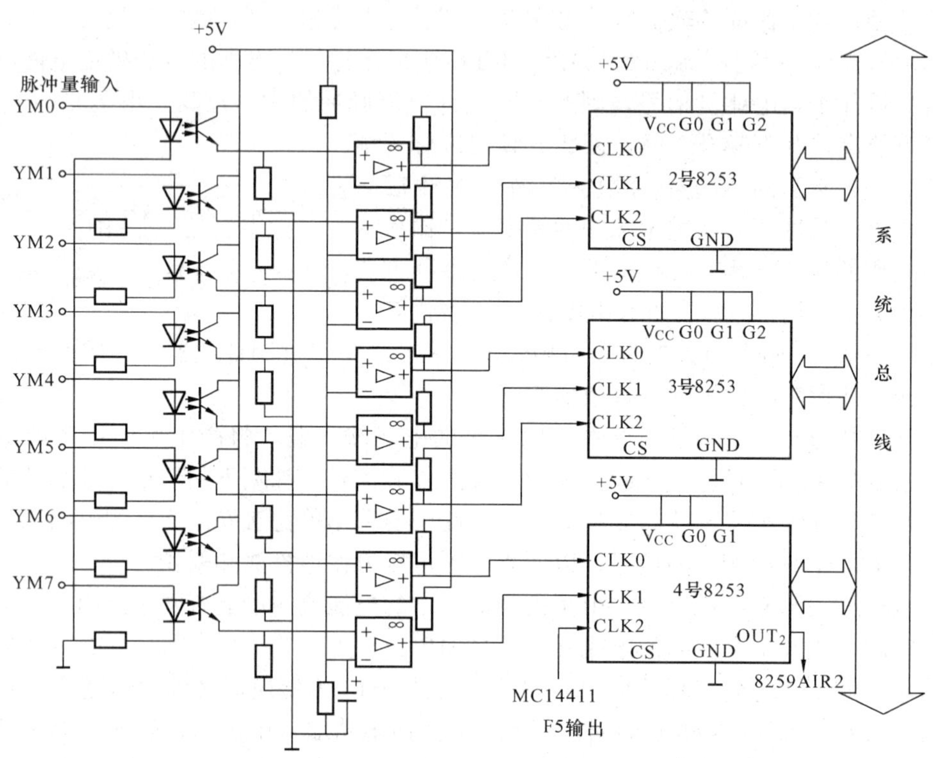

图 3 - 24 采用了 8253 检测电能脉冲跳变的脉冲量输入电路

输入的 8 路脉冲量各自接到由光电耦合器和限流电阻构成的输入回路。光敏三极管和发射极电阻构成射极输出器，其输出接到比较器的同相输入端。比较器的反相输入端接入 2.5V 左右的基准电压。比较器具有良好的整形作用，能将光耦输出的波形较差的脉冲，整形成前后沿都很陡峭的脉冲。一般比较器输出波形的前后沿均在 0.5～2.0μs 之间，这样可有效地克服传输过程中所产生的小幅度干扰。

可编程定时计数器 8253，具有 3 个独立的 16 位计数器，即计数器 0、计数器 1 和计数器 2。计数脉冲从 CLK 端输入，门控信号 GATE 对计数器计数产生影响。在 RTU 模型机中，利用 2 号 8253、3 号 8253 和 4 号 8253 对 8 个电能脉冲输入进行计数。除 4 号 8253 的计数器 2 之外，其余 8 个计数器的时钟输入端分别接入 1 个电路脉冲信号，而 3 个 GATE 端全部接＋5V，使计数器始终处于计数状态，如图 3 - 24 所示。

CPU 每隔 5s 读取一次计数值，并进行数据处理。为了正确读取计数值，且不影响计数操作，在读操作之前，对计数器写闩锁命令，即作一次闩锁操作。

2. 扫描电能脉冲电平采集电能量

采用定时扫描脉冲电平方式采集电能量的电路如图 3-25 所示。图中光耦与整形电路与图 3-24 中对应部分相同，8255 端口 A 工作在输入方式（以 8 个脉冲量为例），输入已整形的脉冲信号。

CPU 定时采集 8255 端口 A 的输入电平状态，用以辨识是否已有脉冲量输入。为了区别偶然干扰电平输入，采用连续 2 次及以上均为高电平，才确认为有电能脉冲输入，并进行计数。否则，偶然一次采集的高电平被认作干扰而不计数，如图 3-26 所示。因此，CPU 需定时对 8255 端口 A 进行输入操作，定时时间可根据对电能脉冲信号的部颁要求决定。例如，要求脉冲宽度不小于 10ms，则可以每隔 5ms 从 8255A 口作一次输入。采用这种方法输入电能脉冲可靠性高，但 CPU 开销大，适合于分布式多 CPU 的 RTU 中，单独一个 CPU 负责对输入脉冲量的采集和处理。

对脉冲累计后计数器中的数据就是所计量的设备的电能量。根据需要，调度端可以向厂站端读取。调度端在统计全系统的电能量时，需要读到同一时刻的电能数据。若各处读取电能数据的时刻不统一，则将会造成统计数据的误差，甚至失去意义。

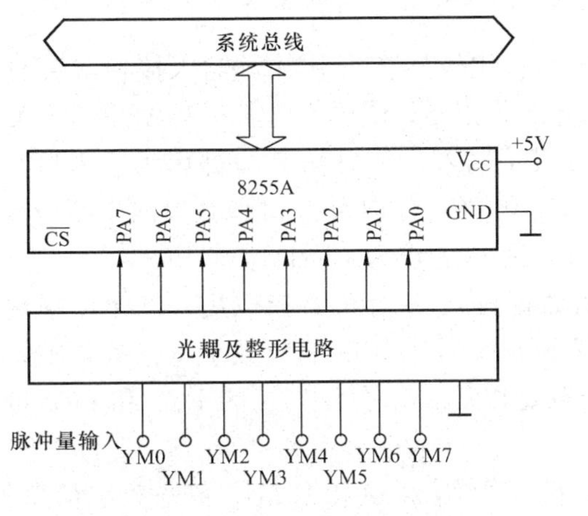

图 3-25　采用定时扫描脉冲电平方式采集电能量电路

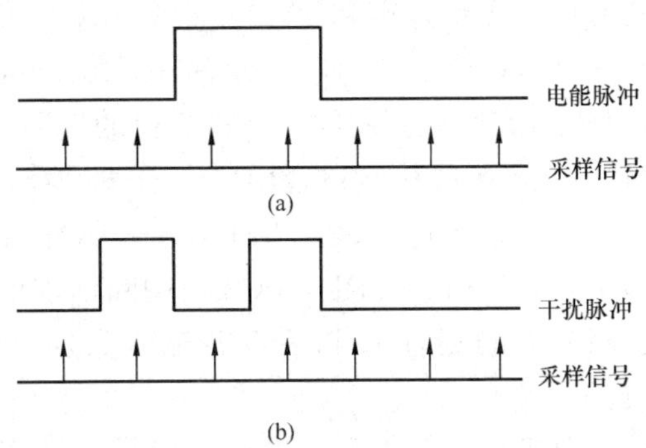

图 3-26　电能脉冲与干扰脉冲的区别

(a) 电能脉冲；(b) 干扰脉冲

在厂站端，电能脉冲进入 RTU 是随机的、连续不断的。计数器只要有电能脉冲到来，计数器中的数据就会改变。调度端读取计数器中的数据不应妨碍计数器的计数工作。因而，RTU 中一般采用两套计数器。主计数器负责对输入的电能脉冲进行累计计数，副计数器平时随着主计数器更新，两者保持数据一致。

调度端在需要电能数据时，向全系统发出统一的"电能量冻结"命令。RTU 在收到"电能量冻结"命令后，副计数器停止更新，保持此时的电能量数据不变，而主计数器仍然照常计数。调度端依此从各个 RTU 的副计数器中读取电能量数据，这些电能量数据对应的时刻是统一的。当调度端在读取完成整个系统中的所有电能量数据后，向全系统发出"电能量解冻"命令。等"电能量解冻"命令到达后，RTU 的副计数器恢复用主计数器的电能量数据更新，保持与主计数器的数据一致。

十、数字量输入

在电网调度自动化系统中，部分电气量已经由采集设备变换为数字量。数字量输入原理如图 3-27 所示。

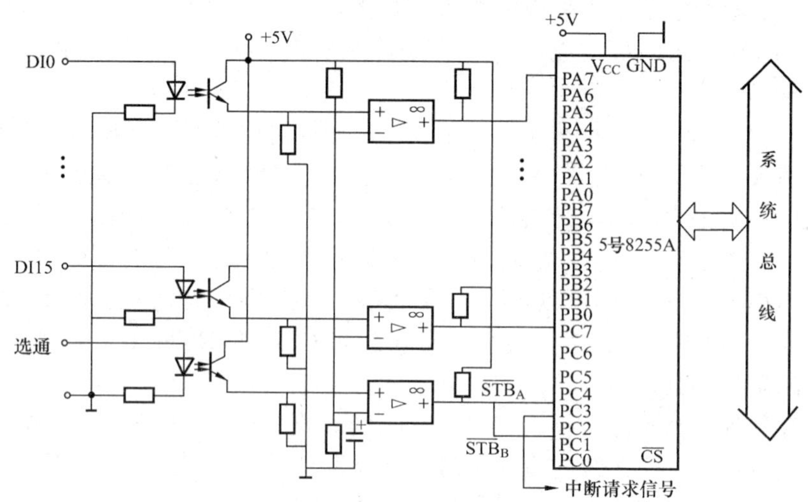

图 3-27　数字量输入原理图

由图 3-27 可见，数字量输入电路由光耦隔离、比较器整形和并行输入接口等部分组成。其中，光耦隔离和比较器整形与图 3-24 对应部分相同。图中，5 号 8255A 并行输入 16 位数字量（4 位 BCD 码），设置 5 号 8255A 作方式 1 输入，A 口和 B 口都作为输入口。因此，PC4 和 PC2 分别为 A 口和 B 口的选通口，PC3 和 PC0 分别为 A 口和 B 口的中断请求输出口，由于 A 口和 B 口合用一个选通信号，故可只用 PC3 作为中断请求线。

数字量输入过程是：当外部选通脉冲将输入数据打入 A 口和 B 口以后，产生中断请求信号 INTRA 和 INTRB，PC3 将中断请求信号送到 8259A。CPU 响应数字量输入请求，从 5 号 8255A 的端口 A 和端口 B 输入数据。数据取走以后，5 号 8255A 的 PC3 和 PC0 自动复位。

需要指出，提供数字量输入信号的信息源，除了要给 A 口和 B 口准备好数字信息外，还需提供一个选通脉冲，由这个选通脉冲将 16 位数字信号输入到 5 号 8255A 的输入锁存器中。

十一、事故追忆

为了分析事故，要求在一些影响较大的开关发生事故跳闸时，不仅把事故瞬间及事故以后，而且包括事故发生前一段时间的有关遥测量记录下来送往调度端，这种功能称为事故追忆。

要进行事故追忆，必须给需要追忆的遥测量安排内存单元。如果对需要追忆的遥测量要求保留事故前 2 个遥测数据，事故后 3 个遥测数据，由于每个遥测量占 2 个字节，因而总共需要 $2\times5=10$ 个单元。如需追忆的遥测量共有 N 个，则用于事故追忆的要 $2N$ 个单元。

用有限的存储单元来保留遥测量的历史数据，方法采用“堆栈方式”，即“后进前出”保留数据。图 3-28（a）中，0 号位置的 2 个单元存放本次的遥测数据，-1 号位置的 2 个单元存放上一次的数据，以此类推。

第 n 路的遥测量经采集处理后在存入遥测数据区的同时，亦存入由指针 YCPMAD 确定的该遥测量的事故追忆记录区。在存入本次数据的同时，将该区中原有的数据顺序向

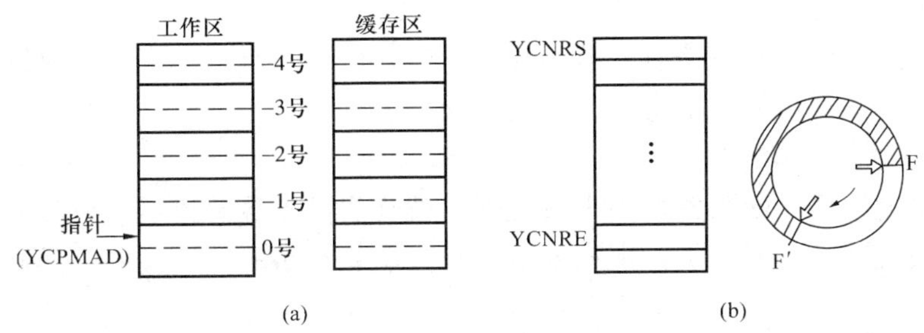

图 3-28　事故追忆内存安排
(a) 移动内存单元的内容；(b) 移动指针

上移动两个单元，即原－3 号位置的数据移至－4 号位置，原－2 号位置的数据移至－3 号位置……原 0 号位置的数据移至－1 号位置，使追忆记录区始终保留本次及其前四次的数据。

发生事故后遥测量的采集处理及存储工作仍然继续进行，但对事故后存入追忆记录区的数据次数进行计数。本例中在事故后再存入 3 次，追忆记录区中保留的数据依然是事故前的 2 次和事故后的 3 次。将这批数据复制到另一事故追忆缓存区，原来的追忆记录区又可继续工作。

上述方法每次存入数据时要移动原有数据，也可以不移动数据而移动地址指针。每次采样所得数据按指针所指的地址存放。指针从存储区的首址处开始，每存放一个数据指针就自动向前调整，故数据将依次存放在存储区。指针指向存储区末尾时再调整，重新又回到存储区的首址，如此周而复始。可以把存储区看成一个首尾相接的圆环，如图 3-28 (b) 所示。

当指针指向 F 时存储区中依次存放着在此以前的历史数据。如在 F 点时发生事故，继续记录至 F′点，则图 3-28 (b) 中圆环按逆时针方向 F 至 F′ [图 3-28 (b) 中有斜线部分] 依次存放着事故前的历史数据；按顺时针方向 F 至 F′ [图 3-28 (b) 中无斜线部分]，则依次存放着事故后的数据。

第四节　遥信信息采集原理

一、遥信信息及来源

遥信信息用来传送断路器、隔离开关的位置状态，传送继电保护、自动装置的动作状态，以及系统、设备等运行状态信号，如厂站端事故总信号、发电机组开停状态信号以及远方终端自身的工作状态等。这些位置状态、动作状态和运行状态都只取两种状态值，如开关位置只取“合”或“分”，设备状态只取“运行”或“停止”。因此，用一位二制数即码字中的一个码元就可以传送一个遥信对象的状态。按国际电工委员会 IEC 标准，以“0”表示断开状态，以“1”表示闭合状态。

1. 断路器状态信息的采集

断路器的合闸、分闸位置状态决定着电力线路的接通和断开。断路器状态是电网调度自动化的重要遥信信息，断路器的位置信号通过其辅助触点 QF 引出，QF 触点是在断路器的操动机构中与断路器的传动轴联动的，所以，QF 触点位置与断路器位置一一对应。

2. 继电保护动作状态信息的采集

采集继电保护动作的状态信息，就是采集继电器的触点状态信息并记录动作时间，对调度员处理故障及事后的事故分析有很重要的意义。

3. 事故总信号的采集

发电厂或变电站任一断路器发生事故跳闸，就将启动事故总信号。事故总信号用以区别正常操作与事故跳闸，对调度员监视系统运行十分重要。事故总信号的采集同样是触点位置的采集。

4. 其他信号的采集

当变电站采用无人值班方式运行后，还要增加大门开关状态等遥信信息。

二、遥信采集电路

由上述分析可见，断路器位置状态、继电保护动作信号以及事故总信号，最终都可以转化为辅助触点或信号继电器触点的位置信号，故只要将触点位置采集进 RTU 就完成了遥信信息的采集。图 3 - 29 所示为遥信信息采集的输入电路。

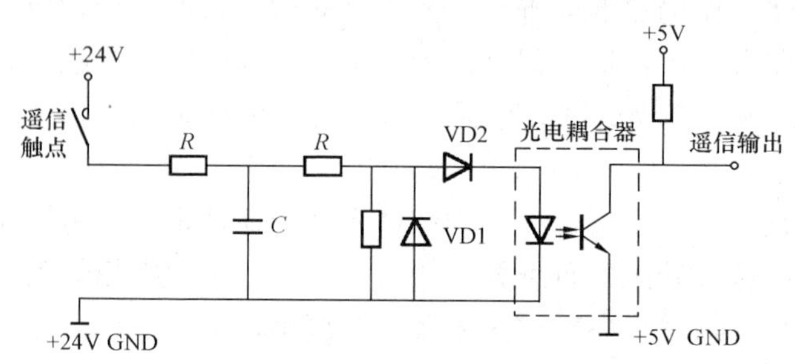

图 3 - 29 遥信信息采集输入电路

为了防止因辅助触点接触不良而造成差错，这些触点回路中所加电压一般都比较高，如直流 24V。电气设备的辅助触点与 RTU 装置有一定距离，连线较长。为了避免干扰耦合在连线上经二次回路窜入远方装置，RTU 与触点回路之间要有隔离措施，目前常用光电耦合器实现 RTU 内外的电气隔离。在图3 - 29中，遥信触点串接在输入电路中，T 型 RC 网络构成低通滤波器，用来滤掉信号回路的高频干扰，电阻还有限流的作用，使进入发光二极管的电流限制在毫安级。两个二极管起保护光电耦合器的作用。在这个电路中，+24V 和+5V 是两个独立的电源，且不共地网，使光电耦合器真正起到隔离作用。此外，电容 C 的选择要全面考虑。电容 C 太大，则时间常数大，反应遥信变化的速度慢；电容 C 太小，不易滤除干扰信号，从而产生误遥信。

现以采集断路器状态来说明输入电路的工作原理：设断路器处于分闸状态，其辅助触点闭合，+24V 经过 RC 网络后输入到光电耦合器，光电耦合器中发光二极管发光，光敏三极管导通，遥信输出端得低电平“0”；若断路器处于合闸状态，其辅助触点断开，发光二极管无电不发光，光敏三极管截止，遥信输出端输出高电平“1”，从而完成了遥信信息的采集。断路器状态与遥信码见表 3 - 3。

表 3 - 3 断路器状态与遥信码

断路器状态	辅助触点状态	光电耦合器状态	遥信码
合闸	断开	截止	1
分闸	闭合	导通	0

三、遥信输入的几种形式

电力系统中的断路器状态平时一般很少变动。如果厂站端重复发送内容不变的遥信数据给调度端就没有多大意义，并且占用了信道和装置的工作时间。但是，一旦电力系统中由于发生故障或其他原因使断路器动作，其状态发生变化，必须及时向调度端报告，以利于事故的处理。因此，遥信信息一般可采用无遥信变位时不发送；一旦发生遥信变位，则插入传送的方式。

检查设备状态是否变位，通常采用定时巡查的方式。而以 CPU 的参与巡查判别的方式，可分为三种。

1. 采用定时扫查方式的遥信输入

定时扫查方式的遥信输入电路如图 3 - 30 所示。这个输入电路由三个部分组成：①遥信信息采集电路；②多路选择开关；③并行接口电路 8255A。其中遥信信息采集电路已作过讨论。

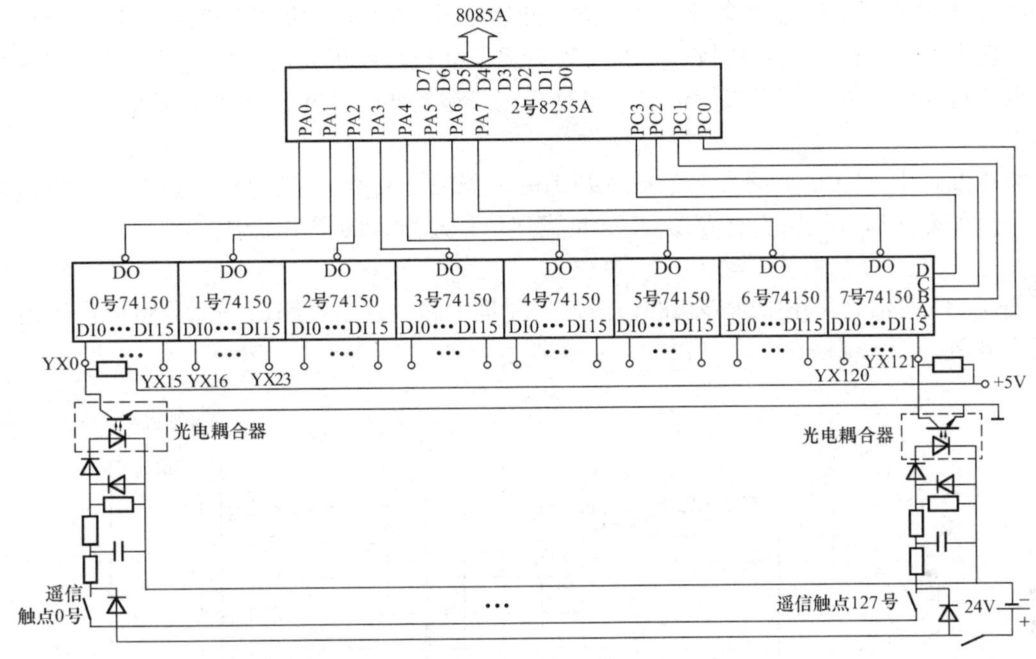

图 3 - 30　定时扫查方式的遥信输入电路

多路选择开关采用 74150，它是 16 选 1 的数据量多路选择开关，实现多路输入切换输出功能。74150 有 16 个数字量输入端（DI0～DI15），1 个数字量输出端 DO，4 个地址选择输入端（A、B、C、D）。当 4 位地址输入后，与地址相对应的输入数据反相后由输出端 D0 输出。74150 的输入/输出关系见表 3 - 4。由于每个 74150 能输入 16 个遥信信息，所以，共 8 个 74150 可输入 128 个遥信信息。

表 3 - 4　74150 输入/输出关系

DO	$\overline{DI0}$	$\overline{DI1}$	$\overline{DI2}$	$\overline{DI3}$	$\overline{DI4}$	$\overline{DI5}$	$\overline{DI6}$	$\overline{DI7}$	$\overline{DI8}$	$\overline{DI9}$	$\overline{DI10}$	$\overline{DI11}$	$\overline{DI12}$	$\overline{DI13}$	$\overline{DI14}$	$\overline{DI15}$
D	0	0	0	0	0	0	0	0	1	1	1	1	1	1	1	1
C	0	0	0	0	1	1	1	1	0	0	0	0	1	1	1	1
B	0	0	1	1	0	0	1	1	0	0	1	1	0	0	1	1
A	0	1	0	1	0	1	0	1	0	1	0	1	0	1	0	1

8255A 用作遥信输入量与 CPU 的接口。端口 C 的低 4 位 PC0～PC3 与每个 74150 的地址输入端 A、B、C、D 相连，用 PC0～PC3 向 74150 输出选择地址。端口 A 的 PA0～PA7，分别与 0 号～7 号 74150 输出端相连，用 PA0～PA7 输入遥信信息，通过数据总线输入内存。

遥信定时扫查工作在实时时钟中断服务程序中进行，每 5ms 执行一次，每次调用遥信扫查子程序，一次可读入 128 个遥信状态量，并存入内存中的遥信数据缓冲区。每次扫查开始时，首先设置遥信数据缓冲区数据存放地址的指针并将 74150 输出选择地址设置为 0000B，通过 8255A 的端口 C 的低 4 位 PC0～PC3 向 74150 送出，并由 8255A 的 PA 端口读入 8 个状态，存入由存放地址指针确定的遥信数据缓冲区，此后修改数据存放地址的指针和使选择地址加 1，循环 16 次完成一次扫查；然后 CPU 将遥信数据缓冲区中的遥信数据与遥信数据区内原存遥信数据相比较。每当发现有遥信变位，就更新遥信数据区，并按规定在当前数据传送序列中插入传送遥信信息；同时，记录遥信变位时间，以便完成事件顺序记录信息的发送。

此种方式中，CPU 始终参与扫描及判别的过程中，数据可靠性高，但 CPU 的负担相应过重。这种方式通常使用于有专用 CPU 负责遥信信息输入的子系统中。

2. 采用中断方式的遥信输入

图 3 - 31 所示是采用中断方式的遥信输入原理电路。这个电路由三部分组成：①遥信输入矩阵电路；②3-8 线译码器；③键盘/显示器接口芯片 8279。

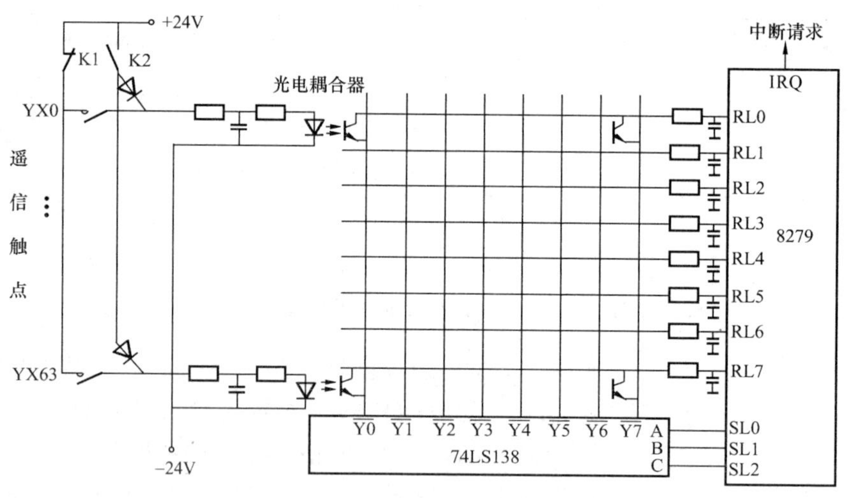

图 3 - 31　中断方式遥信输入原理电路

（1）遥信输入矩阵电路。以一个 4 行 4 列的矩阵来说明该电路的工作原理，如图 3 - 32、图 3 - 33 所示。4 行 4 列的矩阵共可接入 16 个光电三极管，每个光电三极管的集电极分别接在对应的行线上，每个光电三极管的发射极分别接在对应的列线上（仅画出光电三极管处于导通状态的部分）。通过译码器可对各个列线置“0”或置“1”。若先对第 0 列所连接的 4 个光电三极管检查其状态，给第 0 列送信号“0”，其他各列送“1”。因该列中的 0 列 2 行的光电三极管处于导通状态，而其他的处于截止状态，则在回送行线的端电源及上拉电阻的作用下，可在回送行线上读到遥信信息为“1011”。相应地，若给第

1 列送“0”，其余送“1”，则可读到第 1 列上的开关状态“0110”。依此可读取 4×4 共 16 个开关状态。

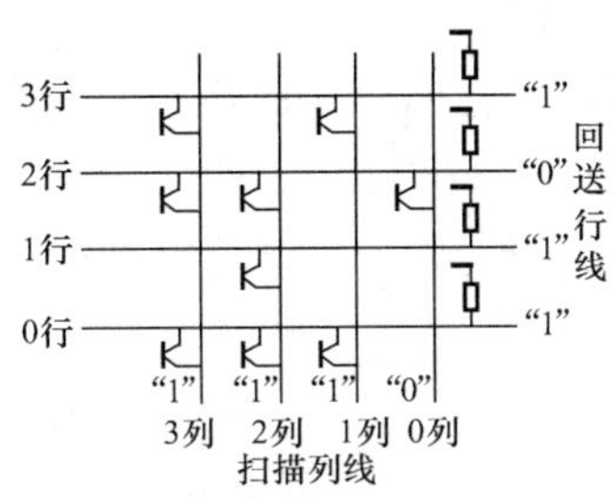

图 3-32　列线为“1110”时的输出

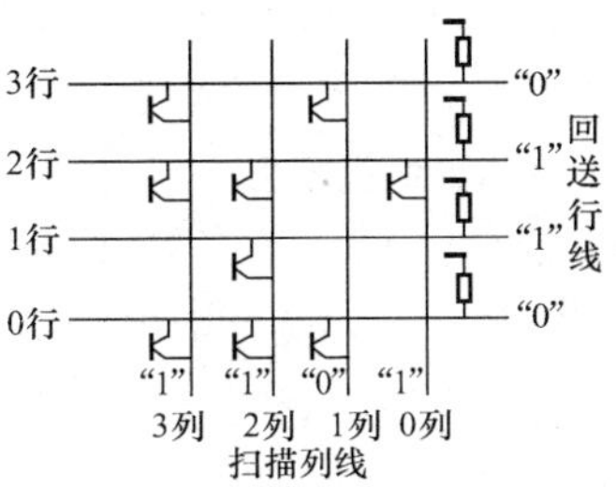

图 3-33　列线为“1101”时的输出

（2）3-8 线译码器。对应图 3-31 列数 3-8 线译码器采用 74LS138。74LS138 的输入/输出逻辑见表3-5。

表 3-5　74LS138 输入/输出逻辑

CBA	$\overline{Y7}$	$\overline{Y6}$	$\overline{Y5}$	$\overline{Y4}$	$\overline{Y3}$	$\overline{Y2}$	$\overline{Y1}$	$\overline{Y0}$
000	1	1	1	1	1	1	1	0
001	1	1	1	1	1	1	0	1
010	1	1	1	1	1	0	1	1
011	1	1	1	1	0	1	1	1
100	1	1	1	0	1	1	1	1
101	1	1	0	1	1	1	1	1
110	1	0	1	1	1	1	1	1
111	0	1	1	1	1	1	1	1

（3）键盘/显示器接口芯片 8279。图 3-31 中，8279 被程序设定为传感器矩阵方式，用编码扫描线构成 8×8 的扫描传感器矩阵。因此，一片 8279 可以实现 64 个遥信信息输入。图中选用三根扫描线 SL0～SL2，按一定的扫描周期从 000～111 顺序周而复始地变化，经 3-8 线译码器译码后，得 8 根列扫描线 Y0～Y7，这 8 根列扫描线和 8 根行回送线构成矩阵形式，在每一根列扫描线和行回送线之间接有一个光电耦合器中的光敏三极管。

8 根行回送线的内部有上拉电阻使其保持高电平。当列扫描线输出低电平，且与该列线相连的光敏三极管导通时，相应的行线上才变成低电平；若与该列线相连的光敏三极管截止，相应行线上仍保持高电平。列扫描线的状态变化一次，与该列线相连的光敏三极管的状态就读入到 8279 的传感器 RAM 中。每当在扫描过程中检测到光敏三极管的状态变化（由遥信变位引起），8279 的中断请求线 IRQ 就升到高电平，即产生中断请求信号。CPU 响应中断后，在中断服务程序中首先清除中断请求信号 IRQ，以便再次发出中断请求，接着读取传感器 RAM 的状态，并记录相应的遥信变位时间。

当 8279 工作在传感器矩阵方式时，没有去抖动的功能。为了防止误遥信，应该在软件上采取一定措施，要延迟一定时间，再去读传感器 RAM，直到遥信被确认后，才进行变位记录，更新遥信数据区，并组装事件顺序记录字。

电路中＋24V遥信辅助电源，经遥信辅助触点、RC低通滤波器、光电耦合器中发光二极管到遥信辅助电源－24V构成回路。RC低通滤波器是两个10kΩ的电阻和一个0.1～0.2μF的电容按T形连接而成。其作用有：①滤掉遥信回路中的高频干扰；②限制发光二极管内电流为2mA；③保护光电耦合器，即使有瞬间高达150V的碰触，由于有20kΩ电阻串入，进入光电耦合器的电流只有7.5mA，不可能损坏光电耦合器器件。

为了检查遥信回路中各个器件是否正常，特设了检查回路。对遥信检查分为全“0”检查和全“1”检查，它由检查继电器K1和K2等组成。

当要进行全“1”检查时，外部电路驱使继电器K1动作，K1的常闭触点断开，＋24V加不到光电耦合器上，所有光电耦合器的光敏三极管均截止，软件读取此时的状态，可作为全“1”检查。全“1”检查还不足以完全判断遥信回路是否正常，因此还需作全“0”检查。全“0”检查时，驱使K2动作，其常开触点闭合，＋24V电源加到每一个光电耦合器输入回路，所有光敏三极管应导通。若传感器RAM读到的是全“0”，则证明在全“0”检查时正常。

3. 中断触发扫查方式的遥信输入

采用定时扫查方式输入遥信信息，扫查频率高，占CPU时间长。电力系统正常运行时，很少发生遥信变位，在此期间，CPU每次读到相同的遥信状态。采用中断方式输入遥信时，每当8279检测到遥信变位，才向CPU发中断请求。CPU响应中断，有的放矢地从8279读入新的遥信状态。但8279工作在传感器方式时，易受干扰引起误遥信。中断触发扫查方式的遥信输入，抛弃两种电路的缺点，采用8279检测遥信变位，扫查方式读取遥信状态。其输入原理框图如图3-34所示。

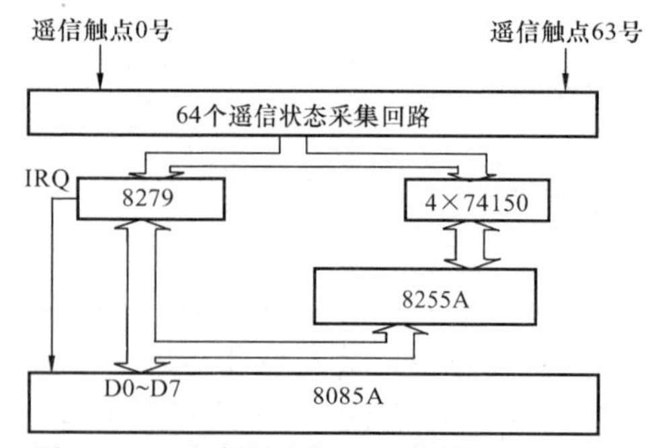

图3-34 中断触发扫查遥信输入原理框图

电路工作时，8279高速扫描8×8遥信状态，每当检测到遥信变位，向CPU发出中断，CPU响应中断，启动由74150和8255A等组成的扫查输入，读取64个遥信状态，并转入处理程序。在此，8279起到监视遥信变位以及向CPU报告变位的作用。

四、事件顺序记录SOE

电力系统发生事故后运行人员从遥信中能及时了解开关和继电保护的状态改变情况。为了分析系统事故不仅需要知道开关和保护的状态，还应掌握其动作的先后顺序及确切的相位。遥信并不附带时间标记。把发生的事件（开关或保护动作就是一种事件）按先后顺序将有关的内容记录下来，这就是事件顺序记录。事件顺序记录主要用来提供时间标记，表明什么事件在何时发生，因而记录的内容除开关序号及其状态外，还应包括确切的动作时间。

（一）厂站内部事件顺序分辨

事件顺序记录与遥信变位密切相关。遥信变位采集时如发现有变位，遥信就立即进行事件顺序记录，记下当时的时间并进行其他的相应处理，如确定变位的开关序号、更新遥信数据区内容等。变位遥信开关号、状态及其动作时间等被存入内存中的事件顺序记录区，在适当时候就发往主站。

事件顺序记录的时间就是发现遥信变位的时间。以扫查方式采集遥信变位时，对遥信开关状态按组逐一进行扫查。当扫查到某一组发现有开关变位时，除记下开关序号外，还可立即记下当时的实时时间作为变位的时间标记，即事件顺序记录时间，然后继续扫查下一组。这种读取事件顺序记录时间的方法称为立即记时法。另一种方法是在扫查各组开关状态时发现有开关变位只记下开关的序号，等各组开关全部查扫完毕，最终记下结束时的实时时钟值作为事件顺序记录时间，这称为最终记时法。显然，最终记时法对于在同一次扫查中检测到的开关变位是使用同一事件顺序记录时间。

对遥信的扫查一般都按定时方式进行，如每隔 T_S 扫查一次。设在理想状态下对开关状态的扫查不需花费时间，即扫查全部开关所花费的时间为零，因而从第一次扫查到第二次扫查这一段时间内所发生的开关变位，不论是立即记时法或最终记时法记录的时间都相同，即这些开关的变位时间被认为属于同一档次。两个开关的实际变位时间如先后相差大于 T_S，则记录的时间标记必然不会相同。但如先后相差不足 T_S，则记录的时间标记就有可能相同，此时无法按记录的时间标记来分辨其动作先后次序。为了确定事件发生的先后顺序，用以分开各个事件所必需的最小时间间隔，称为事件分辨率。如扫查间隔为 T_S，则在上述理想情况下事件分辨率为 T_S，即不同开关的实际变位时间只要前后相差不小于 T_S，就能保证记录的时间标记不会相同，据此足以分辨出其动作的先后顺序。

实际上对所有的开关状态进行一次扫查总是要花费一定的时间。设遥信信息分为 K 组，从第一组开始到第 N 组扫查结束花费的时间为 T_S，记录时间方式为最终计时法。若当第一组刚扫查完，开始扫查第二组时，第一组内某开关 Q1 发生变位，由于第一组刚查过，Q1 的变位只有在下一次扫查时发现登记。而在第二次扫查时，在临近结束时若最后第 K 组的某开关 QN 发生变位并被检测到，这样一来，第二次扫查共检测到 Q1 和 QN 的变位，记录的登记时间同为 t_R。而实际上 Q1 和 QN 的变位差不多相差有 $2T_S$，但记录时间相同，据此无法分清两者发生的先后顺序。只有当两个开关变位时间相差大于 $2T_S$ 时，记录的时间标记才不会相同，从而保证可以分清两者变位的前后顺序。因此，这种情况下的事件分辨率为 $2T_S$。

采用立即记时法仍然有可能出现分辨不清的问题。例如，当第一组刚扫查完，开始扫查第二组时，第一组内某开关 Q1 在 t_1 时间发生变位，由于第一组刚查过，Q1 的变位只有在下一周期扫查第一组时发现登记，记录的时间 $t_{R1}=t_1+T_S$。若在开始扫查第二组时，第二组中的某开关 Q2 在 t_2 时间发生变位，其记录的时间为 $t_{R2}=t_2$，$t_{R2}\approx t_{R1}-T_S$，即时间发生错位，不能正确判断 Q1 和 Q2 的先后顺序。按照前面的分析，在 Q1 和 Q2 的实际变位时间 t_1 和 t_2 之间相差不少于 $2T_S$ 的条件下，才能使 t_{R1} 和 t_{R2} 之间的差值不少于 T_S，即区分出开关动作的前后。

（二）厂站之间事件顺序分析

为了分析系统性的事故，调度人员要掌握全系统各厂站的开关量先后动作情况。各厂站送往调度的事件顺序记录中都有开关号及其动作时间，但这些时间标记都是按各厂站当地的实时时钟记录下来的数据。如果各厂站的实时时钟不统一，那么这些事件顺序记录中的时间只能说明各厂站内部开关动作的顺序，却不能表明厂站之间开关动作的先后关系。为了使全系统的实时时钟统一，可以采用以下办法：如在厂站端装设专门的收信装置，接收国家中央报时台发布的定时信号，或由中央调度所用下行信道向各厂站发送统一的时钟进行校时等。从调度端以调度端的时钟为准向各厂站发送时钟设置值，使各厂站的时钟读数与调度端的一致，这种方式称为绝对同步时钟法。调度端也可以只发校时信号，厂站端收到此信号后只记下当地的时间，并不改变时钟的指示值，调度端和厂站端各自使用本地的时钟，但能明确相互之间的时间差，这种方式称为相对同步时钟法。

第五节 遥控输入与输出

一、遥控及命令执行过程

在电网调度自动化系统中，遥控就是指由调度中心发出命令去控制远方发电厂或变电站的断路器，进行合闸或分闸操作。遥控命令还可以控制厂站其他设备。

遥测和遥信是厂站向调度中心传送信息，遥控是调度中心向厂站端下达操作命令，直接干预电网的运行。所以，遥控要求有很高的可靠性。在遥控过程中，采用“返送校核”的方法，实现遥控命令的传送。所谓“返送校核”是指厂站端 RTU 接收到调度中心的命令后，为了保证接收到的命令能正确地执行，对命令进行校核，并返送给调度中心的过程。遥控命令格式如图 3 - 35 所示。在遥控过程中，调度中心发往厂站 RTU 的命令有三种，即遥控选择命令、遥控执行命令和遥控撤销命令。遥控选择命令包括两个部分：一个是选择的对象，用对象码指定对哪一个对象进行操作；另一个是遥控操作的性质码，用操作性质码指示是合闸还是分闸。遥控执行命令指示 RTU 按接收到的选择命令执行指定的开关操作。遥控撤销命令指示 RTU 撤销已下达的选择命令。

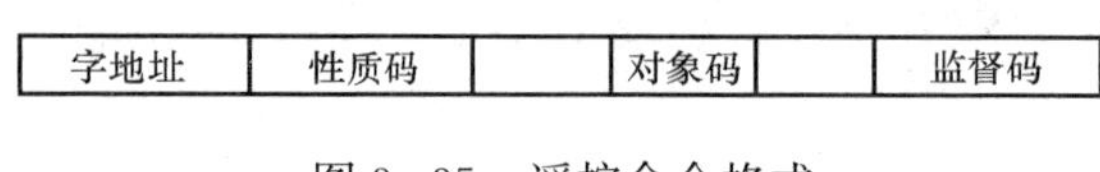

图 3 - 35 遥控命令格式

厂站 RTU 向调度中心返送的校核信息，用以指明 RTU 所收到命令与主站原发的命令是否相符以及 RTU 能否执行遥控选择命令的操作。为此，厂站端校核信息包括两个方面：①校核遥控选择命令的正确性，即检查性质码是否正确，检查遥控对象码是否属于本厂站；②检查 RTU 遥控输出对象继电器和性质继电器是否能正确动作。图 3 - 36 所示为遥控过程中调度中心和厂站端的命令和信息的传递过程。

遥控命令是根据当时电网的运行状态形成的，其时效性很强。对厂站端 RTU 来说，当接收到遥控选择命令后，启动选择定时器（1 号 8253 定时器 1）；若超时未收到调度中心的遥控执行命令，则拒绝执行命令并清除遥控选择命令。如果在遥控过程中遇有遥信变位，则因网络拓扑结构已改变，RTU 自动清除遥控命令。遥控命令，包括返校信息均连送三遍。由图 3 - 36 可将遥控信息的传递过程小结如下：

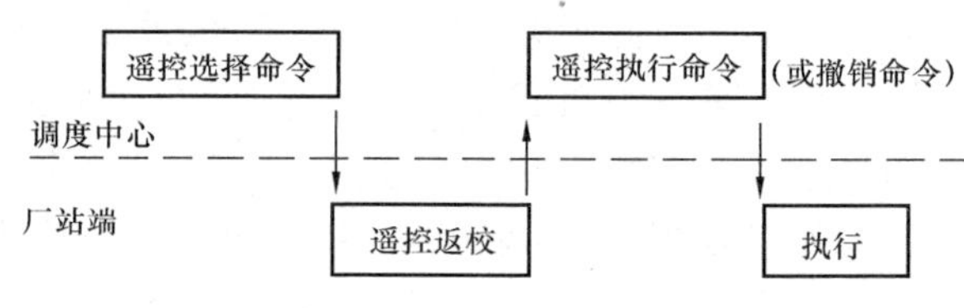

图 3 - 36 遥控信息的传递过程

（1）调度中心向厂站端 RTU 发遥控选择命令。

（2）RTU 接收到选择命令后，启动选择定时器，校核性质码和对象码的正确性，并使相应的性质继电器和对象继电器动作，使遥控执行回路处于准备就绪状态。

（3）RTU 适当延时后读取遥控对象继电器和性质继电器的动作状态，形成返校信息。

（4）RTU 将返送校核信息发往调度中心。

（5）调度中心显示返校信息，与原发遥控选择命令核对，若调度员认为正确，则发送遥控执行命令到 RTU；反之，发出遥控撤消命令。

(6) RTU 接收到遥控执行命令后，驱使遥控执行继电器动作。若 RTU 接收到遥控撤消命令，则清除选择命令，使对象继电器和性质继电器复位。

(7) RTU 若超时未收到遥控执行命令或遥控撤消命令，则作自动撤消，并清除选择命令。

(8) 遥控过程中遇有遥信变位，则自动撤消遥控命令。

(9) 当 RTU 执行遥控执行命令时，启动遥控执行定时器（1 号 8253 定时器 1），定时到，则复位全部继电器。

(10) RTU 在执行完成遥控执行命令后，向调度中心补送一次遥信信息。

二、遥控输入与返校形成电路

图 3-37 所示为遥控输入电路原理图。它由 1 片 3 号 8255A，2 片集电极开路的反相器 MC1413，8 个遥控对象继电器（K1～K8），2 个遥控性质继电器（KHZ、KFZ），以及 1 个遥控执行继电器 KZX 构成。图中，3 号 8255A 的端口 A 输出遥控对象信息，其中 PA0～PA7 对应遥控对象继电器 K1～K8，端口 B 输入继电器返校状态信息，其中 PB0～PB7 对应 K1～K8 的触点，端口 C 高 3 位 PC7、PC8 和 PC5 输出遥控分闸、合闸的性质信息和执行信息，端口 C 低 2 位（PC1、PC2）输入性质继电器返校信息。3 号 8255A 工作在方式 0，A 口输出，B 口输入，C 口低 4 位输入和高 4 位输出。

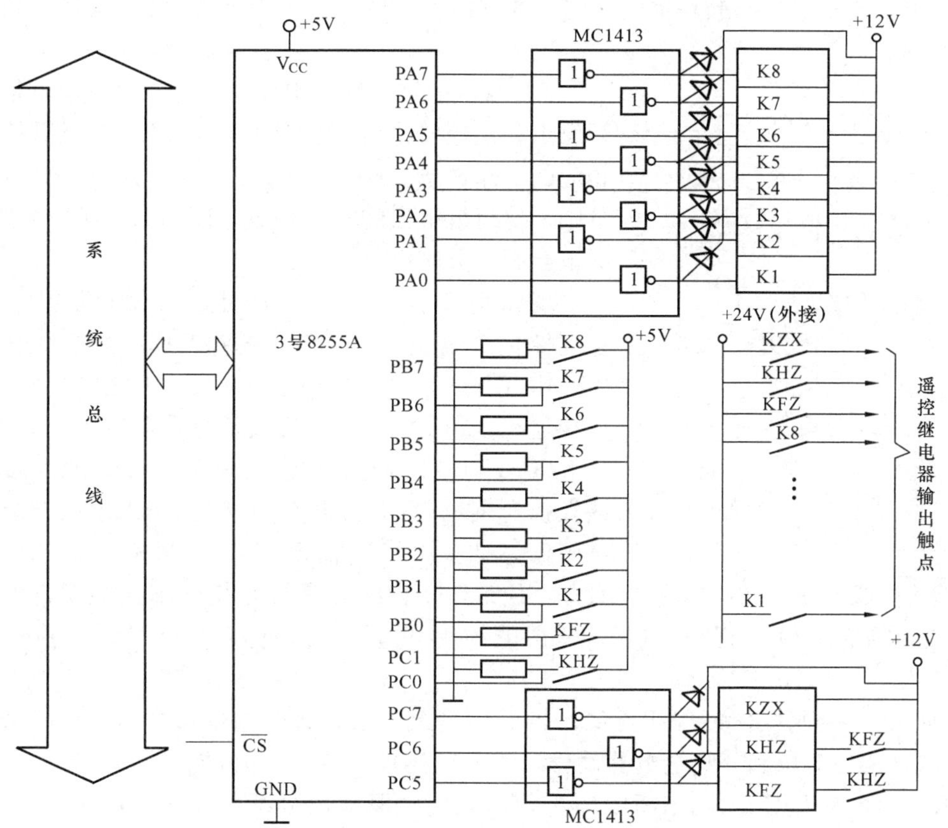

图 3-37 遥控输入电路原理图

3 号 8255A 端口 A 接到开集反相器 MC1413 的输入端。＋12V 电源经遥控对象继电器的线圈接到开集反相器 MC1413 的集电极回路。若 3 号 8255A 端口 A 某一位输出“1”，则开集反相器 MC1413 中的三极管导通，相应的继电器线圈得电而动作；而其他各位输出为“0”，于是开集反相器 MC1413 中的三极管截止，相应的继电器线圈失电而不动作。遥控对象继电器有两对常开触点，其中一对用于控制对象，另一对用于返送校核。

3 号 8255A C 口的 PC5、PC6 和 PC7，通过开集反相器 MC1413 控制分闸性质继电器（KFZ）、合闸性质继电器（KHZ）和执行继电器（KZX）。其中，分闸继电器的电源受合闸继电器的常闭触点控制，合闸继电器的电源受分闸继电器的常闭触点控制。当两个继电器都失电时，其电源都接通，但当分闸继电器动作时，就切断了合闸继电器线圈的电源；反之，合闸继电器动作时，就切断了分闸继电器线圈的电源。因而分闸和合闸继电器两只中同时只可能有一只得电。

用于返送校核的遥控对象继电器的常开触点的状态可以转化为“0”和“1”电平，由图 3-37 可见，当常开触点断开时产生“0”电平，而常开触点闭合时产生“1”电平。这个电平被送到 3 号 8255A 的 B 口，读其状态电平就可了解到遥控对象继电器的动作状态，以作为返送校核信息的来源。

三、遥控输出电路与遥控执行屏的连接

RTU 的遥控输出电路并不直接控制断路器分闸、合闸回路，而是接入遥控执行屏，由遥控执行屏输出信号控制断路器的分闸、合闸操作。图 3-38 所示为 RTU 与遥控执行屏的连接示意图。

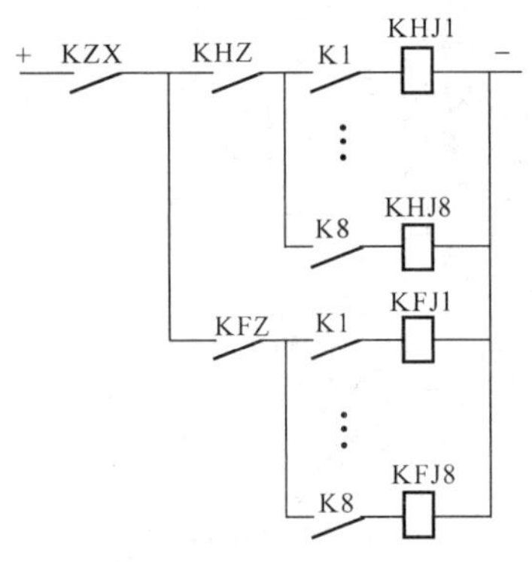

图 3-38 RTU 与遥控执行屏的连接示意图

K1～K8 是遥控输入电路中 8 个对象继电器输出的常开触点，遥控输出性质和执行继电器触点与遥控执行屏相应的回路连接。KHZ、KFZ、KZX 分别是 RTU 合闸、分闸、执行继电器的常开触点，KHJ 和 KFJ 分别是执行屏上合闸、分闸继电器。

现以 QF1 合闸和 QF7 分闸操作为例说明图 3-37 所示电路的工作过程。RTU 接到 YK0 合闸的选择命令后，由 3 号 8255A 的 PA0 输出使 K1 通电，K1 常开触点接通，在 RTU 上形成返校信息送调度中心；同时，3 号 8255A PC6 使合闸继电器得电，KHZ 触点接通。在遥控执行屏上，K1 常开触点接通，KHZ 触点的闭合为合闸做好准备。当接收到 YK0 合闸执行命令后，RTU 输出电路使 KZX 得电，KZX 触点闭合，使 KHJ1 得电，其触点使合闸接触器带电，从而使合闸线圈励磁而 QF1 合闸。在 KZX 得电约 1s 后，自动清除对象、性质、执行继电器的动作。

分闸操作与合闸操作过程相类似，当 RTU 接到 QF7 分闸选择命令后，由 3 号 8255A PA7 和 PC5 驱使对象和分闸继电器动作，为分闸操作的执行做好准备。当分闸执行命令到来后，RTU 驱使 KFZ 动作，KFJ2 得电，由相应电路输出分闸信号。命令执行 1s 后自动清除。

第六节 遥调输入与输出

一、遥调及命令执行过程

遥调就是远距离调节。在电网调度自动化系统中，遥调命令主要用于调度中心调节发电厂发电机组的功率，实现 AGC 功能。在发电厂中，主要机组都装有自动调节装置，改变调节装置的整定值，就能改变机组的功率。所以，遥调命令将下达调节系统整定值信息。遥调命令与遥控命令相类似，其下行命令应说明整定值的大小及调节对象，以便厂站 RTU 对指定装置下达调节命令值。

遥调命令的可靠性要求一般没有遥控那样高，故通常不采用返送校核的方式传送遥调命令。RTU 接到调度中心下达的遥调命令后，就可将命令整定值经 D/A 转换成模拟量信号（模拟遥调输出）或直接将数字量信号（数字遥调输出）输出到对象选择号指定的调节装置执行。

二、遥调电路

1. 12 位 D/A 转换器 AD567

AD567 是一个完全高速 12 位 D/A 转换器，在一个单芯片上包括一个高稳定参考电压和双缓冲输入锁存器。转换器采用 12 个精密高速双极性电流控制开关和一个激光调整薄膜电阻网络，以提供快速稳定时间和高的精确度。

AD567 的所有锁存器都是电平触发，即在有关的输入控制信号均为有效电平时数据被输入到锁存器。

2. 遥调输出电路

图 3-39 所示为 RTU 遥调输出电路原理图，可实现 2 路 12 位 D/A 遥调输出。该电路由并行接口芯片 4 号 8255A、AD567A 数/模转换器、CD4051 多路模拟量切换开关以及直流电压和直流电流的输出保持电路等组成。图 3-39 中，4 号 8455A 实现 AD567A 与 CPU 之间的接口，它不仅从数据总线上取得数据送 AD567A，还配合 8085A 负责对 AD567A 的控制。

AD567A 和运算放大器 A1 组成数/模转换部分，AD567A 从 4 号 8255A 的 A 组（A 口和 C 口高 4 位）取得待转换的 12 位数据，经转换在 DAC 输出端（引脚 2）处输出，并经 A1 输出 0～10V 的直流电压。CD4051 是多路模拟开关，分别将 2 路遥调信号输出。运放 A2 和 A5 和电容 C_2、C_3 构成两路电压输出保持电路。A4 和 A3 组成的电压跟随器以恒压形式向调节装置输送 0～10V 直流电压。复合管 VT1 和 VT2 分别构成两路模拟遥调 0～10mA 电流输出。

电路的工作原理是：RTU 接收到调度中心下达的遥调命令后，将命令中的整定值数字量通过 4 号 8255A 输送给数/模转换器。在此同时，根据命令的选择对象，选择遥调输出地址号送多路开关 CD4051，将数/模转换器与遥调装置的输入电路接通，数/模转换输出的模拟电压通过 CD4051 对保持电容充电，并达到相应的电压值。当多路开关切换到其他输出回路后，由于电容放电阻抗大，放电速度很慢，电压能保持一段时间，而电路能根据当前各路的输出数值周而复始地工作，第二次充电很快到来，故此作用相当于“刷新”，因此输出电压得以保持。除接到遥调命令外，CPU 可定时“刷新”各路模拟量输出。

3. 数字遥调输出电路

在电网调度自动化系统中，除了模拟遥调电路，还有数字遥调电路。数字遥调电路适用于一些数字调节装置。

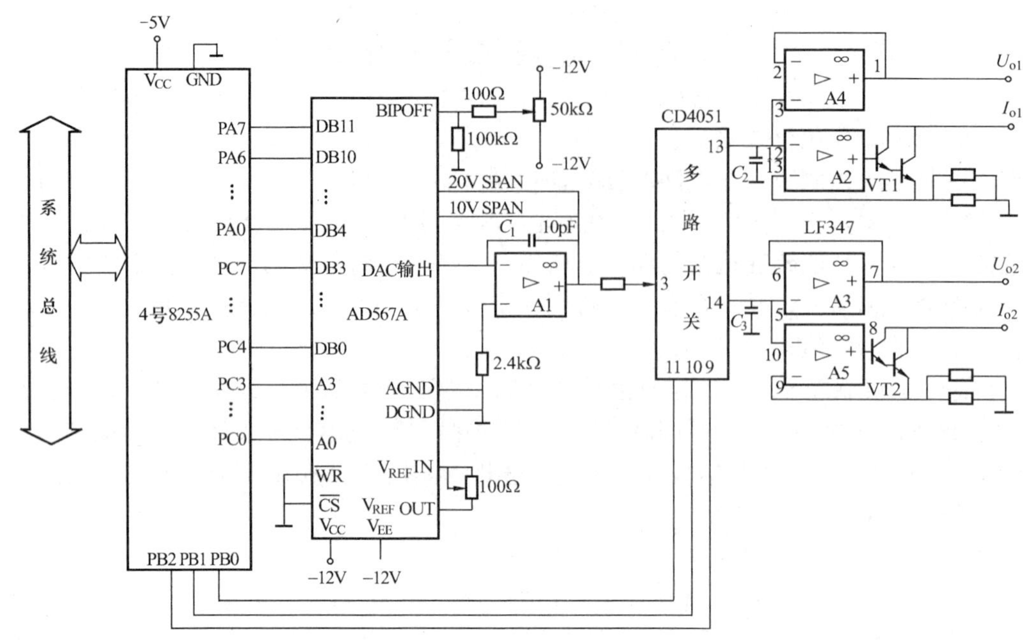

图 3-39 RTU 遥调输出电路原理图

在数字遥调过程中，RTU 不必将遥调命令的调整码转换为模拟量，而是将数字经乘系数等变换后直接送往调节装置。

与遥控不同，遥调是一个连续作用的调节过程。电网的 AGC、EDC 等功能都离不开遥调对电网运行的控制。由于电网的运行状态在随时变化，为了使电网运行达到预定的指标，就必须适时地下达调节命令，控制电网的运行状态。对于 AGC 来说，调度中心每隔数秒就下达一次调节命令。所以，RTU 最好能构成智能的遥调子系统，负责遥调功能的实现，以减轻主 CPU 的负担。

思 考 题

1. “四遥”包括哪些内容？RTU 在四遥中的作用是什么？
2. 如何解决交流遥测量的采集问题？
3. 交流采样采用采样保持器和阻抗变换器的作用及工作原理是什么？
4. 如何减少交流遥测量平时变化不大而可能造成遥测量过多的负担？
5. 遥信信息采集电路由哪几部分组成？各起到什么作用？
6. 遥信输入的几种形式如何完成遥信输入任务？各有什么特点？
7. 事件顺序记录如何记录时间？事件分辨率如何确定？
8. 遥控过程怎样进行？在哪几种情况下将撤销遥控？
9. 微机变送器对 M 路电压量、L 路电流量进行 50Hz 交流、一周期 N 次的交流采样及模/数转换，其中参数 $t_A=60\mu s$。若 $N=16$，则最多可对多少路交流模拟量（$M+L$）进行交流采样？若 $M+L=10$，则可对一个交流模拟量每周期进行几次交流采样？

第四章 变电站自动化

第一节 变电站自动化概述

一、变电站自动化的研究内容

常规变电站的二次设备由继电保护、自动装置、测量仪表、操作控制屏和中央信号屏以及远动装置（许多变电站没有远动装置）几部分组成。在微机化以前，这几大部分不仅功能不同，实现的原理和技术也各不相同，因而长期以来形成了不同的专业和管理部门。20 世纪 80 年代以来，由于集成电路技术和微机技术的发展，上述二次设备开始采用微机型的，如微机继电保护装置、微机型自动装置、微机监控系统和微机 RTU 等。这些微机型装置尽管功能不同，但其硬件结构大同小异，除微机系统本身外，一般都由对各种模拟量的数据采集回路和 I/O 回路组成，而且所采集的量和所控制的对象还有许多是共同的，设备重复、数据不共享、通道不共用、模板种类多、电缆依旧错综复杂等问题依然存在。因此，人们自然地提出这样一个问题：在当今的技术条件下，是否应该跳出历史造成的专业框框，从技术管理的综合自动化来考虑全微机化的变电站二次部分的优化设计，合理地共享软件资源和硬件资源。这就是变电站综合自动化名称的来历。

需要说明的是，国际电工委员会（IEC）已不再采用“综合自动化”这个名词，而采用“变电站自动化系统”。综合自动化系统是引用习惯说法。因为，变电站自动化是多专业性的综合技术，仅从变电站自动化系统的构成和所完成的功能来看，它是将变电站的监视控制、继电保护、自动控制装置和远动等所要完成的功能组合在一起的一个综合系统。

二、变电站自动化的发展过程

从变电站自动化的发展过程来看，可分为三个阶段。

1. 变电站分立元件的自动装置阶段

为了保证电力系统的正常运行，研究单位和制造厂家，长期以来陆续生产出各种功能的自动装置，如自动重合闸装置、低频自动减负荷装置、备用电源自投装置和各种继电保护装置等，电力企业可根据需要，分别选择配置。20 世纪 70 年代以前，这些自动装置主要采用模拟电路，由晶体管等分立元件组成，对提高变电站的自动化水平，保证系统的安全运行，发挥了一定的作用。但这些自动装置，相互之间独立运行，互不相干，而且缺乏智能，没有故障自诊断能力，在运行中若自身出现故障，不能提供告警信息，有的甚至会影响电网运行的安全。同时，分立元件装置的可靠性不高，经常需要维修，体积大，不利于减少变电站的占地面积，因此需要有更高性能的装置代替。

2. 微处理器为核心的智能自动装置阶段

20 世纪 80 年代，随着微处理器技术的应用，许多电力科技工作者把注意力放在如何将大规模集成电路技术和微处理器技术应用于电力系统各个领域上。在变电站自动化方面，首先将原来由晶体管等分立元件组成的自动装置逐步由大规模集成电路或微处理机代替。由于采用了数字式电路，统一数字信号电平，缩小了体积，明显地显示出优越性，特别是由微处理器构成的自动装置，利用微处理器的智能和计算能力，可以应用和发展新的算法，提高了测量的准确度和控制的可靠性，还扩充了新的功能。尤其是装置本身的故障自诊断能力，对提高自动装置自身的可靠性和缩短维修时间是很有意义的。

这些微机型的自动装置，虽然提高了变电站自动控制的能力和可靠性，但在20世纪80年代，基本上还是维持原有的功能和逻辑关系的框框，只是组成的硬件结构由微处理器及其接口电路代替，扩展了一些简单的功能，多数仍然是各自独立运行，不能互相通信，不能共享资源，实际上形成了变电站的自动化孤岛，仍然解决不了前述变电站设计和运行中存在的所有问题。随着数字技术和微机技术的发展，变电站内自动化孤岛问题引起了国内外科技工作者的关注，并对其开展研究和寻求解决的途径。因此，变电站自动化是科学技术发展和变电站自动控制技术发展的必然结果。

3. 变电站自动化阶段

国内外变电站自动化系统从20世纪70年代末开始研制和开发，20世纪90年代进入应用阶段。变电站自动化的真正投入使用则是在中低压微机保护投入使用并能实现同监控系统交换数据之后。其特征是将保护和测量控制综合考虑配置，监控系统除了完成远动“四遥”功能外，还能同微机保护和小电流接地装置交换信息，站内需要通信系统，站端要有上位计算机作为监控之用。

微计算机技术、大规模集成电路技术和通信技术的迅猛发展，给变电站自动化技术水平的提高注入了新的活力。16位、32位单片机及更高性能微处理器、网络技术、现场总线技术的广泛应用，为高性能变电站自动化技术奠定了基础。由此，变电站自动化技术的应用进入了高潮，其功能和性能也不断完善，变电站自动化逐步成为新建变电站的主导技术。

三、变电站自动化系统的基本要求

为了达到变电站自动化系统的总目标，自动化系统应满足以下要求：

（1）变电站自动化系统应能全面代替常规的二次设备。综合自动化系统应集变电站的继电保护、测量、监视、运行控制和通信于一个分级分布式的系统中，此系统由多个微机保护子系统、测量子系统、各种功能的控制子系统组成，应能替代常规的继电保护、仪表、中央信号、模拟屏、控制屏和运行控制装置，才能提高变电站的技术水平和可靠性。

（2）变电站微机保护的软、硬件设置既要与监控系统相对独立，又要相互协调。微机保护是综合自动化系统中很重要的关键环节，因此其软、硬件配置要相对独立，即在系统运行中，继电保护的动作行为仅与保护装置有关，不依赖于监控系统的其他环节，保证综合自动化系统中，任何其他环节故障只影响局部功能的实现，不影响保护子系统的正常工作，但与监控系统要保持紧密通信联系。

（3）微机保护装置应具有串行接口或现场总线接口，向计算机监控系统或RTU提供保护动作信息或保护定值等信息。

（4）变电站自动化系统的功能和配置，应满足无人值班的总体要求。随着我国电力工业进入大电网、大机组的时代，无人值班变电站的实施已成为电网调度自动化深入发展的必然趋势，是电网调度管理的发展方向。传统的“四遥”装置，无论从可靠性、测量精度、传输速率和技术水平等方面，都不能满足现代化电网调度、管理的要求。变电站自动化系统的功能设计，要从电力系统的安全、稳定运行，提高经济效益等综合指标和提高电网基础自动化水平的综合要求出发，其软、硬件的配置必须考虑具备与上级调度通信的能力，必须具备RTU的全部功能，以便满足和促使变电站无人值班的实施。

（5）要有可靠、先进的通信网络和合理的通信协议。必须充分利用数字通信的优势，实现数据共享。数据共享是综合自动化系统发展的趋势，只有实现数据共享，才能简化自动化系统的结构、减少设备的重复，才能降低造价。

（6）必须保证综合自动化系统具有高的可靠性和强的抗干扰能力。变电站安全运行是变电站设计的基本要求。为此，在考虑系统的总体结构时，要注意主次分清，对关键环节要有一定的冗余。综合自动化系统中的各个子系统要相对独立，一旦系统中某部分出现故障，应尽量缩小故障影响的范围并能尽快修复故障。为此，各子系统应有独立的故障自诊断和自恢复功能，任一部分发生故障时，应通知告警主机发出告警指示，并能迅速将自诊断信息送往控制中心。

（7）系统的标准化程度、可扩展性和适应性要好。随着我国经济建设的发展，每年有不少新建变电站要设计、建设和投产，它们需要有技术先进、功能齐全、性能价格比高的自动化系统供选用。此外，每年有大量各式各样的老站需要改造，这些老站由于其投资水平不同，在系统中的地位和原来采用的设备以及基础各不相同，因此，要求自动化设备应能够根据变电站不同的要求，组成不同规模和不同技术等级的系统。新产品应符合国家或部颁标准，使系统开放性能好，也便于升级。

（8）变电站自动化系统的研究和开发工作，必须统一规划、统一指挥。变电站自动化系统是一项技术密集、涉及面广、综合性很强的基础自动化工程。在研究、开发和应用过程中，各专业要互相配合，避免各自为战，整个系统才能协调工作，对系统的信息才能集中管理和共享，避免不必要的重复和相互的干扰。

四、变电站自动化系统的发展方向

1. 从功能分散向结构分散的网络型发展

传统的保护、远动及站级监控系统，故障录波等设备和系统是按功能分散考虑的。它们的发展趋势是从一个功能模块管理多个电气单元或间隔单元，向一个模块管理一个电气单元或间隔单元，实现地理位置高度分散的方向发展。这样，自动化系统故障时对电网可能造成的影响大大减小，自动化设备的独立性、适应性更强。

变电站自动化系统采用安装于现场的（I/O）测量控制单元就近与监控对象相连，通过网络技术将所有测控单元及其他智能装置（IED）与站级测控主单元、监控主站系统连接在一起。各节点的间隔单元及智能控制装置可就地独立工作，不依赖于通信网和站级测控主单元，完成对现场的协调控制和监视管理。同时，网络还要与调度（控制）中心的远程监控系统互相通信，实现对全网的安全监控、经济调度等。

传统技术中，变电站的控制、监测和保护均由电缆连接，功能受到限制或重复，扩展困难。光纤通信具有损耗低、频带宽、数据传输速率高、抗电磁干扰能力强等优点，作为传输介质，它可以使计算机网络抗电磁干扰和射频干扰的能力大大提高，同时满足大容量数据传输要求。

现代技术中数字式设备的功能是可编程的、光缆通信、硬连线很少、安装工艺简单化、调试灵活、修改扩充方便、软硬件标准统一，各种标准组件的设备综合在一起协调工作，共同起到一个综合的保护和控制的作用。

2. 保护和控制功能的集成

将保护和控制功能集成到同一装置中，实现数据的完全共享。与传统的独立部件的结构相比，这种保护和控制集成的结构，可提供大量的保护功能和更多的监控及数据采集功能，而使性能价格比更优。远方终端所需要的许多初始数据与继电保护所处理的数据是相同的，将这些分布式的变电站远方终端功能集成到微机保护继电器中，使保护和远方终端共用一个硬件平台，则可实现很明显的经济性。

但是要将保护和控制设备很好地综合在一起，且各种技术指标满足运行需要还将进一步受到时间和实际使用的考验。在实际工程中，目前更普遍的还是采用保护与控制设备各自独立，尤其在高压和超高压系统中。可以预料，随着硬件制造水平的不断提高，这一综合性装置将得到越来越多的应用。

采用综合装置需注意以下问题：

（1）集成而不牺牲功能。当把这些不同的保护和 RTU 的应用结合在一起时，必须保证各保护功能要求动作的准确性和快速性，控制功能要求的测量数据精度和安全的通信规约，在分布式的微机继电器和本地管理控制器之间快速交换信息。

（2）保护和控制集成单元必须具有开放性。系统设计时，必须注意采用标准规约，以便与不同供货商提供的设备与系统交换信息。

在应用方面，各主要继电器厂商已推出新的数字式多功能保护装置。其功能由软件实现，人工任意设置，具有很强的采集、存储、数据处理及通信能力，成为保护与控制（I/O）设备的一体化产品，其性能价格比已使其能得到广泛的应用并取代原来的保护、控制单元分离设置的系统配置。

3. 从专用设备到平台

传统方式中，每个控制或保护功能都为专用设备，种类也多。现在计算机技术的发展使设备的功能仅由软件决定，硬件因 I/O 所要求的数量而异。因此开发通用标准型的和灵活的硬件和软件平台，以适用于所有保护和控制，系统将具有开放性和数据一致性的特点，统一遵循国际标准，如目前正在开发和应用的 IEC 61850 标准，便于不同厂家相互接口和维护操作。

保护功能可由算法实现且可以由用户任意设置。各种保护算法经过优化设计并综合在一起，达到更好的选择性、更高的冗余度、数字保护多功能化，可以记录存储实时参数和定值；多功能保护装置可具有各种录波功能，按间隔分散录波，能够做到备用冗余，可靠性更高。分散采集的数据可随时由就地监控主站系统或远方监控主站系统调用。

控制设备可提供控制和监测任务的分散数据处理功能，可编程逻辑提供诸如定向间隔监视指令、连锁和切换操作自动装置等复杂功能，当然也包括遥测计算、事件时间标记、干扰记录及通信接口等功能。

4. 从传统控制向综合智能方向发展

从计算机控制向综合智能控制发展，主要表现为电气设备的小型化已向机电一体化方向发展。将控制、保护系统与一次设备就近安装在一起，向着包括专家系统的智能型装置发展，如专家系统在一次系统在线检测中的应用，模糊逻辑保护和控制，基于神经网络的自适应保护及控制。未来的发展和研究将向着混合系统的方向发展，如模糊神经网络及模糊专家系统等，使现在的自动化系统成为应用综合智能技术的自动化系统。在机电一体化进程中，开关（断路器）装置与控制保护设备高度综合化和智能化的应用将日益加快，优点很多。如紧凑的设计降低了空间要求；多功能和智能技术的应用使保护、控制易于实现最优协调；功能自由设置使之更具灵活性；优化测点可以降低成本和尽可能消除数据的不一致性；增强了抗干扰能力，提高了数据采集和控制的准确性。

5. 从室内型向户外型演变

由于被控对象多在户外，因此要求控制设备、保护设备按一次间隔单元分散安装或现场安装，这就是通常所指的户外型 RTU（F－RTU）和间隔级 I/O 单元，以及分散型单元保护装置。在分散式变电站自动化系统中，以间隔级 I/O 作为现场数据采集及控制部件将分散设置在高压断路器或中压开关柜上或附近而不需要另建小室，配置灵活，减少投资。

6. 从单纯的屏幕数据监视到多媒体监视

首先，由计算机控制取代传统控制，主要表现在采用了光纤通信，减少了电缆使用量；计算机 CRT 显示或大屏幕显示可以取代传统的模拟屏；减小了控制室面积并且显示系统可扩、可维护性大大增强；更多的结构更合理的实时信息，提高了变电站运行控制的性能，操作更方便、更可靠。

计算机控制、信息处理及通信技术的发展，将使计算机监控从静、动态实时数据向声、像辅助监控等多方位发展，以适应电力系统的需要，特别是电力市场的需要。其中利用工业电视提供的视频信息，应用计算机图像识别技术，将有可能迅速地辨别图像或将多个相关图像进行综合判断，及时发出处理指令，进一步扩大与提高电力系统自动化的功能和水平。如一种用于电力系统自动化的视频信息辨识监视方法的基本构思是这样的：利用 CCD 摄像机摄入现场图像（视频信号），经通信系统传送至控制端，在控制端进行图像的高速数字处理，计算机处理后输出监视信号（包括打印报警），构成视频信息辨识监视系统。其核心是将系统各部门采集的实时监视视频信息输入计算机，与事先存入计算机中的系统各部分的正常工作或极限状态的基准视频信息进行比较辨识，并进行各相关信息的逻辑判断。可以看出，采用视频信息构成的自动化系统功能不同于现行自动化系统，它们之间可以互补。

7. 纵向和横向综合

（1）纵向综合：变电站的纵向综合包括与开关装置及与调度（控制）中心的数据交换，如控制功能的上下通信；所有层次上的协调和统一的数据库，包括数据的一致性问题；所有层次上的功能的自由分配，如保护的下放与集中配置等。

（2）横向综合：变电站自动化系统的横向综合包括设备及功能的综合和系统的横向综合，表现在变电站内提供保护和控制及其他智能设备之间频繁而高效的数据体系，以及在不同变电站控制系统和其他控制系统之间，如发电厂控制系统甚至用户市场控制系统之间建立联系等。

8. 光电传感器的应用

保护和测量模块要实现数据共享，目前的主要问题是无法兼顾测量的准确度，这是由于现在广泛使用的电压和电流的各种测量方法，其输入信号都来自传统的电磁感应式电流互感器和电压互感器。传统的电磁感应式电流、电压互感器以导线绕制在铁心上构成。随着电力系统传输容量越来越大、电压等级不断升高，不可避免地带来这种电流、电压互感器的绝缘结构复杂、体积庞大、磁饱和、铁磁谐振及动态范围小等缺点，给继电保护的可靠性和灵敏性构成威胁，这也是目前测量和保护不容易实现数据完全共享的主要根源。为寻求更理想的对电流、电压的测量方法，国内外已开始研究采用法拉第磁光效应的光电传感器。

光电传感器与传统的电磁型互感器相比有以下主要的优越性：

（1）优良的绝缘性能，造价低、体积小、质量轻；电磁式互感器的一次绕组与二次绕组间通过铁心耦合，它们间绝缘结构复杂，其造价随电压等级呈指数关系上升；而光电电流传感器（OTA）和光电电压传感器（OTV）的绝缘结构简单，其造价一般随电压等级升高而呈线性增加。因此，预计OTA和OTV应用于电压等级越高的变电站，其性能价格比越优。

（2）不含铁心，消除了磁饱和、铁磁谐振等问题。电磁型的互感器在电力系统故障时易饱和，这是继电保护装置易拒动的最大弊病所在，而光电传感器可彻底解决此问题。

（3）动态范围大，测量精度高。其额定电流可由几十安至几千安，过电流范围可达几十万安；一个OTA可同时满足计量和继电保护需要，可避免需多个TA的冗余投资，既减少体积，又节省投资。

（4）频率范围宽。其可测出高压线路的谐波电流，还可进行电流暂态、高频大电流与直流电流的测量，对研究新原理的继电保护装置很有好处。

（5）抗干扰能力强。由于光电传感器有很多优越性，因此多年来，国内外学者对光学传感技术在电力系统中的应用进行了较多的研究，到20世纪80年代形成研究高潮。美、日、德、英、法、俄及瑞士等国都进行了大量研究，而且取得较好的进展。我国也于20世纪80年代开始了光电传感器和光纤传感器的研究工作。当然，光电传感器要代替电磁式互感器，目前还有许多技术问题尚未解决，还需科技工作者做大量的研究工作，但这是一个很有发展前途的研究方向。

光电传感器的应用将促进全分散式的综合自动化系统的实现，主要表现在以下几方面：

（1）由于光电传感器具有宽阔的频率范围和不饱和特性，因此可以实现继电保护和测量控制数据的完全共享，促进保护SCADA功能的集成。这样就降低了变电站平台上的装配费用，改进了数据的可利用性，并增加了功能。

（2）由于光电传感器响应速度快，动态范围大，可以抓住故障时瞬变过程的波形，发展新原理的继电保护装置。

（3）由于光电传感器的抗干扰能力强，电绝缘特性优，使得原来只能集中组屏的高压线路保护装置和变压器保护装置也可以考虑分散安装于高压场附近，并利用日益发展的光纤技术和局域网技术，将这些分散在各开关柜的保护和SCADA集成功能模块联系起来，构成一个完全分散的综合自动化系统，这就有利于更多的变电站实现高水平、高可靠性和低造价的无人值班。

第二节　变电站自动化系统的基本功能

结合我国的情况，变电站自动化系统的基本功能体现在七个子系统。

一、监控子系统

监控子系统可取代常规的测量系统，取代指针式仪表；改变常规的操动机构和模拟盘，取代常规的告警、报警、中央信号、光字牌等；取代常规的远动装置等。总之，其功能应包括九部分内容。

（一）数据采集

1. 模拟量的采集

变电站需采集的模拟量有各段母线电压、线路电压、电流、有功功率、无功功率，主变压器电流、有功功率和无功功率，电容器的电流、无功功率，馈出线的电流、电压、功率以及频率、相位、功率因数等。此外，模拟量还有主变压器油温、直流电源电压、站用变压器电压等。

2. 开关量的采集

变电站需采集的开关量有断路器的状态、隔离开关状态、有载调压变压器分接头的位置、同期检测状态、继电保护动作信号、运行告警信号等。这些信号都以开关量的形式，通过光电隔离电路输入至计算机，但输入的方式有区别。对于断路器的状态，需采用中断输入方式或快速扫描方式，以保证对断路器变位的采样分辨率能在5ms之内。对于隔离开关状态和分接头位置等开关信号，不必采用中断输入方式，可以用定期查询方式读入计算机进行判断。至于继电保护的动作信息输入计算机的方式有两种情况：常规的保护装置和早期的微机保护装置由于不具备串行通信能力，故其保护动作信息往往取自信号继电器的触点，也以开关量的形式读入计算机中。新型的微机继电保护装置，大多数具有串行通信功能，因此其保护动作信号可通过串行口或局域网络通信方式输入计算机，这样可节省大量的信号连接电缆，也节省了数据采集系统的I/O接口量，从而简化了硬件电路。

3. 电能计量

电能计量即指对电能量（包括有功电能量和无功电能量）的采集。众所周知，对电能量的采集，传统的方法是采用机械式的电能表，由电能表盘转动的圈数来反映电能量的大小。这些机械式的电能表，无法和计算机直接接口。计算机对电能量进行计量的常用方法有以下两种：

（1）电能脉冲计量法。这种脉冲计量法有两种常用类型的仪表可供选用：①脉冲电能表；②机电一体化电能计量仪表。

（2）软件计算方法。软件计算方法并非不需要任何硬件设备，其实质是数据采集系统利用交流采样得到的电流、电压值，通过软件计算出有功电能量和无功电能量。因为u、i的采集是监控系统或数据采集系统必需的基本量，因此利用所采集的u、i值计算出电能量，不需要增加专门的硬件投资，而只需要设计好计算程序，故称软件计算法。目前软件计算电能量也有两种途径：①在监控系统或数据采集系统中计算；②用智能电能表计算。

在监控系统或数据采集系统中，根据采集的u、i，分别计算出主变压器和各线路的有功电能量和无功电能量。这种方法的最大优点是投资少和占地面积小，但如果是在监控系统或一般的数据采集系统中计算电能量，作为计费的依据，目前还不易为大家所接受，但随着集成电路的发展，断电保持的电子盘存储器的可靠性和容量的提高，这种方法会越来越可靠。目前这种方法适合非考核的线路，其计算结果可作为参考。

微机型电能表专门为计算电能量而设计，因而可以保证计量的准确度比较高，而且不仅能保存电能值，方便地实现分时统计，还具有串行通信功能，也可同时输出脉冲量。因此，微机型电能表从功能、准确度和性能价格比上都大大优于脉冲电能表，是发展的方向。

（二）事件顺序记录SOE

事件顺序记录（Sequence of Events，SOE）包括断路器跳合闸记录、保护动作顺序记录。微机保护或监控系统采集环节必须有足够的内存，能存放足够数量或足够长时间段的事件顺序记录，确保当后台监控系统或远方集中控制主站通信中断时，不丢失事件信息，并记录事件发生的时间（精确至毫秒级）。

（三）事故追忆、故障录波和测距

1. 事故追忆

事故追忆是指对变电站内的一些主要模拟量，如线路、主变压器各侧的电流、有功功率，主要母线电压等，在事故前后一段时间内作连续测量记录。通过这一记录可了解系统或某一回路在事故前后所处的工作状态，对于分析和处理事故起辅助作用。

2. 故障录波与测距

110kV 及以上的重要输电线路距离长、发生故障影响大，必须尽快查找出故障点，以便缩短修复时间，尽快恢复供电、减少损失。设置故障录波和故障测距是解决此问题的最好途径。变电站的故障录波和故障测距可采用两种方法实现：一种是由微机保护装置兼作故障记录和测距，再将记录和测距的结果送监控机存储及打印输出或直接送调度主站，这种方法可节约投资，减少硬件设备，但故障记录的量有限；另一种方法是采用专用的微机故障录波器，并且故障录波器应具有串行通信功能，可以与监控系统通信。

3. 故障记录

35kV 和 10kV 的配电线路很少专门设置故障录波器，为了分析故障的方便，可在相应部分设置简单故障记录功能以代替故障录波功能。

故障记录是记录继电保护动作前后与故障有关的电流和母线电压。故障记录量的选择可以按以下原则考虑：如果微机保护子系统具有故障记录功能，则该保护单元的保护启动同时，便启动故障记录，这样可以直接记录发生事故的线路或设备在事故前后的短路电流和相关的母线电压变化过程；若保护单元不具备故障记录功能，则可以采用保护启动监控数据采集系统，记录主变压器电流和高压母线电压。

对于大量中、低压变电站，没有配备专门的故障录波装置，而 10kV 出线数量大、故障率高，在监控系统中设置了故障记录功能，对分析和掌握情况、判断保护动作是否正确很有益处。

（四）控制及安全操作闭锁

操作人员都可通过 CRT 屏幕对断路器和隔离开关（如果允许电动操作的话）进行分、合闸操作，对变压器分接开关进行调节控制，对电容器进行投、切控制，同时要能接受遥控操作命令，进行远方操作；所有的操作控制均能就地和远方控制、就地和远方切换相互闭锁、自动和手动相互闭锁。

操作管理权限按分层原理管理。监控系统设有专用密码的操作口令，使调度员、遥调和遥信操作员、系统维护员和一般人员能够按权限分层（级）操作和控制。

操作闭锁应包括以下内容：操作系统出口具有断路器跳闸、合闸闭锁功能，根据实时信息，自动实现断路器、隔离开关操作闭锁功能；CRT 屏幕操作闭锁功能，只有输入正确的操作口令和监护口令才有权进行操作控制。

（五）运行监视与人机联系

运行监视是指对变电站的运行工况和设备状态进行自动监视，即对变电站各种状态量变位情况的监视和各种模拟量的数值监视。

通过状态量变位监视，可监视变电站各种断路器、隔离开关、接地开关、变压器分接头的位置和动作情况，继电保护和自动装置的动作情况以及它们的动作顺序等。

人机联系桥梁是CRT显示器、鼠标和键盘。变电站采用微机监控系统后，无论是有人值班还是无人值班，最大的特点之一是操作人员或调度员只要面对CRT显示器的屏幕，通过操作鼠标或键盘，就可对全站的运行工况和运行参数一目了然，可对全站的断路器和隔离开关等进行分、合闸操作，彻底改变了传统的依靠指针式仪表和依靠模拟屏或操作屏等手段的操作方式。

作为变电站人机联系的主要桥梁和手段的CRT显示器，其显示画面的内容不仅可以取代常规的仪器、仪表，而且可实现许多常规仪表无法完成的两大功能。

1. 显示内容

（1）显示采集和计算的实时运行参数。监控系统所采集和通过采集信息所计算出来的全变电站的U、I、P、Q、$\cos\varphi$、有功电能、无功电能以及主变压器温度、系统频率等，都可在CRT的屏幕上实时显示出来；同时在潮流等运行参数的显示画面上应显示出日期和时间（年、月、日、时、分、秒）。屏幕刷新周期可在2～10s间（可调）。

（2）显示实时主接线图。变电站主接线图上断路器和隔离开关的位置要与实际状态相对应。进行对断路器或隔离开关的操作时，在所显示的主接线图上，对所要操作的对象应有明显的标记（如闪烁等）。各项操作都应有汉字提示。

（3）事件顺序记录（SOE）显示。显示所发生的事件内容及发生事件的时间。

（4）越限报警显示。显示越限设备名、越限值和发生越限的时间。

（5）值班记录显示。

（6）历史趋势显示。显示主变压器负荷曲线、母线电压曲线等。

（7）保护定值和自控装置的设定值显示。

（8）其他，包括故障记录显示、设备运行状况显示等。

2. 输入数据

变电站投入运行后，随着送电量的变化，保护定值、越限值等需要修改，甚至由于负荷的增长，需要更换原有的设备，如更换TA变比。因此在人机联系中，必须有输入数据的功能。需要输入的数据至少有以下几项内容：

（1）TA和TV变比。

（2）保护定值和越限报警定值。

（3）自控装置的设定值。

（4）运行人员密码。

特别要强调指出的是：对无人值班变电站也必须设置必要的人机联系功能，以便当巡视或检修人员到现场时，能通过液晶显示或七段显示器或CRT显示器或便携机观察到站内各设备的运行状况和运行参数，对断路器等的控制应具有人工当地紧急操作的设施。

（六）安全监视和报警

监控系统在运行过程中，对采集的电流、电压、主变压器温度、频率等量，要不断进行越限监视，如发现越限，立刻发出告警信号，同时记录和显示越限时间和越限值。另外，还要监视保护装置是否失电，自控装置工作是否正常等。

模拟量的监视分为正常的测量和超过限定值的报警、事故模拟量变化的追忆等。

当变电站有非正常状态发生和设备异常时，监控系统能及时在当地或远方发出事故音响或语音报警，并在CRT显示器上自动推出报警画面，为运行人员提供分析处理事故的信息，同时可将事故信息进行打印记录和存储。

对于一个典型的变电站，应报警的参数有：母线电压报警，即当电压偏差超出允许范围且越限连续累计时间达到30s（或该时间按电压监视点要求）后报警；线路负荷电流越限报警，即按设备容量及相应允许越限时间来报警；主变压器过负荷报警，按规程要求分正常过负荷、事故过负荷及相应过负荷时间报警；系统频率偏差报警，即在系统解列有可能形成小系统时，当其频率监视点超出允许值时报警；消弧线圈接地系统中性点位移电压越限及累计时间超出允许值时报警；母线上的进出功率及电能量不平衡越限报警；直流电压越限报警。

越限报警的各个参数量中，有一个允许运行时间限额，因此除越限报警外还应向上级调度（控制）人员提供当前极限运行时间，即允许运行时间减去越限运行的累计时间。

异常状态报警的是非正常操作时，断路器变位信号、保护故障动作信号、监控和保护设备异常状态信号以及数据采集的状态量中其他报警和异常信号。

报警方式主要有自动推出画面、报警、音响提示（语音或可变频率音响）、闪光报警和信息操作提示，如控制操作超时等。

对无人值班的变电站，通过设置摄像平台，配置视频图像识别系统，可以实现对不明物入侵的监视。通过设置红外摄像仪，配置红外图像识别系统，可以实现对设备温度过高和火警的监视与告警。通过就地图像识别以及把视频图像和告警信息上传至调度侧的功能，称之为“遥视”。

（七）打印功能

对于有人值班的变电站，监控系统可以配备打印机，完成以下打印记录功能：①定时打印报表和运行日志；②开关操作记录打印；③事件顺序记录打印；④越限打印；⑤召唤打印、抄屏打印；⑥事故追忆打印。

对于无人值班变电站，可不设当地打印功能，各变电站的运行报表集中在控制中心打印输出。

（八）数据处理与记录

监控系统除了完成上述功能外，数据处理和记录也是很重要的环节。历史数据的形成和存储是数据处理的主要内容。此外，为满足继电保护和变电站管理的需要，必须进行一些数据统计。其内容包括：①主变压器和输电线路有功和无功功率每天的最大值和最小值以及相应的时间；②母线电压每天定时记录的最高值和最低值以及相应的时间；③计算售配电电能平衡率；④统计断路器动作次数；⑤断路器切除故障电流和动作次数的累计数；⑥控制操作和修改定值记录。

（九）谐波分析与监视

谐波是电能质量的重要指标，应限制电力系统的谐波在国标规定的范围内。随着非线性器件和设备的广泛应用，电气化铁路的发展和家用电器的不断增加，电力系统的谐波含量显著增加，并且有越来越严重的趋势。目前，谐波“污染”也成为电力系统的公害之一。因此，在变电站自动化系统中，要重视对谐波含量的分析和监视。对谐波污染严重的变电站采取适当的抑制措施，降低谐波含量，是一个不容忽视的问题。电力系统的电力变压器和高压直流输电中的换流站是系统本身的谐波源，电网中的电气化铁路、地铁、电弧炉炼钢、大型整流设备等非线性不平衡负载是注入电网谐波的大谐波源；此外，各种家用电器，如单相风扇、红外电器、电视机等均是小谐波源。

二、微机保护子系统

1. 微机保护子系统的功能

微机保护应包括全变电站主要设备和输电线路的全套保护，具体有：①高压输电线路的主保护和后备保护；②主变压器的主保护和后备保护；③无功补偿电容器组的保护；④母线保护；⑤配电线路的保护；⑥不完全接地系统的单相接地选线等。

2. 对微机保护子系统的要求

微机保护是变电站自动化系统的关键环节，它的功能和可靠性如何，在很大程度上影响着整个系统的性能。由于继电保护的特殊重要性，变电站自动化系统绝不能降低继电保护的可靠性。因此对微机保护子系统要求如下：

（1）系统的继电保护按被保护的电力设备单元（间隔）分别独立设置，直接由相关的电流互感器和电压互感器输入电气量，然后由触点输出，直接操作相应断路器的跳闸线圈。

（2）保护装置设有通信接口，供接入站内通信网，在保护动作后向变电站层的微机设备提供报告等，但继电保护功能完全不依赖通信网。

（3）为避免不必要的硬件重复，以提高整个系统的可靠性和降低造价，特别是对 35kV 及以下设备，可以配给保护装置其他一些功能，但应以不因此降低保护装置可靠性为前提。

（4）除保护装置外，其他一些重要控制设备，如备用电源自动投入装置、控制电容器投切和变压器分接头有载切换的无功电压控制装置等，也不依赖通信网，而设置专用的装置放在相应间隔屏上。

继电保护是变电站自动化系统的关键环节，除了具有独立、完整的继电保护功能外，还必须具备下列附加功能：

（1）继电保护的通信功能及信息量。继电保护应具有与监控系统通信的功能。继电保护能主动上传保护动作时间、动作性质、动作值及动作名称，并按控制命令上传当前的保护定值和修改定值的返校信息。

（2）具有故障记录功能。当被保护对象发生事故时，能自动记录保护动作前后有关的故障信息，包括短路电流、故障发生时间和保护出口时间等，以利于分析故障。

（3）具有与统一时钟对时功能，以便准确记录发生故障和保护动作的时间。

（4）存储多种保护整定值。

（5）当地显示与多处观察和授权修改保护整定值。对保护整定值的检查与修改要直观、方便、可靠。除了在各保护单元上要能显示和修改保护定值外，考虑到无人值班的需要，通过当地的监控系统和远方调度端，应能观察和修改保护定值。同时，为了加强对定值的管理、避免差错，修改定值要有校对密码措施，以及记录最后一个修改定值者的密码。

（6）设置保护管理机或通信控制机，负责对各保护单元的管理。保护管理机（或通信控制机）在自动化系统中起承上启下的作用，把保护子系统与监控系统联系起来，向下负责管理和监视保护子系统中各保护单元的工作状态，并下达由调度或监控系统发来的保护类型配置或整定值修改等信息；如果发现某一保护单元故障或工作异常，或有保护动作的信息，应立刻上传给监控系统或上传至远方调度端。

由于保护管理机沟通了监控系统与各保护单元间的联系，起上传下达等作用，因而隔开了各保护单元与监控系统的直接联系，不仅可以减少连接电缆、降低成本，而且可以减少相互间的影响和干扰，有利于提高保护系统的可靠性。

（7）故障自诊断、自闭锁和自恢复功能。每个保护单元应有完善的故障自诊断功能，发现内部有故障，能自动报警，并能指明故障部位，以利于查找故障和缩短维修时间。对于关键部位故障，如 A/D 转换器故障或存储器故障，则应自动闭锁保护出口；如果是软件受干扰，造成“飞车”的软故障，应有自启动功能，以提高保护装置的可靠性。

三、电压、无功功率综合控制子系统

变电站自动化系统必须具有保证安全、可靠供电和提高电能质量的自动控制功能。电压和频率是电能质量的重要指标，因此电压、无功功率综合控制也是变电站自动化系统的一个重要组成部分。

电压是衡量电能质量的一个重要指标，保证用户的电压接近额定值是电力系统运行调整的基本任务之一。对电压和无功功率进行合理的调节，不仅可以提高电能质量和电压合格率，而且可以降低网损，为电力企业创一流创造必要条件。电压和无功功率的调整对电网的输电能力、安全稳定运行水平和降低电能损耗有极大影响。因此，要对电压和无功功率进行综合调控，保证实现包括电力企业和用户在内的总体运行技术指标和经济指标最佳。

四、“五防”子系统

对任何一个变电站都有进行远方操作或就地操作的任务要求。由于变电站设备繁多，操作的准确性又要求很高，因此单纯强调提高操作人员的技能和责任心是远远不够的。利用计算机的逻辑分析功能强的特点，配套一些闭锁装置及动作闭锁回路的改造，构成防止误操作的“五防”闭锁子系统。

五、其他自动装置功能子系统

1. 低频减负荷控制

当电力系统因事故导致有功功率缺额而引起系统频率下降时，低频减负荷装置应能及时自动断开一部分负荷，防止频率进一步降低，以保证电力系统稳定运行和重要负荷（用户）的正常工作。当系统频率恢复到正常值之后，被切除的负荷可逐步远方（或就地）手动恢复或可选择延时分级自动恢复。

2. 备用电源自投控制

当工作电源因故障不能供电时，自动装置应能迅速将备用电源自动投入使用或将用户切换到备用电源上去。典型的备用电源自投有单母线进线备投、分段断路器备投、备用变压器备投、进线及桥断路器备投。

3. 小电流接地选线控制

小电流接地系统中发生单相接地时，接地保护应能正确地选出接地线路（或母线）及接地相，并予以报警。

对于不接地系统，可采用零序功率方向、零序电流大小和方向等零序分量判据；对于经消弧线圈接地系统，还应采用其他判据（如 5 次谐波判据等）进行综合判断。

六、遥视及检测子系统

遥视及检测子系统运用摄像仪和红外热像仪对变电站的重要部位进行巡视摄像，经远方通道传至调度侧进行远方监视。该子系统能够完成对所摄图像进行对比识别，当有危害物体侵入时，发出告警及遥信信息；对红外热像仪所取图像进行分析，当变电站中存在某区域温度过高时，发出告警及遥信信息，防止设备温升过高和火灾。

七、远动及数据通信子系统

变电站自动化系统是由各个子系统组成的，必须把变电站各个单一功能的子系统（或称单元自控装置）组合起来，使上位机与各子系统或各子系统之间建立起数据通信或互操作。因此网络技术、通信协议标准、分布式技术、数据共享等均是关键问题。

另外，先进的自动化系统应该能替代RTU的全部功能，也即与调度主站应具有强的通信功能。因此，综合自动化系统的通信功能包括系统内部的现场级间的通信和自动化系统与上级调度的通信两部分。

1. 综合自动化系统内部的现场级间的通信

综合自动化系统内部的现场级间的通信主要解决自动化系统内部各子系统与上位机（监控主机）和各子系统间的数据通信和信息交换问题，它们的通信范围是变电站内部。对于集中组屏的综合自动化系统来说，实际是在主控室内部；对于分散安装的自动化系统来说，其通信范围扩大至主控室与子系统的安装地，最大的可能是开关柜间，即通信距离加长了。综合自动化系统现场级的通信方式有并行通信、串行通信、局域网络和现场总线等多种方式。

2. 综合自动化系统与上级调度的通信

自动化系统必须兼有远方终端的全部功能，应该能够将所采集的模拟量和开关状态信息，以及事件顺序记录等与调度有关的信息远传至调度端；同时应该能接收调度端下达的各种操作、控制、修改定值等命令。

第三节　变电站自动化系统的结构

一、变电站自动化系统的结构模式

变电站自动化技术随着集成电路技术、微计算机技术、通信技术和网络通信技术的发展，其结构也不断变化，性能、功能以及可靠性等也在不断提高。其结构模式根据目前在变电站中的具体应用，主要有集中式、分布式和分散（层）分布式；从安装的物理位置来划分，有集中组屏、分散组屏和全部分散在一次设备间隔上安装等形式。

1. 集中式变电站自动化结构模式

集中式结构的综合自动化系统采用不同档次的计算机，扩展其外围接口电路，集中采集变电站的模拟量、开关量和数字量等信息，集中进行计算与处理，分别完成微机监控、微机保护和一些自动控制等功能。但集中式结构也并非指由一台计算机完成保护、监控等全部功能，一般是微机保护、微机监控和与调度等的通信功能由不同的微型计算机完成，只是每台微型计算机承担的任务不同。例如，监控机要负担数据采集、数据处理、开关操作、人机联系等多项任务。集中式变电站自动化系统结构示意图如图4-1所示。

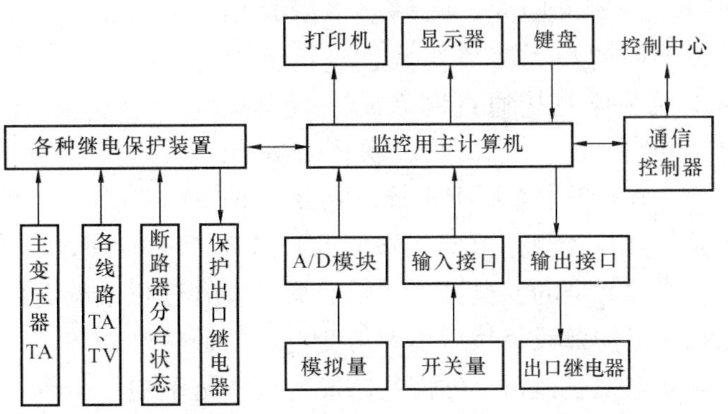

图4-1　集中式变电站自动化系统结构示意图

集中式结构是根据变电站的规模，配置相应容量的集中式保护装置和监控主机及数据采集系统，它们安装在中央控制室内。主变压器和各进出线及站内所有电气设备的运行状态，通过 TA、TV 经电缆传送到中央控制室的保护装置和监控主机（或远动装置）。继电保护动作信息往往取保护装置的信号继电器的触点，通过电缆送给监控主机（或远动装置）。

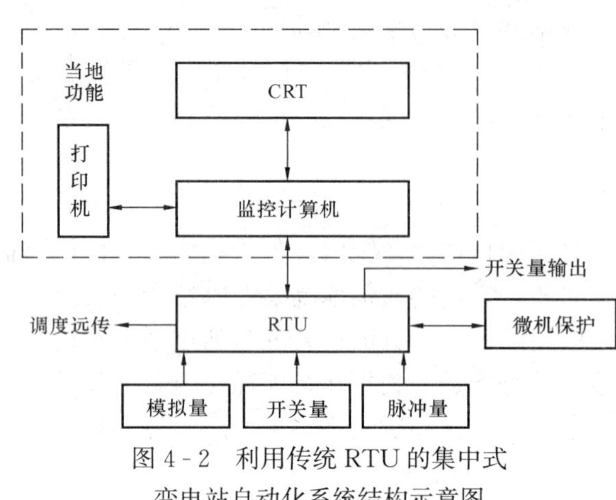

图 4-2 利用传统 RTU 的集中式变电站自动化系统结构示意图

在中、低压变电站中常用传统的远动终端（RTU）加上当地监控系统（又称当地功能）组成自动化系统，如图 4-2 所示。一般保护系统独立配置，保护装置的信息可通过遥信输入回路（即硬件方法）进入 RTU，也可通过串行口按规约通信（即软件方法）进入 RTU。根据用户不同层次的要求，其功能的配置可以是一台主机，也可以是一个完整的计算机网络监控系统，即利用传统的集中式 RTU 实现变电站自动化功能。

集中式结构的缺点是：必须采用双机并联运行的结构才能提高可靠性；软件复杂，系统调试麻烦；组态不灵活。

2. 分布式系统集中组屏结构模式

这种系统将微机保护单元和数据采集单元按一次回路对象设计，分别配置。它虽有多种不同形式，但归纳起来实质均属于分层分布式的多 CPU 的体系结构，每一层由不同的设备或不同的子系统组成，完成不同的功能。变电站分为变电站层、间隔层和过程层三层。

过程层主要指变电站内的变压器和断路器、隔离开关及其辅助触点，电流、电压互感器等一次设备。

间隔层一般按断路器间隔划分，具有测量、控制部件或继电保护部件。测量、控制部件负责该单元的测量、监视、断路器的操作控制和连锁及事件顺序记录等。继电保护部件负责该单元线路或变压器或电容器的保护、故障记录等。因此，间隔层本身是由各种不同的单元装置组成，这些独立的单元装置直接通过网络或串行总线与变电站层（主 RTU）联系，如图 4-3所示。图中采用 RS-485 星形结构构成的分布式测控单元（分布式 RTU）代替传统的 RTU，集中配屏安装在控制室。

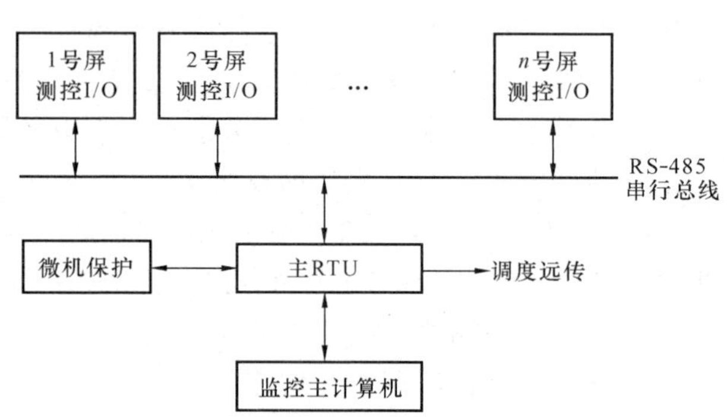

图 4-3 分布式测控单元集中组屏的变电站自动化系统结构示意图

在较大型的变电站中采用数据采集管理机或继电保护管理机，分别管理各测量、监视单元和各保护单元，然后集中与变电站层通信，如图 4-4 所示。

变电站层包括全站性的监控主机、远动通信机等。变电站层设现场总线或局域网，供各主机之间和监控主机与间隔层之间交换信息。变电站层的有关自动化设备一般均安装于控制室，将间隔层的设备也集中安装在控制室，以减少控制电缆长度。

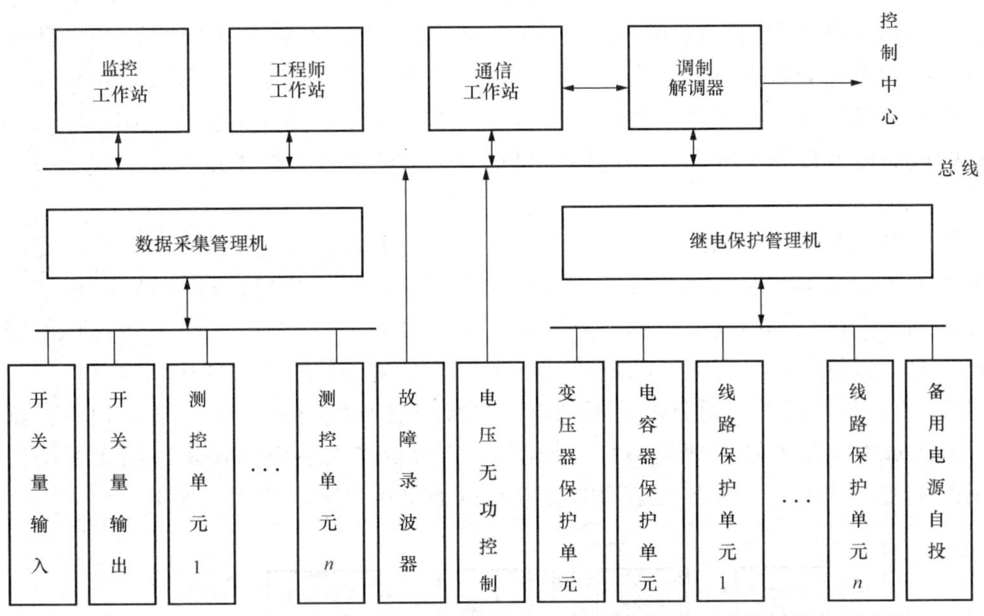

图 4-4　分布式测控单元经管理机集中组屏的变电站自动化系统结构示意图

分布式系统集中组屏的变电站自动化系统结构是把整套综合自动化系统按其不同的功能组装成多个屏（或称柜），集中安装在主控室中。保护单元是按对象划分的，一回线或一组电容器各用一个保护单元，再把各保护单元和数据采集单元分别安装于各保护屏和数据采集屏上，由监控主机集中对各屏（柜）进行管理，然后通过调制解调器与调度中心联系。

该模式最主要的特点是将控制、保护两大功能作为一个整体来考虑，二次回路设计大为简化，但使用电缆仍较多。

为了提高综合自动化系统整体的可靠性，分布式系统集中组屏结构采用按间隔划分的分布式多CPU系统。每个功能单元基本上由一个CPU组成，多数采用单片机，也有一些功能单元由多个CPU完成的。这种按功能设计的分散模块化结构具有软件相对简单、调试维护方便、组态灵活、系统整体可靠性高等特点。

在自动化系统的管理上，可以采取分层管理的模式，即各保护功能单元可以由保护管理机直接管理。一台保护管理机与单元模块之间可以采用双绞线用RS-485接口连接，也可通过现场总线连接；而模拟量和开入/开出单元也可以由数据采集管理机负责管理。保护管理机和数据采集管理机是处于变电站级和间隔功能单元间的第二层结构。正常运行时，保护管理机监视各保护单元的工作情况，一旦某一保护单元有保护动作信息或发现某一单元本身工作不正常，将保护动作信息或设备故障信息立即报告上位监控机，并报告调度中心。调度中心或监控机也可通过保护管理机下达修改保护定值等命令。数据采集管理机则将各数据采集单元所采集的数据和开关状态送给监控机和送往调度中心，并接受由调度或监控机下达的命令。总之，这第二层管理机的作用可明显地减轻监控机的负担，协助监控机承担对单元层的管理，如图4-4所示。

3. 分散与集中相结合的结构模式

它以每个电网元件（如一条出线、一台变压器、一组电容器等）为对象，集测量、保护、控制为一体，设计在同一机箱中。对于6～35kV的配电线路，可以将这个一体化的保护、测量、控制单元分散安装在各个开关柜中，然后由监控主机通过光纤或电缆网络，对它们进行管理和交换信息。至于高压线路保护装置和变压器保护装置，仍可采用集中组屏安装在控制室内或分散的设备小间内，通过网络将这些分散的装置或屏柜连接在一起，进行信息交换。

这种将配电线路的保护和测控单元分散安装在开关柜内，而高压线路保护和主变压器保护装置等采用集中组屏安装在控制室内的分散式系统结构，常称为分散和集中相结合的结构，而控制和保护仍然集中配屏。其示意图如图4-5所示。对500、220kV等电压等级的大型变电站，通常将各个电压等级的间隔单元集中组屏安装在分散的设备小间内（一次设备附近），就近管理，节省电缆；而分散的不同电压等级设备小间再通过通信系统和主控制室变电站层单元组成整个变电站自动化系统，如图4-6所示。该结构模式是目前变电站自动化系统应用的主要结构模式。分散式结构的变电站自动化系统突出的优点如下：

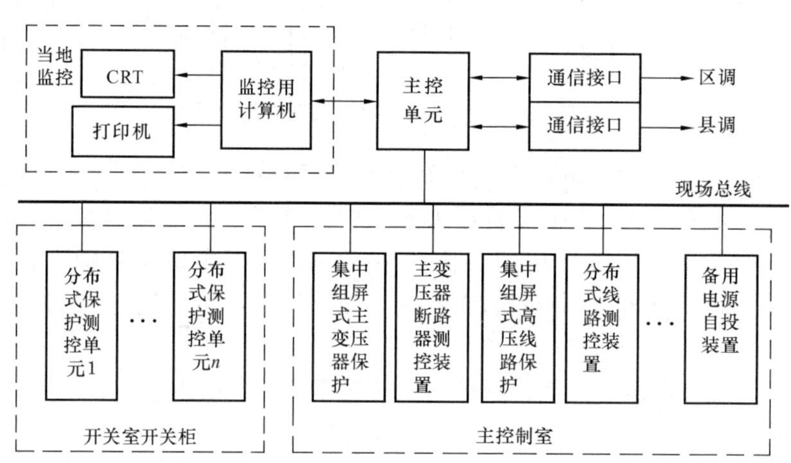

图4-5 分散与集中相结合的变电站自动化系统结构示意图

（1）简化了变电站二次部分的配置，大大缩小了控制室的面积。由于配电线路的保护和测控单元分散安装在各开关柜内，因此主控室内减少了保护屏，加上采用自动化系统后，原先常规的控制屏、中央信号屏和站内模拟屏可以取消，因此使主控室面积大大缩小，也有利于实现无人值班。

（2）减少了施工和设备安装工程量。由于安装在开关柜的保护和测控单元在开关柜出厂前已由厂家安装和调试完毕，再加上敷设电缆的数量大大减少，因此现场施工、安装和调试的工作量随之缩短。

（3）简化了变电站二次设备之间的互连线，节省了大量连接电缆。

（4）分散式结构可靠性高，组态灵活，检修方便。由于分散安装，减小了TA的负担。各模块与监控主机间通过局域网络或现场总线连接，抗干扰能力强，可靠性高。

4. 全分散的变电站自动化结构模式

它以一次主设备如开关、变压器、母线等为安装单位，将控制、I/O、闭锁、保护等单

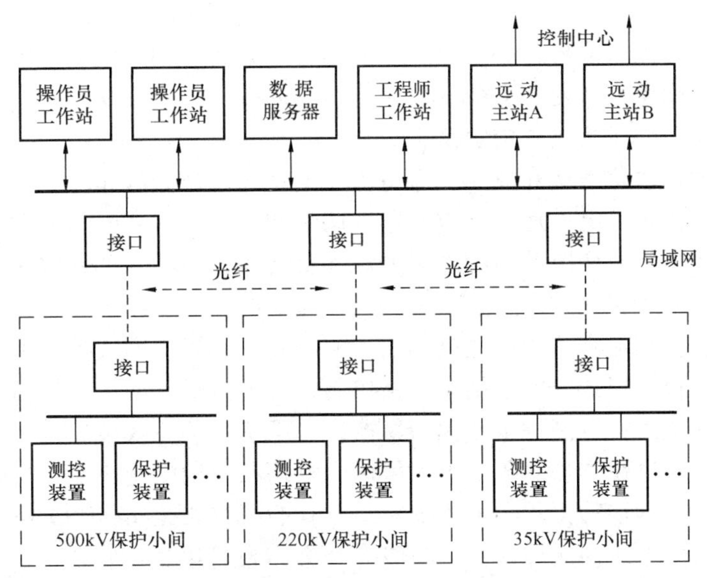

图4-6　大型变电站分散与集中相结合的变电站自动化系统结构示意图

元分散就地安装在一次主设备（屏柜）上，站控单元（在控制室内）通过串行口（光纤通信）与各一次设备屏柜（在现场）相连，组成以太网与上位机和远方调度中心通信，如图4-7所示。具体实施，可以保护独立，控制、测量合一，也可以保护、控制、测量合一。该结构适合于要求节省占地面积和二次电缆的35～110kV中低压变电站，如城市（市区）变电站。

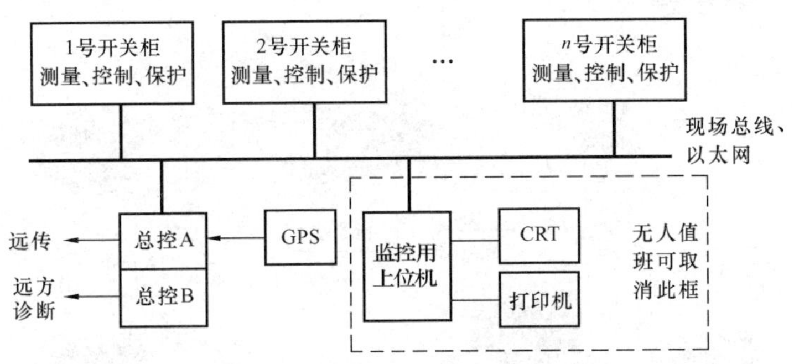

图4-7　全分散式变电站自动化系统结构示意图

二、变电站无人值班

对变电站来说，无人值班和有人值班是两种不同的管理模式，是变电站运行管理在“当地”和“远方”两种管理模式中选择哪一种的问题。它与变电站一、二次系统技术水平的发展，与变电站是否实现自动化没有直接关系，是不同范畴的问题。一、二次设备可靠性的提高和采用先进技术，可以为无人值班提供更为有利的条件，但不是必须具备的条件。采用常规的二次设备，没有实现自动化，只要有RTU远动设备，便可以实现无人值班。但变电站自动化技术的发展和自动化水平的提高，对无人值班无疑起着很大的推动作用，可以明显地提高无人值班变电站运行的可靠性和技术水平。无人值班必须建立在高可靠性、高技术水平的基础上，变电站自动化可满足这种高要求。

1. 实现变电站无人值班的条件

要实现变电站的无人值班，必须有一个能实行远方监视和操作、稳定性好、可靠性高的调度自动化系统，用于完成遥控命令的发送传输、返校、结果反馈。这是决定变电站能否实现无人值班的关键条件。其主要内容是：

（1）通过调度自动化系统完成对无人值班变电站的监视和操作。

（2）完成无人值班变电站运行参数的远方调整和无人值班变电站内的信号远方复归。

（3）完成对无人值班变电站内的站用电源和直流操作电源的远方监视和调整。

2. 无人值班变电站的管理模式

变电站的运行管理从有人值班过渡到无人值班后，其管理模式发生了很大的变化。目前无人值班变电站的管理模式一般采用集控站控制的管理模式，如图 4-8 所示。

该模式建立一个集中控制的主站称为集控站，用于对某一区域的若干个无人值班变电站的统一监视、控制和巡视维护。各个无人值班变电站利用调度通信网络与集控站建立通信联系，在集控站通过“四遥”方式实现各变电站原有的所有监控功能。集控站也可根据调度命令完成对无人值班变电站的遥控操作。一般一个集控站可以集中控制 6～8 个无人值班变电站，集控站可以单独设置，也可以放在某一负荷中心区或被控变电站群的某一变电站内。根据需要，在一个地区调度的辖区内，可以设置若干个集控站。

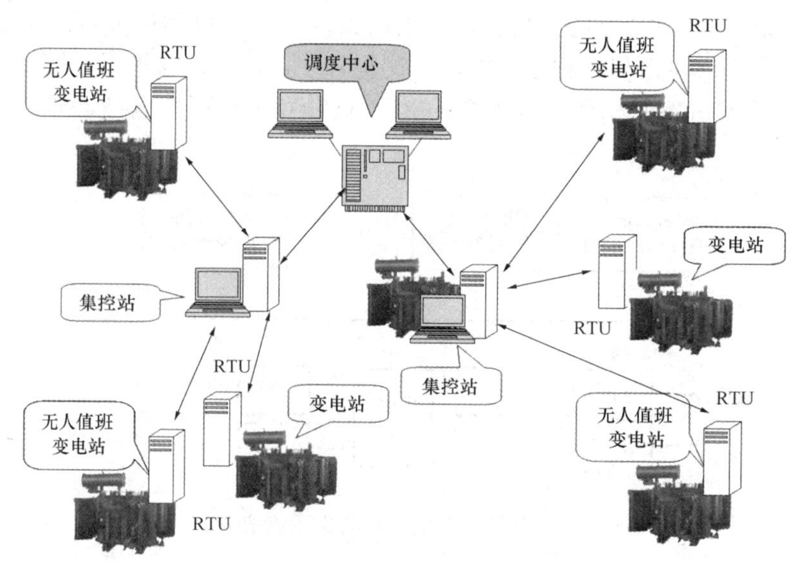

图 4-8 无人值班变电站的管理模式

3. 无人值班变电站的二次回路改造

（1）对无人值班变电站二次回路改造的要求：

1）断路器控制回路改造后，要简单、可靠，无迂回接线。

2）断路器控制回路断线、失去控制电源时应实现远方报警，并保留控制回路故障信号。

3）保护回路单独设有熔断器的变电站，保护回路直流电源消失后，能远方报警。

4）重合闸装置要实现自动投退。在遥控和当地操作合闸后，重合闸电源应自动投入，重合闸放电回路自动断开；在遥控和当地操作跳闸后，自动退出重合闸电源，同时重合闸装置自动放电。根据需要实现重合闸后加速和一次重合闸。

5）低频减负荷装置或其他系统稳定装置动作跳闸时，应自动闭锁重合闸。

6）取消断路器位置信号灯的不对应闪光功能，信号灯具改为发光二极管等节能型灯具。

7）加装遥控与就地跳、合闸闭锁回路。

8）中央信号装置有关回路作相应改造。取消全站闪光信号及闪光小母线；保留中央事故音响及预告音响接线，加装可投入和退出的装置，或者改为音响信号可重复动作，延时自动复归接线，事故信号实现远动、就地、自动三种可任选的复归接线；信号继电器改用电压保持继电器。

（2）无人值班变电站断路器控制回路改造。变电站实施无人值班改造时，二次回路改造将会遇到许多需要解决的技术问题，断路器控制接线的改造就是其中很重要的需要研究解决的技术问题之一。很多工程技术人员都在研究探讨既能满足规程要求和实际需要，又要使接线简单、改造工作量小、改造费用低的技术方案。变电站利用远动装置的执行继电器触点，很容易实现对断路器的遥控操作，但是对断路器控制接线中的一些相关技术问题也需要解决。这些问题是：

1）远动操作如何保持与断路器位置对应。

2）远动操作停、投重合闸，提供合闸后空触点。该触点串接在重合闸启动回路中，遥控跳闸后，如何自动断开重合闸启动回路。

3）远动分闸操作对重合闸放电，如何闭锁重合闸装置。

4）远方对控制回路断线的监视功能如何实现。

5）远方分闸如何解决启动后加速。

三、数字化变电站

随着光电式电流电压互感器、测控一体化设备的开发应用，势必对已有的变电站自动化技术产生深刻的影响，全数字化变电站自动化系统应运而生。数字化变电站自动化系统的基本特点是二次设备的数字化和网络化。

用电子式或光电式互感器替代了变电站内传统的电磁式互感器，它能直接向外提供经转换后的数字量。通过合并单元（MU）将若干个信息采集设备的数字量进行集中，提供光纤以太网接口，二次信号传输基于光纤以太网实现信息共享。

IEC 61850 标准化、智能化的一次设备的应用。一次设备被检测的信号回路和被控制的操作驱动回路采用微处理器和光电技术设计，简化了常规电磁型继电器及控制回路的结构，数字式测控装置及数字公共信号网络取代传统的导线连接。

通信网络采用过程层 SV 网络、过程层 GOOSE 网络、站控层 MMS 网络结构，各网完全独立，各种信息分网传输。SV 网络传输遥测数据和公共报文。GOOSE 网络作为间隔层之间及间隔层与过程层之间的通信桥梁，其主要功能包括传递遥信信息、间隔闭锁信息、保护跳闸及遥控操作信息。GOOSE 网络服务是以高速 P2P（peer - to - peer）通信为基础，代替了数字化设备之间的硬电缆接线通信方式，为逻辑节点间的通信。GOOSE 网络传输服务直接映射到底层数据链路层和物理层，而不经过网络层和传输层，加速简化了报文的封装、解码等过程；采用交换式以太网技术，保证了报文传输的实时性。其消息报文中还包含了数据有效性检查和消息的丢失、检查、重发机制所需的各种信息，以保证接收侧能够收到消息并验证执行操作，因此 GOOSE 网络报文传输具有相当的实时性和可靠性，可以将状态量（断路器、隔离开关位置及操作开放允许信号）迅速可靠地在智能操作箱、测控单元、“五防”后台之间进行传送。其应用范围主要包括母线保护、各自投、低频减载、小电流接地选线、故障录波、防误逻辑闭锁及其他综合多设备信息完成的功能。

四、智能变电站（Smart Substation）

智能变电站随着智能化开关、电子式电流电压互感器、一次运行设备在线状态检测、变电站运行操作培训仿真等技术的日趋成熟以及计算机高速网络的发展在实时系统中得到了开发应用。智能变电站是由先进、可靠、节能、环保、集成的设备组合而成，以高速网络通信平台为信息传输基础，自动完成信息采集、测量、控制、保护、计量和监测等基本功能，并可根据需要支持电网实时自动控制、智能调节、在线分析决策、协同互动等高级应用功能的变电站。

智能变电站具有如下特点：

（1）电子式电流电压互感器的应用，MU 的应用，保护与测控设备之间的信息共享。

（2）一次设备的模块化与互换。更多的设备采用接插式。

（3）自治。数字式保护、数字式测控设备的自我诊断和备份恢复。

（4）全面实现 IEC 61850 标准。根据国家电网公司发布的《智能变电站技术导则》、《330～750kV 智能变电站设计技术规定》、《智能变电站继电保护技术规范》和《智能高压一次设备技术导则》等规范性文件要求，智能变电站的自动化系统必须遵循 IEC 61850 规约，实现通信的网络化和信息的数字化，采用基于三态数据（稳态数据、暂态数据和动态数据）综合测控技术，进行全站数据的统一采集及标准方式输出。

（5）智能操作单元的应用。操作控制的执行与驱动包括变压器分接头调节控制，电容、电抗器投切控制，断路器、隔离开关合分控制，直流电源充放电控制。过程层的控制执行与驱动大部分是被动的，即按上层控制指令，比如接到间隔层保护装置的跳闸指令、电压—无功控制的投切命令、对断路开关的遥控开合命令等而动作。在执行控制命令时具有智能性，能判断命令的真伪及其合理性，自动地识别操作时断路器所处的电网工作状态，得出相适应的分合闸运动特性，对执行单元的操动机构参数进行调整，能对即将进行的动作精度进行控制，能使断路器定相合闸、选相分闸，在选定的相角下实现断路器的关合和开断，要求操作时间限制在规定的参数内。又例如对真空断路器的同步操作要求能做到断路器触头在零电压时关合，避免变压器合闸涌流与保护误动作；在零电流时分断，解决过电压问题等。

（6）采用自动化的运行管理系统。该系统能根据运行要求发出整批指令，根据设备状态信息变化情况判断每步操作是否到位，确认到位后自动执行下一指令，直至执行完所有指令，实现顺序控制。

数据采集全景化，向监控系统提供统一断面的全景数据。利用对时系统、同步区域和站内时钟，完善和标准化站内设备的静态和动态信息模型，逐步实现潮流数据的精确时标，实时信息共享，支撑电网实时控制和智能调节，支撑各级电网的安全稳定运行和各类高级应用。

变电站运行发生故障时，能及时提供故障分析报告，指出故障原因及辅助决策。

电网络重构。在电网正常运行状态下，进行下级电网的经济运行分析与评估，智能决策控制电网络构成。综合利用 FACTS、变压器调压、无功补偿设备投切等手段，控制和优化潮流分配，提高输送能力和运行效率。在电网紧急运行状态下，与相邻变电站和调度中心协调配合，动态改变继电保护和稳定控制的策略和参数，适应电网拓扑和潮流分布的改变，扩展运行边界，提高实际可用稳定裕度，保障电网稳定运行。

基于变电站电能质量监测系统，实现电能质量分析与决策，为电能质量的评估和治理提供依据与决策。

对下级配电网状态进行检测，建立实时模型。综合出线实时和历史信息及下级配电网网络结构，建立负荷 P—f 模型、Q—V 模型，跟随负荷的变化做到智能化的预测与控制调整。

（7）数字化综合保护的应用。综合利用变电站内各侧的电压和电流关系对各侧的故障进行定位，以实现全站的快速后备保护。

电网运行状态自适应。根据站内收集和站间交换的信息以及调度的指令，识别并自适应电网的运行状态，实现保护定值的自适应调整。

具有与相关变电站之间实时传送继电保护、备用电源自动投入装置等信息，实现负荷的合理分配与协调运行。

在下级配电网有分布式电源时，能够综合实时潮流信息、气象信息等进行分析判断，合理提供保护和采取合适的控制调节。

实现重合闸的智能操作，根据监测系统的信息判断故障是永久性的还是瞬时性的，确定断路器是否重合，提高重合闸的成功率，减少对断路器的短路合闸冲击和对电网的冲击。

（8）对设备实现状态检修。把常规的变电站设备“定期检修”改变为“状态检修”。对变电设备状态参数自动采集，整合预试信息、缺陷信息，在线对设备进行综合的状态分析和评估，自动发出变电站设备检修报告，并能采取相应的应对措施。变电站需要进行状态参数检测的设备主要有变压器、断路器、隔离开关、高压套管、母线、电容器、电抗器以及直流电源系统，在线检测的内容主要有温度、压力、泄漏电流、密度、绝缘性能、噪声、振动、动作机械特性以及电气工作状态等数据。

第四节 变电站的电压—无功综合控制

一、电压—无功综合控制的目标

电力系统中电压和无功功率的调整对电网的输电能力、安全稳定运行水平和降低电能损耗有极大影响。因此，要对电压和无功功率进行综合调控，保证实现包括电力企业和用户在内的总体运行技术指标和经济指标最佳。其具体的调控目标如下：

（1）维持供电电压在规定的范围内，根据前能源部颁发的《电力系统电压和无功电力技术导则》（简称《导则》）规定，各级供电母线电压的允许波动范围（以额定电压为基准）规定如下：

1）500（330）kV 变电站的 220kV 母线，正常时 0%～+10%，事故时−5%～+10%。

2）220kV 变电站的 35～110kV 母线，正常时−3%～+7%，事故时±10%。

3）配电网的 10kV 母线，电压合格范围为 10.0～10.7kV。

（2）保持电力系统稳定和合适的无功平衡。主输电网络应实现无功分层平衡，地区供电网络应实现无功分区就地平衡，才能保证各级供电母线电压（包括用户入口电压）在《导则》规定的范围内。

（3）保证在电压合格的前提下使电能损耗为最小。

为了达到以上目标，必须增强对无功功率和电压的调控能力，充分利用现有的无功补偿设备和调压设备（调相机、静止补偿器、补偿电容器、补偿电抗器、有载调压变压器等）的作用，对它们进行合理的优化调控。

电力系统长期运行的经验和研究、计算的结果表明，造成系统电压下降的主要原因是系统的无功功率不足或无功功率分布不合理。所以，对发电厂来说，主要的调压手段是调整发电机的励磁；对变电站来说，主要的调压手段是调节有载调压变压器分接头位置和控制无功补偿电容器。少数220kV以上的高压或超高压变电站装有调相机或静止补偿器，有的变电站既装有并联电容器也装有并联补偿电抗器。

上述两种调节和控制的措施，都有调整电压和改变无功分布的作用，但它们的作用原理和后果有所不同。有载调压变压器可以在带负荷的情况下切换分接头位置，从而改变变压器的变比，起到调整电压和降低损耗的作用。调压措施本身不产生无功功率，但系统消耗的无功功率与电压水平有关，因此在系统无功功率不足的情况下，不能用改变变比的办法来提高系统的电压水平；否则电压水平调得越高，该地区的无功功率越不足，反而导致恶性循环。所以在系统缺乏无功的情况下，必须利用补偿电容器进行调压。控制无功补偿电容器的投切，既能补充系统的无功功率，又可改变网络中无功功率的分布，改善功率因数，减少网损和电压损耗，从而有利于系统电压水平的提高及改善用户的电压质量。因此，必须把调变压器分接头与控制补偿电容器组的投、切结合起来，进行合理的调控，才能起到既改善电压水平，又降低网损的效果。变电站中利用有载调压变压器和补偿电容器组进行局部的电压及无功补偿的自动调节，以保证负荷侧母线电压在规定范围内及进线功率因数尽可能接近1，称为变电站电压—无功综合控制。

然而，这种无功—电压双参数调节，如果靠运行人员手工操作来进行对分接开关和电容器的调节控制，则运行人员必须经常监视变电站的运行工况，并作出如何调控的判断，这不仅增加运行人员的劳动强度，而且难以做到判断正确和操作及时，难以达到最优控制的效果。因此，采用微机控制系统，充分利用其计算、逻辑判断与记忆功能，实现变电站无功、电压智能控制，是现实的、必要的。

二、电压—无功控制的原理

典型的终端变电站一般有两台带负荷调节的主变压器，低压10kV母线分段，两段母线上各接有一组电容器组。控制系统的设计必须能识别并适应变电站的多种运行方式，保证调节正确。另外，当进线、变电站发生不正常状态或故障时，应闭锁控制装置。变电站的运行方式可能有：

（1）两台变压器分列运行，低压母线分段断路器处于分闸位置，每段母线上投切一组电容器。

（2）高压失电，变压器两侧断路器跳闸后，低压母线由低压侧其他电源供电，投切电容器成为唯一的调节手段。

（3）一台变压器退出，该变压器两侧断路器跳闸后，另一台变压器及两段低压母线运行。

（4）一段低压母线退出，与之相连的变压器低压侧断路器和低压母线分段断路器跳闸后，另一台变压器及一段低压母线运行。

在运行时出现以下非正常情况或故障时，应闭锁相关的调控对象：

（1）变压器继电保护动作；

（2）变压器出现异常情况，如轻瓦斯动作、油温过高等；

（3）电容器组的继电保护动作；

（4）高压、低压母线故障；

（5）远动信号要求闭锁。

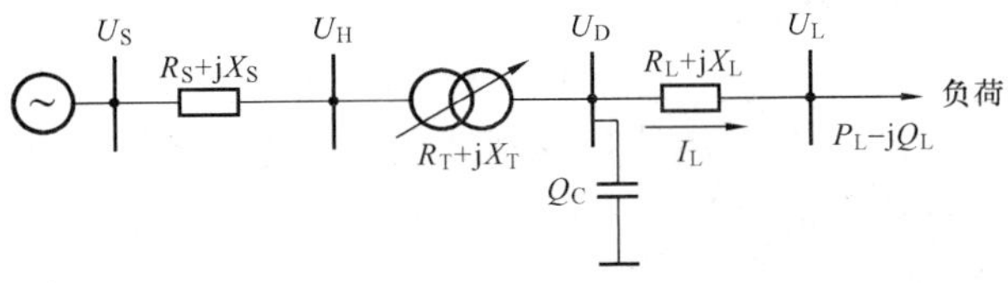

图 4-9　降压变电站原理电路图

U_S—系统电源电压，看做是恒定值；

R_S、R_T、X_S、X_T—分别为高压网与变压器的电阻、电抗；

R_L、X_L—低压线路的电阻和电抗

1. 调控原理介绍

单一的辐射形网络的等值电路，即降压变电站原理电路如图 4-9 所示。图中，各参数以标幺值表示。调节量为变压器变比 k 和补偿电容量 Q_C。由图4-9写出各节点的电压方程式为

$$U_S-U_H=[P_LR_S+(Q_L-Q_C)X_S]/U_H \tag{4-1}$$

$$U_D-U_L=(R_L+X_L\tan\varphi_L)P_L/U_L \tag{4-2}$$

$$U_H-U_D=[P_LR_T+(Q_L-Q_C)X_T]/U_D \tag{4-3}$$

其中　　$U_D=U_H/k$

2. 电压调节对无功功率的影响

当利用有载调压变压器分接头对低压侧电压调节时，不但改变了电压的高低，而且对无功功率也有调节作用。图 4-9 中，当忽略变压器等值电阻的影响，电容器组退出，不考虑电容器的影响时，式（4-3）可表示为 $U_H-U_D=Q_L X_T/U_D$，可推得

$$Q_L=(U_H-U_D)U_D/X_T \tag{4-4}$$

当考虑到 $U_H=kU_D$，式（4-3）可改为 $Q_L=(k-1)U_D^2/X_T$。由于变压器变比 k 和 X_T 均为常数，变压器向系统吸取的无功功率与电压的平方 U_D^2 成正比。变压器负荷为综合性负荷，变压器向系统吸取的无功功率在低压侧额定电压 U_{DN} 附近斜率会更大。所以当利用有载调压变压器的分接开关调大变压器变比 k，降低低压侧的电压 U_D 时，Q_L 将随之变小，即负荷向系统吸取的无功功率减少了；当调高 U_D 时，负荷向系统吸取的无功功率 Q_L 也随之增加。

3. 投退电容器组对电压的影响

在变压器低压侧母线上投入并联电容器组，假设投入的电容器组电容量为 C，相应补偿无功功率为 Q_C，则式（4-3）可改写为

$$\Delta U_Q=[(Q_L-Q_C)/U_D]X_T \tag{4-5}$$

可见投入电容器组后，负荷向系统吸取的无功功率变小，无功功率引起的电压损耗也变小，即变压器负荷侧的电压升高。

值得注意的是，当系统已处于最小负荷或无负荷状态时，如果不切除已投入的电容器组，将会产生多余的有功功率损耗，电压也将会严重升高，超过限制电压。关于这一点可以从以下分析看出：当电流流过变压器等值阻抗 Z_T 时，不但产生电压损耗，还产生有功和无功功率损耗。其中有功功率损耗表示为

$$\Delta P=R_T(P_L^2+Q_L^2)/U_D^2 \tag{4-6}$$

同理，可得无功损耗为

$$\Delta Q=X_T(P_L^2+Q_L^2)/U_D^2 \tag{4-7}$$

有功功率的损耗由两项组成。第一项 $R_TP_L^2/U_D^2$ 与无功功率无关，第二项与无功功率有关的有功损耗记为 $\Delta P_Q=R_TQ_L^2/U_D^2$，在最小负荷时 $Q_L=Q_{min}$，如电容器组 C 未切除，这时

有功损耗表示为

$$\Delta P_Q=[(Q_{min}-Q_C)^2/U_D^2]R_T \tag{4-8}$$

式中 R_T——变压器折算到低压侧的等值电阻值。

在空载时，如电容器组 C 未切除，虽然 $Q_{min}=0$，但是仍然存在多余的有功损耗。其计算式为

$$\Delta P_Q=(-Q_C)^2R_T/U_D^2$$

在最小负荷或空载时，根据式（4-3），电压损耗可以表示为

$$U_H-U_D=[P_{min}R_T+(Q_{min}-Q_C)X_T]/U_D \tag{4-9}$$

显然这时 U_H-U_D 变小了很多，即变压器低压侧电压 U_D 严重升高，这对用户将产生危险。因此，在减负荷时，电容器组应相应退出若干容量，以防电压过高及产生多余的有功损耗。

三、电压—无功综合控制的实现方法

电力系统依靠线路和变压器传输电能时会产生电压损耗和有功、无功损耗。为了补偿电压损耗，采用有载调压调节变压器低压侧电压。为了补偿无功损耗，在变电站变压器的低压侧投入并联电容器、并联电抗器或同步调相机。但是无功功率调节和有载调压并不是互相独立的问题，在有载调压的同时也改变了无功功率，在无功功率调节的同时电压也发生了变化。而且在负荷发生变化时，系统的电压与无功功率也都会发生相应变化。理想的电压与无功功率的调节应是一种综合性的调节，目前也正向综合调节的方向发展，尤其是变电站自动化技术的发展为这种综合的调节提供了极为有利的条件。

1. 电压和无功功率综合自动调节的实现方法

第一种方法采用硬件装置。该装置采样有载调压变压器和并联补偿电容器的数据，通过控制和逻辑运算实现电压和无功自动调节，以保证负荷侧母线电压在规定的范围之内及进线功率因数尽可能高。通常称这种在变电站内实现电压—无功综合调节的方法为就地 VQC 调节方法。这种装置具有独立的硬件，因此它不受其他设备的运行状态影响，可靠性较高。但也正是这个原因，它不能做到与变电站的就地监控装置共享硬软件资源，不能尽可能多地采集变电站的各种信息为综合调节电压和无功功率服务。这种装置适合在电网网架结构尚不太合理、基础自动化水平不高的电网的变电站内使用。

第二种方法采用软件 VQC。它是在就地监控主机上利用现成的遥测、遥信信息，通过运行控制算法软件，用软件模块控制方式来实现变电站电压和无功自动调节。用这种方法可以发展为通过调度中心实施全系统电压与无功的综合在线控制。这是保持系统电压正常、提高系统运行可靠性的最佳方案。当然这种方法的实施前提条件是电网网架结构合理，基础自动化水平较高，尤其适用于综合自动化的变电站中。

在综合自动化的变电站中，就地监控系统的综合能力高，系统的采样精度和信号响应速度均较强，各种信息采集齐全。因此在综合自动化变电站就地监控系统中，用软件模块的控制来实现变电站的电压和无功的自动调节，在理论上已具备了实施的条件。在这种系统中最明显的优点就是变电站全站硬软件资源共享、信息共享，能采集到齐全的信息，不需要为综合控制电压和无功专门设置硬件装置。但是如果就地监控系统的采样精度及信号响应速度不高和通信不十分畅通时，这种控制和调节的可靠性就要下降，因而失去综合控制调节的实际意义。

2. 对 VQC 综合调节的要求

（1）维持供电电压在规定的范围内。供电电压的电压偏差在规定范围内，并尽量使其达到最小值。

（2）保持电网稳定和无功功率的平衡。调节无功电源和无功负荷，使无功功率平衡，从而保持电网稳定。调节的原则是无功电源容量必须服从于对电压质量的要求和无功功率平衡的要求。

（3）在电压合格的前提下使电能损耗（有功和无功损耗）最小。

3. 电压—无功综合控制的方式

VQC 可分为厂站 VQC 和区域 VQC 两种。

（1）厂站 VQC。厂站 VQC 通常是在各变电站安装一个 VQC 装置，即变电站无功电压综合控制系统，根据变电站自动化系统采集的变电站母线电压量、无功功率量、主变压器分接头位置、电容器开关状态量等，通过分析计算执行主变压器分接开关以及电容器开关进行自动控制，实现就地无功优化补偿和电压控制，同时确保变电站母线电压在合格的范围内。

厂站 VQC 因为分布在各变电站，在运行中经常出现主变压器分接开关出现滑档闭锁，使得 VQC 闭锁不能自动调节，而且监控中心远方不能复归，运行人员需到现场解决处理，使得电压合格率受到很大影响。另一方面，厂站 VQC 只能就地处理，不能对全网进行优化平衡，容易出现电压调节和电容器投切次数频繁或过多。

VQC 综合调节首先保证供电电压的电压偏差达到最小值，如图 4 - 9 所示电路中负荷端电压 U_L 和额定电压 U_{LN} 偏差为最小，即 $|U_L - U_{LN}|$ 最小。在电压质量满足要求的同时，要求电网的电能损耗最小。在投入适当的电容器组 $Q_C = Q_L$ 时使系统有功损耗为最小值，即

$$\Delta P_{min} = \{[P_L^2 + (Q_L - Q_C)^2]/U_D^2\}R_T = (P_L/U_D)^2 R_T \quad (4-10)$$

上述整个就地控制调节过程（包括电压偏差和有功损耗达最小的调节及满足变电站节点电压约束）要保证调节动作次数最少。

显然上述调节的影响因素很多，要达到最优化调节，厂站 VQC 必须接受调度发出的电压和无功限值要求或控制命令，最优调节系统无功电源和无功负荷，使系统无功功率平衡，从而保持电网稳定。

（2）区域 VQC。区域 VQC 是建立在主站的一种软件 VQC 系统，即电网电压、无功优化集中控制系统，是一种集中控制模式。区域 VQC 通常是从调度 SCADA 系统主站获取各厂站送来的各母线节点的无功、电压等遥信、遥测量进行分析计算，从而对全网各节点的无功、电压的分布做出优化策略，形成有载调压变压器分接开关调节指令、无功补偿设备投切指令及相关控制信息，然后将控制信息交 SCADA 系统通过遥控、遥调执行调节。

区域 VQC 是系统调度实现以各节点状态满足一定的约束条件为前提的，全电网损耗最小为目标的一种最优化控制方式。由于有功和无功功率对电压的牵制作用，VQC 综合调节时必须同时满足各节点电压的约束。该系统功能扩展方便、投资省、可靠性高，能够从全网的角度出发，实现电网电压、无功最优配置及全网经济运行。

四、电压—无功综合控制的策略

1. 九区域控制策略

前面已经分析了有载调压变压器分接开关调压和投切电容器组对系统电压和无功功率的调节控制规律。就地 VQC 综合控制策略就是应用这种调节控制规律，实施对变电站低压母

线电压和高压侧从系统吸取的无功功率的调节控制。一般来说，这种策略适用于硬件 VQC 的电压—无功综合控制装置，也适用于软件模块的 VQC 控制方式。

把变压器低压侧电压 U_D 分为高压区 U_H、低压区 U_L 和正常区域，把无功功率总量 Q 也划为上限区 Q_H 或（$\cos\varphi$）$_L$、下限区 Q_L 或（$\cos\varphi$）$_H$ 及正常区域，Q_H 相当于吸取无功总量，对应于负荷低值功率因数（$\cos\varphi$）$_L$；Q_L 对应于高值功率因数（$\cos\varphi$）$_H$。于是 $U-Q$ 平面被划分为 9 个区域，如图 4 - 10 所示。其中，只有“9”区间满足运行条件。一旦运行参数值偏离“9”区间，则控制器就发出控制指令，使运行值返回到“9”区间。

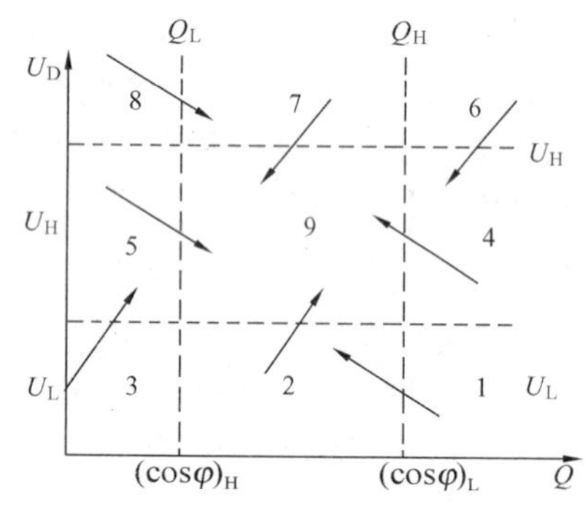

图 4 - 10 电压、无功九区域控制图

第 1 区域：电压与功率因数都低于下限。优先投入补偿电容器，既可以减少从系统中吸收无功功率，又可以减少变压器上的电压降，从而提高低压侧电压。如电压仍低于下限，则再调节变压器分接头，减少高压绕组的匝数，减小变比 k 升压，使电压水平满足要求。

第 2 区域：电压低于下限和功率因数正常（在设定范围内）。先优先调节变压器分接头升压，如分接头已无法调节时，则强投补偿电容器。

第 3 区域：电压低于下限和功率因数高于上限。应优先调节变压器分接头升压，直到电压正常，由于升压的同时会增加从系统中吸收无功功率，有利于回归到正常区域。如功率因数仍高于上限，则切补偿电容器。

第 4 区域：电压正常而功率因数低于下限。投入补偿电容器，直到正常。

第 5 区域：电压正常而功率因数高于上限。切除补偿电容器，直到正常。

第 6 区域：电压高于上限和功率因数低于下限。应优先调节变压器分接头降压，直至电压正常。如功率因数仍低于下限，则投入补偿电容器。

第 7 区域：电压高于上限，但功率因数正常。优先调节变压器分接头降压。如分接头已调到限值，而电压仍高于上限，则强切补偿电容器。

第 8 区域：电压与功率因数都高于上限。先切补偿电容器。如电压仍高于上限，则再调节变压器分接头降压，使电压水平满足要求。

在以上八个区域的调节控制中，如果单纯电压偏差，无功功率正常（第 2、7 区域）就只调电压；单纯无功功率越限，电压正常（第 4、5 区域）就只投退电容器。如果电压和无功功率两者均越限，若先调分接头升降电压，会造成无功功率越限得更多时（第 1、8 区域），应以先调无功功率为原则，后根据具体情况再决定是否调分接头；若先调分接头升降电压，无功功率有回到正常状态的趋势（第 3、6 区域），则应先调分接头升降电压。具体以第 1 和第 3 区域为例说明。第 1 区域中 $Q>Q_H$、$U<U_L$，两者均越限。当调有载分接开关，使 U 升高时，负荷吸取的无功功率 Q 增大，将使无功功率更加越限。因此应先投入电容器组，降低 Q 并使 $Q<Q_H$ 后，视电压变化情况再调有载分接开关位置。第 3 区域中 $Q<Q_L$、$U<U_L$，两者均越限。如先调分接头使 U 升高时，负荷向系统吸取的无功功率增大，有改变 $Q<Q_L$ 的越限状态的趋势，所以应先调有载分接开关。

2. 控制策略的改进

在 9 区图的实际运用中产生了一些问题，主要是当处于某个边界时，采用的控制策略并没有达到预定的结果，如电压越下限，而无功功率处于正常但接近上限，若采用调节变压器分接头提高电压，此时无功功率的需求也会增加，从而使无功功率越上限，没有回到正常的区域中，因此应调整控制策略以满足要求，由此形成了17区控制图，如图4-11所示。实际上这类控制存在较大的时间滞后，引起时滞的原因包括数据采集、参数状态分析、决策分析、动作元件动作时间等。其中，参数越限状态需要超过一定的时限才能确定，否则，很容易因为系统参数的波动而导致控制装置的频繁动作。等到实际的补偿和控制动作实现时，系统参数已经有一段相当的时间处于越限状态，从而影响了电网供电质量。

有载调压变压器的分接头和并联电容器组综合控制，经过边界模糊处理和区域细分后、改进后的“十七区图”控制方案如图4-11所示（横向表示无功功率，纵向表示电压）。

对主变压器高压侧无功功率和低压侧母线电压（Q，U）进行状态分析：

（1）处于16、8区时，无功越限，优先投切电容器组（实线箭头表示），调节容量不足时可调节变压器分接头（虚线箭头表示）；处于4、12区时，电压越限，优先调节变压器分接头（实线箭头表示），调节不足时，可调节电容器组（虚线箭头表示）。因此，在这4区里，可有两种调节方案。

（2）处于1、9区时，应投切电容器组，由于靠近电压界限的边缘，所以当电容器组调节容量不足时，不能调节变压器分接头，否则会导致电压越限，造成无效的调节动作；同样，处于5、13区时，应调节变压器分接头，因为靠近无功界限的边缘，所以当变压器分接头调节不足时，不能投切电容器组，否则会导致无功功率越限。因此，在这4区里，只能进行一种调节方案。

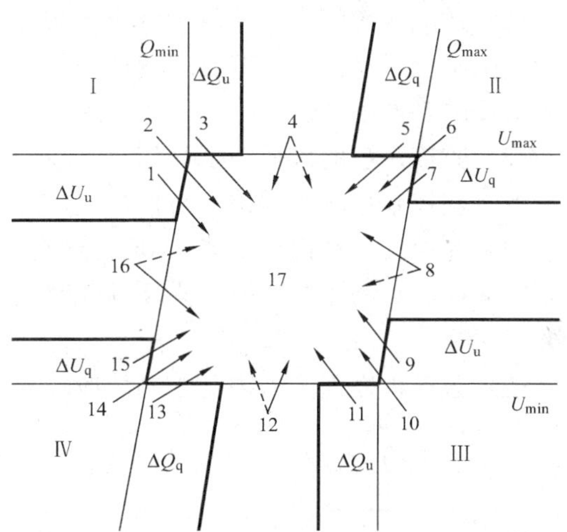

图4-11　改进后的十七区控制策略图
ΔU_u—有载调压变压器分接头调节一档引起的电压最大变化量；ΔU_q—投切一组电容器引起的电压最大变化量；ΔQ_u—有载调压变压器分接头调节一档引起的无功最大变化量；ΔQ_q—投切一组电容器引起的无功最大变化量

（3）在3、11区，电压越限，本应调节变压器分接头，但由于靠近无功功率界限，所以会导致无功功率越限，从而引起电容器组的无功功率调节，这时，如果直接投切电容器组使其进入正常区，则可以减少调节的动作次数，若投切电容器组尚不能满足要求时，再调节变压器分接头；同样，在7、15区，应直接调节变压器分接头，而不是先投切电容器组，改变分接头位置还不能满足要求时，再投切电容器组。

根据调节策略，可将1、2、3区，5、6、7区，9、10、11区，13、14、15区合并成四个单一动作区Ⅰ、Ⅱ、Ⅲ、Ⅳ，从而简化决策分析过程。动作区Ⅰ：切电容器；动作区Ⅱ：调节分接头降压；动作区Ⅲ：投电容器；动作区Ⅳ：调节分接头升压。

五、电压—无功控制软件功能

典型的就地VQC控制装置硬件采用单片机构成，直接利用遥测、遥信模板，将模拟量和开关量输入VQC的CPU模板处理，输出也直接利用遥控模板输出。这样变电站中的设备较容易实现统一和规范化。但由于就地VQC控制装置仅采用本变电站的信息，因此仅对局部供电区域有效。从整个电力系统看，当发生全系统性无功功率缺乏时，局部的调节可能产生有害的结果，即当就地 VQC 检测到本站低压侧电压过低时，改变变压器分接头，虽然提高了本站低压侧的电压，但同时会从系统中吸收更多的无功功率，从而加剧了系统的无功功率缺乏。

简单地说，软件 VQC 就是在监控系统的后台计算机上用软件模块从全系统的角度上分析，再用控制的方法实现就地 VQC 功能。

1. 软件 VQC 对监控系统的要求

（1）全面的数据采集。软件 VQC 是直接利用综合自动化变电站的监控系统所采集的数据和信号，通过加工处理来实现 VQC 功能的。这就对监控系统的数据采集有了更高的要求。监控系统的数据采集必须能够采集到更多更全面的遥测量、遥信量及各类保护信号。

（2）适应无人值班。软件 VQC 的功能必须适应远方调度，应能依靠监控系统对无人值班的变电站电压及无功功率实现就地控制功能，而主变压器有载调压及电容器组运行状况能及时地反映到调度端。

（3）监控系统的采样精度与信号响应速度。由于 VQC 调节对遥测量的采样精度要求较高，所以监控系统的采样精度与信号响应速度直接影响到 VQC 的稳定工作。

（4）遥控的自动返校功能。VQC 对有载分接开关和电容器组的控制必须十分可靠，因此要求遥控有自动返校功能，必须预先对所选择的控制点进行返校检查，只有返校验证正确后才能执行。

（5）数据再处理能力。监控系统应能对采集的遥信信号进行逻辑再处理，对遥测量做数据总加处理，通过数据再处理来适应采用复杂主接线的变电站的不同运行方式的需要。

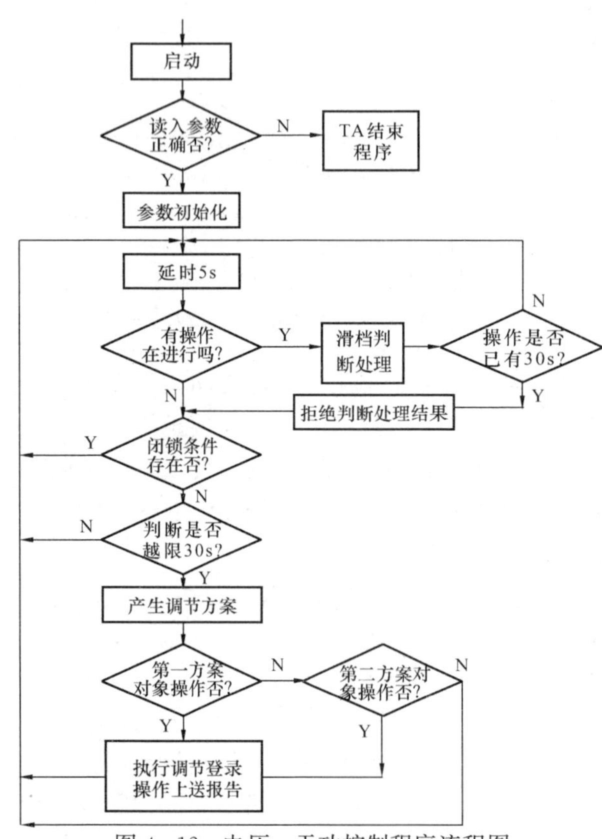

图 4-12 电压、无功控制程序流程图

就目前已有的微机监控系统来说，以上的要求并不算高。当前微机的性能越来越完善，数据处理能力越来越强，在综合自动化的变电站中，这些要求的实现并不是很难。最根本的问题是要求所有这些功能必须具有很高的可靠性。

2. 软件 VQC 功能

软件 VQC 应充分利用监控系统的资源，功能要求十分完善。其功能包括：

（1）多功能模块处理。在一个采用复杂的具有多台变压器的主接线的变电站里，每台主变压器和每一段母线都可能独立运行，也可能并列运行。因此 VQC 的调节与控制模块必须具有多功能处理能力，以适应主接线的变化。

（2）电压与无功功率的上下限值动态变化。对应于不同的高峰和低谷时段，电压与无功功率的上下限值应不同，以适应逆调压和无功功率调节的要求。电压、无功控制程序流程如图4－12所示。

（3）调节方式的多样性。由于变电站中有时变压器或电容器组需要停运检修，因此考虑VQC调节时，调节方式应设置“只调电压”或“只调电容器”。对于控制策略中出现的矛盾，应能“智能”变化。例如，有时电容器组已经全部投入或退出运行，这时已无电容器可调，应能“智能”地改为有载分接头的相应调节。软件VQC还应设置“只监视不控制”方式，以适应运行需要，它相当于只投入运行不投连接片的保护运行方式。

（4）实现远方控制VQC。就地VQC应能接受调度端的控制，投退某个电容器组或变压器的有载分接开关调压。

（5）闭锁条件有如下几条：

1）保护闭锁：在对变压器有载分接开关和电容器组监视控制的过程中，如监测到系统及变压器、母线、电容器发生故障和异常的保护信号，应立即闭锁VQC的调节。

2）遥测闭锁：当遥测值超过VQC要求的范围时，闭锁VQC。

3）遥信闭锁：当变电站主接线运行方式改变时，闭锁VQC。

4）其他闭锁：VQC的TV断线，主变压器调压控制器、电容器组的控制回路断线或异常时，闭锁VQC。

（6）相关信号上送调度。软件VQC应适应无人值班变电站的需要，把一些必要的信号，如VQC调节闭锁、调节拒动、调节动作信号上送调度端，以便于远方管理。

（7）并列运行、拒动、滑档等。在变压器并列运行时，VQC应使并列运行的变压器有载分接头开关同步操作。母线并列运行时对应的软件模块也应做并列的相应处理。主变压器有载分接开关拒动、滑档时应立即停止调节并发出拒动和滑档的信号上送调度，多次拒动、滑档时应闭锁相应操作。

（8）登录操作。每一次调节都应有相应的记录，包括对象、动作类型、时间、调节结果等。

第五节　变电站防误操作闭锁系统

电气设备的误操作可能造成大面积的停电、设备损坏、人身伤害，甚至引起电网振荡瓦解等严重后果。1981～2006年电气误操作事故的统计次数如图4－13所示。

为了有效防止运行电气设备误操作引起的人身和重大设备事故，原水利电力部于1980年将防止电气误操作事故列为电力生产急需解决的重大技术问题发布，于1990年提出了电气设备“五防”的要求，并以法规形式（能源安保［1990］1110号文）行文规定了电气防误的管理、运行、设计和使用原则。“五防”是指：

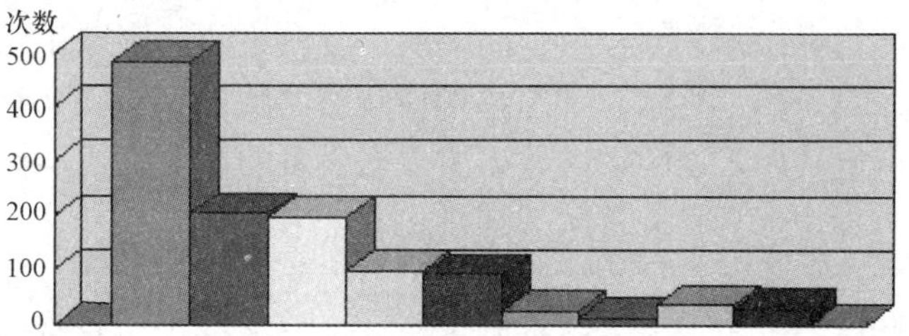

图4－13　电气误操作事故统计次数

1）防止带负荷误拉、误合隔离开关；

2）防止误拉、误合断路器；

3）防止带地线或接地开关合闸；

4）防止带电挂接地线或合接

地开关；

5）防止误入带电间隔。

随着国网公司［2006］094号《国家电网公司防止电气误操作安全管理规定》的颁布，电气“五防”功能成为电力安全生产的重要措施之一。防误装置的设计原则是：凡是可能引起误操作的高压电气设备，均应装设防误装置和相应的防误电气闭锁回路。

变电站防误操作闭锁装置也称“五防”闭锁装置（简称闭锁装置），是为防止电气一次设备发生误操作事故而设计的一套安全闭锁系统。

一、变电站常规防误闭锁技术

1. 变电站防误操作闭锁装置构成

闭锁装置是一种对电气倒闸操作过程进行逻辑限制的物理装置。当实际操作过程符合安全规程时，该闭锁装置允许值班员对一次设备进行操作，否则无法操作，从而达到防止误操作的目的。变电设备有多种型号，配置的闭锁装置型式也较多，有常规的机械闭锁、电磁锁、程序闭锁、微机防误闭锁等。这些防误闭锁装置的功能各有特点，对不同电压等级、不同主接线的变电站配置不同类型的闭锁装置。

（1）机械闭锁是靠机械制约而达到预定目的的一种闭锁，用于隔离开关（或断路器手车）与接地开关之间的闭锁。一般是由固定在操作连杆上的扇形铁片互相牵制来实现的：隔离开关合上（或断路器手车处于工作位）时，接地开关不能合；接地开关合上时，隔离开关不能合（或断路器手车不能由试验位进入工作位）。

（2）电气闭锁装置分为电气回路闭锁和电磁锁。其辅助触点串联闭锁可以实现本单元的闭锁，且仅反映本单元的闭锁逻辑，不能反映其他单元的信息，所以所实现的闭锁逻辑是不完全的（如无法实现母线接地开关与线路单元母线隔离开关的闭锁）。电磁锁主要用于手动操作的接地开关上，防止带电合接地开关；还可用于分割设备的网门上，防止误入带电间隔。

电气回路闭锁方式可靠，但需要接入大量的二次电缆，接线方式比较复杂，运行维护较困难。

（3）微机防误闭锁主要分测控装置微机防误闭锁和后台微机防误闭锁两类。测控单元对采集的遥信信息进行判断，当条件满足时，其控制的闭锁触点才能闭合，操作才能进行。监控后台中的软件对遥信信息进行判断，当条件满足时，监控后台的控制命令才能下达；否则，监控后台将拒绝下达命令并弹出不满足条件的信息。

2. 电气设备的闭锁方式

2006年发布的《国家电网公司防止电气误操作安全管理规定》中指出：“操作控制功能可按远方操作、站控层、间隔层、设备级的分层操作原则考虑。无论设备处在哪一层操作控制，设备的运行状态和选择切换开关的状态都应具备防误闭锁功能。”根据这一原则，在选择变电站的防误闭锁时，需要根据设备的操作方式，提供完备的闭锁方案，确保设备在任何地方操作都具备完善的闭锁措施。

（1）临时接地线、网门、柜门、间隔门的闭锁。这类设备通常采用机械闭锁的方式来实现闭锁。由于监控系统没有采集这些设备信息，在要求所有设备在线的情况下，也可以采用电控锁的方式来实现闭锁。

（2）隔离开关、接地开关等手动操作机构的闭锁。这类常规的手动操作存在设备操作是否到位的问题，所以可以考虑在设备上增加状态检测器来检测设备是否到位，或增加验电器来检验线路是否带电。

（3）断路器、电动隔离开关等电动操作机构的闭锁。这类电动操作设备一般有五个操作位：远方操作（集控中心、主控室），间隔层操作（开关柜），设备级操作（现场操作箱、手动操作杆）。

远方操作（集控中心、主控室）采用串入遥控闭锁触点来实现电气回路强制闭锁；间隔层操作（开关柜）可采用测控单元软件闭锁，也可采用闭锁盒将就地操作按钮罩住实现强制闭锁；设备级操作（现场操作箱、手动操作杆）可采用串入触点闭锁电气回路，也可采用机械编码锁或电脑钥匙闭锁箱门的方式实现强制闭锁。

3. 微机“五防”闭锁装置

目前广泛采用微机“五防”闭锁系统作为主要的防误手段，而且已成为既成熟又实用的一种技术。“微机闭锁装置”主要由PC机、智能模拟屏、工控机、电脑钥匙和各种锁具组成。通过在PC机或智能模拟屏上模拟预演，由系统内预先存储的逻辑规则和状态对每步预演进行判断，并通过串行接口通信将操作步骤输入电脑钥匙中，用电脑钥匙打开装于现场相应设备上的编码锁，然后进行倒闸操作。

（1）微机“五防”闭锁装置构成。典型的变电站防误闭锁系统主要由防误主机、电脑钥匙、防误锁具三个部分构成。

1）防误主机。防误主机上的防误操作主软件是整个系统的控制核心。一次系统图为主要人机界面，可在其上进行防误闭锁逻辑约束下的模拟预演操作，形成顺序的倒闸操作项目。通过电脑钥匙充电座将整个倒闸操作输入到电脑钥匙，用于控制现场倒闸操作的正确进行。防误主机不仅能与电脑钥匙相连接，而且能与变电站自动化监控主机通过网络连接，实现防误主机与监控主机的信息交互，对在监控机上进行的一次设备倒闸操作实施防误闭锁，完成整个倒闸操作过程的防误功能。

2）防误钥匙。防误钥匙采用电脑钥匙，除了具备智能语音提示、实时电量监测、全汉字显示技术、操作追忆、操作票浏览、实时时钟、功能菜单选择等多种先进的技术外，还能完成各种闭锁装置的开锁及检测功能。典型防误钥匙外形如图4-14所示。

3）防误锁具。它是实现对一次设备防误闭锁的终端执行机构，固定安装在配套的一次设备上，用于完成对一次设备的锁定及设备状态的采集，既能自动检测一次设备、地线桩和网门的分合状态，又能自动检测防误锁具自身的锁定状态，确保一次设备的可靠锁定及设备状态的可靠检测。

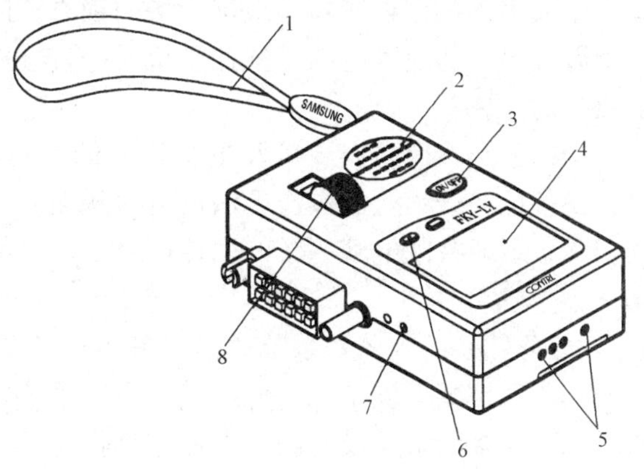

图4-14　典型防误钥匙外形图

1—手带；2—喇叭；3—电源开关；4—汉字显示屏幕；5—充电、通信接口；6—功能键；7—红外接口；8—解锁按钮

（2）微机闭锁装置的使用流程：

1）设备对位操作：指将防误闭锁系统的一次接线图的设备状态与实际设备状态进行对位。

2）模拟操作：指在系统一次接线图与实际设备状态相对应的情况下，在一次接线图上进行操作票模拟操作。模拟操作过程被严格控制在防误闭锁系统的操作逻辑库范围之内，从根源杜绝误操作的发生。

3）钥匙初始化：电脑钥匙在使用前须进行初始化，将钥匙放到传送充电座内，主机通过串口将已准备好的数据文件初始化到钥匙中。钥匙初始化完成后，第一次开机会对数据进行整理，然后自动关机。需要重新开机才能使用。

4）传送操作票：指在确认操作任务与操作步骤正确的情况下，将模拟操作的步骤导入电脑钥匙内。将操作票发送给钥匙，钥匙正确接收操作票后自动关机。

5）现场操作：操作人需持电脑钥匙到现场进行操作，操作任务正确时，电脑钥匙将打开正确的防误锁具，允许操作人进行相应设备的操作。如果电脑钥匙未检查到正确的变位，则电脑会发出警告，告诉当前设备未变位，请确认此操作。此时操作人一定要检查当前的设备是否在正确的位置，如果设备不在要求的位置，要查明情况，把设备操作到正确的位置后，再按一下电脑钥匙上的开锁按钮，电脑钥匙会继续显示下一项操作内容，然后操作人可继续下一部操作。

6）数据回传：当操作任务完成后须将电脑钥匙放回充电传输座。回传是钥匙对其操作过程、结果等信息向防误闭锁系统及监控系统传输。回传有三种形式：操作结束的正常回传，操作过程中的中止回传，追忆信息的回传。在当前操作票操作完毕后，钥匙会自动提示操作结束的回传提示。

二、微机网络防误闭锁系统

该系统把“五防”闭锁的概念融入监控系统和设备的电气控制回路中，即在监控系统中嵌入“五防”闭锁系统程序。该程序是监控系统的一个功能模块，直接在监控系统上取实时的运行状态，进行离线的预演，检测操作票的正确性。任何在监控系统上的操作都将经过“五防”闭锁系统程序的检验，设备的电气控制回路同样受“五防”闭锁系统程序的限制。

系统从结构上分为站控层、间隔层、过程层，由嵌入监控系统中的防误程序、电脑钥匙装置、各类锁具和数据网络组成，如图 4－15 所示。防误子程序根据防误规则和模拟预演步骤，生成实际操作程序，再根据设备闭锁方式的不同采用以下三种方式进行开锁操作：①电脑钥匙开锁；②通过电脑闭锁控制单元等直接控制智能锁具开锁；③通过通信接口对监控系统执行监控。

运行人员按照防误主机及电脑钥匙的提示，依次对设备进行操作。当操作不符合程序时，设备拒绝开锁，使操作无法进行，从而防止误操作的发生。防误程序通过跟踪现场设备的实际状态、接收电脑钥匙的回传信息，对当前操作进行确认后，进行下一步操作，直到操作任务完成。

“五防”系统与监控系统通信，采用具备“五防”闭锁功能的通信规约（见图 4－16）。监控系统遥控某个设备时，先向“五防”系统发送遥控允许请求，“五防”系统根据主机的操作规则库判断，该设备的遥控操作是否违反“五防”，对于违反“五防”的，向监控系统回复禁止命令，否则，发送允许的应答命令。

监控系统遥控完成后，对于需要手动操作的设备，“五防”系统经预演成功后的操作顺序生成操作票传输给电脑钥匙，操作人员持电脑钥匙并按照电脑钥匙提示的操作顺序，依次对就地闭锁电气设备的锁具进行解锁、倒闸操作，从而实现对电气设备的就地防误操作。

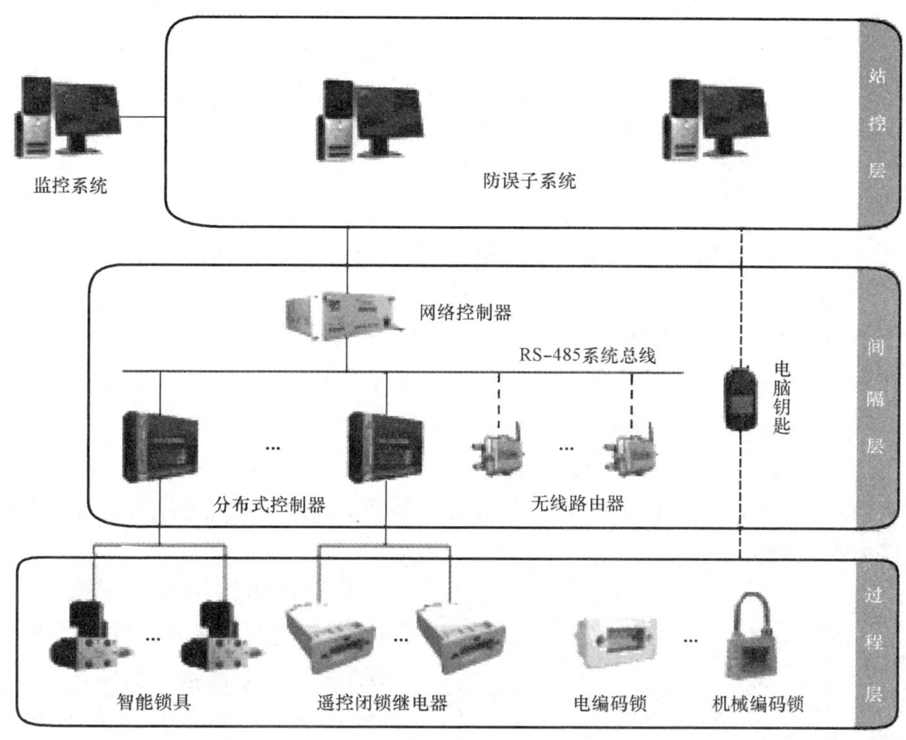

图 4-15 微机网络防误闭锁系统结构示意图

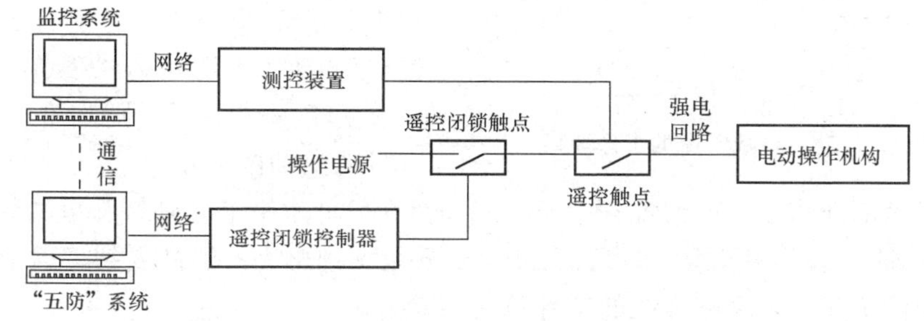

图 4-16 防误闭锁系统与监控系统的工作原理框图

三、微机“五防”系统和常规防误闭锁技术比较

(1) 电气防误闭锁回路是一种现场连锁技术，主要通过相关设备的辅助触点来实现闭锁。这是电气闭锁最基本的形式，闭锁可靠，但这种方式需要接入大量的二次光缆，接线方式较为复杂，运行维护较为困难，机械闭锁更是如此。

微机“五防”系统一般不直接采用现场设备的辅助触点，接线简单，通过微机防误系统的规则库和现场锁具实现防误闭锁。

(2) 电气闭锁回路一般只能防止开关、隔离开关和电动开关的误操作，对误入带电间隔，接地线的挂接（拆除）等无能为力，不能实现完整的“五防”。

微机“五防”系统可根据现场实际情况，编写相应的“五防”规则，实现较为完整的“五防”。微机“五防”闭锁系统可以实时检测供电设备的运行状态，应用内部的防误程序提供正确的防误方案，从而可以灵活地具有以往“五防”系统的各种功能，还可以有效地防止操作过程中漏项导致误操作的问题和操作过程中的设备变位问题。在操作过程中，由于设备状态的变化导致的正在操作的任务可能不允许执行下去，系统可以通过网络通信，实现现场操作的强制闭锁，将防误操作水平提到了空前的高度。

随着高压带电显示闭锁装置的出现，把验电也加入闭锁中，可有效防止可能造成的事故。

第六节　变电站自动化系统其他控制功能及应用

一、电力系统的低频减负荷控制

1. 自动低频减负荷的基本原理

自动低频减负荷的工作原理如图 4－17 所示。假定变电站馈电母线上有多条供配电线路，按电力用户的重要性分为 n 个级别和 m 个特殊级。基本级是不重要的负荷，特殊级是较重要的负荷，每一级均装有自动按频率减负荷装置，它由频率测量元件 f，延时元件 Δt 和执行元件 CA 三部分组成。

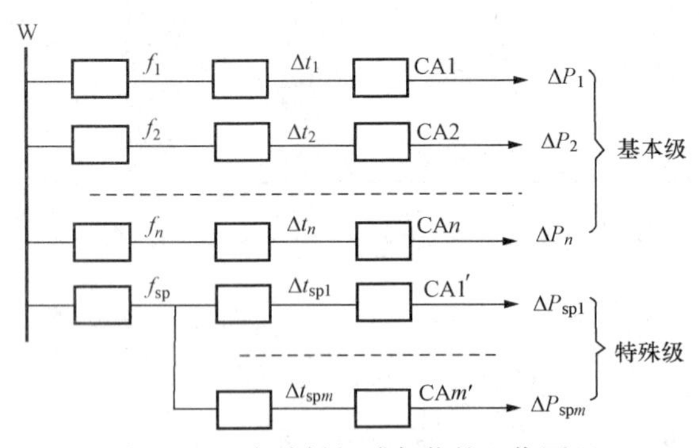

图 4－17　自动低频减负荷的工作原理

基本级的作用是根据系统频率下降的程度，依次切除不重要的负荷，以便限制系统频率继续下降。例如，当系统频率降至 f_1 时，第一级频率测量元件启动，经延时 Δt_1 后执行元件 CA1 动作，切除第一级负荷 ΔP_1；当系统频率降至 f_2 时，第二级频率测量元件启动，经延时 Δt_2 后执行元件 CA2 动作，切除第二级负荷 ΔP_2。如果系统频率继续下降，则基本级的 n 级负荷有可能全部被切除。

当基本级全部动作后，若系统频率长时间停留在较低水平上，则特殊级的频率测量元件 f_{sp}启动，经延时 Δt_{sp1}后切除第一级负荷 ΔP_{sp1}；若系统频率仍不能恢复到接近于 f_n，则将继续切除较重要的负荷，直至特殊级的全部负荷切除完。

基本级第一级的整定频率一般为 47.5～48.5Hz，最后一级的整定频率一般为 46～46.5Hz，相邻两级的整定时限差取 0.4～0.5Hz。当某一地区电网内的全部自动按频率减负荷装置均动作，系统频率应恢复到 48～49.5Hz 以上。

特殊级的动作频率可取 47.5～48.5Hz，动作时限可取 15～25s，时限级差取 5s 左右。

2. 自动低频减负荷的实现方法

实现低频减负荷的方法关键在于测频。在微处理器特别是单片机应用以前，测频主要靠电磁型或晶体管型的频率继电器，后来又发展了数字式频率继电器，由频率继电器和控制轮次的中间继电器组成整套低频减负荷装置。这种低频减负荷装置存在体积大、测频精度低、易受干扰等缺点，为了避免误动，常加上低压闭锁、低电流闭锁及增加延时等环节。每增加一种闭锁措施，则至少必须增加一种继电器，因此结构复杂、调试不方便。而且随着电力系统的发展，电网运行方式日益复杂和多样化，供电可靠性问题更加突出，因此对低频减负荷装置的性能指标的要求也必须提高。采用传统的频率继电器构成的低频减负荷装置，由于级差大、级数少，不能适应系统中出现的不同功率缺额的情况，不能有效地防止系统的频率下降并恢复频率，难以实现重合闸等功能，常造成频率的悬停和超调现象。

随着计算机在变电站自动装置中的应用日趋广泛，正在研究开发各种类型的微机低频减负荷装置，其功能也日趋完善，由于它具有许多优点，因此由它代替常规低频减负荷装置是必然的趋势。

目前，用微机实现低频减负荷的方法大体有两种：

（1）采用专用的微机低频减负荷装置实现。这种低频减负荷装置的控制方式如前所述，将全部馈电线路分为1～8级（也可根据用户需要设置低于8级的）和特殊级，然后根据系统频率下降的情况去切除负荷。

（2）把低频减负荷的控制分散装设在每回馈电线路的保护装置中。现在微机保护装置几乎都是面向对象设置的，每回线路配一套保护装置，在线路保护装置中，增加一个测频环节，便可以实现低频减负荷的控制功能了，对各回线路级次安排考虑的原则仍同上所述。只要将第n级动作的频率和延时定值事前在某回线路的保护装置中设置好，则该回线路便属于第n级切除的负荷。这种控制方法容易实现，结构也简单，会越来越多地被采用。

3. 对自动低频减负荷装置的基本要求

（1）能在各种运行方式和功率缺额的情况下，有效地防止系统频率下降至危险点以下。

（2）切除的负荷应尽可能少，无超调和悬停现象。

（3）能保证解列后的各孤立子系统不发生频率崩溃。

（4）变电站的馈电线路故障或变压器切除造成失压，负荷反馈电压的频率衰减时，低频减负荷装置应可靠闭锁。

（5）电力系统发生低频振荡时，不应误动。

（6）电力系统受谐波干扰时，不应误动。

4. 对自动低频减负荷装置闭锁方式的分析

常规的低频减负荷装置由电磁式或数字式的频率继电器构成，主要存在测频精度不高（分辨率仅在0.02～0.1Hz之间）、抗干扰能力差、性能不稳定等缺点。新型的低频减负荷装置由微处理器（多数采用单片机）构成，正在得到愈来愈广泛的应用。实现低频减负荷的关键是要有原理先进、准确性高、抗干扰能力强的测频电路，并要有各种闭锁方式。目前低频减负荷装置常用的闭锁方式有时限闭锁、低电压带时限闭锁、低电流闭锁、双频率继电器串联闭锁及滑差闭锁等。

（1）时限闭锁。该闭锁方式由装置带0.5s延时出口来实现，曾主要用于由电磁式频率继电器或晶体管频率继电器构成的低频减负荷装置中。但当电源短时消失或重合闸过程中，如果负荷中电动机比例较大，则由于电动机的反馈作用，母线电压衰减较慢，而电动机转速却降低较快，此时即使装置带有0.5s延时，也可能引起低频减负荷装置的误动；同时当基本级带0.5s延时后，对抑制频率下降很不利。目前这种闭锁方式一般不用于基本级，而用于整定时间较长的特殊级。

（2）低电压带时限闭锁。该闭锁方式是利用电源断开后电压迅速下降来闭锁低频减负荷装置。由于电动机电压衰减较慢，因此必须带有一定的时限才能防止装置的误动。特别是当装置安装在受端接有小电厂或同步调相机以及容性负荷比较大的降压变电站内时，很易产生误动。另外，采用低电压闭锁也不能有效地防止系统振荡过程中频率变化而引起的误动。

（3）低电流闭锁。该闭锁方式是利用电源断开后电流减小的规律来闭锁低频减负荷装置。该方式的主要缺点是电流定值不易整定，某些情况下易出现装置拒动的情况；同时，当系统发生振荡时，装置也容易发生误动。目前这种方式一般只限用于电源进线单一、负荷变动不大的变电站。

（4）双频率继电器串联闭锁。该闭锁方式主要用于防止一个频率继电器发生损坏时可能出现的误动，不能用于防止失电后电压反馈以及系统振荡过程中的误动，一般很少采用。

（5）滑差闭锁，亦称频率变化率闭锁方式。该闭锁方式利用从闭锁级频率下降至动作级频率的变化速度（$\Delta f/\Delta t$）是否超过某一数值来判断是系统功率缺额引起的频率下降还是电动机反馈作用引起的频率下降，从而决定是否进行闭锁。为躲过短路的影响，装置也需带有一定延时。目前这种闭锁方式在实际装置中正受到日益广泛的应用。

5. 微机低频减负荷装置的优点

（1）测频方法先进，测频精度高。由单片机和大规模集成电路组成的低频减负荷装置，可以充分利用单片机的资源，提高测频精度。例如：Intel公司生产的MCS-96系列的单片机片内含有可编程的高速输入口（HSI），用它对来自变电站电压互感器的正弦交流电压进行测频，可获得比较高的精度，分辨率可达到0.005Hz。

（2）可采用频率下降速率作为动作判据或闭锁条件。当系统发生严重的功率缺额事故时，系统频率的下降速率快。如果低频减负荷装置按df/dt作为动作判据，则能快速切除部分负荷，保证系统频率尽快恢复正常，也提高了装置动作的快速性和准确性；也可利用df/dt为闭锁条件，以防止低频减负荷装置误动。

（3）容易扩展低电压闭锁功能。安装低频减负荷装置的变电站，当其母线或附近出线发生短路事故时，母线电压降低，有时可以引起测频误差，致使装置误动。为提高可靠性和动作的准确性，可考虑增加低电压闭锁功能。增加低压闭锁功能，对于常规的低频减负荷装置来说，必须增加一个电压继电器，而对于微机低频减负荷装置，只需从软件上增加电压判据即可。

（4）容易扩充重合闸功能。由微机构成的低频减负荷装置，只要在软件设计上做些工作，并扩展合闸出口回路，就可以方便地扩充自动重合闸功能。它是在低频减负荷装置动作，切除部分负荷并在消除有功功率缺额事故后，系统频率回升时，对已被切线路进行重合闸操作的。这对于无人值班变电站尤其有用，可以防止装置误动或在有功缺额的事故消除后，及时恢复供电。对于以水电为主，并容量较大的电力系统，经过延时跳闸这段时间，水轮机调速器已经发挥作用，系统备用容量得到充分利用，从而减轻了系统的有功功率缺额，此时可以重合闸，加速恢复对用户的供电。

（5）容易扩展故障自诊断和自闭锁功能。微机低频减负荷装置利用微机的智能，很容易扩展故障自诊断功能，如测频回路自检、存储器自检和输出回路自检等。当发现某部分发生故障时，应立刻报警，并自动闭锁装置的出口。

二、备用电源自动投入控制

随着国民经济的迅猛发展、科学技术的不断提高及家用电器迅速走向千家万户，用户对供电质量和供电可靠性的要求日益提高，备用电源自动投入是保证配电系统连续可靠供电的重要措施。因此，备用电源自动投入已成为变电站自动化系统的基本功能之一。

备用电源自动投入装置是因电力系统故障或其他原因使工作电源被断开后，能迅速将备用电源或备用设备或其他正常工作的电源自动投入工作，使原来工作电源、被断开的用户能迅速恢复供电的一种自动控制装置。

1. 备用电源的配置

备用电源自动投入装置主要用于110kV以下的中低压配电系统中。根据备用电源的不同，备用电源自动投入主要有以下三种：

（1）低压母线分段断路器自动投入方案。低压母线分段断路器自动投入方案的主接线如图4-18所示。

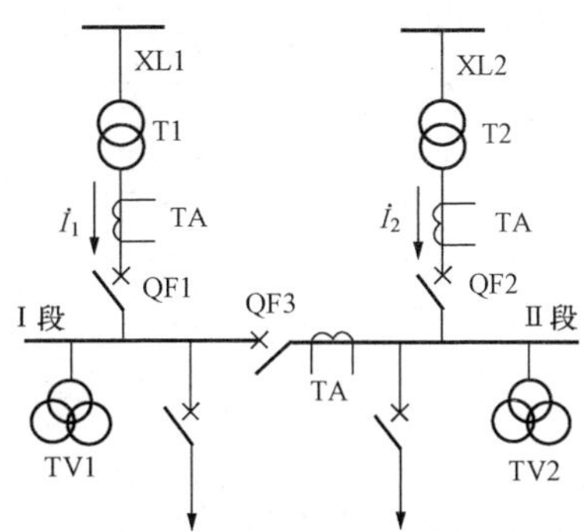

图4-18 低压母线分段断路器自动投入方案主接线

由图可看出，当主变压器T1、T2同时运行，而QF3断开时，一次系统中主变压器T1、T2互为备用电源。此方案是“暗备用”接线方案，有两种运行方式：

1）备用电源自动投入方式1。当主变压器T1故障，保护跳开QF1，或者主变压器T1高压侧失压，均引起Ⅰ段母线失压，无电流$\dot{I}_1$，并且Ⅱ段母线有电压，即跳开QF1，合上QF3。自动投入条件是Ⅰ段母线失压、无电流$\dot{I}_1$、Ⅱ段母线有压、QF1确实已跳开。检查无电流$\dot{I}_1$是为了防止TV1二次侧三相断线引起的误投。

2）备用电源自动投入方式2。当发生与上述自动投入方式1相类似的原因，Ⅱ母线失压，无电流$\dot{I}_2$，并且Ⅰ段母线有电压时，即断开QF2，合上QF3。自动投入条件是Ⅱ段母线失压、无电流$\dot{I}_2$、Ⅰ段母线有压，QF2确实已跳开。

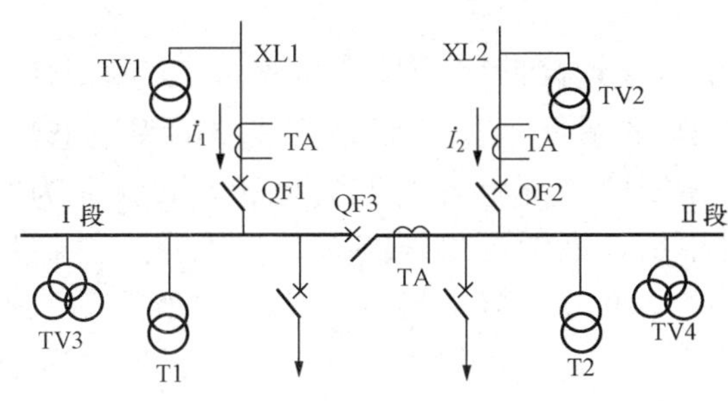

图4-19 内桥断路器自动投入方案的主接线

（2）内桥断路器的自动投入方案。内桥断路器自动投入方案的主接线如图4-19所示。

由图可看出，当XL1进线带Ⅰ、Ⅱ段运行，即QF1、QF3在合位、QF2在分位时，XL2备用电源（方式1）或XL2进线带Ⅱ、Ⅰ段运行，即QF2、QF3在合位、QF1在分位时，XL1是备用电源（方式2）。显然这两种接线方案是“明备用”接线方案。明备用接线方案方式1（方式2）备用电源自动投入条件是：Ⅰ（Ⅱ）母线失压、无电流$\dot{I}_1$（$\dot{I}_2$），XL2（XL1）线路有压、QF1（QF2）确实已跳开时合QF2（QF1）。

如果两段母线分列运行，即桥断路器QF3在分位，而QF1、QF2在合位，称为方式3和方式4，这时XL1和XL2成为互为备用电源，所以是暗备用接线方案。此种暗备用方案与低压母线分段断路器自动投入方案及其运行方式（方式1和方式2）完全相同。

（3）进线备用自动投入方案。进线备用自动投入方案一般在农网配电系统、小型变电站或厂用电系统中使用，一般为单母线接线（相当于单母分段QF3合）。其主接线如图4-20所示。

该备用自动投入方案接线是“明备用”方案。XL1和XL2中只有一个断路器在分位，

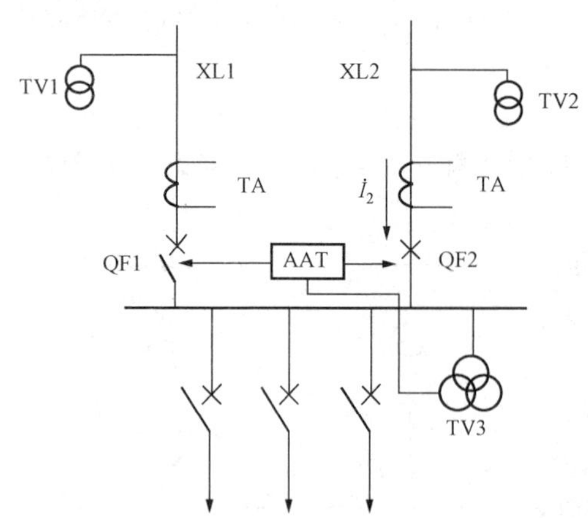

图 4-20 进线备用自动投入方案主接线

另一个在合位，因此当母线失压，备用线路有压，并无电流 $\dot{I}_1$（$\dot{I}_2$）时，即可跳开 QF1（QF2），合上 QF2（QF1）。该备用方案的自动投入条件类似于内桥断路器的自动投入条件中备用方式 1 和方式 2 的自动投入方式条件。即母线失压，线路 XL2 有压，无电流 $\dot{I}_1$，QF1 确实已跳开，合上 QF2。或者母线无压，无电流$\dot{I}_2$，线路 XL1 有压，QF2 确实已跳开，合上 QF1。

2. 采用微机型的备用电源自动投入装置的优越性

（1）综合功能比较齐全，适应面广。三种自动投入方式（进线自动投入、高压母联自动投入和低压母联自动投入），如果采用常规的备用电源自动投入装置，则需要安装三套备用电源自投装置，不仅体积大，成本也高。但若采用微机型备用电源自动投入装置，则一套装置就既能实现高压母联自投，解决高压进线故障造成的失电问题，又能实现低压母联自动投入，解决主变压器故障造成的失电问题。对于一回进线为明备用的情况，还可实现进线断路器自动投入控制。因此它可适应变电站的各种运行方式。

（2）具有串行通信功能。

（3）体积小、性能价格比高。

（4）故障自诊断能力强，可靠性高。

三、小电流接地系统的单相接地选线

1. 不接地系统单相接地故障时的选线原理

由继电保护原理可知，中性点不接地系统单相接地故障时中性点位移电压为相电压，母线电压互感器开口三角形出现 $3U_0$ 电压；非故障线路电容电流就是该线路的零序电流；故障线路首端的零序电流数值上等于系统非故障线路全部电容电流的总和，其方向为线路指向母线。与非故障线路中零序电流的方向相反，该电流由线路首端的电流互感器反应到二次侧，这就是中性点不接地系统基波零序电流方向自动接地选线装置所用的工作原理。

2. 经消弧线圈接地系统单相接地故障时的选线

中性点接入消弧线圈的目的主要是消除单相接地时故障点的瞬时性电弧。它的作用是尽量减小故障接地电流，减缓电弧熄灭瞬间故障点恢复电压的上升速度。

在过补偿的条件下经消弧线圈电感电流补偿后，接地电流与未经补偿时的接地电流比较明显小了许多，与故障线路的零序电流方向完全相同，而数值大小也无明显差异。所以在中性点经消弧线圈接地系统中，就不能利用基波零序电流的数值大小和方向来作自动接地选线的依据。比较有效的判别接地方案是 5 次谐波判别法和有功分量判别法。

（1）5 次谐波判别法实现接地选线的原理。

在电力系统中，由于发电机的电动势中存在着高次谐波，某些负荷的非线性也会引起高次谐波，所以系统中的电压和电流均含有高次谐波分量，其中以 5 次谐波分量数值最大。中性点经消弧线圈接地系统中，在单相接地时消弧线圈的电感电流补偿接地电容电流是指基波零序电流而言的，对于5次谐波来说，情况就大不相同了。

在中性点经消弧线圈接地系统发生单相接地故障时，其5次谐波零序等值电路中，消弧线圈流过电感性的零序5次谐波电流，非故障线路流过容性的零序5次谐波电流，而各线路中非故障相流过容性的5次谐波电流，它们在接地故障点汇合后成为故障线路的故障相接地电流。对于5次谐波来说，由于消弧线圈的电抗（$5\omega L$）增大5倍，通过消弧线圈的电感电流减小5倍；而线路容抗（$1/5\omega C$）减小5倍，电容电流增加5倍。所以消弧线圈的5次谐波电流相对于非故障相5次谐波接地电容电流来说是非常小的，可以认为对于5次谐波而言，相当于中性点不接地系统，并不起补偿作用。所以有如下结论：

1）中性点经消弧线圈接地系统，在发生单相接地故障时，故障线路首端的5次谐波零序电流在数值上等于系统非故障线路5次谐波电容电流的总和。

2）故障线路首端的5次谐波零序电流其方向与非故障线路中5次谐波零序电流方向相反。

以上结论与中性点不接地系统中基波零序电流的规律完全相同。因此，当发生单相接地时，故障线路的首端5次谐波零序电流方向从线路指向母线，落后于5次谐波零序电压90°，非故障线路首端的零序电流为本线路5次谐波零序电容电流，方向从母线流向线路，超前于5次谐波零序电压90°。该结论就是中性点经消弧线圈接地系统的单相接地选线的判别依据，即5次谐波判别法。

（2）有功分量判别法接地选线的原理。

5次谐波判别法与基波零序电流判别法都存在一个主要的缺点，即当系统的引出线较少、长度较短时，单相接地故障线路的5次谐波和基波零序电流均较小，其方向也较难判别，因此其接地判别的准确率并不是很高。当采用自动跟踪消弧线圈并经阻尼电阻接地时，系统单相接地选线可以采用基波有功分量判别法。

基波有功分量判别法的原理是：单相接地时，故障线路通过接地点与消弧线圈和阻尼电阻构成串联回路。该回路在中性点零序电压U_0作用下，产生的基波零序电流必然流经阻尼电阻，因而基波零序电流含有有功分量。而有功分量在消弧线圈的电感电流对接地电容电流补偿中是不会被补偿消失的，因此该有功分量电流将全部流回故障线路的首端，被零序电流互感器测量出来。而非故障线路没有与消弧线圈阻尼电阻构成回路，必然没有流过消弧线圈的有功电流分量，只有本线路的零序电容电流，其中包含的有功电流为线路对地泄漏电流，数值很小。因此可以测量各线路基波零序电流中的有功电流分量值，比较它们的大小，最大者即为接地线路。

有功分量判别法是接地选线的一种新技术。该方法必须与带阻尼电阻的自动跟踪消弧线圈装置配套使用。其理论与实际验证，都证明了其选线准确率很高。

新一代微机接地选线装置可适用于小电流接地系统中性点不接地、中性点经消弧线圈（老式消弧线圈，手动调节）接地、中性点经自动跟踪消弧线圈和阻尼电阻接地三种情况。这三种接地选线方式，由微机接地选线装置的控制字决定。当选择控制字为0（00）时，选线方式定义为中性点不接地系统，程序按基波零序电流方向原理工作；当选择控制字为1（01)时，其补偿方式定义为中性点经消弧线圈接地，软件按5次谐波判别法原理工作；当选择控制字为2（10）时，其补偿方式定义为中性点经自动跟踪消弧线圈和阻尼电阻接地。

该装置的软件按有功分量判别法原理工作。

（3）自动跟踪消弧线圈装置。

由于消弧线圈的电感电流可以抵消接地点流过的电容电流，当调节很好时，电弧大多能自灭。因为接地电流得到补偿，单相接地并不会发展为相间故障，因此中性点经消弧线圈接地系统的供电可靠性大大高于其他接地方式。但旧式消弧线圈也存在如下缺点：①调整不能及时进行。我国电网中目前普遍使用的都是手动调匝消弧线圈，在需要调分接头时，必须使消弧线圈退出运行，即不能在线调消弧线圈。因其调节不便，在实际使用中很少根据电网电容电流的变动及时调整分接头位置。还因为没有在线的实时测量系统电容电流的设备，运行人员无法判断出是否需进行调节及调节到哪个档位。因而实际上虽装有消弧线圈，在电力网络运行方式发生变化时，却不能很好地补偿电容电流，仍然有弧光不自灭及过电压等问题出现。②单相接地选线不准确。当系统发生单相接地时，由于接地点残流很小（接地点残流就是经消弧线圈补偿后剩余的高次谐波和有功分量电流），当消弧线圈处于过补偿状态时，故障线路与非故障线路的基波零序电流无论在数值和方向上均无法区分。近年来多采用零序电流的5次谐波方向来判别接地线路，但是在实际使用中，因5次谐波含量较小（≤5%），且经常处于变化之中，而TV和TA是按基波设计的，对5次谐波存在较大的附加相位移，造成5次谐波功率方向继电器自动判接地不准。据有关资料统计，5次谐波法判接地准确率大约只有60%～70%，使接地故障不能及时得到处理。

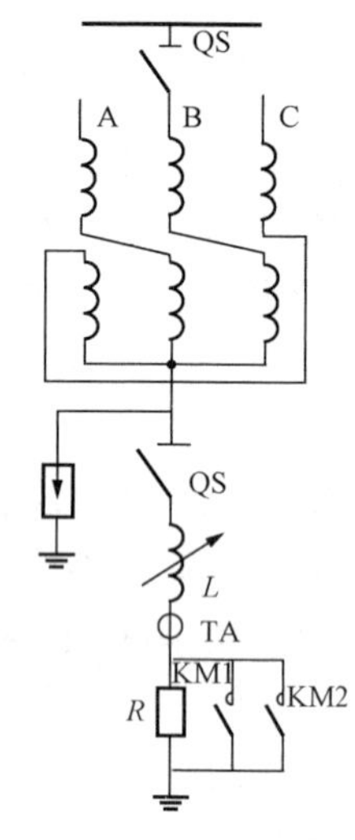

图4-21 自动跟踪消弧线圈

1）自动跟踪消弧线圈（见图4-21）原理介绍。自动跟踪消弧线圈采用微机自动跟踪控制器，在线测量计算系统电容电流等有关参数，根据补偿度等定值自动调整消弧线圈分接头，使消弧线圈有载分接头调在最佳位置。自动跟踪消弧线圈按改变电感方法的不同分为如下四种类型：有载开关调匝式（电感有级可调），可调气隙式（无级调电感），直流偏磁式（无级调电压）和晶闸管调电感式（电感有级可调）。

可调气隙式是靠移动插入线圈内部可动铁芯来改变磁导率从而改变线圈电感的，由于这种铁芯可连续移动，所以电感连续可调。但它响应时间长，最长可达数十秒，且噪声大。直流偏磁式是通过加入直流电流改变线圈铁芯的磁通工作点，达到调电感的目的。晶闸管调电感式是利用四组晶闸管的不同导通方式将四个电容按15种组合方式投入中性点变压器的二次侧来改变一次侧的阻抗，从而达到改变消弧线圈电感的目的。

直流偏磁式和晶闸管调感式由于是全电子式，调感方便，较容易实现全状态调感。全状态调感在正常运行状态、金属接地状态、间歇电弧接地状态下，即在各种状态下均能自动调感。有载开关调分接头和调气隙式消弧线圈因为机械调感速度较慢不能实现全状态自动调感。

我国电网中的消弧线圈都是分接头调匝式消弧线圈，国外大部分也是采用此类方式调感。虽然此类机械式调感速度较慢，但将无载开关换为有载开关并采用非预调式，即测量时不进行调档操作，从而大大减小了测量周期，使有载分接头调感自动跟踪消弧线圈装置进入了实用阶段。

2）自动跟踪消弧线圈装置介绍。自动跟踪消弧线圈装置包括：Z型接地变压器、有载调压线圈、阻尼电阻箱、微机自动跟踪控制器、微机选线保护装置等五个部分。

Z型接地变压器T。在主变压器为△接线或Y接线但无中性点引出时，Z型接地变压器用作引出中性点连接消弧线圈。因此系统已有中性点引出时可不用Z型接地变压器。所谓Z型接线就是曲折接线，普通变压器的零序磁通在磁柱内不能流通，只能通过漏磁通沿着变压器的壳体构成磁通的通路。所以零序电流可以顺利地通过Z型接地变压器，从中性点输出至消弧线圈。一般在系统不平衡电压较大的情况下，Z型接地变压器做成平衡式，Z型变压器中性点就有不平衡电压输出，可供自动跟踪测量控制器在线测量系统对地电容电流。但是当系统不平衡电压较小时（如全电缆电网），Z型变压器就要做成不平衡式，使Z型变压器中性点有50～100V的不平衡电压输出，以满足自动跟踪测量控制器的测量需要。为了充分利用接地变压器的资源，接地变压器除可带消弧线圈外，也可带二次负载，即替代站用变压器，但要注意在带二次负荷时，接地变压器的容量应为消弧线圈容量与二次负荷容量之和。

自动跟踪消弧线圈L。采用自动调匝式可调消弧线圈，自动调匝式将绕组按不同的匝数抽出9～15档的分接头，用有载分接开关进行自动切换，改变接入的匝数，从而改变电感量。这种自动调匝式消弧线圈简单、可靠，目前应用较多。其他几种方式有的还在试验研制阶段。为了减少残流增加分接头数（根据容量不同，有9～15档的调匝量），使每档分接头改变电感量值较小，从而使调整后电感量尽量达到最佳位置，残流降到最小值。

阻尼电阻箱R。自动跟踪消弧线圈有过补偿、欠补偿和全补偿三种运行方式。当运行在全补偿时，由于补偿的电感电流接近等于系统电容电流，接近谐振点运行，因此残流较小。为防止发生谐振过电压，在消弧线圈接地回路中串接阻尼电阻箱。这样，即使在长期运行中处于全补状态，但因电阻的阻尼作用，中性点电压也不会超过中性点长期运行最高允许电压（我国规程中规定为相电压的15%）。在发生单相接地故障时，消弧线圈、阻尼电阻与故障线路通过故障点构成回路。由于阻尼电阻R的存在，在该通路中形成有功电流分量，通过阻尼电阻产生电阻分量电压，从而提高了中性点电压。因有功电流分量数值较大，因此单相接地时中性点电压将超过允许值。为了防止中性点过电压，在阻尼电阻的两端并联有两副接触器触点，在正常运行时，这两副触点断开，即处于全补状态，可使谐振电流变得很小，限制了中性点电压升高；当单相接地故障发生0.5s后，自动控制这两副触点接通，使这时有功电流分量降为零值，同样防止了中性点电压升高。因此该系统可以运行于过补、欠补、全补三种方式。为了与接地选线装置配合，单相接地故障时与阻尼电阻并联的两副触点延时0.5s闭合，以使接地选线装置在0.5s内采样有功电流分量，经采样计算比较选出网络中有功电流分量最大者即为接地线路。与接地选线装置配合自动调匝跟踪式装置中，阻尼电阻的作用有两个：①限制全补偿状态下因谐振引起中性点电位的升高；②在单相接地故障线路中产生较大的有功电流分量，供接地选线装置采样选线。

微机测量控制器。微机测量控制器和接地选线装置可安装于控制屏里，控制屏与自动跟踪消弧线圈、阻尼电阻箱及母线TV、交直流电源、中央信号屏之间用电缆相连。装于控制屏里的微机测量控制器的作用是：①通过单片微机测量U_{AB}、U_0值，经计算获得系统总的电容电流；②根据补偿度的整定值要求，控制调整消弧线圈的分接头位置；③在单相接地故障时控制阻尼电阻器两端的接触器触点经整定时间闭合。

四、故障录波与测距

电力系统故障录波装置主要在500、220kV变电站及一些枢纽变电站中用作记录和分析电网故障的设备。其记录的电网运行数据有电流、电压、开关量，及有关元件的有功、无功，非周期分量的初值电流及其衰减时间常数，系统频率变化及各种参数变化的准确时间等。分析电网故障主要是指分析系统动态过程各参数量的变化规律。故障录波装置必须设置故障录波专用的传输接口，以便远传调度作进一步数据分析处理。变电站故障录波可以根据需要采用两种方式实现：一种是配置专用微机故障录波装置并能与就地监控系统通信，传输给远方调度；另一种则由微机保护装置兼作记录及测距计算，再将数字化的波形及测距结果送监控系统，由监控系统存储及打印波形。

目前国内外的微机保护装置都有录波功能，一般一次事故能记录8个周波，故障前三周，故障后五周。它的主要功能在于分析故障状态下该保护装置动作的正确与否，但并不满足电力系统故障动态过程记录装置的要求。作为专用的微机故障录波装置，其主要功能是系统故障动态过程记录，要求记录系统因短路故障、系统振荡或频率、电压崩溃等大扰动引起的线路电流、电压、有功、无功及系统频率等参数的全过程变化。其作用除了用于检测继电器及安全自动装置的动作行为外，还用于分析系统动态过程中各电参量的变化规律、校核电力系统计算程序及模型参数的正确性。专用的故障录波装置要求记录的时间长，最长可达600s。由于传输量大，为保证主要通信网络的可靠传输，有的还设置故障录波专用传输网络。本节介绍微机型专用故障录波装置。

1. 微机型专用故障录波装置的硬件结构

微机型专用故障录波装置的基本配置可以由三部分组成，如图4-22所示。

(1) 辅助变换器，用于变换电流、电压等模拟量，以适应单片微机的A/D变换需求。

(2) 前置机部分，用于数据采集系统和判启动用，将故障信息快速、及时地传到后台机。

(3) 后台机部分，主要用于数据处理及管理。

前置机一般为多CPU系统，由多个数据采集CPU模块、人机接口模块、开关量输入模块、逆变电源及告警模块等组成，实际上是一个智能数据采集系统。每块数据采集CPU插件与微机保护的CPU插件结构基本相同，但数据采集CPU插件的容量要大得多，而后台PC机的内存和硬盘容量更大。如此的容量配置可以满足每次600s动态过程的存储记录的要求。

2. 数据采集过程

(1) 数据采集。接收人机插件发出的同步采样信息，根据1000Hz的采样率，即1ms进行一次定时采样及计算，每次定时采样均进入采样中断服务程序。因此数据采集是在采样中断服务程序中完成的。

(2) 保留故障前数据。正常运行时，不断采样计算并不断刷新10周正常运行的采样计算数据。一旦装置启动，立即保留3周正常运行的最新数据，以保证故障录波波形的连续性并有助于分析系统故障。

(3) 划分记录段，顺序记录。装置启动后，最长的记录时间为600s。如果记录数据不压缩，在600s内所记录的数据将是一个天文数字。为了节省内存，但又保证必要的信息和数据能清晰地记录下来，采用划分时段记录的方法。

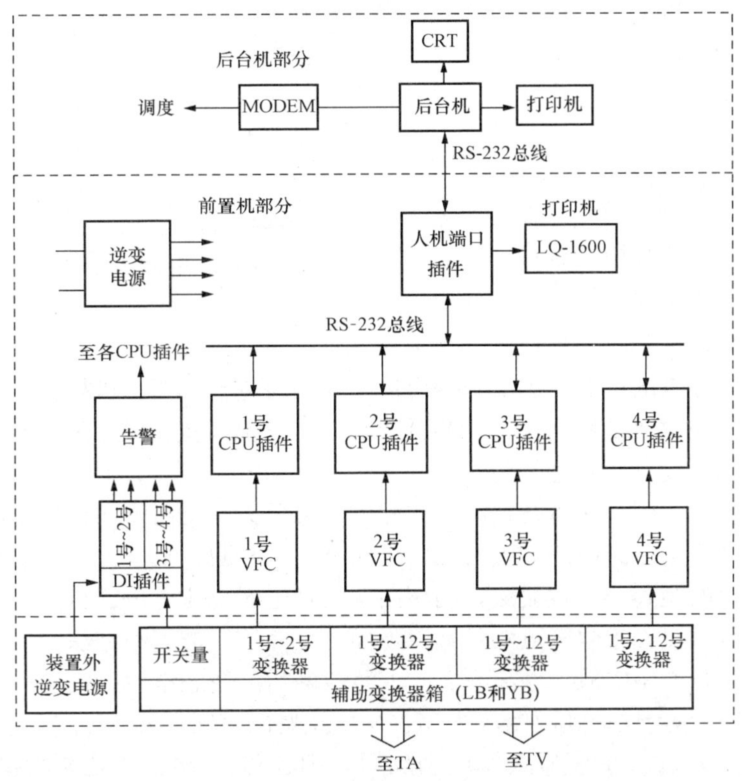

图 4-22 微机型专用故障录波装置基本配置

系统大扰动（故障）开始前（几十毫秒）及开始初期（100ms 内）的数据，直接记录每周 20 点的采样值。采样率为 1000Hz，根据采样定理可观察到 10 次谐波，数据不压缩。下一段（1s 内）采样仍然为 1000Hz，每周记录只送出 4 个值，记录量压缩了 5 倍。再下一段（20s 内）每 5 周送出第一周的四个值，记录量压缩 25 倍，最后段（10min 内）每 50 周送出第一周的四个值，记录量压缩了 250 倍。

由此可见，开始段的数据密度是相同的，而以后的数据密度小得多，虽然采样率不变，但送出记录的数据减少了。

3. 故障录波启动判断

故障录波启动分为内部启动和外部启动两类。

内部启动就是各 CPU 软件根据自启动判据超定值启动，一般自启动判据有如下几种：

（1）突变量启动判据。有 ΔU_A、ΔU_B、ΔU_c、ΔU_L、ΔU_0、ΔI_a、ΔI_b、ΔI_c、ΔI_0 等九种。实际上通常每一块 CPU 插件允许根据实际需要任选 6 种作为启动量。电流突变量启动的判据是用相邻的三个同相点的测量值来计算突变量，并和整定突变量值比较。突变量启动方式实质是故障分量启动，因此是一种有效、灵敏的启动方式，实际整定时应注意灵敏度不宜过高，避免频繁启动。

（2）主变压器中性点零序电流 $3I_0$ 启动判据。在 220kV 的大接地电流系统中，大多数为接地故障，而且主变压器中性点零序电流灵敏度较高，采用主变压器中性点零序电流 $3I_0$ 启动录波大接地电流系统的故障较为可靠。

（3）正序、负序和零序电压启动判据。电力系统故障时，正序、负序、零序电压均可以视为故障分量，因此可以利用这些量的变化启动录波。

（4）线路一相电流在 0.5s 内的最大、最小值之差不小于 10%。

（5）母线频率变化启动录波判据。频率下降且频率变化率较快。

外部启动有两种，一种是继电保护的跳闸动作信号启动，另一种是调度来的启动命令。这两种启动均为开关量启动。

一般来说，220kV 线路和变压器的继电保护动作速度很高，有的保护已达到在故障一周内动作，而故障录波保留有录波动作前三周的数据，因此故障瞬时的动态数据可以录入。

4. 输电线路故障测距

故障录波主要是记录故障的过程，用于故障分析。而相关的故障测距则是要用故障时采集到的数据，对故障点的位置作出准确的定位，并及时进行修复。微机保护一般都具有测距的功能。但微机保护主要在快速性，计算时间有限，测距的精度也有限。而故障测距的首要任务是提高测距的精度，必须用较为复杂的算法。

根据测距原理的不同，输电线路故障测距方法可分为：①阻抗法，根据故障时测量到的电压、电流量而计算出故障回路的阻抗。由于路线长度与阻抗成正比，因此便可以求出由装置装设处到故障点的距离。②行波法，利用高频故障暂态电流电压的行波或故障后用脉冲频率调制雷达系统等间接判定故障点的位置。下面简单介绍行波测距方法。

（1）暂态电流行波中的故障距离信息。线路故障后的暂态电流行波可用数学式表示。设 τ_m 和 τ_n 为行波从故障点运动到两侧母线 M、N 所花费的时间，α_m 和 α_n 为行波在母线 M、N 处的反射系数，并设行波在故障点发生全反射，则在母线 M、N 处所检测到的电流行波 i_m（t）、i_n（t）可写成

$$i_m(t)=\frac{1}{Z_c}[-e(t-\tau_m)+a_m e(t-\tau_m)+a_m^2 e(t-3\tau_m)+\cdots]$$

$$i_n(t)=\frac{1}{Z_c}[-e(t-\tau_n)+a_n e(t-\tau_n)+a_n^2 e(t-3\tau_n)+\cdots]$$

式中的前两项表示由故障点产生的向变电站母线运动的电流行波的第 1 个波头分量；三、四两项表示初始行波在母线处发生了反射后又返回到故障点，并在故障点发生了全反射后又运动回检测母线的第 2 个波头分量。其时间间隔为 $2\tau_m$、$2\tau_n$。显然这两个时间将代表故障距离。

（2）行波故障测距原理。

仅在线路一侧设置故障检测元件，检测线路一侧流过的暂态电流，即可构成利用单端电流行波的故障测距。设由故障点产生的、运动到达检测母线的初始行波波头和经母线反射回故障点，再由故障点反射到检测母线的第 2 个行波波头间的时间差为 Δt、波速度为 v，则故障距离 x_L 的计算式为

$$x_L=v\Delta t/2$$

受母线和系统结构等因素的影响，来自于故障点的第 2 个行波分量可能很微弱，以至于无法检测而导致测距失败。因此，有必要在故障线路两侧分设检测元件，用以检测到达两侧母线的初始行波而构成两端测距。设故障发生在时刻 t，由故障点产生的初始行波到达两侧母线的时间分别为 t_m（$t+\tau_m$）、t_n（$t+\tau_n$），则故障距离的计算式为

$$x_m=\frac{(\tau_m-\tau_n)v+L}{2}$$

$$x_n = \frac{(\tau_n - \tau_m)v + L}{2}$$

式中 x_m、x_n——故障点距母线 M、N 的距离；

L——故障线路长度。

两端测距需要线路两侧有准确的同步时间，测距受线路两端非线性元件的动态时延及参数的频变影响。而且，当被测线路在检测母线处开路时，将检测不到电流行波，测距将失去依据。

五、电力系统同步相量测量 PMU

1. 电网多功能功角实时监测系统

我国互联电网规模正日益扩大，对电网的稳定运行也提出了新的要求。丰富而翔实的系统运行数据，是研究分析电网的基础。在现代复杂电网中，由于动态过程的复杂性，要分析系统动态过程，比如系统中出现低频振荡情况或发生大的扰动等一些危及电网稳定性的事故，往往必须掌握整个系统当时的状态数据以分析系统多个点的动态过程。基于 GPS 技术的广域相量测量（PMU）是近年来发展的一项新技术。全球定位系统（GPS）传递的时间信息具有高精度、全天候、全球覆盖、连续实时等诸多优点，已在电力系统继电保护、故障定位和事故分析等领域获得广泛应用。利用 GPS 的高精度实时信号和相量测量技术对系统中各关键节点的电压、电流相量进行同步采集，就能够实时地观测整个电网运行状态，从而为分析电力系统的动态特性、系统的经济调度和电网安全稳定运行与控制提供了有力的手段。

2. 同步相量测量的原理及监测的意义

相量测量就是同步测量电网中各母线或节点的电压幅值和相位，关键是同步采样，时间误差 1ms 会带来 18°工频相角误差，测量误差若要求 0.1°的话，那么时间同步精度应为 5μs。GPS 的 1×10^{-24}s 脉冲信号与国际标准时间（UCT）同步误差小于 1μs，可以保证相位测量误差不超过 0.1°。

在电力系统中将正弦量信号用相量表示。幅值的测量比较容易，而相位的大小取决于时间参考点（$t=0$）的时刻。功角的大小反映了系统静稳裕度的大小，功角的周期变化表明系统发生了功率振荡，利用功角，可以得知两端电力潮流的方向与大小和监测出低频振荡现象。进行实时功角监测对于电力系统特别是有高压远距离大容量输电线路的系统具有重要的实际意义。由于造成失稳、振荡的频率往往很低，持续的时间也比较长，所以功角的实时监测能为调度员进行系统状态的准确判断提供及时有力的依据，以便及时采取措施，维持系统稳定运行。

相量测量装置能同步记录扰动数据，使得同时分析系统扰动过程中多点的动态情况成为可能，有助于研究大电网的动态规律，为制订系统稳定控制策略和运行方案提供基础。当系统出现扰动时，功角的变化表征系统振荡的趋势。系统扰动记录数据是研究系统动态规律的重要研究对象。

3. 相量测量单元（PMU）

来自 TV、TA 二次侧的电压、电流信号经交流输入单元变换隔离后，变为适合微机处理的小信号，再经低通滤波变成满足采样定理的交流信号。DSP（数字信号处理器）在基于 GPS 时间基准的同步采样脉冲控制下，经 A/D 转换完成对交流信号的采样，然后利用 GPS

接收器串口提供的时间信息和采样顺序编号给计算结果置以便于识别的“时间标签”，并将计算结果连同其时间标签按照通信规约的要求传至监测中心。

4. PMU 系统的基本结构

PMU 系统由监测点装置、数据集中器、通信设备、通信线路、中央监控站、网络服务器及资料分析站组成。其具体功能如下：

（1）监测点采集与数据集中。厂站端装置同步采集信号，并采用 DSP 技术从采集信号中获取所需的各次波信号幅值、频率和初相角，通过通信线路将各种数据上送到中央监控站。如有必要可在厂站端或局部监测中心配置数据集中器以实现就地控制、数据的筛选和转送，达到集中及分散控制的结合。厂站端装置均内置 GPS，具有实时监测功能，使上传数据带有时间信息，同时在就地可以从显示器上观测到各种相量幅值和相角，以及三相原始波形，具有故障录波器的所有功能。

（2）中央监控站。中央监控站进行多站间的实时功角及各站采集信号的在线监测，并将相关数据存入数据库。中央监控站根据厂站端传送的电压、电流的相量值得到线路功角，并对功角测量值进行频谱分析，得出系统振荡的频谱。根据功角曲线，直观地观测到功角摇摆情况和变化的趋势，以预测功角的变化情况，让调度员了解系统的稳定裕度，并且在系统出现振荡或故障时，联网的所有装置可以同步联动触发录波，以同步记录系统扰动过程中各点的不同动态过程。

（3）网络服务器。中央监控站的网络服务器将各站间的功角数据存入相量数据库的实时表和历史表中，提供 EMS 应用接口，使实时测量的功角信息资料能够与电力系统中的 MIS 或 SCADA 系统数据网相连，可通过浏览器随时随地观测掌握系统的当前运行状态。

（4）资料分析站。可通过浏览器实时监测多站间的功角和查看历史功角曲线及记录的动态录波文件的一些信息，同时可利用分析软件对各种记录的数据进行分析研究，并打印出报表。

第七节　遥视与检测

在一个变电站实现自动化后，值班人员相应减少或实现无人值班。调度人员需要远方了解和掌握变电站电气设备的运行情况和发生的问题，传统的人员定时巡视的方法已不能适应要求。在变电站自动化系统中配置基于图像技术的报警遥视监控子系统已提上议事日程和在部分变电站内实现。

一、遥视系统构成及功能

遥视系统主要由摄像机、云台控制器、红外热像仪、烟感器、图像识别系统和视频传输系统组成，如图 4-23 所示。

其主要功能有：

（1）对空间进行扫描，能够对图像进行分割识别对比。如果有害异物侵入，发出报警信号，启动录像装置，录入场景图像。

（2）循环监测电力设备发热程度，尤其是设备连接处，当检测到温度过高或温升过高时，发出报警信号，启动录像装置，录入场景图像。

（3）实现向调度侧的遥信和视频图像传送，以使调度人员能够在远方了解和掌握变电站

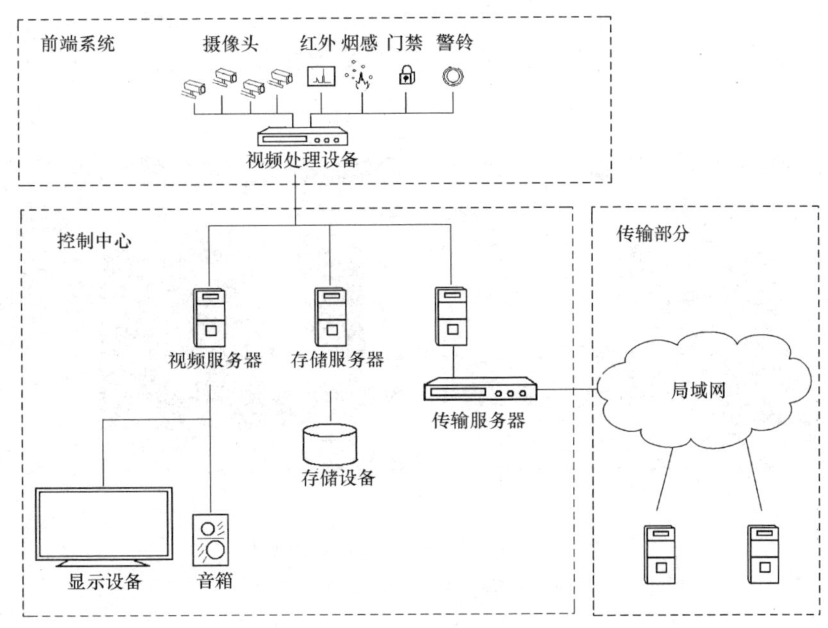

图 4-23　遥视系统构成示意图

实时信息，及时发现、处理事故。

（4）在监控和调度侧能够对云台进行远方控制，有巡视和特定场景的选择切换，能够实现远景和近景的变化控制。

（5）提供事后分析事故的有关图像资料。

（6）具有防火、防盗功能。

二、遥视系统工作原理

由图像采集系统将摄像机摄取的变电站内监控对象的视频图像按序列连续捕捉下来并数字化，存入内存或帧缓存中。

图像采集与识别过程如图 4-24 所示。将这些采集到的序列数字图像进行预处理（滤波除噪、图像锐化、对比度增强），对预处理后的图像进行分割，并对分割后的目标图像进行特征提取（图像描述、差影分析）。用提取的特征进行分类识别，通过相应的算法进行计算，作出报警判断，并将获得的数据存入数据库。

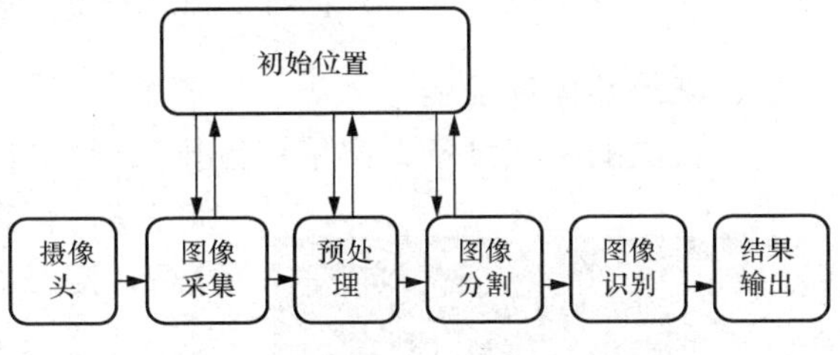

图 4-24　图像采集与识别过程

非正常人员进入变电站时视频监视系统如图 4-25 所示。

三、图像分割方法的差景法图像检测

以简单的图片分割识别为例，简单叙述差景法图像检测方法。正常时图形如图 4-26（a）所示。当有人进入时，所摄图像如图 4-26（b）所示。对整个图像以一定的大小分割成若干个区域，对各个区域的图像信息进行对比。设定一个信息差门槛，当若干个相邻区域的数字图像信息出现越过信息差门槛的情况时，认为出现了异物，从图 4-26（b）中描述出异物的边缘，扣除图像的其他部分，留下的即是入侵异物的图像，如图 4-26（c）所示。

当检测出有入侵异物时，变电站监控系统向调度侧发出告警信息，并启动摄像机录像功能，录入当时的情景，留事后进行分析。

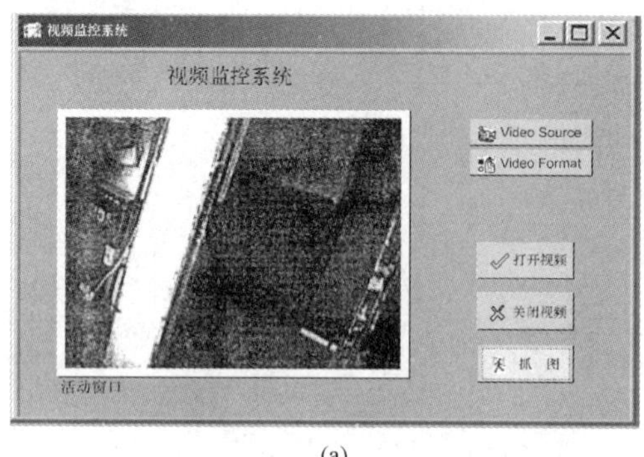

(a)

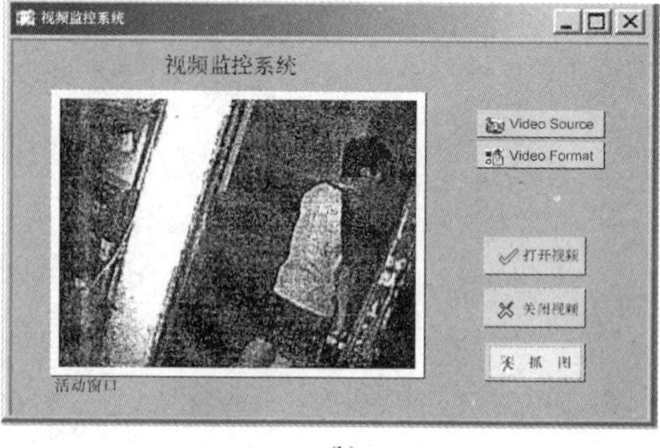

(b)

图 4-25　非正常人员进入变电站

（a）正常；（b）非正常人员进入

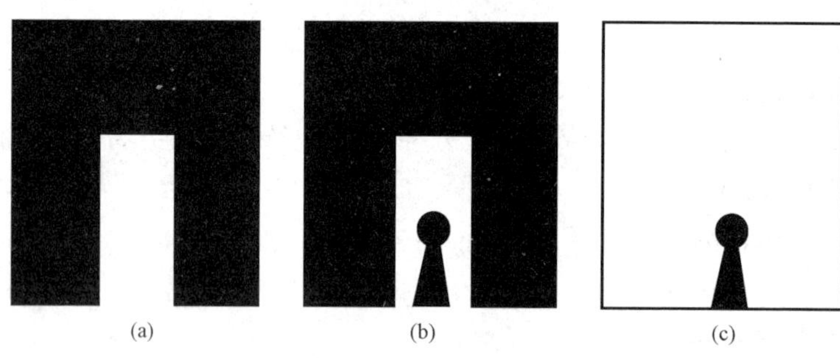

(a)　(b)　(c)

图 4-26　差景法图像检测示意图

（a）正常时；（b）有人进入时；（c）入侵异物的图像

四、红外热像仪检测

由于我国的电气设备大都采用铜排（或铝排）实现螺栓加簧圈连接，其接触面不可能达到完整，存在接触电阻，在流经电流作用下发热、温度升高，接触电阻也会变大，若受到振动，接触电阻更变大。另外，某些场合需要实现铜铝连接，虽然采用搪锡和涂电力脂降低接触电阻，但仍存在电化学腐蚀问题，存在一定的接触电阻。由于接触电阻的存在，连接点的温度检测历来是变电站巡视的重点。装设红外热像仪可以对重点的部位进行巡检，通过图像的色谱分析，可以检测出发热异常的部位，向调度侧发送温度过高越限的告警遥信信息，并可启动摄像仪对该点进行摄像并传送至调度侧。

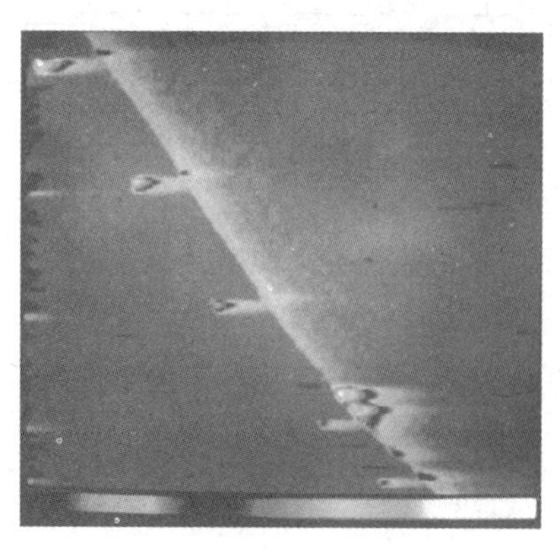

图 4-27　变电站母线及连接点热像图

变电站母线及连接点热像图如图 4-27 所示。

思　考　题

1. 什么是变电站自动化系统？有什么主要特征？基本功能有哪些？
2. 变电站自动化系统的结构模式主要有哪几种？各有何主要特点？
3. 什么是分层分布式变电站自动化系统？各个分层的内容是什么？
4. 什么是事件顺序记录（SOE）、事故追忆？什么是故障录波？各有何异同？
5. 数字式变电站的特点是什么？
6. 智能式变电站的特点是什么？
7. 不直接接地系统实现单相接地选线的方法有哪些？简述其原理。
8. 故障录波装置的作用是什么？构成原理上有哪些主要特点？
9. 什么是无功电压控制的“十七区域”图？试说明各个区域对应的控制策略。
10. 微机化的低频减负荷、备用电源自动投入以及同步相量检测装置实现的功能与常规方法有什么不同？
11. “五防”系统如何实现防误操作？
12. 遥视系统如何进行异物进入检测？

第五章　配电网自动化

第一节　配电自动化概述

配电自动化是对配电网上的设备进行远方实时监视、协调及控制的一个集成系统。它是近几年来发展起来的新兴技术和领域，是现代计算机技术和通信技术在配电网监视与控制上的应用。实践表明，配电自动化可以大大提高配电网运行的可靠性和效率，提高供电电能质量，降低劳动强度和充分利用现有设备的能力，从而对用户和电力企业均能带来可观的收益。

通常把电力系统中二次降压变电站低压侧直接或降压后向用户供电的网络，称为配电网（Distribution Network）。习惯上将配电电压1kV以下部分称为低压配电网，具体指单相220V和三相380V。35kV及以下称为中压，具体指35、10kV电压级。本章所讨论的配电网主要指中压配电网，它由架空线路或电缆配电线路、配电所或柱上降压变压器及直接接入用户的用电设备构成。

配电网的特点一般有：深入城市中心和居民密集点；传输功率和距离一般不大；经过配电网现代化改造后，具有环网结构，但采用开环辐射型运行方式；供电容量、用户性质、供电质量和可靠性要求千差万别，各不相同。我国配电网还有一个显著特征，就是中性点一般不直接接地，在发生单相接地时，仍允许供电一段时间。这一特点使得我国的配电自动化系统不能直接引进国外设备，而必须结合我国配电网的实际情况，逐步加以改进。

一、配电自动化的概念

通常把从变电、配电到用电的监视、控制和管理的综合自动化系统，称为配电管理系统（Distribution Management System，DMS）。一般认为，DMS是和输电网自动化的能量管理系统（EMS）处于同一层次。两者不同之处是EMS管理发电，而DMS管理供用电。其内容包括配电网数据采集和监控（DSCADA，配电变电站自动化、馈线自动化）、地理信息系统、需方管理（包括负荷监控及管理和远方抄表及计费自动化）、配电网分析软件（DPAS）、配电工作管理系统等，即包括所有管理和控制功能。

DSCADA和输电网的调度自动化（SCADA）处于同一层次。在电力系统中EMS和DMS的关系如图5-1所示。

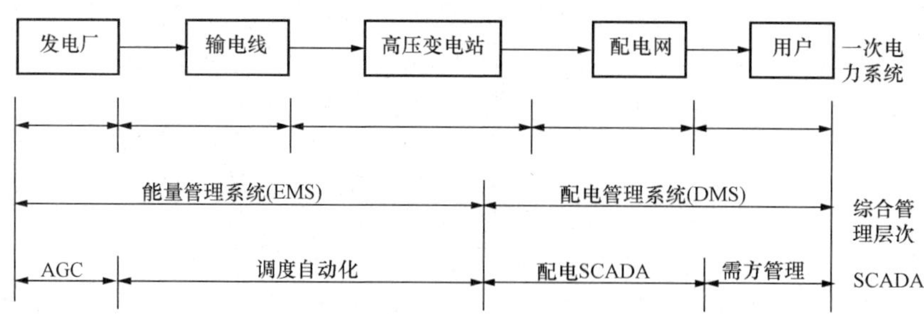

图5-1　在电力系统中EMS和DMS的关系

配电自动化（Distribution Automation，DA 或 DAS），也称配网自动化，是指一种可以在远方以实时方式监视、协调和操作配电设备的自动化系统，主要是指配电变电站自动化和馈线自动化。由于这些自动化兼有远动化的能力，因此也可看成是 DMS 基础自动化的重要组成部分。和能量管理系统不同，配电管理系统中增加了一层量大面广、面向现场的终端 FTU、TTU 和 DTU，用于对馈电线路上的分段开关、重合器、调压变压器、电容器组，以及用户表计和负荷的监视与控制。由控制中心发出的控制命令，必须通过变电站的控制部件传到变电站内部的间隔级单元或是馈电线路上的 FTU 去执行。这必然涉及各种各样的通信方式，由于 DMS 的终端量大面广，且种类繁多，需对通信统筹安排优化使用。因此，DA 的内容还包括配电网的多种通信方式在内，有关通信的内容见第六章。

二、配电管理系统的主要内容和功能

在本书中配电系统自动化和配电管理系统所指的内容是相同的。前者是功能意义上的概念，后者是功能的实现。因此，实现配电系统自动化即应用配电管理系统实现对配电网的监测、控制、分析及管理。

根据《配电系统自动化规划设计导则》，配电系统自动化的主要内容应包括调度自动化系统，变电站、配电所自动化，馈线自动化（FA），自动制图/设备管理/地理信息系统（AM/FM/GIS），用电管理自动化，配电系统运行管理自动化，配电网分析软件（DPAS）和与其他系统的接口等八个内容。

1. 配电调度自动化系统

（1）配电调度监控和数据采集系统（DSCADA）。DSCADA 系统应包括数据采集（遥测 YC、遥信 YX）、报警、状态监视、遥控（YK）、遥调（YT）、事件顺序记录、统计计算、趋势曲线、事故追忆、历史数据存储和制表打印等常规内容；还应具有支持无人值班变电站的接口，实现馈线保护的远方投切，定值远方切换、线路动态着色、地理接线图与信息集成等功能。

（2）配电网电压管理系统。根据配电网电压、功率因数或无功电流等参数，该系统自动控制无功补偿电容器投切和变压器有载承接开关分接头的挡位，实现电压、无功自动闭环控制。

（3）配电网故障诊断和断电管理系统。根据远传信息、投诉电话和故障报告的分析，该系统实现故障诊断、故障定位、故障隔离、负荷转移、恢复供电和现场故障检修安排、检修操作票管理、事故报告存档和事故处理信息交换等。

2. 变电站、开闭所（配电所）自动化

（1）变电站自动化与配电系统自动化相关联，对整个变电站实施数据采集、监视和控制，与控制中心、调度自动化系统（SCADA）通信，必要时也可与配电网各远方终端（FTU）和用户终端（RTU）相连，成为配电系统自动化的二级主站。

（2）开闭所（配电所）自动化与配电系统自动化相关联，一般由安装在开闭所（配电所）内的 RTU 来完成，对整个开闭所（配电所）实施数据采集、监视和控制，与控制中心或配电调度自动化系统（DSCADA）通信，必要时也可与配电网各远方终端（FTU）和用户终端（DTU）相连，实现数据转发功能。

3. 馈线自动化（Feeder Automation，FA）

（1）馈线故障自动隔离和恢复供电系统。当馈线发生相间短路故障或单相接地故障时，自动判断馈线故障区段，自动将故障区段隔离，并恢复对非故障区段用户的供电。

（2）馈线数据检测和电压、无功控制系统。正常运行状态下，可实现运行电量参数（包括对馈线、杆上变压器或台上变压器、箱式变压器电站等设备的电流、电压、有功、无功、功率因数及电能量等参数）的远方测量，设备状态的远方监视，开关设备的远方控制和有关定值的远方切换。根据监测点的电压和无功功率大小，控制电容器的运行状态，达到无功功率就地平衡，减小线路损耗。

4. 自动制图/设备管理/地理信息系统（AM/FM/GIS，也称图资系统）

自动制图/设备管理/地理信息系统（AM/FM/CIS）的应用目的是形成以地理背景为依托的分布概念和基础信息（电网资料）分层管理的基础数据库，既能方便地查询和管理，又能为电网运行管理提供一个有效的、能操作的、具有地理信息的网络模型；对配电网设备的资产、设计、施工、检修等进行有效的管理，为配电管理系统提供基础数据库平台，支持该系统应用软件的开发和其他子系统功能的实现。图资系统功能有：

（1）向配电工作管理系统提供地理背景（变电站、线路、变压器、开关，直至电杆、接户线、路灯、用户的地理位置）。利用配电设备管理和用电营业管理系统所提供的信息及数据，与小区负荷预报的数据相结合，共同构成配电网设备运行、检修、设计和施工管理的基础，并与配电规划设计软件相连接。

（2）向用电营业管理系统提供多种形式的信息，对大、中、小用户进行申请报装接电、电费/电价、负荷管理等业务营运工作；查询有关用户地理位置，自动生成几种供电方案，有效减少现场查勘工作量，加快新用户用电报装的速度，直至实现电话报装。

（3）为配电系统自动化提供静态背景画面；接收配电网络的实时信息，提供动态图层，进行数据的动态更新和维护，确保数据的实时性；提供实时可操作画面，推出报警画面，显示故障、检修及异常的停电区域，并作事件记录。

（4）作为处理故障投诉电话的基础，并能利用用户的故障投诉电话弥补 DA 信息采集的不足；根据投诉地点的多少和位置对故障定位并确定隔离程序，分析出故障停电的范围，并排出可能的故障点顺序，以便指挥现场人员迅速准确地找到并隔离故障点，缩短停电时间，尽快恢复非故障区的供电。

为了保证该系统数据和图形信息的准确性、及时性、一致性和唯一性，有足够的可信度，能达到实用要求，满足调度部门和生产指挥系统使用，该系统必须能根据地理接线图自动转换成调度用的单线接线图（电系图）和各电压等级的系统框架图。在使用过程中地理接线图和调度用的单线接线图（电系图）能相互转换，并能在任意一种图上挂牌，而在其他类型的图上亦可显示出来。

AM/FM/GIS 把地理空间信息与含实物彩照及设备属性信息有机地结合，为配电系统提供各种在线图形（包括地理图形）与数据信息，成为配电系统数据模型的重要组成部分。它在配电系统中的应用分在线和离线两个方面。在线方面的应用（SCADA 系统）：

1）将 AM/FM/GIS 提供的准确、最新的设备信息和空间信息与 SCADA 提供的实时运行状态信息有机地结合，为改进电力分配、调度工作质量以及日常维护与抢修等工作服务。

2）故障报修管理系统按照 AM/FM/GIS 提供的最新地图信息、设备运行状态信息，根据用户的投诉电话，快速准确地判断故障地点及抢修队所在位置，及时派出抢修人员，使停电时间缩短。

离线方面的应用：

1）设备管理系统以地理图为背景分层显示变电站分布图，电网接线图，配电线路图，变压器、断路器、隔离开关，直至电杆、路灯、用户的地理位置以及有关设备的属性信息。

2）用电管理系统使用AM/FM/GIS，按街道门牌编号为序，对大、中、小用户进行业扩报装、查表收费，负荷管理等业务运营工作。

3）规划设计系统将单位地理图上提供的设备管理和用电管理信息和数据，与小区负荷预报相结合，构成配电网规划、设计和计算的基础。由于信息及时更新，可保证提供数据的正确性。

5. 配电工作管理系统（Distribution Work Management，DWM）

配电工作管理系统建立在AM/FM/GIS数据库平台上，借助GIS技术，进行日常的网络分析、运行工作管理、设备检修管理、工程设计、施工管理、配电规划设计、档案和统计等项工作管理，并延伸出其他的辅助应用。

（1）网络分析，提出最佳停电方案和工作时间。在配电设备检修状态下，优化供电接线方式，缩小停电范围，并显示对用户的影响范围，自动检索检修区域内是否有特殊用户，以便及时处理。

（2）运行工作管理。

（3）设备检修管理。

（4）工程设计。根据配电网规划和用户申请及其他相关因素，进行配电工程设计，以及设备装置改造方案的设计，接受并完成用户申请报装接电的设计任务，实现工作任务单的传递。

（5）施工管理。根据设计和工作任务单，制订施工计划并实行施工管理。开列施工图，自动生成停电范围，对受影响用户进行预告，并进行施工流程管理。施工结束后，对相关设备的档案进行更新，并对完成情况进行统计。

（6）配电规划设计（NPL）。将计算机辅助设计工具（AUTO CAD）与AM/FM/GIS接口，借助提供的地理图、设备管理和用电管理准确的信息和数据，利用AUTO CAD的丰富软件完成如合理分割变电站配电负荷，馈电线负荷调整，增设配电变电站、开闭所、联络线和馈电线，直至配电网改造和发展规划等各种设计任务，以及线损计算。

6. 用电管理自动化

（1）客户信息系统。它储存用电客户的有关信息（如户号、户名、地址、邮政编码、电话号码、受电线路名称、设备装接容量、最大负荷、用电类别、用电性质、电价编码和表计信息等），供其他有关系统使用。要求系统能自动识别用户来电的电话号码，争取从电话号码自动识别用户的地址。

（2）负荷管理系统。其功能为：

1）负荷曲线调整，如削峰、填谷、错峰。

2）分类电价管理，如分时分季电价、可停电电价、论质电价。

3）负荷监控，包括监视用电负荷，直接和间接优化组合控制。

4）需方发电管理，如热电联产、余热发电机组管理。

它包括将可控负荷进行编组，并制订一个或多个负荷管理方案，将多种负荷控制合理结合起来，实现最佳负荷控制。

（3）计量计费系统功能：

1）自动抄表。

2）账单自动生成。

3）和银行系统联网。

（4）用电营业管理系统功能，包括客户用电申请、业扩报装、咨询服务、电能计量管理、收费管理、用电检查、业扩工程管理、故障报修、电表轮换和故障表处理等。

（5）用户故障报修系统（TCM）。它受理用户的各种故障投诉，同时可弥补配电数据采集系统实时数据采集覆盖面的不足，作为故障判断的辅助手段。

对要求回电话的用户列表显示恢复供电时间、停运用户数、馈线编号、用户打电话的时间。系统在相应的故障处理阶段，应为投诉电话处理人员提供相应信息：用户名、用户受电信息、收到投诉电话的时间、停电原因、停电状态、停电区域、停电持续时间、恢复供电所需要的时间、收到投诉电话最频繁的时段、投诉电话数等，并能区别用户违约停电。

7. 配电网分析软件（Distribution Power Application Software，DPAS）

（1）网络接线分析（又称网络拓扑）。网络接线分析用于确定配电网设备连接和带电状态，还用来检查辐射网络有否合环，若有则提出报警。网络接线分析主要有母线分析和电气量分析两个步骤。

（2）配电网潮流分析（包括三相潮流）。潮流分析是配电网各种分析的基础，用于电网调度、运行分析、操作模拟和规划设计等。它包括计算系统或局部的电压、电流、线损、多相平衡、不平衡潮流，仿真变压器有载调压和电容器操作的结果。

（3）短路电流计算。短路电流计算主要是在配电网出现短路故障的情况下，确定各支路的电流和各母线上的电压，故障包括单相、两相、三相及接地等类型。在正常运行方式下，检查保护特性和检查现行系统开关的遮断能力；在接线方式变化时，应能自动计算、校核和告警。

（4）负荷模型的建立和校核。负荷模型的建立和校核，使网络负荷点的负荷（有功和无功功率）与在变电站馈线端口记录的实测负荷相匹配。对变电站馈线出口总电流采用实测数，对馈线各分段区间的负荷电流采用估计和按一定比例分配的办法。

（5）配网状态估计。状态估计是从不完整的SCADA数据和母线负荷预测数据，来获得完整的实时网络状态。它是网络分析类推之源。状态估计分为两大部分：一是主配网的估计，有实时量测量，属一般状态估计模型；二是沿馈线的潮流分量，无实时量测量，即在已知馈线始端功率和电压（估计值）的条件下，利用母线负荷预测模型，将其分配到各负荷点用于测量计算。

（6）配网负荷预测。由于配电网实际测量量太少，所以负荷预报对配电网安全经济运行有特殊意义。配网负荷预报分为地区负荷预报（用于购电计划及供电计划）和母线负荷预报（用于状态估计或潮流计算）两类。

（7）安全分析。中压配电网用 $N-1$ 安全准则进行分析。其具体内容是：

1）高压变电站中失去任一回路进线或一组降压变压器时，必须保证向下一级配电网供电。

2）高压配电网中一条架空线路或一条电缆线路或变电站中一组降压变压器发生故障停运时保证：

①在正常情况下，除故障段外不能停电，并不得发生电压过低和设备不允许的过负荷；

②在计划停运情况下，又发生故障停运时，允许部分停电，但应在规定时间内恢复

供电。

3）低压电网中当一台变压器或电网发生故障时，允许部分暂时停电，但应尽量将完好的区段在规定时间内切换至邻近电网恢复供电。

（8）网络结构优化和重构。按照网络线损率最小、配电变压器之间负荷尽可能均匀分配、合格的电压质量、最少的停电次数、对重要用户尽可能平衡供电等目标函数，对网络结构进行优化和重构。

（9）配电网电压调整和无功优化。无功电压优化首先按变电站进行优化，在具备条件时，按网络结构进行优化。

三、配电自动化的意义

配电自动化是电力系统现代化的必然趋势，其主要意义在于：在正常运行情况下，通过监视配电网运行工况，优化配电网运行方式；当配电网发生故障或异常运行时，迅速查出故障区段及异常情况，快速隔离故障区段，及时恢复非故障区域用户的供电，缩短对用户的停电时间，减少停电面积；根据配电网电压合理控制无功负荷和电压水平，改善供电质量，达到经济运行的目的；合理控制用电负荷，从而提高设备利用率；自动抄表计费，保证抄表计费的及时和准确，提高企业的经济效益和工作效率，并可为用户提供自动化的用电信息服务等。

配电自动化在人力尽量少介入的情况下完成大量的重复性工作。这些重复性的工作通常有查抄用户电能表、监视和记录变压器油温、检查核对配电变电站的负荷、沿配电线路合或分开关、投入或撤除补偿电容器、升或降有载调压装置分接头以调节电压等。

配电自动化的主要目的之一在于尽量减少停电面积和缩短停电时间，为此必须能够采集配电网上的实时数据（即遥测和遥信），并对其进行分析，从而使调度员能够随时监视网上运行情况和作出明智的决策；此外，还要求能够通过遥控和遥调在控制中心就能对配电网进行必要的操作，从而缩短故障处理时间和降低劳动强度。

配电自动化有助于使配电网的潜力得以最大限度地利用，并且确保提供给用户的电能质量满足要求，因此，使电力企业和用户都能从配电自动化中受益。

配电系统自动化通常都设计成开放的积木式结构，因此可以采用分期实施的策略，在建设初期可以先控制在适当的规模和实现基本的功能，然后根据需要逐步扩容和全面实现期望的功能，这样既能够获得看得见的和看不见的收益，又便于实施。比如，电力企业可以先实现对于进线变电站和开闭所的数据采集与监控（即 SCADA），然后再扩展到对馈线上分断开关的远方测控（由 SCADA 扩展为 DSCADA），逐步实现远方抄表和负荷控制等功能，最终全面实现配电自动化。但在工程实施的各个阶段，应注意满足以后扩展的需要。

使配电系统自动化发挥出其潜在效益的关键，在于从整体的角度对电力企业的日常操作和需求进行分析。尽管难以定量估计配电自动化的一些功能所带来的效益，但是它们如同那些可以定量反映的效益一样是实实在在地存在的。例如，馈线开关的远方控制，在断电并且故障检修之后，遥控开关合闸而不需要爬杆手工操作，显然会带来效益；在紧急情况下（如带电线路经导电物体与地接触时），迅速断开开关当然也会带来效益。

目前实现配电自动化所需要的技术已经成熟，所要做的工作是分析配电网所需要的潜在功能，以确定合适的实现方案。值得注意的是，每个电力企业的配电网都有其特殊性，如地理环境、范围和规模、管理模式、用户性质等，这往往决定了该公司的配电自动化最佳模式。

四、配电管理系统的特点

配电管理系统和能量管理系统均为电力系统的安全、经济和优质运行服务，且可使用相同的支撑平台，并具有某些类似之处。但由于输电网和配电网之间，无论是一次系统接线还是二次系统装备都有许多差别，导致两者应用上的一些不同。

配电控制中心的DMS与输电控制中心的EMS相比，具有一些类似之处，但更具有较多不同的特点。DMS与EMS的类似之处有：

（1）两者均通过RTU来收集电网中设备的状态和测量值，并实现监视控制的远方操作——SCADA功能。

（2）两者均具有基于彩色屏幕显示的图形用户界面GUI。

（3）两者均具有自动控制功能，但EMS控制的是发电设备（AGC），DMS控制的是用电负荷。

（4）两者均具有计算机辅助调度的高级应用软件，但内容和方法却不尽相同。

（5）两者均存储有历史数据，供制表、检索和分析历史事件用。

（6）两者均能和其他计算机应用系统（如管理信息系统MIS）相连，共享数据和应用成果。

但由于两者存在一次接线和二次设备的差别，使得DMS具有更多不同于EMS的特点。这些特点是：

（1）典型的配电网多为辐射型结构，而不像典型的输电网那样网状连接。

（2）配电网的许多设备（如分段器、重合器、补偿电容器、调压变压器等）是按配电线路长度安放的，往往装在电线杆上，而不像输电网的设备（如断路器、静止补偿器等）一般都放在变电站内。

（3）配电网内要求安装远方终端的数量，通常比相连输电系统所需的数量要多一个数量级（10倍）。

（4）一处配电网设备的总数据量（如线路调压变压器上所采集的三相运行工况参数），约比一个输电变电站的数据量少一个数量级。

（5）配电网的数据库规模，一般比所连输电网的数据库（千级）大一个数量级（万级）。

（6）配电网内大多数的现场设备都是人工操作，而不像输电网那样，大多数的现场设备可以远方控制。

（7）配电网的网络接线变化，常常发生在出事地点而不是在开关安装处，如由于交通事故而碰断某相线路。这样的接线变化就很少会发生在输电网上。

（8）配电网设备名目繁多，数量极大，且面临经常变动的需方负荷，检修更新频繁。因此，设备管理和规划设计任务较输电网繁琐。

（9）配电网除供方的设备外，还连有大量需方的用电设备，有时还有包括联合循环发电在内的自备电源。而不像输电系统那样，基本上全是供方的发、输、变电设备。

（10）承担传送数据和通话任务的配电网通信系统，由于包含有各种类型的负荷控制和远方读表装置而具有多种通信方式，但其通信速率由于配电网不考虑系统的稳定问题而不如输电系统要求那样高。

因此，DMS的功能在许多方面与EMS有很大的不同。能量管理系统中，常用SCA-

DA/AGC/PAS（Power Application Software）来概括其主要功能。对于配电管理系统的主要功能，也可用 SCADA/LM/PAS/GIS 来表示。其中，电力应用软件 PAS 则分别称为 EMS 应用软件和 DMS 应用软件。

第二节 馈线自动化

配网自动化中的一个重要工作就是配电线路自动化。当配电线路故障时，要进行快速判断，排除故障段，保证非故障段的正常供电，减少停电范围。因此，馈线自动化就是监视馈线的运行方式和负荷。当故障发生后，及时准确地确定、迅速隔离故障区段，并恢复健全区段供电的馈线自动化是配电网自动化最重要的内容之一。

国外早在半个世纪前，就采用重合器或断路器与分段器、熔断器的配合使用来实现馈线自动化，它对提高供电可靠性、减小运行费用具有重要作用。但是这种方式的自动化程度不高，也存在许多不足。

功能更强的是采用柱上带监控的负荷开关，这种负荷开关内配有电压传感器及电流传感器，供测量及检测用，并配置有远方终端（Feeder Terminal Unit，FTU）。建设有效而且可靠的通信网络将其和配电网控制中心的 SCADA 计算机系统连接起来，从而构成一种高性能的配电网自动化系统。在配电网停电的情况下，仍可保持与上一级站的通信，实现遥测、遥控是目前馈线自动化的发展方向。

一、馈线自动化的控制方式

1. 馈线自动化可分为两种基本类型

（1）采用具有就地控制功能的线路自动重合器和分段器，实现配电线路故障的自动隔离和恢复供电的功能，无远方通信通道及数据采集功能。

（2）采用远方通信通道，具有数据采集和远方控制功能的馈线自动化。该系统除一次设备外，还包括配电远方终端（FTU），通信通道，电流、电压传感器，电源设备等，实现配电线路故障的自动隔离和恢复供电的功能。

上述两种类型，可根据负荷重要性、负荷密度、网络结构和通信通道，以及当地的经济条件来选择。具体控制方式有以下四种：

（1）就地控制，没有数据采集功能。变电站馈线断路器与具有就地控制功能的自动重合器和分段器配合，在线路发生故障时，按规定的程序完成对故障线路的隔离，恢复对非故障区段的供电。对故障区段以后部分，可考虑人工恢复供电。限于通道条件，设备状态信息不能上送。

（2）就地控制，有数据采集功能。和第一种相同，但设备状态信息和有关数据可利用通道上送控制中心。

（3）控制中心远方集中控制。当故障发生后，现场的测控装置将现场的设备状态及故障信息送入控制中心，由控制中心进行故障定位，确定故障区段，自动或人工干预发出有关操作命令，隔离故障区段，恢复对非故障区段的供电。

（4）子站远方分布控制。可在变电站设置子站（主 FTU），由子站（主 FTU）代替控制中心，实现对馈线的正常监测和故障时的定位、隔离和恢复供电。子站与上级控制中心通信，转发现场开关状态及数据信息，并接收控制中心的命令。

2. 馈线自动化方案

实现馈线自动化方案，在网架结构上要实现以下要求：与变电站开关保护能可靠地互相配合；回路负荷可以转移；接线回路应合理分段；优先选择负荷开关的组合方案，也可采用断路器元件的方案；变电站有关出线开关的性能和可靠性应能满足实施要求。不同的配电网络结构，常用以下几种形式：

（1）在10kV辐射式线路或树状线路上采用重合器、分段器实现馈线自动化。这种方式由于不需要配置通道和主站系统，依靠重合器和分段器自身的功能进行线路故障时的故障隔离和恢复供电，因而实施比较容易，投资亦较节省。但对用户来说，在线路故障时需要承受多次重合冲击，因此一般只用于城郊区或农村的配电网。当然，亦有某些配电网在重合器、分段器上配置了馈线远方终端，架设通道，设置主站系统，依靠信息来缩短故障定位时间，加快恢复供电并解决多次重合的缺点，但其投资亦相应增加。

（2）在10kV环形电缆配电网中采用重合器，配合环网柜实现馈线自动化。这种方式以分散的环网柜结合箱式变电站而构成环形电缆配电网，替代了集中的配电站，节省了占地面积。采用这种方式时，箱式变电站的高压熔断器保护和环网柜的限流熔断器必须相互配合，同时重合器的保护曲线和10kV网络的接地方式亦有密切关系。

（3）在10kV环形电缆配电网中采用环网柜（Ring Main Unit，RMU）加装FTU设置配电自动化系统是实现馈线自动化的又一种方式。环网柜可以是户外式，亦可以是户内式。环网柜一般有两路进线和两路出线，两路进线分别接入环网两侧，两路出线则通过降压变压器降压后向低压用户供电。数个环网柜连成一个供电环网。在各环网柜上的FTU通过通道（一般采用光纤）与配电自动化主站或子站系统相连。网络出现故障时，主站或子站根据FTU送来的信息，经过软件运算定位故障，并向环网柜的负荷开关自动发遥控命令，以达到隔离故障、恢复供电的目的。

（4）国内配电网大多数是由沿城市街道敷设的架空绝缘导线构成的10kV配电网。针对这种配电网，实现馈线自动化方式首先是对网络进行优化改造，形成多个环网或“手拉手”线路，使每一用户有两个供电电源；然后将网络中的环网开关或线路上的分段器按自动化要求改造为可遥控的负荷开关，每个开关配置FTU，建立通信通道并和配电自动化主站系统相连。当线路发生故障时，主站系统依靠FTU的信息操作负荷开关，进行故障隔离和恢复对非故障段的供电。

二、馈线自动化一次设备介绍

以下仅对配电网自动化有关的一些一次设备作简要介绍。

1. 重合器

重合器是一种自身具有控制及保护功能的智能化开关设备，常用于配电网自动化系统。它能检测故障电流并按预先整定的分合操作次数自动完成分合操作，在动作后能自动复位或闭锁。因此重合器的智能化程度和开合电路性能均优于断路器（配合控制和保护用）。

当线路发生短路故障时，它按顺序及时间间隔进行开断及重合的操作。当遇到永久性的故障，重合器在完成预定的操作顺序后，若重合失败，则闭锁在分闸状态，把事故区段隔开；当故障排除后，需手动复位才能解除闭锁。如果是瞬时性故障，则在重合器循环分、合闸的操作中，无论哪次重合成功，则终止后续的分、合闸动作，并经一定延时后恢复初始的整定状态，为下次故障的来临做好准备。重合器可按预先整定的动作顺序进行多次分、合的循环操作，一般有 4 次的快、慢组合的分闸、合闸。

目前国内外生产的重合器可按如下分类：

（1）按相别分类，有作用于单相电路或三相电路的重合器。

（2）按使用介质分类，有用油介质、SF_6 介质及真空介质的重合器。其区别在于灭弧能力的强弱。

（3）按控制方式分类，有液压控制式和电子控制式两种。液压控制式的优点是不受电磁的干扰，但受温度的影响较大，特性较难调整。电子控制式的优点是控制灵活、特性较容易调整，具有较高的灵敏度，但必须具备有多套硬件设备。

重合器有许多技术参数但其中以额定电压、额定电流、短路开断电流、最小脱扣电流、时间—电流（t—I）特性最为重要。

（1）额定电压。选用重合器时，应使重合器的额定电压大于或等于系统的电压。

（2）额定电流。重合器的长期工作电流称为额定电流。必须使重合器的额定电流大于或等于工作线路的负荷电流。

（3）短路开断电流。重合器的短路开断电流必须大于或等于重合地点的最大可能的故障电流。

（4）最小脱扣电流。应该注意选择重合器的最小脱扣电流，使得当被保护线路出现最小的故障电流时应能检测到且及时切断，不误动作又有相应的灵敏度。

（5）时间—电流特性。它是一组反映电流与动作时间的曲线。该曲线具有瞬时动作特性和延时动作特性，使用重合器时可根据手册上提供的（时间—电流）曲线进行选择整定。

重合器动作程序的选定，一般可整定为“一快三慢”、“二快二慢”和“一快二慢”的组合。这里“快”指快速分闸，一般动作时间不大于 0.06s，快速分闸一般设定在第一、二次，主要目的是消除瞬时性的故障，保护线路设备。而后面几次的动作一般可设为慢动作，即为延时分闸，这种延时使得与线路上各分段点设置的分段器、熔断器进行配合，分断故障点。

重合器是开断线路短路电流的开关设备，但从性能、结构、控制方式及使用场合方面都与断路器有很大的区别。它可按预先整定的程序自动进行操作，可以接收遥控信号，具有对故障实现自动定位、自动隔离、自动恢复供电的功能。

重合器使用的历史较长，功能得到不断完善。由于其具有重合闸的成功率高、综合投资少、最大可能地缩小停电范围、维修工作量少、设备安全可靠等优点，在配电自动化中有较大的使用价值。

2. 分段器

线路自动分段器是一种智能化的负荷开关，是在配电网中用来隔离线路区段的自动开关设备。它与重合器或断路器或熔断器相配合，可在失压或无电流的情况下自动分闸切断电路。它串联于重合器或断路器的负荷侧，当线路发生永久故障时，进行分合闸后闭锁于分闸的状态，当重合器重合闸恢复对非故障段供电时，分段器不合闸，而隔离故障区段；而当发生瞬时性故障，分段器的分、合闸操作不产生合闸闭锁动作（对电压--时间型分段器），或记忆次数（对过电流脉冲计数型分段器）未达到预期所设定次数时，则分段器在电源侧的重合器（或断路器）合闸后，保持合闸状态。分段器不能断开短路故障电流。

分段器有两大类：一类为电压—时间型分段器；一类为过电流脉冲计数型分段器。

电压—时间型分段器是凭借加压、失压的时间长短来控制其动作的，失压后分闸，加压后合闸或闭锁，又称为自动配电开关。它在日本的配电网自动化中广泛应用。电压—时间型分段器可用于辐射状网和树状网，又可用于环形网。因以检测线路电压来进行控制又称为电压型方案。为检测电压，在分段器两侧均要配置电压互感器，其工作原理如图 5-2 所示。

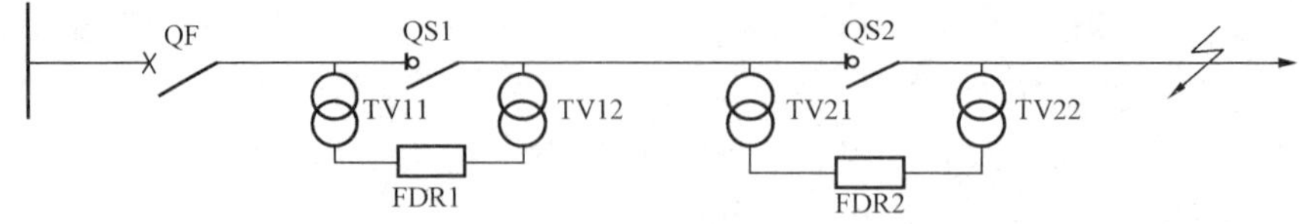

图 5-2 电压—时间型分段器工作原理

FDR—故障检测器；QS—分段器；QF—断路器或重合器

现以电压—时间型分段器为例说明分段器主要技术参数的定义。其主要技术参数有额定电压、额定电流、最大负荷开断电流、最小动作电流、启动电流、延时合闸时限—X 时限、延时分闸时限—Y 时限、闭锁合闸时限—Z 时限等。

（1）延时合闸时限—X 时限，指从分段器电源侧加电压至该分段器合闸的延时。该时限可以整定，一般整定在 7s 以上。

（2）延时分闸时限—Y 时限，指分段器从接到失压信号至分闸的时间。该时间也可以整定，一般整定在 3s。

（3）闭锁合闸时限（或称故障监测时间）—Z 时限。分段器合闸后，闭锁合闸回路启动并延时一段时间（Z 时限），如果在这段时间，线路无故障电流（或故障电流已消失），则解除闭锁合闸回路，电路恢复正常。若分段器合闸后在未超过 Z 时限的时间内又失压（在 Z 时限内仍有故障电流信号，引起电源侧重合器分闸），则该分段器分闸并被闭锁在分闸状态，待重合器再次合闸时，由于该分段器合闸回路闭锁，该段线路合不上闸，隔离永久性故障段。

设重合器或断路器的保护动作时间为 t，为使分段器可靠工作，对于 X、Y、Z 时限的整定必须满足如下关系：$t+Y<Z<X$

（4）额定电流，指分段器的长期工作电流。在选择分段器时应使其额定工作电流不小于线路负荷电流。

（5）启动电流。分段器的启动电流应为上级保护装置最小分闸电流的 80%。

（6）最小动作电流。最小的动作电流不小于被保护区段的最小的故障电流。

分段器通常串联在自动重合器或断路器控制的线路中，或用并联的方式把线路分成多段，目的是隔开故障段，减少停电的范围。

分段器与重合器相比，从性能上，应具有闭合短路电流及切断负荷电流的能力，不具备切断短路电流的能力；从价格上，比重合器要低廉。

另一类分段器是过电流脉冲计数型分段器。这种分段器具有“记忆”前级开关设备（断路器或重合器）开断故障电流次数的功能。当线路发生永久性故障时，重合器分闸，在失电期间，分段器分闸为一次，当分闸次数达到整定次数时，即自动永久分闸，而重合器（或断路器）重合闸后，就可隔离该故障段。一般分段器整定的次数应比重合器或断路器的操作次数少一次。当发生瞬时性故障时，分段器分闸的次数还未达到预定的次数，因瞬时性故障已消除，线路就可恢复正常供电。分段器的累计计数器经过一段时间后自动复零，为下一次故障做好准备。因该类分段器以检测线路电流来进行控制又称为电流型分段器。

3. 故障指示器

短路故障指示器是利用电磁原理，依靠指示牌转动位置的变化或颜色的变化或灯光的闪动来指示故障的发生，这些指示器当指示后，可以依靠人工手动复归或经过延时后自动复归，有些是利用线路恢复正常后通过负荷电流来自动复归。故障指示器一般安装于馈电线路干线、分支线及用户进线处。目前有一种遥信式的短路指示器，它里面的光发送器通过光纤送出故障信号。

4. 高压熔断器

熔断器是一种最便捷的电路保护设备，它依靠熔体的特性，在电路出现短路电流或不允许的大电流时，由电流流过熔体产生的热量将熔体熔断，使电路断开，达到保护电气设备的目的。

熔断器是最简单和最早使用的一种保护电器。熔断器的特点是结构简单、价格低廉、维护方便、使用灵活，在配电网中广泛应用；但其容量小，保护特性差，因而主要用于10kV及以下电压等级的小容量设备中的保护，也常用来保护电压互感器。

高压跌落式熔断器用于高压配电线路、配电变压器、电压互感器、电力电容器等电气设备的过载及短路保护。当下一级线路设备发生短路故障或过负荷时，熔体熔断，跌落式熔断器自动跌落断开电路，确保上一级线路仍能正常供电。熔体熔断，跌落式熔断器自动跌落后有一个明显的断开点，以便查找故障和检修设备。跌落式熔断器的技术参数主要有额定电流、额定电压、额定开断电流、最小开断电流、额定雷电冲击耐受电压、额定1min工频耐受电压、爬电比距、能够开断负荷电流的水平等。熔体的技术参数主要有熔体的额定电流、熔体的材料、熔体的熔断特性曲线等。

跌落式熔断器安装地点的短路容量必须小于跌落式熔断器额定遮断容量的上限，确保设备不损坏；但又需大于熔体额定遮断容量的下限，确保短路故障时熔丝能熔断。

熔断器的熔化时间和熔体电流的关系称 $t-I$ 曲线，又称安秒特性，是一条反时限曲线。保护之间的配合即安秒特性间的配合，相互不应相交。

熔断器的动作应具有选择性，熔断器的熔体在满足可靠性的前提下，首先必须满足前后两级熔断器之间或熔体与继电保护动作时间之间的选择性，上、下级必须配合。熔断器的熔断时间必须尽可能地短，当本段保护范围内发生短路故障时，熔断器应在最短的时间内切除故障设备，以防止熔断时间过长而加剧被保护设备的损坏程度。

三、重合器与分段器配合就地实现故障区段隔离

（一）重合器与电压—时间型分段器配合

1. 辐射状网络故障区段隔离

图5-3所示为一个典型的辐射状网络在采用重合器与电压—时间型分段器配合时，隔离故障区段的示意图。图5-4所示为图5-3各开关的动作时序图。

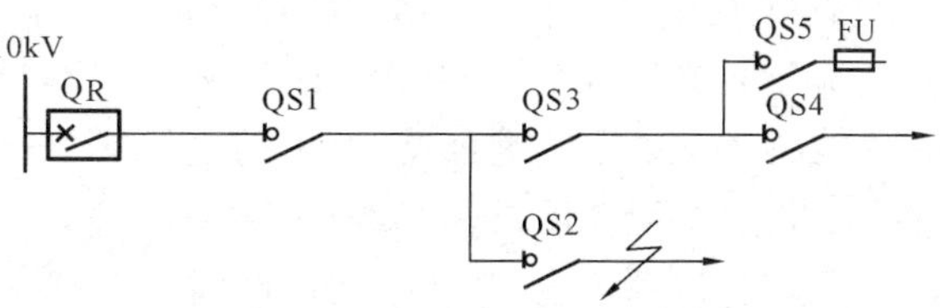

图5-3 辐射状网络故障区段的隔离

QR—重合器；QS1～QS5—分段器

图5-3中，变电站出口采用重合器QR，整定为一慢一快，即第一次重合时间为15s，第二次重合时间为5s。线路分段器QS1、QS3、QS4采用电压—时间型分段器，它们的 X 时限均

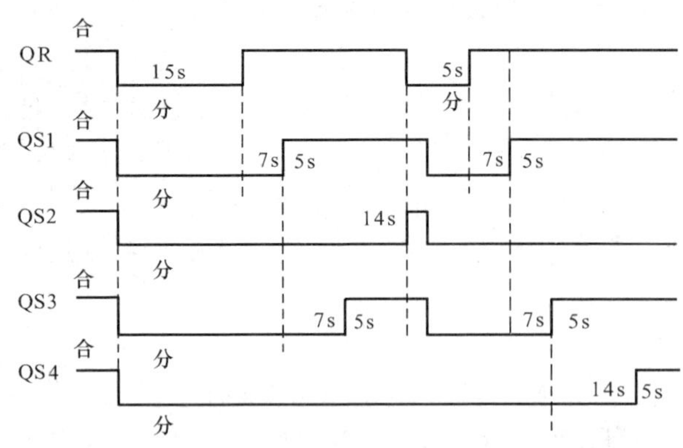

图 5-4　辐射状网络故障区段隔离各开关的动作时序图

整定为 7s，分段器 QS2 亦采用电压—时间型分段器，其 X 时限均整定为 14s，Z 时限均整定为 5s。

该辐射状网络正常工作时重合器、分段器均处于合位；在 3 区段发生永久性故障后，重合器 QR 跳闸，导致线路失压，造成分段器 QS1、QS2、QS3、和 QS4 均分闸；事故跳闸 15s 后，重合器 QR 第一次重合；又经过 7s 的 X 时限后，分段器 QS1 自动合闸，将电供至 2 区段；又经过 7s 的 X 时限后分段器 QS3 自动合闸，将电供至 4 区段；分段器 QS1 合闸后，经过 14s 的 X 时限后，分段器 QS2 自动合闸，由于 3 区段存在永久性故障，再次导致重合器 QR 跳闸，从而线路失压，造成分段器 QS1、QS2、QS3 均分闸，由于分段器 QS2 合闸后未达到 Z 时限（5s）就又失压，该分段器将被闭锁；重合器 QR 再次跳闸后，又经过 5s 进行第二次重合，分段器 QS1、QS3 和 QS4 依次自动合闸，而分段器 QS2 因闭锁保持分闸状态，从而隔离了故障区段，恢复了全区段供电。

2. 环状网络开环运行时故障区段的隔离

图 5-5 所示为一个典型的开环运行的环形网在采用重合器与电压—时间型分段器配合，实现故障区段隔离的示意图。图 5-6 所示为图 5-5 各开关的动作时序图。

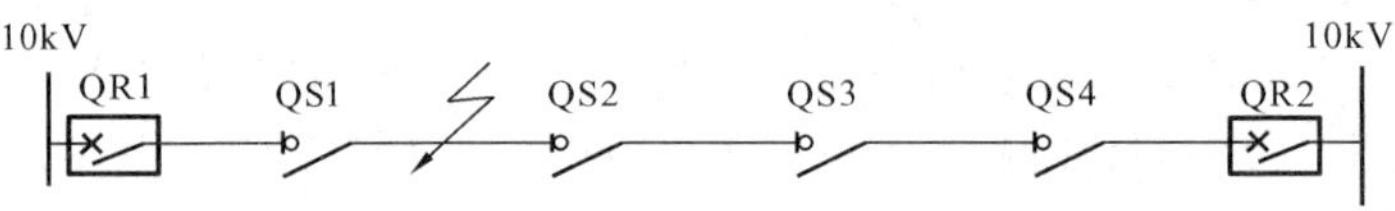

图 5-5　环形网开环运行时故障区段的隔离

图 5-5 中，QR1 采用重合器，整定为一慢一快，即第一次重合时间为 15s，第二次重合时间为 5s。QS1、QS2 采用电压—时间型分段器，它们的 X 时限均整定为 7s，Z 时限均整定为 5s。联络开关 4 亦采用电压—时间型分段器，正常运行时处于断开状态，其 X 时限整定为 38s，Z 时限整定为 5s。

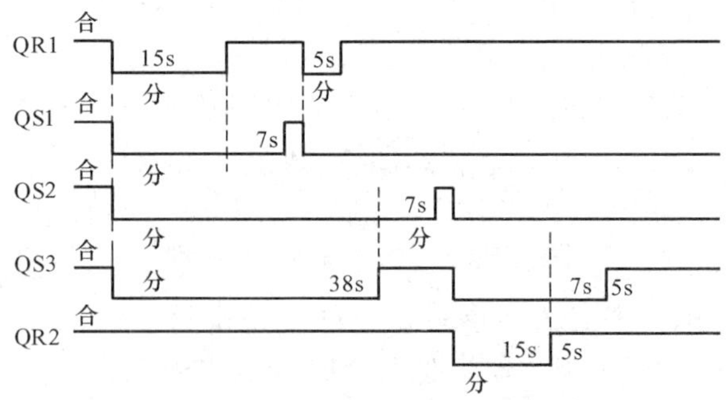

图 5-6　环形网开环运行时故障区段隔离各开关的动作时序图

正常运行时联络开关 QS4 处于断开状态，其余均合；当 2 区段发生永久性故障后，重合器 QR1 跳闸，导致联络开关左侧线路失压，造成分段器 QS1、QS2 均分闸，并启动分段器 QS3 的计时器；事故跳闸 15s 后，重合器 QR1 第一次重合，将电供至 1 区段；又经过 7s 的 X 时限后，分段器 QS1 自动合闸，此时由于 2 段存在永久性故障，再次导致重合器 QR1 跳闸，从而线路失压，造成分段器 QS1 分闸，由于分段器 QS1 合闸后未达到 Z 时限（5s）就又失压，该分段器将被闭锁；重合器 QR1 再次跳闸后，又经过 5s 进行第二次重合，而分段器 QS1 因闭锁保持分闸状态；共经过 34s。而重合器 QR1 第一次跳闸后，经过 38s 的时限后，联络分段器 QS3 自动合闸，将电供至 3 区段；又经过 7s 的 X 时限后，分段器 QS2 自动合闸，此时由于 2 段存在永久性故障，导致联络开关右侧的线路的重合器 QR2 跳闸，从而右侧线路失压，造成其上所有分段器均分闸，由于分段器 QS2 合闸后未达到 Z 时限（5s）就又失压，该分段器将被闭锁；联络分段器以及右侧的分段器和重合器又依顺序合闸，而分段器 QS2 因闭锁保持分闸状态，从而隔离了故障区段，恢复了健全区段供电。

可见，在开环运行的环网中，要使联络分段器另一侧的健全区域所有开关都分一次闸，这是我们所不希望的。可以在分段器上设置异常低电压闭锁功能，即当检测到其任何一侧出现低于额定电压 30%的异常低电压的时间超过 150ms 时，将该分断器闭锁。这样，图 5-4 中分段器 QS2 会被闭锁，所以只要合上联络分段器 QS3 就可以完成故障隔离。

（二）重合器与过电流脉冲计数型分段器配合

图 5-7 所示树状网，采用重合器和过电流脉冲计数型分段器配合，计数次数均整定为 2 次。正常运行时重合器 QR 和分段器 QS1、QS2 均为合；当 3 段发生永久性故障后，重合器 QR 跳闸，分段器 QS2 计过电流一次，由于未达到整定值（2 次），因此不分闸而保持在合闸状态；经一段延时后，重合器 QR 第一次重合；由于再次合到故障点处，重合器 QR 再次跳闸，并且分段器 QS2 的过流脉冲计数值会达到整定值 2 次，因此分段器 QS2 在重合器 QR 再次跳闸后的无电源时期分闸；又经过一段延时后，重合器 QR 进行第二次重合，而分段器 QS2 保持分闸状态，从而隔离了故障区段，恢复了健全区段供电。图 5-8 所示为图 5-7配电网发生永久性故障各开关的动作时序图。

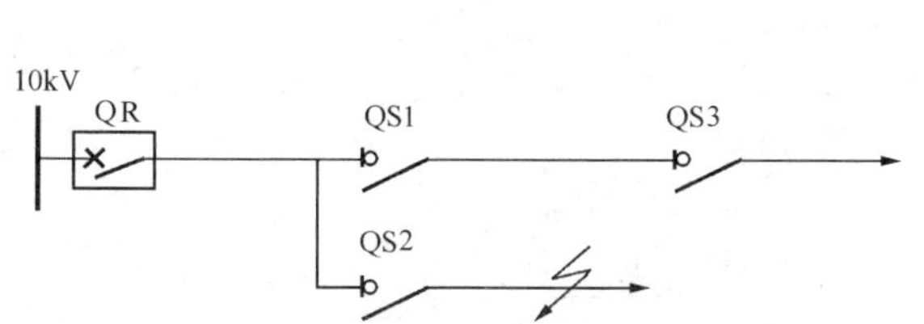

图 5-7 重合器与过电流脉冲计数型分段器配合故障区段的隔离

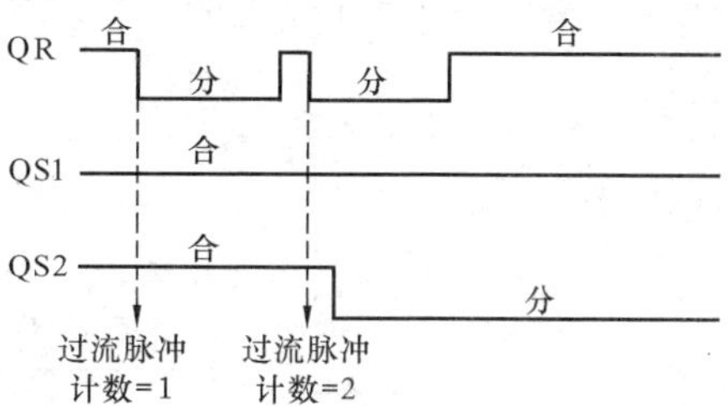

图 5-8 图 5-7 配电网 3 段永久性故障时各开关的动作时序图

图 5-7 所示辐射状网 3 段发生暂时性故障，重合器 QR 跳闸，分段器 QS2 计过电流一次，由于未达到整定值（2 次），因此不分闸而保持在合闸状态；经一段延时后，暂时性故障消失，重合器 QR 重合成功恢复了系统供电，在经过一段确定的时间（与整定有关）以后，分段器 QS2 的过电流计数值清除，又恢复到其初始状态。图 5-9 所示为图 5-7 配电网 3 段瞬时性故障各开关的动作时序图。

（三）基于重合器的馈线自动化系统的不足

基于重合器的馈线自动化系统，虽然在故障发生时能够准确地判断故障区段，并能自动隔离故障区段，恢复健全区域供电，但是这种形式的馈线自动化仍存在缺陷。

采用重合器或断路器与电压—时间型分段器配合时，当线路故障时，分段器不立即分

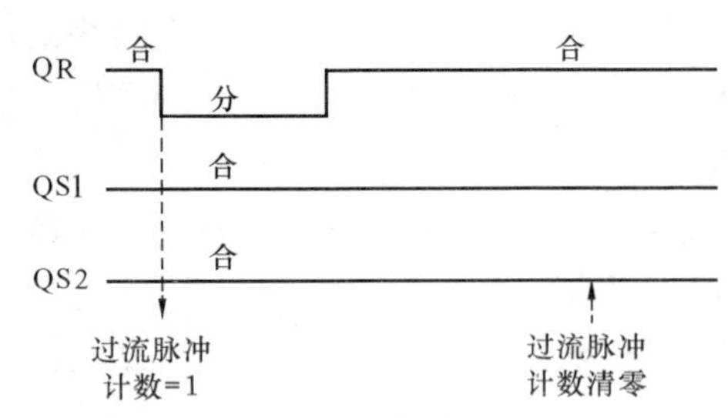

图 5-9 图 5-7 配电网 3 段瞬时性故障时各开关的动作时序图

断，而要依靠重合器或位于主变电站的出线断路器的保护跳闸，导致馈线失压后，各分段器才能分断。采用重合器或断路器与过流脉冲计数型分段器配合时，也要依靠重合器或位于主变电站的出线断路器的保护跳闸，导致馈线失压后，各分段器才能分断。这样做是不理想的，主要表现在以下几个方面：

（1）切断故障的时间较长。

（2）依靠重合器或主变电站出线断路器的继电保护装置保护整条馈线，降低了系统的可靠性。

（3）由于必须分断重合器或主变电站的出线断路器，因此实际扩大了事故范围；若重合器拒分或主变电站出现断路器的保护失灵或断路器拒分，会进一步扩大事故范围。

（4）当采用重合器与电压—时间型分段器配合隔离开环运行的环状网的故障区段时，会使联络开关另一侧的健全区域所有的开关都分一次闸，造成供电短时中断，更加扩大了事故的影响范围。

基于重合器的馈线自动化系统仅在线路发生故障时能发挥作用，而不能在远方通过遥控完成正常的倒闸操作，不能实时监视线路的负荷，因此，无法掌握用户用电规律，也难于改进运行方式。对于多电源的网格状网，当故障区段隔离后，在恢复健全区段供电、进行配电网络重构时，也无法确定最优方案。

四、采用远方通信通道的馈线自动化系统

基于馈线 FTU 和通信网络的配电网自动化系统较好地解决了上述问题。典型的采用远方通信通道即基于 FTU 的馈线自动化系统的构成如图 5-10 所示。

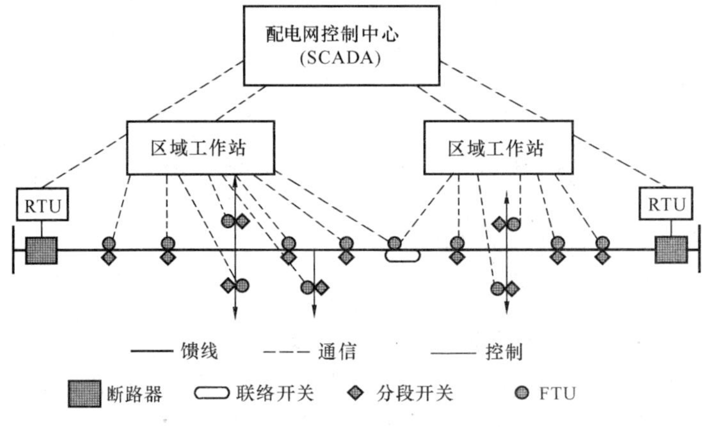

图 5-10 基于 FTU 的馈线自动化系统的构成

图 5-10 所示的系统中，各 FTU 分别采集相应柱上开关的运行情况，如负荷、电压、功率和开关当前位置、储能完成情况等，并将上述信息由通信网络发向远方的配电网控制中心。各 FTU 还可以接受配网自动化控制中心下达的命令进行相应的远方倒闸操作。在故障发生时，各 FTU 记录下故障前及故障时的重要信息，如最大故障电流和故障前的负荷电流、最大故障功率等，并将上述信息传至配电网控制中心，经计算机系统分析后确定故障区

段和最佳供电恢复方案，最终以遥控方式隔离故障区段、恢复健全区段供电。区域工作站实际上是一个通道集中器和转发装置，它将众多分散的采集单元集中起来和DAS控制中心联系，并将各采集单元的面向对象的通信规约转换成为标准的远动规约（如SC1801、CDT、DNP和Modbus等），这样配电网自动化SCADA系统和变电站、开闭所的数据采集装置就可以直接借鉴调度自动化的成熟技术。

1. 故障区段判断和隔离的原理

对于辐射状网、树状网和处于开环运行的环形网，判断故障区段需根据馈线沿线各开关是否流过故障电流就可以了。假设馈线上出现单一的故障，显然故障区段应当位于从电源侧到末端方向最后一个经历了故障电流的开关和第一个未经历故障电流的开关之间的段。

由于配电网中的开关整定困难，经常在发生故障以后，距故障最近的开关尚未跳开，其上级开关却先分断的现象，因此在故障后，不能仅依据开关的跳开情况来判断故障区段。但根据是否经历了故障电流却能够作出正确判断，找出故障区段。

为了确定各开关是否经历了故障电流，需对安装于其上的各台FTU进行整定，由于从原理上不是通过对各台开关整定值的差别来隔离故障区段的，因此这种整定相当容易。多台开关甚至全部开关可以采用同一组定值。这样，即使增加馈线上的分段数目也不会带来任何影响。

对于处于闭环运行的环形网，则必须根据流经馈线沿线各开关的故障功率方向才能判断出故障区段，此时必须同时采集电流和电压信号。为了确定各开关是否经历了故障功率，也必须对安装于其上的各台FTU进行整定，这个整定同样是非常容易做到的。显然，在这种情况下，当分段器流经超过整定值的故障电流时，表明有故障发生。故障区段具有这样的特点，即与该区段相连的各开关的故障功率方向均指向该区段。

2. 典型配电环网的故障处理过程

最新一代的FTU具备独特的故障定位、故障隔离和供电恢复（Fault Detection Isolation Recovery，FDIR）功能，FDIR能够在环网或两端供电的开环运行馈电线路中，按其配备在该线路的一组FTU中，指定其中任意一台为主FTU完成与其他FTU的数据通信；主FTU统一收集关于该线路各个分段馈电线路的电气实时数据，并且集中与配电网控制中心通信。当任何一段馈电线路发生故障时，主FTU能够及时独立地完成故障的定位和相关远方负荷开关的控制操作；从而，在当地自动实现环网供电开环运行馈电线路的故障隔离和供电恢复，将停电时间缩短到几秒钟的水平。

图5-11所示为一个典型的10kV环形网供电开环运行配电系统，配电电源端采用带有保护装置的断路器，环路上用电动操作的负荷开关QL1～QL5，其中QL4在正常运行时为打开状态。每个开关都带一个FTU，设置QL1的FTU为主FTU，收集其他4个FTU的实时数据，负责FIDR功能的实施，同时与主站进行通信。

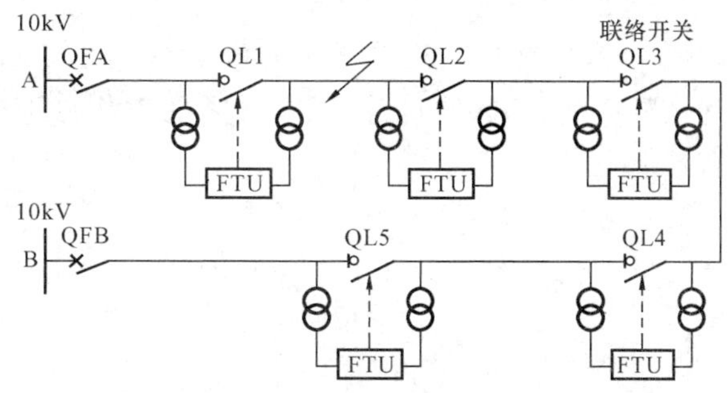

图5-11 环状网络开环运行采用FTU时的故障区段的隔离

设在负荷开关QL1、QL2之间发生

故障，A 变电站的断路器 QFA 因继电保护动作而跳闸；经延时断路器的重合闸动作合闸，如果是瞬时性故障，重合闸成功，恢复供电；如果是永久性故障，第一次重合闸后，断路器再度跳闸并闭锁。每一 FTU 向主 FTU 传送记录的数据，负荷开关 QL1 的 FTU 记录两次失压、两次故障电流，QL2 的 FTU 记录两次失压、没有故障电流。主 FTU 收到各个 FTU 的状态和实时记录，可以判断出故障在负荷开关 QL1 和 QL2 之间的区段，并命令控制将负荷开关 QL1、QL2 打开并保持在开的位置，自动完成故障识别和故障隔离。当然，如果有配电自动化主站系统，也可以通过主站的遥控功能打开负荷开关 QL1、QL2 隔离故障。主 FTU 能够在故障隔离后，向 QL4 的 FTU 输出控制指令，使联络开关合闸，将 QL2 到 QL3、QL3 到 QL4 之间区段的负荷转移到 B 变电站供电。A 变电站断路器 QFA 的保护与 FTU 的 FDIR 功能配合，经一定延时后将 A 侧断路器 QFA 重合，恢复 A 变电站到负荷开关 QL1 之间区段的供电。整个 FDIR 的功能在较短的时间内可以完成，并无需主站系统参与。

五、配电网自动化远方终端

一般将配电网自动化系统远方终端分为馈线远方终端（Feeder Terminal Unit，FTU）、开闭所远方终端（Distribution Terminal Unit，DTU）、配电变压器远方终端（Transformer Terminal Unit ，TTU）三种。通常把户外柱上 FTU、环网柜 FTU 和开闭所 FTU（即所谓的 DTU）均称为 FTU。由于应用场合不同，分别安装在柱上、环网柜内和开闭所，只是监控的配电网馈线的数量不一样，但其基本功能是一样的，都包括遥信、遥测、遥控和故障电流检测等功能。而 TTU 是指用于监视和测量配电变压器的各种运行参数的远方终端。

FTU 在 DMS 中的地位和作用和常规 RTU 在输电网能量管理系统（EMS）中的地位和作用是等同的。但是，配电网远方终端并不等同于传统意义上的 RTU。一方面，配电自动化远方终端除了完成 RTU 的四遥功能外，更重要的是还需完成故障电流检测、低频减载和备用电源自动投入等功能，有时甚至还需要提供过流保护等原来属于继电保护的功能，因而从某种意义上讲，配电远方终端比 RTU 的智能化程度更高，实时性要求也更高，实现的难度也就更大。另一方面，传统的 RTU 往往或集中安装在变电站控制室内、或分层分布地安装在变电站各开关柜上，但总的来说基本上都安装在环境相对较好的户内。而配电自动化远方终端不同，虽然它也有少量设备安装在户内（开闭所 FTU），但更多的设备往往安装在电线杆上、马路边的环网柜内等环境非常恶劣的户外。因而对配电自动化远方终端设备的抗震、抗雷击、低功耗、耐高低温等性能要求比传统 RTU 要高得多。

1. FTU 的功能及性能要求

FTU 是馈线自动化系统的核心设备，FTU 的技术核心主要包括快速故障定位、事故隔离和恢复供电，网络通信，配电网内的单相接地选线与定位，开关状态在线监视等。其功能有：

（1）遥信功能。FTU 应能对柱上开关的当前位置、通信是否正常、储能完成情况等重要状态量进行采集。若 FTU 自身有微机继电保护功能的话，还应对保护动作情况进行遥信。

（2）遥测功能。FTU 应能采集线路的电压、开关经历的负荷电流和有功功率、无功功率等模拟量。一般线路的故障电流远大于正常负荷电流，要采集故障信息必须能适应输入电流较大的动态变化范围。测量故障电流是为了进行继电保护和判断故障区段，因此对测量精度要求不高，但要求响应速度快，而且要滤出基波信号，一般采用全波或半波傅氏算法；测量正常运行情况下的电流对测量精度有很高要求，但响应可以慢些，并且要求的电流有效值是一种平均的概念，一般采用均方根算法。因此，用于保护的数据和用于测量的数据一般不能共享，而必须分别独立采集，并且应分别取自保护TA和测量TA绕组，而目前国产的10kV真空断路器一般只有一套保护TA，这是不能满足要求的。FTU一般还应对电源电压及蓄电池剩余容量进行监视。

（3）遥控功能。FTU应能接受远方命令控制柱上开关合闸和跳闸，以及启动储能过程等。

（4）统计功能。FTU还应能对开关的动作次数和动作时间及累计切断电流的水平进行监视。

（5）对时功能。FTU应能接受主系统的对时命令，以便和系统时钟保持一致。

（6）事件顺序记录（SOE）。记录状态量发生变化的时刻和先后顺序。

（7）事故记录。记录事故发生时的最大故障电流和事故前一段时间（一般是1min）的平均负荷，以便分析事故，确立故障区段，并为恢复健全区段供电时进行负荷重新分配提供依据。

（8）定值远方修改和召唤定值。为了能够在故障发生时及时地启动事故记录等过程，必须对FTU进行整定，并且整定值应能随着配网运行方式的改变而自适应。为此，应使FTU能接收DAS控制中心的指定修改定值，并使DAS控制中心可以随时召唤FTU的当前整定值。

（9）自检和自恢复功能。FTU应具有自检测功能，并在设备自身故障时及时告警；FTU应具有可靠的自恢复功能，一旦受干扰造成死机，则通过监视定时器（WDT）重新复位系统恢复正常运行。

（10）远方控制闭锁与手动操作功能。在检修线路或开关时，相应的FTU应能具有远方控制闭锁的功能，以确保操作的安全性，避免误操作造成的恶性事故。同时，FTU应能提供手动合闸/跳闸按钮，以备当通道出现故障时能进行手动操作，避免上杆直接操作开关。

（11）远程通信功能。FTU具有远程通信功能，只需提供标准的RS-232或RS-485接口就能和各种通信传输设备（DCE）相连，重要问题是FTU的通信规约，这面临着标准化的迫切需要。

（12）抗恶劣环境。FTU通常安装在户外，因此要求它在恶劣环境下仍能可靠地工作。恶劣环境通常包括：

1）雷电。直接雷击或间接雷击造成的过电压是极其有害的。因此，必须考虑充分的防雷措施，包括加装避雷器、可靠接地和电气防雷等。需要防雷击的部分常有低压电源进线（采用低压交流线路馈电）、有线通信电缆、无线通信天线系统和10kV线路（采用TV获取低压电源），要在这些与FTU接口的部位考虑可靠的防雷措施。

2）环境温度。一般FTU应能在－25～＋65℃的环境下正常工作，对于一些特殊地区，甚至会有更高的要求。如在吐鲁番，夏天会出现高达50℃以上的高温，而在大庆，冬天的环境温度全低于－35℃。通常设备在低温下仍能连续运行，这是由于器件自身因损耗发出热量维持芯片工作的，一旦在严寒环境下停机一段时间，往往就会造成设备重新启动困难。这使得FTU的重要部件不得不选择工业品级芯片。

3）防雨、防湿。具有导电性的雨水是一切电子设备的大敌，因此FTU应当具有可靠的防雨手段。值得注意的是，通常操作箱的防雨设计是不能满足FTU需要的，因为FTU的印刷线路板布局很密，不用说雨水，即使是过大的湿度也会对设备运行造成威胁。因此，必须采取更加周密的防雨、防湿（FTU应能在湿度达95%的环境下工作）措施。电力线载波通信的结合设备的结构是很值得参考的。

4）风沙。风沙对于FTU的引线和固定结构也会造成冲击，威胁其安全。

5）振动。由于安装于户外，来往车辆、大风等会造成FTU振动；若将FTU装入开关本体构成一体化设备，则开关动作和储能电机运转时，也会对FTU造成振动；若设计不当，会导致FTU中印刷板上的器件脱落或接触不良以及接插件松动等，导致设备故障。为此，制作FTU时，应尽量考虑采用单板机的一体化结构，必要的接插件应选用质地好而且可靠的，并尽可能在结构上采取紧固措施。

6）电磁干扰。随着电信技术的发展，城市范围内充满了电波，安放于户外的FTU也往往伴随着较长的引线（或是0.4kV低压馈电线，或是有线通信线，或是10kV线路本身），而这些长线实际上构成了天线，能有效地接收各种电磁波并耦合进FTU，为此FTU中必须考虑有效的抗干扰措施。

（13）具有良好的维修性。由于FTU安放于分段开关处，因此当FTU故障时必须能够不停电检修，否则会造成较大面积停电。为此，FTU应能很方便地和开关隔离开来，有必要在TA进线处采用试验端子，与开关之间采用航空插头连接，加装电源熔断器，以及采用双层机壳等措施。

（14）可靠的电源。当故障或其他原因导致电路停电时，FTU应保持有工作电源，因为这时FTU上报的故障信息对于故障区段的判断极有意义。此外，在恢复线路供电时，往往也需要可靠的操作电源。

另外，还有以下三项功能可以进行选择：

（1）电能采集。FTU对采集到的有功和无功功率进行积分可以获得粗略的有功和无功电能值，对于核算电费和估算线损有一定的意义。这样做，瞬间干扰造成的误差会被累计，影响电能测量精度。但在分段开关处测电能的目的在于估算线损，侦察窃电行为，因此这个测量精度一般可以容忍，当然为了进一步提高精度，可以采用状态估计算法。

（2）微机保护。虽然在选用柱上开关时，可以选择过流脱扣型设备，即利用开关本体的保护功能。但利用FTU中的CPU进行交流采样构成的微机保护，则具有更强的功能和灵活性，因为这样做可以使定值自动随运行方式调整，从而实现自适应的继电保护策略。

（3）故障录波。尽管故障时的电流、电压的波形记录是否有用仍是一个有争议的问题，但对于我国这样的中性点不接地的配电网，对零序电流的录波用来判断单相接地区段显然是十分有效的。

2. FTU的组成和结构

柱上开关控制器FTU可采用高性能十六位单片机制造（如80196KC等），为了满足对恶劣环境的适应性，应选择能工作在－25℃的工业品级芯片，并通过恰当的结构设计使之防雷、防雨和防潮。要有远方遥控闭锁开关，用于当检修操作时，避免由于控制中心误遥控对设备和人员造成伤害。

可设置两个机壳，一方面是为了进一步防雨，另一方面是为了维修方便，便于将FTU制造成统一的规范化产品，而不必考虑所控开关设备的种类和电气性能、电源的供应方式以及所采用的通信手段等离散因素，可以将针对上述多样性的接口设备（如蓄电池、中间继电器、直流接触器、开关电源、逆变器、无线电台、Modem和光纤适配器等通信传输设备等）安放在外机箱之内。若FTU的CPU模块、I/O模块或电源模块故障，则拔下相应的插件检修即可。一旦底板或互感器故障，则可短接试验端子，并拉开刀闸后，将FTU整体卸下而不需要停电。为了防止因开关设备故障导致FTU损坏，应在FTU和开关设备之间加装熔断器。此外，FTU的站号和通信波特率应可以设置。图5-12所示为FTU在户外的安装示意图。

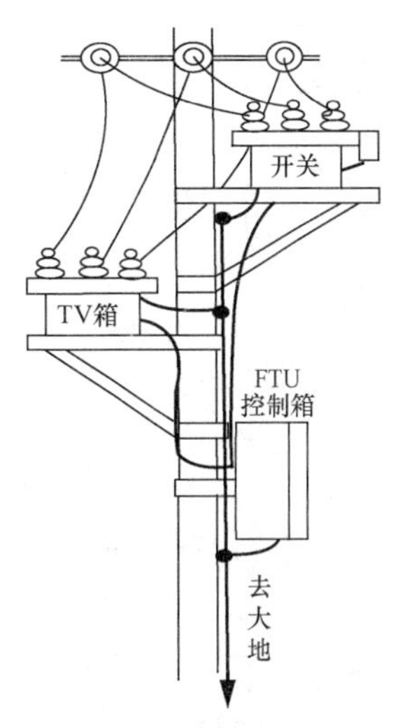

图5-12 FTU在户外的安装示意图

典型的FTU的系统框图如图5-13所示。FTU利用80C196K微处理器内部的10位A/D转换器进行32点交流采样测量电压、电流和功率等遥测量，共有9个模拟量输入端，包括两组三相电压、一组三相电流。一般每台FTU中只有一个对象的遥控输出（合、分），因此无法采用RTU中对遥控进行校验的方式。但在FTU中，可采取两路译码输出相与的方式控制出口继电器，这样可以避免由于器件故障或程序异常等因素，导致出口继电器误动作的现象发生。

3. 区域工作站

区域工作站实际上是一个集中和转发装置，它与柱上开关控制器（FTU）采用面向对象（开关）的问答规约，允许多台FTU共用同一条通道。区域工作站相当于一台标准的RTU向配电网控制中心通信，它采用输电网自动化通用的SC1801、CDT、DNP、Modbus和μ4F规约进行转发。这样，配电网控制中心的计算机系统则可继承输电网调度自动化的成熟技术。

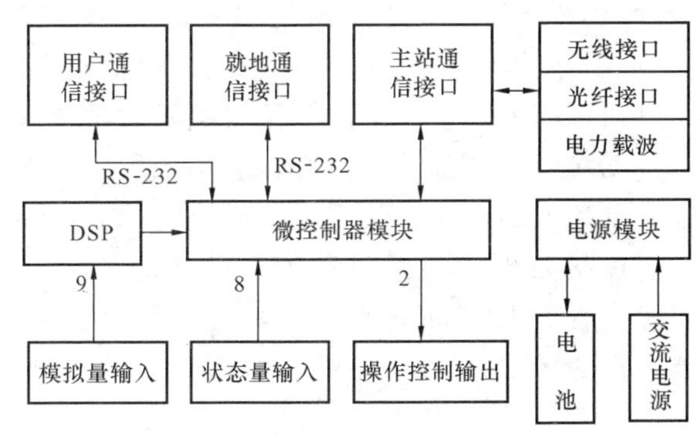

图5-13 一个典型的FTU的系统框图

为了便于监视FTU的通道情况，可在区域工作站上为与之相连的各台FTU分别设置一个通信正常信号，当作遥信处理。当区域工作站与FTU一次数据通信正常（即区域工作站收到FTU一帧信息并校验正确时）时，置位该遥信；当区域工作站与FTU连续三次数据通信失败（通信超时、半帧或校验错等）后，将该遥信清零；一旦区域工作站与FTU数据通信恢复正常，立即重新置位该遥信。此外，一般需要给区域工作站配备较大容量的UPS以确保其在事故停电期间仍能正常工作。

比较理想的方案是：由变电站出口断路器（或重合器）的FTU（主FTU）代替区域工作站，来完成对本供电区段故障判断和故障隔离，如图5-14所示。

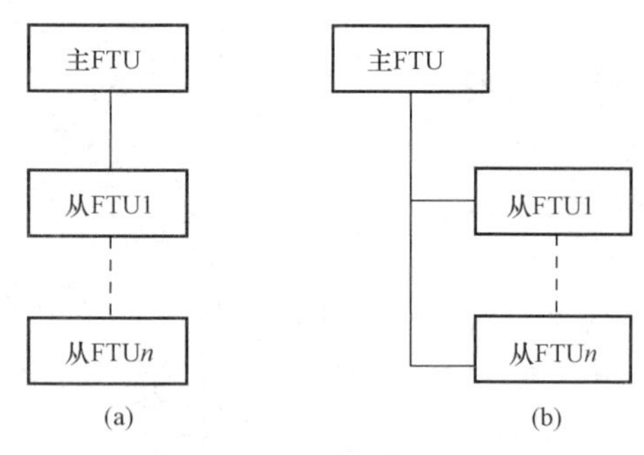

图 5-14 主从 FTU 连接
(a) 级联方式；(b) 总线方式

主 FTU 同时可以和配电控制中心通信，完成信息的上传和集中管理。这样不但可以省去区域工作站，更主要的是可以简化通信系统，特别利于配电自动化的分期实施。先在各供电区段使用 FTU（包括一个主和多个从 FTU），在馈线当地实现故障判断和故障隔离这一重要功能，而不依赖功能齐全的主站系统；以后逐步扩大馈线自动化的实施，当具备相当规模后，再发展或建立主站系统。增加面向全配电网的应用功能，实现整个配电网的监控和自动化，这在经济上和广泛推广上均很有实际意义。

4. 环网柜 FTU 和开闭所 FTU

柱上 FTU 往往安装在户外柱上或路边等处，主要监控的是单一的柱上开关（一条线路）。对于同杆架设两条线路的情况，也有监控两路开关（两条线路）的。监控两条线路比监控一条线路，除了要求 FTU 有更多的模拟量输入（YC）、开关量输入（YX）以及控制量/数字量输出（YK）容量外，其他方面对 FTU 的功能要求是完全一样的。一般的 FTU 都是按监控一条线路设计的，在碰到同杆架设两条线路的情况时，可以用同时装设两台 FTU 的办法来解决这一问题。两台 FTU 可以有各自的通信端口和主站系统通信。但为了节省投资，一般两台 FTU 用级连的方法相连，两台 FTU 一主一从，只有主 FTU 直接和主站系统通信，从 FTU 通过主 FTU 间接和主站系统通信。

环网柜 FTU 安装在环网柜内。环网柜一般都为 2 路进线，多路出线，因此环网柜 FTU 至少需要监控 4 条线路，要求 FTU 有很大的数据容量。因为环网柜本身的空间很小，所以，对环网柜 FTU 最基本的要求是数据容量大，物理体积小，这就对 FTU 设计和制造提出了比较高的要求。

至于开闭所 FTU（或称 DTU），所要监控的开关和线路的数量就更多了，因此对模拟量输入（YC）、开关量输入（YX）以及控制量/数字量输出（YK）的容量要求就更大。但相对于环网柜 FTU，开闭所 FTU 对体积的大小要求不是很严。对开闭所 FTU 的实现，主要有两种方案：一种是利用几个 FTU 组合并相互协调来实现，每个 FTU 分别监视一条或几条馈线，同时各 FTU 间通过通信网络互联（如级连方式）实现数据转发和共享。这种方案的好处在于系统可以分散安装，各 FTU 功能独立，接线相对简单，便于系统扩充和运行维护。另一种方案是参照传统的集中控制 RTU 实现方案，在传统的 RTU 基础上将功能增强，提供故障检测功能，甚至继电保护及备用电源自动投入等功能，由类似的成套设备来完成全部的功能。这种方案的优点在于投资相对较低，功能也可以完成得更加复杂；缺点是不利于安装及维护，系统扩充也不方便，另外整个系统稳定性也相对较低。

5. 配电变压器远方测控单元（TTU）

在馈线自动化系统中，往往还要对配电变压器进行远方监视，采集它的电流、电压、有功功率、无功功率、功率因数、分时电量和电压合格率等数据，并以这些运行参数作为考核和经济运行分析的依据，还可作为安全运行的监视手段。根据配电变压器的负荷曲线，还可以更准确地计算线损。在配电变压器处采集的电量数据对于用户电量核算和及时察觉窃电也大有帮助。此外，配电变压器远方监视装置，还可完成利用低压配电线载波对本台区低压用户进行抄表数据的接力和远传。TTU 与 FTU 类似，除了在系统程序上有所不同外，两者在硬件上的不同之处在于 TTU 增加一路与低压用户抄表器通信的串行口，TTU 的控制输出也与 FTU 有所差别，它的作用是通过在配电变压器低压侧投切一组补偿电容器，实现功率因数补偿的作用。该补偿电容器可以根据 TTU 采集的无功功率和电压参数自动投切，也可以由操作员在馈线控制中心进行远方控制。

为了防止在投入补偿电容器时，因电容充电造成涌流，在投入时，应当先控制通过限流电阻投入电容器，此时电容器充电回路存在限流电阻，因而抑制了充电电流；随后再控制将限流电阻短路，达到正常工作状态。

六、馈线自动化的电源问题

当故障或其他原因导致电路停电时，各测控单元应能可靠地上报信息和接受远方控制。因为，这时上报的故障信息对于故障区段判断很有意义，了解故障前故障线路的负荷，对于恢复供电时负荷的重新分布和配电网结构重组也很有意义。在恢复线路供电时，往往也需要可靠的操作电源。为此，馈线自动化的各个环节应在停电时，拥有可靠的备用工作电源。

在馈线自动化控制中心，可以为 SCADA 网络系统安装大容量的 UPS，以保证其在停电后仍能够长时间安全运行。对于区域站的集中转发系统，由于它集结了大量的分散馈线测控单元，所以也应采用较大容量的 UPS，保证其在停电后能够长时间安全运行。

对于开闭所和小区变电站的 RTU 可以采用双电源供电，并通过自动切换装置保证当缺少任一路供电时，其电源不间断。

要确保 FTU 总能获得工作电源，必须采取一些操作方法。

1. 操作电源和工作电源均取自馈线

这种方法不需要蓄电池，FTU 的工作电源和柱上开关的操作电源均取自馈线，具体取法有三种。方式一：工作电源取自开关两侧的单相变压器（如联络开关）；方式二：当有低压线路与柱上开关同杆时，工作电源取自一台单相变压器和一回低压线路；方式三：当有不同电源的两回低压线路与开关较近时，工作电源取两回低压线路，两路电源应能自动切换。这种方式适合于与采用交流操作机构和交流储能电机的柱上开关配合，因不需蓄电池，所以维护方便，但仍存在以下不足：

（1）采用方式一和方式二供电时，当馈线停电后，FTU 将失去工作电源，从而无法上报信息和接受控制命令。

（2）采用方式三供电时，有可能造成不同配电变压器台区的低压配电网的耦合，会对安全运行带来影响，且不是所有分段开关位置均能获得两路真正独立的电源。

（3）在这种供电方式下，需要解决 FTU 的工作电源和开关的操作电源的切换问题。

为了确保 FTU 的微处理器系统连续正常工作，FTU 的工作电源的切换必须做到无扰化。FTU 的两路电源经整流后在直流侧并联，并由 FTU 的 CPU 对两路电源电压分别监测。当主回路电压下降到 70%时，切除主回路，经过延时后投入备用回路；当主回路恢复正常时，再经过延时后切换到主回路。针对采用交流操作电源的柱上开关，两路操作电源用两个接触器控制，切换要有延时，这种延时是保障安全所必需的。但采用直流操作电源的柱上开关，两路操作电源经整流器后在直流侧并联，切换没有延时。

2. 操作电源和工作电源均取自蓄电池

这种方式需在FTU机箱安放一个较大容量的蓄电池，通过它获得FTU的工作电源和柱上开关的操作电源。这种方式的优点在于即使馈线停电，FTU仍能工作，柱上开关也仍能操作。为了解决蓄电池的充电问题，必须从0.4kV的低压馈线或通过TV直接从10kV高压馈线上获得充电电源，但此时TV的容量可以选择较小些。

在这种方式下，提倡采用直流操作机构和直流储能电机的柱上开关（如DC 48V、合闸电流10A），因为这样使得利用蓄电池供电的方案更方便。若采用交流操作机构和交流储能电机的柱上开关（如AC 220V、合闸电流5A），则还必须设置一台将DC 48V转换为AC 220V的逆变器。但是采用DC 48V、合闸电流10A的柱上开关后，对FTU的中间继电器的触点容量和断弧能力提出了较高的要求。另一种直流操作机构是DC 24V、合闸电流25A，在这种情形下，对FTU的中间继电器的断弧能力的要求更高。因此，相对而言，采用DC 48V、合闸电流10A操作机构的开关更合适些。

3. 操作电源取自馈线，工作电源取自蓄电池

这种方式下，FTU的工作电源取自蓄电池，柱上开关的操作电源和蓄电池的充电电源，通过TV直接从10kV馈线上获取或者取自0.4kV低压线路。

由于馈线沿线的柱上开关的合闸操作是按顺序进行的，因此当某台开关需要合闸时，其电源侧的相邻开关已经处于合闸位置了，即已经将电供至待合闸的开关处，所以总是可以以馈线为操作电源进行可靠的合闸。

但是，由于配电网中的开关整定困难，经常发生在故障后，距故障最近的开关尚未跳开，其上级开关却先分断的现象。因此，在故障后为了准确地隔离故障区段，在顺序恢复供电前，必须通过补跳使与故障区段相邻的开关可靠分闸，否则恢复供电时会合到故障点上。而这个补跳操作，就必须依赖蓄电池提供操作电源了，因为此时尚未将电馈至待补跳的开关处。

因此，在这种方式下，采用直流操作机构和直流储能电机的柱上开关（如DC 48V、合闸电流10A），由于不需要蓄电池或逆变器提供合闸电流，因此比采用交流操作机构和交流储能电机的柱上开关（如AC 220V、合闸电流5A）更方便。

采用失压脱扣的分段器代替具有过流保护功能的开关，可以进一步简化FTU的供电问题。因为在这种情况下，在故障发生后，由于主变电站的断路器跳闸导致线路失压，造成沿线所有分段器分段，而不必补跳，因此蓄电池只需维持FTU工作和通信即可。

采用失压脱扣的分段器代替能遮断故障电流的开关，由于不需要切断故障，因此开关设备的可靠性大大提高，即使采用国产设备也能满足要求，从而使系统造价也大幅度降低，有利于大面积推广和普及配电网自动化。但是采用失压脱扣的分段器后，整条馈线依赖主变电站的断路器加以保护，对于断路器及其保护装置的可靠性均提出了更高的要求。

为了保护蓄电池并延长其使用寿命，应采取以下措施：

（1）在蓄电池放电回路中应采用快速熔断器作短路保护，在蓄电池充电回路中应采用大容量的压敏电阻作高压脉冲保护。

（2）用电压继电器和时间继电器保护蓄电池，避免过充电和过放电，有效控制蓄电池的工作状态。

此外，还有采用不间断电源UPS，为FTU提供工作电源和操作电源的方案。它适合于采用220V交流操作机构和交流储能电机的柱上开关的情形。但值得注意的是，一般的计算

机用 UPS 是安装在户内的，不宜直接采用。对为 FTU 供电的 UPS 应特殊制造，使其能够满足在恶劣条件下工作的需要。

第三节 配电 DSCADA 系统

将馈线自动化、配电网进线监视、10kV 开闭所和配电变电站的自动化构成一体化的监测和控制系统，即配电 DSCADA 系统。它是配电网自动化的基础，是电力系统自动化的一个底层模块。

配电 DSCADA 系统一般应具有以下特点：

（1）采用开放平台组成系统，具有方便灵活的图形用户界面，使用多窗口技术取代传统上单一的半图形或全图形画面。

（2）能接收来自 GIS 的地理图形数据，组成 DSCADA 地理接线图。

（3）具有网络拓扑分析能力，可用不同颜色和图标来区分线路是否带电、是否接地。

（4）使用分布式和免变送器的 RTU 来取代传统的集中式 RTU。

（5）能支持变电站综合自动化，实现保护的投切和监视、保护定值的选择以及故障录波和测距数据的搜集等功能。

配电 DSCADA 系统包括通过传统的变电站 RTU，用以收集配电网的实时数据，进行数据处理以及监视控制等功能。此外，和 EMS 不同，配电 DSCADA 系统还包括有沿线分布的面向现场的 FTU（现场或馈线终端装置），用以实现馈电线自动化的远动功能。配电 DSCADA 系统的主要功能有：

1. 数据采集（Data Acquisition，DA）

通过 RTU、FTU、TTU、DTU 采集到的电压、电流、功率等实时信息，经由符合要求的通信通道，传送至监控中心的实时数据库保存，并在显示屏上进行数值显示及设备运行状态的动态着色。

2. 报警（Alarm）

当配电网中任一设备发生过负荷、参数越限或是断路器事故跳闸时发出的警报。警报一般分为两级（一为预警、一为告警），其限值由人工设定。报警的方式，除画面上闪光、报警行和报警表显示，并随即打印出报警内容外，还可配以不同的音响，用以提醒调度员注意。音响等级通常选为 3 级，最低级为柔和的叮咚声，且自动复归，表示预警；中间级为持续长音，自动延迟复归，表示一般告警；最高级为急促短音，严重告警，并需人工确认复归。

3. 事件顺序记录（Sequence of Events，SOE）

电力系统发生故障时，往往是多个继电保护和断路器先后动作。这些保护触点和断路器动作的先后顺序和次数，对分析与判断故障极为有用。把这些带有毫秒级时间标记的遥信动作顺序记录下来的功能，称为 SOE。其动作时间的分辨率，同一 RTU 站内一般可做到 1ms，站间为 10～20ms。

鉴于遥信测点中带时标的遥信都是重要的断路器和报警信号，因此必须保证其响应速度在 2s 以内。必要时可对 SOE 采取多次插入扫描的办法，来解决由于测点过多或是通道速率较慢所带来的问题。

4. 扰动后追忆（Post Disturbance Review，PDR）

这也是分析电力系统故障原因的一个主要手段。如果说SOE仅记录事故开始及其以后的断路器动作顺序，那么PDR所记录的则是包括断路器动作、遥测变化、控制操作等在内的全部历史信息。但和SOE具有毫秒级的高分辨率不同，PDR的分辨率仅为当时调度员所能看到的秒级主站扫描水平。

5. 远方控制（Control）

远方控制即遥控。遥控操作具有反送校核（Check Back before Execute）和直接执行（Direct Execute）两种方式。前者用于重要的遥控断路器，发出控制命令后，先检查RTU返回的待控对象信息是否与命令一致，确认一致后才发出执行命令。后者不需反送校核，直接执行控制命令。这种命令多用于对调压变压器和电容器组的控制。DMS中，还有一些场合要用到多路控制（Multiple Controls），即只发出一个控制命令，而按一定的顺序和时间间隔去控制一组断路器的动作。这时，要定义好其中某个断路器拒动时，是中止操作还是跳过去继续控制。

DSCADA通过RTU所监视控制的配电变电站设备有：

（1）断路器和其他开关设备状态。

（2）重合闸开合状态。

（3）带负荷调整变压器的分接头位置。

（4）静补电容器组状态。

（5）数字保护装置的整定值组位置等。

DSCADA通过FTU监视控制的馈电线路设备有：

（1）线路重合器的整定和状态。

（2）分段器和柱上断路器状态。

（3）静补电容器组状态。

（4）电压调整器位置状态等。

6. 远方调整（Control）

远方调整即遥调。这实际上是通过模拟量来进行远方控制的另一种手段。如用于无功控制的静止补偿装置，有的可以通过遥控操作来直接控制电容器组的投切；有的则需要通过调整该装置的参考电压来进行控制，这时就要用到遥调功能。

7. 计算（Calculation）

计算又称为派生测点（Derived Point），这是SCADA内含的一个算术和逻辑运算功能。通过对实时数据的实时运算，推导出无法进行实时采样的派生测点。如电力系统中的视在功率是测量不出来的，只能通过有功和无功的实时数据由公式计算出来。此外，多路控制也要用到实时的逻辑运算来定义下一个控制的闭锁条件。如必须上一个断路器断开、另外一个断路器合上时才能打开本断路器等。

由于实时的派生测点比直接采样的测点要花费多得多的内部开销，因此一定要对计算的复杂程度、派生测点的数量及其采样周期加以控制，否则将大大影响整个系统的响应速度。

8. 趋势曲线（Trend）和棒图（Bargraph）

趋势曲线和棒图（直方图）是电力系统控制中心调度员经常用来显示实时运行工况趋势，并和计划值进行比较的一种直观醒目的表达方式。它也可用来对几种实时数据进行同步比较，如频率与负荷、三相负荷的平衡程度等。

由于这是一种比实时画面较为宏观的趋势显示，因此采样周期不宜过快，一般均为分级水平；也可分成几种采样周期不同的画面来显示，或在同一画面上动态地选择采样周期的时间间隔。

9. 动态线路着色

传统的 SCADA 功能中，单线图的配电网设备是分别用动态和静态两类图形来显示的。与遥信有关的断路器使用动态显示，图形随断路器工况而变，如空心方块表示“合”，实心方块表示“开”等。而与遥测有关的发电机、变压器和线路（含母线）用的是静态图形，它们的运行工况由遥测值的变化来反映，其图形并不变化。动态线路着色功能，就是把线路（含母线）改为和断路器同样的动态显示，图形随线路（含母线）工况而变。如带电为绿色、不带电为白色、接地为黄色等。

为了实现此功能，需要用到网络拓扑分析。这里有两个解决办法：一是使用一个简单的网络拓扑程序专门解决 SCADA 的动态线路着色问题，另一是与应用软件相结合而使用共同的网络分析软件。

10. 地理接线图

经常可以看到，某些控制室在显示单线图的大型模拟盘旁边，布置有一个地理接线图。与此类似，在多窗口的画面上，在显示配电网或变电站单线图的同时，也可在另一个窗口上显示一幅相应的地理按线图。单线图与地理图的结合，较形象地反映出配电网的地理走向和区域划分，便于工况监视和故障处理；此外，还为与气象或雷电观测等外部系统的结合创造了条件。实现此功能的前提是，需要通过 AM/FM/GIS 为 SCADA 提供作为背景画面的地理图。从另一方面来说，这也正是 DMS 集成所带来的信息和应用成果共享的好处。

11. 历史数据存储（History）和制表打印（Report）

历史数据不仅支持 SCADA 中的定时制表打印，还为负荷预报等规划应用提供成组连贯的历史资料。

有功、无功、电压等遥测值一般每分钟搜集一次，每 10min 求一次平均值；电能计数值每 10min 搜集一次，每小时正点冻结传送一次。上述每 10min 平均一次的数据，按发电（水火电分开）、负荷和线路潮流分类存储，每天总计一次，并据此按班或按日生成所需的报表。

在线系统作为统计文件保存 7 天的历史数据。因此，每天建立一个新文件而自动将过期文件删去，但当天深夜零时以前的数据不包括在新文件内。

12. 事件记录（Event Log）

和 SOE 不同，事件记录的内容包括电力系统、控制系统以及人员操作等所有发生的事件在内，且按主站的秒级时钟进行排序。事件记录按先进先出的循环文件方式存储和显示，并可由事件启动或随时召唤打印。为了查阅和操作的方便，可分类进行显示，如分成未确认的报警事件、已确认但未清除的报警事件等。事件记录虽与 SCADA 功能有关，但它主要用于系统的监视和维护。

13. 时钟（Clock）

时钟对 SOE、频率监视、定时计量和定时打印制表等功能影响很大。现在几乎所有的计算机均配有一定精度的内部时钟，但这种时钟用于配电网不是精度不够，就是和标准日历钟不同步。因此，往往需要通过一个外部的标准时钟源来与其同步，用以提高系统的时钟精度，并获取系统所需的日历时间和标准频率。

外部的标准时钟来源很多，当前用得较多的是全球定位系统（Global Positioning System，GPS）。为此，SCADA的时钟系统应具有通过天线接收GPS同步信息、为获得毫秒级时间同步所需的外部中断接口。至于RTU的时间同步，可通过主站发出的时间同步信息来实现，此信息包括分辨率为0.1ms的全部日历时间。

14. 模拟盘接口（Mimic board Interface）

这是一个常规的SCADA功能，但当前有两个新的趋势。一个趋势是模拟盘连同其驱动器和通信接口一起，已实现开放性设计。它和包括SCADA在内的应用系统的接口，实际上就是一个标准的数据通信问题。此外，加上模拟盘本身就是一个冗余的用户界面，完全没有必要在网上专门设置一个模拟盘接口，从任何一台人机会话工作站上建立一个通道就可以了。另一个趋势是用大投影显示来取代模拟盘。随着投影显示技术的发展，这个趋势将会越来越明显。大投影显示的特点是使用灵活，接口方便，可以直接和任何一台人机会话工作站并联工作。

15. 支持无人值班的变电站自动化

这主要是解决保护功能进入无人值班的变电站自动化后所需增加的一些新功能。这些功能是：

（1）保护的远方投切。

（2）保护定值的远方整定（一般为4～6组）和运行方式改变时的定值选择。

（3）保护运行工况的监视和报警。

（4）变电站运行报告（含保护）的生成。

（5）变电站故障报告（主要是故障录波和故障测距数据）的搜集。

第四节　配电网图资系统AM/FM/GIS

一、AM/FM/GIS的基本概念

配电网图资系统是自动绘图（Automated Mapping，AM）、设备管理（Facilities Management，FM）和地理信息系统（Geographic Information System，GIS）的总称，也是配电生产管理系统的基础。

和输电系统不同，配电系统要从变电站、馈电线路一直管到千家万户的电能表为止。我国的配电系统，不少还包括子输电系统（Sub-transmission System）在内。因此，变电站既有输电变电站，也有配电变电站；馈电线路既有架空线路，也有地下电缆线路。至于用电，既有公用的市政用电（如街道电杆照明用电），又有情况各异的大、中、小用户用电。可见，设备管理任务十分繁重，且均与地理位置有关。此外，配电系统的正常运行、计划检修、故障排除、恢复供电以及用户报装、电量计费、馈电增容、规划设计等，都要用到这些信息。因此，一个完整的配电系统模型，不管其自动化程度如何，都离不开设备和地理信息，这就是图资系统为什么是配电生产管理系统开展工作（如运行监视、运行方式确定、故障区域搜寻、停电恢复、设备统计、检修计划安排、投诉电话热线、开具操作票等）的基础。

配电系统的数据模型由4层组成，即设备层、地理层、物理层和拓扑层。这里的设备层是最基础的，它由设备管理系统（FM）支持，提供DMS所需的全部设备信息。地理层由

地理信息系统（GIS）支持，提供上述设备的地理位置信息。标明有各种电力设备和线路的街道地理位置图，是配电网用来管理维修电力设备以及寻找和排除设备故障的有利工具。早先，这些图资系统完全是由人工建立的，即从行政部门取得一定精度的地图后，由供电企业标上各种电力设备和线路的符号，并相应建立各种电力设备和线路的技术档案。现在，供电企业所做的这些工作完全可以计算机化了，这就是所谓的AM/FM自动绘图和设备管理系统。自动绘图就是将勘察部门提供的数字地图信息库信息还原至屏幕显示，可以任意缩放，添加删除设备只需通过对话框形式修改数据库即可。设备管理就是在计算机的地理图上标上各种电力设备和线路的符号，并可以检索其坐标位置以及包括实物图片在内的全部有关技术档案。AM/FM不仅可以根据设备信息自动生成配电网接线或从地理图上按设备、线路或区域直接调出有关的信息，而且还具有缩放（Zooming ）、分层消隐（Layering and Decluttering）、漫游（Panning）、导航（Navigation Beacons）以及旋转（Rotation）等功能。

当代的AM/FM/GIS系统，已远不仅是在标有电力设备和线路符号的地理图上进行设备技术档案的登录和检索，而是在设备管理的基础上，增加了不少面向电网运行的新功能，一改GIS传统的离线应用面目，为实时应用提供了基础。这些功能主要有：

(1) 拓扑网络着色。电力系统作图软件的一个最重要的特性就是绘制电路接线图。GIS具有跟踪检查电路连接情况的能力，并用不同颜色表示是否带电、接地等。

(2) 自动动态连接。用户可以在电路接线图上任意投切一个或多个电路，图形数据库和拓扑网络着色将随之自动更新。

(3) 小区分割处理。在地理图上用多边形任意圈定一个小区（如城区、纳税区等），GIS将对该区有关对象（如用户、电线杆、变压器以及城建规划等）统计列表，供用户查询用。这对小区负荷预报应用软件极为有用。

(4) Auto CAD双向接口。为用户系统提供双向接口，允许来自Auto CAD和GIS的图形按标准的DXF格式输入到用户系统。反之，DSCADA的实时信息也可映射到GIS上来。

(5) 跳闸事件报告。当电网发生跳闸事件时，GIS将向用户提供一份清单，列出受其影响的用户、变压器和线路等，并根据这些信息生成相应的报告和图纸。

(6) 能接入第三方软件。这是表征GIS开放性的一个重要功能，也是GIS和用户的开放系统能够实现无缝集成的必要条件。

上述这些功能，为AM/FM/GIS与DSCADA/LM/PAS的系统集成创造了条件。实时系统可直接使用GIS所生成的具有地理背景的网络接线图，而设备管理系统则可以从DSCADA中获取实时信息，以提高管理系统的动态性能。

二、AM/FM系统的基本功能

AM/FM是Automated Mapping/Facilities Management的缩写。AM就是自动绘图，包括制作、编辑、修改与管理图形，这些图形可以是地图、设计图或各种其他图形；FM是设备管理，包括各种设备及其属性的管理。20世纪70年代和80年代初、中期的AM/FM大多是独立系统，近些年来，随着地理信息系统GIS的快速发展以及GIS的优良特性，目前的大多数AM/FM系统均建立在GIS基础上，即利用GIS开发功能更强的AM/FM系统，因而也称为AM/FM/GIS系统。AM/FM最初主要用于施工工程管理，目前其使用范围已经十分广泛，在西方发达国家已广泛用于供水、供热、交通、通信、环保、煤气等工程以及政府部门、市政建设、旅游和文物景点等设施的管理、规划、设计与维护等。在电力行业，

AM/FM系统也得到了广泛的应用。目前AM/FM/GIS系统已经成为DMS的基础，为其所有应用提供地理层和设备层的基础数据。这些应用包括SCADA，电力系统在线应用软件PAS，投诉电话热线（Trouble Call），负荷控制与需方用电管理，电力系统规划软件，调度员培训模拟，操作票，以及电量计费与用户服务系统等。

AM/FM图资系统是配电自动化的基础，其影响遍及DMS的各个方面。静态数据的AM/FM与具有远动遥测数据的DSCADA相结合，并通过窗口组合管理，可以在一幅画面上，同时显示出DSCADA的单线图、实时数据和地理位置。DMS的规划和设计功能，需要以街道地理位置和现有设备运行信息为基础。此外，还可以利用类似管理电力设备的办法来管理用户电能表，实现用电计费和报装的计算机管理。

电力系统的设备管理与分析设计人员一般面对两类资料：①地图。地图上标注的地物和地理坐标紧密联系在一起，如变电站、用户及杆塔等电力设备的位置，称为空间定位数据；②电力设备运行情况与潮流分布等数据。它们和地理坐标无直接联系，是非空间定位数据，一般称为属性数据，即表示事物的某些特性的数据。GIS的主要功能就是能综合分析与检索空间定位数据，利用数据库技术可以把地物的空间数据与属性数据一一对应联系起来，从而提高调度员与设备维护人员了解设备工况与处理设备故障的能力。

而DMS所需要的数据中许多都与地理位置信息有密切的关系，可以把这些信息作为AM/FM/GIS数据库要描述的数据。这些数据可分为两类：

（1）地理数据，包括地图以及其他地理信息。把这些数据与用户数据库结合起来，就可以实现负荷侧管理、负荷控制、故障电话处理以及环境污染的策略评价等DMS功能。借助于GIS，还可以对过去难于用其他方法进行分析的数据进行相关分析。利用了GIS以后，还可以向其他部门提供有关的数据产品或服务，如向规划部门提供用电负荷的地理分布信息等。

（2）电力设备以及供电服务信息和用户信息。电力设备以及供电服务要描述的电力设备有配电设备（如配电馈线、变压器、地下电缆、变电站等）和各种继电保护设备，包括这些设备的地理位置及其有关属性（如设备的投运日期、材料、运行状态、最近一次检修日期、所属权等DMS中各个应用系统需要的公共信息）。供电服务信息有供电服务队伍的地理位置、人员情况、工作完成情况等。用户信息包括地理位置、负荷类型、电话号码等。

利用AM/FM/GIS可以把过去电力系统中独立开发的应用系统集成起来，构成完整的DMS，各个应用通过公共数据访问集成服务DAIS对它进行访问。借助于AM/FM/GIS系统管理与维护DMS中的公用数据库至少有下列好处：

（1）为全企业所有应用提供一个统一、协调一致、准确的数据库，可以大大地改进对用户的服务质量。

（2）减少设备和地理信息等数据维护的费用。

（3）生成一个十分灵活的系统，允许对它进行改进、修改以及与其他系统集成。

三、AM/FM/GIS系统在配电网中的应用

AM/FM/GIS系统把地理空间信息与含实物彩照在内的设备属性信息有机地结合起来，向电力系统中的各种应用系统提供图形与数据信息，大大改善了各个应用系统的面貌，甚至构成全新的系统。

以前，AM/FM/GIS主要用于离线应用系统，为用户信息系统（Customer Information

System，CIS）的一个重要组成部分。近年来，开放系统的兴起，新一代的SCADA/EMS/DMS广泛采用支持SQL的商用数据库，而这些商用数据库（如ORACLE，SYBASE）又都能支持表征地理信息的空间数据和多媒体信息，这就为SCADA/EMS/DMS与AM/FM/GIS的系统集成提供了方便，开辟了AM/FM/GIS进入在线应用的渠道，最终将成为电力系统数据模型的一个重要组成部分。下面分离线和在线两个方面，来介绍当前AM/FM/GIS在配电网中的几个典型应用。

1. AM/EM/GES系统在离线方面的应用

离线方面，AM/FM/GIS作为用户信息系统CIS的一个重要组成部分，提供给各种离线应用系统使用。另外，各个应用通过系统集成和信息共享，进一步得到优化，从而提高了配电网管理和营运的效率和水平。这些应用系统主要有：

（1）设备管理系统。在以地理为背景所绘制的单线图上，可以分层显示变电站、线路、变压器、断路器、隔离开关直至电杆路灯、用电用户的地理位置。只要用游标激活一下所需检索的厂站或设备图标，包括实物彩照或图片在内的有关厂站或设备信息，即可以窗口的形式显示出来。这就是设备管理系统的应用情况。

应该说明，地理背景图的精度要求不高。厂站或设备的地理信息（经纬度和海拔等）显示在厂站和设备的窗口信息内，而不由地理图中所在位置来决定。此外，为了突出厂站、线路和设备的走向和连接关系，地理图可采用分层消隐的办法来去掉不需显示的部分（如消去房屋建筑，只保留街道河流等），或是在保留原图的情况下，采用降低灰度的办法来达到同样的目的。

设备管理系统中最基本的元素是设备（断路器、隔离开关、变压器、线路等）。因此，在厂站单线图上，还可用同样的办法进一步检索有关的设备信息。这些设备信息，既包括生产厂家、出厂铭牌、技术数据、投运日期、检修次数、编号、备注等基本的管理信息，还包括设备的运行工况信息和数据。设备管理系统根据这些厂家数据和运行工况，对设备进行经常维护和定期检修，使设备处于良好状态，并延长其寿命。

设备管理系统既是一个独立的应用系统，同时还可通过网络通信，与其他应用共享设备信息和数据。

（2）用电管理系统。用电管理系统可使用AM/FM/GIS，按街道门牌编号为序，对大中小用户进行业扩报装、查表收费、负荷管理等业务营运工作。

业扩报装、查表收费以及负荷管理（尤指执行DSM计划）是供电企业最为繁重的几项用电管理任务。使用AM/FM/GIS，就可促使基层生产班组人员认真核对现场设备运行状况，及时更新配电、用电的各项信息数据。业扩报装时，即可在地理图上查询有关信息数据，有效地减少现场勘测工作量，加快新用户用电报装的速度，直至实现电话报装。

查表收费包括电能表管理和电费计费。使用AM/FM/GIS，按街道的门牌编号为序来建立这样的用户档案是十分有用的，查询起来非常直观和方便。这个系统还可根据自动读表或人工抄表的数据，自动核算电费，打印收款通知单或直接进入银行账号。此外，还能随时调出任一用户的安装容量及历年用电量数据，进行各种分类统计与分析。

用电管理系统的另一个功能是，根据变压器、线路的实际负荷，以及用户的地理位置和负荷可控情况，制定各种负荷控制方案，实现对负荷的调峰、错峰和填谷任务。

（3）规划设计系统。配电系统和输电系统（含子输电系统）的规划设计有很大的不同。

输电系统的规划影响大、投资大，但周期长；而配电系统则与此相反。因此，配电系统的合理分割变电站负荷、馈电线路负荷调整以及增设配电变电站、开关站、联络线和馈电线路，直至配电网改造、发展规划等，设计任务比较繁琐，而且，一般都是由供电企业自行完成。这时，单位地理图（如0.1～0.25km^2）上所提供的设备管理和用电管理信息和数据，与小区负荷预报（Micro - area Forecast）的数据相结合，共同构成配电网规划和设计计算的基础。

AM/FM集中记录、处理和显示地理区域内全部设施信息和数据，与只显示地理、地貌、地物和人文等地理信息的GIS不同。例如，一条供电线路在GIS中只会显示其在地图上的位置，但在AM/FM中不但会显示其在地图上的位置，还会对地图中不同位置上电杆的工程数据——杆高、埋深、建设日期、检修记录等进行存储、显示和检索；此外，还会对每段导线的工程数据——线材、线径、负荷、运行方式进行监视、记录和分析。又例如，地下一段电缆线路在GIS中可能不显示，但在AM/FM中不但会显示其在地下电缆线路的位置，而且会显示其在地下的埋设分布断面图，对其工程数据——线材、线径、负荷、运行方式、埋深、建设日期、检修记录等进行存储、显示和检索。而这些，正是配电网规划设计中需要用到的信息和数据。

考虑到配电网的设计计算任务较多，且与上述的AM/FM/GIS信息和数据密切相关，因此，一般用于配电网的规划设计系统，都具有AM/FM/GIS和Auto CAD（计算机辅助设计）的接口，以便借助于Auto CAD丰富的软件工具，高效率地完成各种设计计算任务。

设计的核心问题是如何保证所用数据的正确性。一方面，现已运行的设备数据，应能反映现场地理信息和实际工况的变化；另一方面，待使用的设备品种和数据，包括设备本身以及施工安装价格在内必须齐全无误，如标准电杆装配型式、导线跨度、变压器等。此外，地理图的更新也是一个问题，一个新的地理图版本，往往要在变化后几个月内才出版。因此，在旧图上临时修改，而待新图出版后再行修订就是不可避免的了。

以上是几个AM/FM/GIS在配电网中离线应用的例子。当然，AM/FM/GIS的离线应用不仅这些，而且还随各供电企业的管理方法和技术装备不同而异。但供电企业通过建立和用好图资系统，无疑是通过系统集成、信息共享，更可能取得整体优化的结果。可用一个简单的例子来说明。如某处因车祸碰断电杆，但规划显示该区因故明年将更换此种类型的电杆，且已通过设计计算选好了新的杆型，此时，即可一次换成新型电杆，而避免了“今年换上，明年再拆”情况的发生。

2. AM/EM/GES系统在在线方面的应用

设备的工况（如断路器的开合状态）如由在线的DSCADA系统实时更新，AM/FM/GIS即进入在线应用领域。反过来说，DSCADA系统的单线图，如以地理图为背景进行显示，对及时发现故障停电地段，指挥现场排除故障恢复供电极为有用。因此，SCADA/EMS/DMS，尤其是配电网中的DSCADA与AM/FM/GIS系统的集成，已成为当代的一个技术发展方向，直至衍生出全新的DSCADA/AM/FM/GIS系统。下面就AM/FM/GIS在DSCADA系统和投诉电话热线（Trouble Call）中的具体应用作一介绍。

（1）AM/FM/GIS系统在DSCADA中的应用。传统的SCADA系统一般具有的功能是系统与厂站单线图，变压器油温、电流和其他运行特性，断路器运行状态，A、B、C三相馈线电流信息，警报信息，负荷总加数据。而在DMS中，为了有效地管理与调度维护与抢修队伍，调度员对地理信息的依赖程度比在 EMS 中要多得多。把 AM/FM 系统提供的准确、最新的设备信息和空间信息与 SCADA 提供的实时运行状态信息有机地结合起来，可以有效地改进电力分配、紧急情况下的调度以及日常维护与抢修服务。

利用 AM/FM/GIS 系统提供的图形信息，DSCADA 系统可以在地图上动态显示配电设备的运行状态，从而有效地管理系统的运行。一般地讲，DSCADA 系统有它自己的专用数据库，和 AM/FM/GIS 系统数据库之间建立映射关系，相互交换数据。AM/FM/GIS 数据库每天使用 AM/FM 系统中的实用程序把要传送的图形转换为标准交换格式（Standard Interchange Format，SIF）后向 DSCADA 传送，这种传送一般在晚间进行。DSCADA 系统则把系统的实时运行状态信息周期性地传送给 AM/FM/GIS 系统，供其他应用系统使用，这种传送周期一般为 1～2s。AM/FM 系统和 DSCADA 系统通过以太网连接起来，使用 DECNET 进行传送。利用这一系统，系统调度员可以使用最新的地图，发布正确的调度命令，提高调度质量。

AM/FM/GIS 向 DSCADA 系统传送的图形数据一般包括：①记录地图（Record Map），包括所有的配电线路、一次和二次设备、电线杆、铁塔和拉线、分区数据等。它们在地理上以街道、水利设施、通行路线和区域分界线为基础。记录地图不包括任何操作设备状态或特殊的相位。②操作地图（Operating Map），含有所有的一次设施，包括它们的相位和运行状态，这些都是以地图为基础的。③馈线地图（Feeder Map），含有与某一指定馈线相关的所有一次设备，显示与所有其他馈线的连接关系。④地下电缆线路地图（Underground Map），含有与某一指定的地下居民配电回路有关的所有一次设备记录。

DSCADA 系统以这些地理图形作为背景，与 DSCADA 接收的实时信息相结合，反映电力系统当前的运行状态。调度员可以利用这些信息，准确及时地发布控制命令，减少突发故障造成的损失。

（2）AM/FM/GIS 系统在投诉电话热线（Trouble Call）中的应用。投诉电话热线是 DMS 的重要组成部分，其目的是快速、准确地根据用户打来的大量故障投诉电话判断发生故障的地点以及抢修队目前所处的位置，及时地派出抢修人员，使停电时间最短。

这里，故障发生的地点以及抢修人员所处的位置应该是具体的地理位置，如街道名称、门牌号等，而且还要了解设备目前的运行状态，因而，AM/FM/GIS 系统提供的最新的地图信息、设备运行状态信息极为重要，是故障电话处理系统能够充分发挥作用的基础。

上述任务是由 DMS 的“故障定位与隔离”和“恢复供电”两个应用程序来实现的。调度员输入用户停电投诉电话的地点，故障定位与隔离程序根据投诉地点的多少和位置分析出故障停电范围，并排出可能的故障点顺序；然后，参照具有地理图背景的单线图，用移动电话指挥现场人员准确找到故障点，并予隔离；故障定位与隔离完成后，启动“恢复供电”程序，按程序所指出的最优顺序尽快安全地恢复供电。

第五节　需方用电管理 DSM

本节主要介绍具体的负荷监控及管理、远方抄表及计费自动化以及广义的需方用电管理。

一、负荷控制和管理

负荷管理（LM）是实现计划用电、节约用电和安全用电的技术手段，该技术通过对负荷的控制来达到改善负荷质量的目的，使电力企业对分散用户以实时方式进行集中监测和控制，为计量监测、营业抄收、线损管理等工作提供丰富的电网和用户供电参数。

1. 负荷控制系统的概念和类型

电力负荷控制（Load Control）是对用户的用电负荷进行控制的技术措施，可简称为负荷控制。根据采用的通信传输方式的不同，负荷控制系统可分为音频电力负荷控制系统、无线电电力负荷控制系统、配电线载波电力负荷控制系统、工频负荷控制系统和混合负荷控制系统等。

音频电力负荷控制（Ripple Load Control）是利用高、低压配电线传输音频控制信号，实现电力负荷控制的技术，信号频率一般为167～1600Hz。

无线电电力负荷控制（Radio Load Control）是利用无线电信道传输控制信号，实现电力负荷控制的技术，也称无线电负荷控制。

配电线载波电力负荷控制（Distribution Line Carrier Load Control）是利用配电网传输载波控制信号，实现电力负荷控制的技术，信号频率一般为3kHz以上。

工频电力负荷控制是利用输电线路传输的工频电压的畸变信号实现电力负荷控制的技术。

混合电力负荷控制（Hybrid Load Control System）是利用两种以上控制方式组成的电力负荷控制系统。

电力负荷控制系统由负荷控制中心和负荷控制终端组成。电力负荷控制中心（Load Control Centre）是可对各负荷控制终端进行监视和控制的站，也称主控站。电力负荷控制终端（Load Control Terminal Unit）是装设在用户端，受电力负荷控制中心监视和控制的设备，也称被控端。负荷控制终端可分以下两类：

（1）单向终端：包括遥控开关、遥控定量器。

（2）双向控制终端：包括双向控制终端、双向三遥终端。

单向终端（One Way Terminal Unit）是只能接收电力负荷控制中心命令的电力负荷控制终端，分为遥控开关和遥控定量器两种。遥控开关（Remote Switch）是接收电力负荷控制中心的遥控命令，进行负荷开关分、合闸操作的单向终端，遥控开关一般用于315kVA以下的小用户。遥控定量器（Remote Load Control Limiter）是接收电力负荷控制中心定值和遥控命令的单向终端。遥控定量器一般用于315～3200kVA的中等用户。

双向终端（Two Way Terminal Unit）是装设在用户端，能与电力负荷控制中心进行双向数据传输和实现当地控制功能的设备。三遥控制终端是适时采集并向负荷中央控制机传送电流、电压、有功电力、无功电力和开关状态等信息，并具有当地显示打印、越限报警和实施当地及远方控制等功能的负荷控制终端。三遥控制终端主要用于变电站作小型远动装置，也可用于少数特大型电力用户。

随着计算机技术的发展，负荷控制正在朝自动化、智能化、多功能的方向发展。负荷控制的远方终端也不只是一个简单的负荷控制装置，而成为将负荷控制（包括功率、有功电量、无功电量、功率因数等控制）、遥测、遥信、分时电能等功能集成一体的智能化设备。智能化负控终端以微机或微处理器为基础，可以通过各种通信途径（如无线电、音频、电话网、移动网等）同负荷控制中心通信。

2. 负荷控制系统的功能

（1）负荷控制功能。负荷控制有两种方式：①按区域分片控制——对全区域、分区域或单个用户进行即时或定时的负荷控制（投入或切除），控制的模式有功率、电量、功率因数等三种；②按负荷容量控制——将用户按容量大小分几等级，可以选定某一个或几个容量等级的用户进行负荷控制。

（2）远方监控功能。远方监控指对单个用户的负荷进行远方抄表、远方跳合闸、远方监视等。

1）远方抄表。可以定时地对所有用户的负荷进行抄表，或者任意地对选定的用户的负荷进行实时抄表。抄录的内容包括电表即时电度、即时功率、即时功率因数；最近两个月的峰谷平电量、最近两个月的最大需求及发生的时间，上次抄表以来各个分时段（15min）的电度值；上次抄表以来，发生的停电记录、发生的功率超限报警记录和发生的功率因数超限报警记录，当时的开关状态。

2）远方跳合闸。对选定的单个用户，利用有线或无线方式使其某个负荷开关跳闸或合闸。

3）远方监视。对于选定的用户，以图形、曲线、文字、表格、声音等方式显示、提供即时抄表所得的内容，如开关状态、功率曲线、功率因数曲线、电量累计直方图、功率超标报警、功率因数超标、电量超标报警等。

（3）历史记录。除抄表所得数据形成的记录之外，还可以形成报警记录、人工开关操作记录、负荷侧操作记录、通信失败记录等。

（4）统计和打印。可以对抄表的数据以及历史记录分日、分月、分年进行统计，并以表格或曲线的形式显示、打印。

（5）系统管理。系统管理包括系统信息的录入和设置、用户装置的初始化、现场抄表、数据备份和恢复、数据库的一致性维护等。

配电网的LM由于涉及需方的用电设备，视监视与控制点的不同而分为“表前控制”和“表后控制”，即以电能表为分界线的表前负荷控制和表后对用户设备的直接控制。

1）表前控制。降压减负荷即为典型的表前控制，它监视辐射型馈电线路的末梢电压，在保证此电压不低于极限值的前提下，通过降低该馈电线路的电压来达到减轻系统负荷的目的。此外，紧急状态下的切断馈电线路（拉路限电）也是一种极端情况下的表前控制。

2）表后控制。用于削峰目的的表后控制，是将在用户侧对需方用电设备直接进行的控制。由于它与需方用电管理DSM关系十分密切，因此，应分别从供方和需方两个角度来加以叙述。从供方来看，主要是通过装在用户侧的负荷控制终端（这也是一种面向现场的FTU），按照供需双方协议直接控制某部分负荷，或对制冷电热设备等周期性负荷实行周期供电。如这些设备具有调控功能，还可通过改变其偏置值来压低负荷。从需方来看，主要是根据供方所提供的分时激励电价，由需方在电费较高的时段内自行压低负荷。

二、远方抄表与电能计费系统

随着电子技术的发展，电能计量手段和抄表技术发生了根本变化。电子式多功能电能表正逐渐取代传统的电磁式电能表，并结合远方抄表技术，成为配电自动化系统的重要组成部分。

1. 数字电子式电能表

数字电子式电能表是以微处理器为核心，采用 A/D 转换对来自电流、电压互感器的电流和电压进行交流采样和数字化处理。利用微处理器的强大处理能力，使这种电能表的功能更加丰富，并且能完成许多其他原理的电能表无法完成的功能。采用数字滤波处理后，测量的精度可不受高次谐波影响。这种电子式电能表便于管理串行口，因此特别适合于实现远方抄表。

多功能电子式电能表的功能可分为以下几类：

(1) 用电计测功能。用电计测功能包括累计计量和实时计量两类功能。

1) 累计计量功能：累计双向供电的有功电能、无功电能和视在电能的消耗量。其他累计功能还有累计掉电时间、累计掉电次数和累计超过功率时间等。

2) 实时计量：实测各相电流、相电压及线电压和三相有功功率、无功功率、视在功率和功率因数，以及供电频率等。

(2) 监视功能。主要有最大需量监视（计算窗口通常为 15min，滑差为 1min）和防窃电监视等。其他功能还有缺相指示、断电、恢复供电时间记录和电压异常报警等。

(3) 控制功能。主要为复费率分时计费的时段控制，有的电能表还具有负荷控制功能。

(4) 管理功能。主要包括按时段/费率进行计费、抄表以及组网管理等，费率可根据季节、星期、日或特殊节假日或峰谷期而有所不同，费率由供电企业设定。

(5) 存储功能。将一段时间采集到的各项参数及事件打上时标存储在存储器中，并做到掉电仍不消失。

(6) 自恢复与自检测。对于基于微处理机的多功能电能表，应加监视定时器（WDT）以确保其在程序出现异常导致死机后，能够及时复位电能表，同时还要尽可能地通过程序进行硬件部分的自检测。

2. 抄表技术综述

抄表电能计费一般有以下几种方式：

(1) 手工抄表方式：抄表员携带纸和笔到现场根据用户电能表的读数计算电费。

(2) 预付费电能计费方式：通过磁卡或 IC 卡和预付费电能表相结合，实现用户先交钱购回一定电量，当用完这部分电量后自动断电的管理方法。

(3) 本地自动抄表方式：采用携带方便、操作简单可靠的抄表设备到现场完成自动抄表功能。它通过在配备有相应模件的电表和手持抄表器之间加入无线通信手段，达到非接触性完成数据传输的目的。依据所采用的无线通信种类的不同，又可分为红外线就地自动抄表、无线电自动就地抄表和超声波就地自动抄表等几类。

(4) 移动式自动抄表方式：利用汽车装载收发装置和 900MHz 无线电技术以及电表上的模件，不必到达用户现场，在附近一定的距离内能自动抄回电能数据。

(5) 远程自动抄表方式：采用低压配电线、电话网、无线网、RS-485 或现场总线等多种媒体，结合电表上的软件和计算机系统，不必外出就可抄回用户电能数据。

3. 采用 IC 卡电能表的预付费系统

预付费电能计量常用的是 IC 卡式预付费电能表，IC 卡全称为“Integrated Circuit card”。IC 卡是一种具有微处理器和大容量存储器的集成电路芯片，嵌装于塑料芯片而成的卡，是一种高安全性的系统。

IC卡预付费复费率电能表中，电能测量部分完成电能采集，它将测量的功率转换成脉冲形式。微处理器完成脉冲计数，并与IC卡存入的电量信息进行比较和相减得出剩余电量。当剩余电量不足10kWh时，发出告警信号，提醒用户及时购买，在剩余电量为0时，即用户所购电量用完时，发出跳闸信号，通过表内的漏电保安器自动断电。

当IC卡插入读卡器时，液晶显示器会显示“读卡”字样，读卡正确后，则将IC卡中的电量信息存入串行EEPROM中，并消除卡上的电量数据。IC卡采用软、硬件加密技术，如可采用准DES随机加密算法，每张卡的密码不同，有的IC卡还具有“自锁”功能，即密码尝试错误发生一定次数后，卡就永远无法读写（即“锁死”）。

漏电保安器除用作对用户限电和当用户所购电量用完时跳闸外，还具有人身触电保护和电网漏电保护的作用。

IC卡复费率电能表一般应具有如下功能：

（1）IC卡预付电费。

（2）分时（峰、谷、平时段）计量有功电能和无功电能并计费。

（3）分时计量有功最大需量和无功最大需量。

（4）功率因数测量。

（5）提醒和跳闸。

（6）防窃电。

预付费计费方式的主要问题是：不能使供电企业及时了解用户的实际用电情况和对电能的需求，因此难于掌握用电规律、确定最佳供电方案，需要广设售电网点。

4. 自动抄表技术

（1）本地自动抄表主要采用携带方便、操作简单可靠的抄表器来自动完成抄表编程工作。而操作简单方便的首选信息媒体就是红外线，它能够非接触地完成数据传输，且实现起来方便可靠。可以利用本地总线将某一区域内电能表的各项数据先集中到抄表集中器，再用抄表器或其他远程通信手段将数据抄回。对于光学接口，由于其连接的便利性，得到了广泛的应用，可以真正做到现场遥控抄表编程。

采用手持式数据终端，即“掌上电脑”（Hand Held Terminal或Unit，HHT或HHU）是进行本地抄表的主要形式。它的主要功能是实现现场记录（手工键入或自动抄录）仪表数据，对智能仪表的特定参数或原始数据进行现场设置，并能够和中心站计算机系统进行通信，以送回所采集的数据。在实际操作中，掌上电脑至少还应具有查询、工作检查、特殊情况处理等一系列功能。

（2）远程自动抄表（Automatic Meter Reading，AMR）是一种不需人员到达现场就能完成自动抄表的新型抄表方式。它利用公共电话网络、移动通信或低压配电线载波等通信联系，将电能表的数据自动传输到电能计费管理中心的计算机进行处理。远程自动抄表是比较先进的抄表方式，不但大大降低了劳动强度，而且还大大地提高了抄表的准确性和及时性，彻底杜绝了抄表不到位、估抄、误抄、漏抄电表等问题。

远程自动抄表系统不仅适用于工业用户，也可用于居民用户。应用于远程自动抄表系统的电能表是在普通电能表内增加一个自动抄表单元（AMR Unit），其中包含电量采集发送装置和信道。

随着电能计量表由传统的机械式/电子式脉冲表发展到20世纪90年代新型固态智能多

功能电子式电能表，远程自动抄表电量计费系统经历了一个由集中式系统转为分布式、网络式、开放型系统的发展过程，电表数据采集也同样由集中式脉冲处理方式（Centralized Pulse Processing，CPP）发展成为分布式直接传送方式（Distributed Direct Transmission，DDT）。

新型多功能电能表本身具有采集、储存和处理电表数据的功能，还可以实现电表间互为备用的工作方式。新型多功能电能表可以预先编程，以实现定时或在事件发生时主动向上报告电能表本身的状态信息，如TV缺相、TA断线、相序错误、失电、电压偏差超限、负序和谐波超限等多种重要信息，并配有相应的时标，以便及时发现和采取相应的措施。

（3）采用集中脉冲处理方式（CPP）的系统，电能采集和传输是以电能脉冲计数为基础的，在厂站端必须增加中间转换器，用以存储和传输根据脉冲计数值而得出的电能信息。集中脉冲处理系统的特征和主要问题如下：

1）传统电能表本身一般只能以脉冲计数方式输出电量，不具备以数字传输的能力，无法产生、存储和输出其他与电量相关的重要信息（如输电线路停电统计、电能表测试数据等）。

2）可靠性差，电量的远程传输，必须通过一个当地的（厂站端）电能处理器作为中间转换、存储和传输装置，若其发生故障则相关的信息将全部丢失。缺乏互换性和可扩容性。

3）由于数据采集中心不能与电能表直接通信，现代能量管理系统所必需的对电能表的下载功能（如对电能表的参数下载），以及电能表的报警和其他重要信息的上报功能等，比较难实现。

4）在脉冲电能表的实际应用中，由于电能表输出脉冲波形的畸变和现场电磁干扰等因素，容易造成计量误差（脉冲被多计或漏计），影响计量准确性。

5. 远程自动抄表电能计费系统的组成

远程自动抄表系统主要包括具有自动抄表功能的电能表、抄表集中器、抄表交换机和中央信息处理机四个部分。抄表集中器是将多台电能表连接成本地网络，并将它们的用电量等数据集中处理的装置，其本身含有特殊软件，且具有通信功能。抄表交换机是当多台抄表集中器需再联网时采用的设备，它可与公用数据网接口，有时抄表交换机和抄表器也可合二为一。中央信息处理机是利用公共电话网络等公用数据网，将抄表集中器所集中的电表数据抄回并进行处理的计算机网络。

（1）抄表集中器。抄表集中器将远程抄表系统中的电能表的数据进行一次集中后，再通过电力载波或其他方式将数据继续向上传送。抄表集中器可以处理来自脉冲电能表的输出脉冲信号，或通过RS-485方式读取智能电能表数据，它通常具有RS-232、RS-485或红外通道用于与外部交换数据。电力载波通道一般采用半双工方式，调制后的载波信号需经过功率放大再耦合到电力线上，接收载波信号经耦合后，需进行放大处理后，才能送CPU存储器用来存放电表数据。

（2）抄表交换机（又称抄表中继器）。抄表交换机是远程抄表系统中的二次集中设备。它可以收集各抄表集中器的数据，再通过公用电话网或其他方式将数据上传至电能计费中心的计算机网络。抄表交换机可通过RS-485或电力载波方式与各抄表集中器通信，此外，它一般也具有RS-232、RS-485或红外通道用于外部交换数据。与公用电话网相连接的抄表交换机还含有调制模块、振铃检测模块和摘机/挂机控制模块等。目前的发展是将集中器和交换机合二为一，即电能量采集终端完成数据的采集和发送功能。

（3）电能计费中心的计算机网络。电能计费中心的计算机网络是整个远程自动抄表系统的管理层设备，通常由单台计算机或计算机局域网再配合相应的抄表软件构成。

6. 自动抄表系统的远程传输通道

在远程抄表的电能计费自动化系统中，通常采用 RS-485、低压配电线载波等方式，实现电能表到抄表集中器，以及抄表集中器到抄表交换机间的通信。而抄表交换机至电能计费中心计算机系统之间，一般采用电话线或无线电方式传送。此外，还可以采用负荷监控通道直接传送用户电能信息。

（1）利用电话网络实现远方抄表。为了实现数据的远程输送，需采用 Modem 将数字信号转变成适合在电话线路上传输的音频模拟信号，也可以采用专用集成电路将数字信号转换成双音多频信号（DTMF）传输。利用公用电话网的远程自动抄表系统如图 5-15 所示。电能量采集器通过 RS-485 总线读取智能电表的数据或直接接收脉冲电能表的脉冲输出，经调制解调器通过公用电话网传送到远方主站的管理终端。

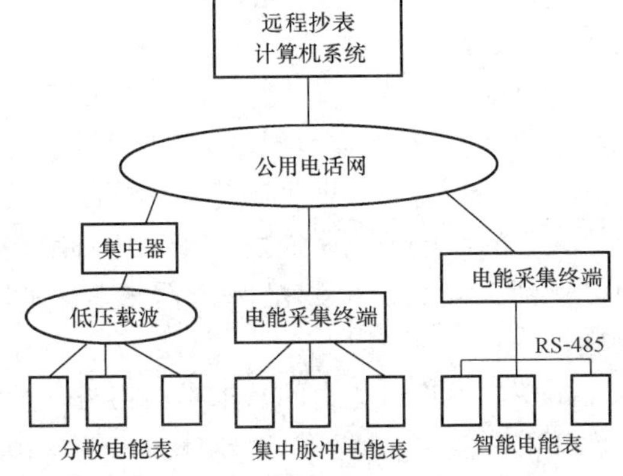

图 5-15　利用公用电话网的远程自动抄表系统

在一般情况下，采用拨号 Modem 和公用电话网，以拨号招测方式与远方主站通信，通信速率可达 2400Kbit/s，能满足定时采集的要求。但对于一些对抄表数据实时性要求较高的情形，则必须采用专线 Modem 和专用电话线路。

（2）利用低压配电线载波实现远方抄表。在一个配电变压器范围内，连接每个用户的配电线实际上也组成了一个网络，这个网络不但可以传输电能，同样也可以传输信息，这就是低压电力载波数据传输方式。载波采用电力行业的专用频段，是一种低成本的通信方案。用在转换过程中的设备称之为配电线调制解调器（Power Line Modem），它一般直接与集中抄表设备制成一体，采用移频键控（FSK）方式。

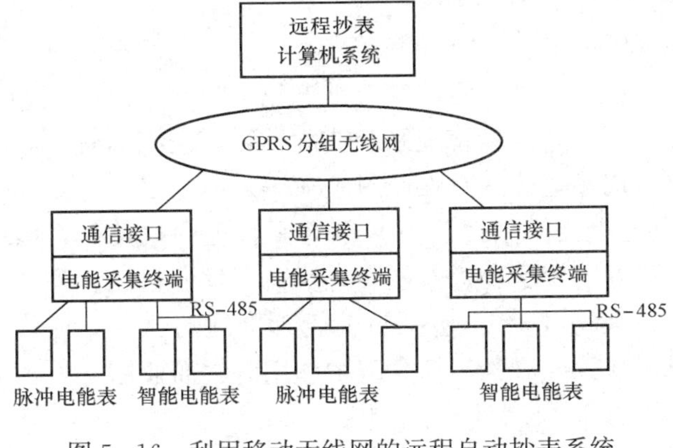

图 5-16　利用移动无线网的远程自动抄表系统

（3）利用移动无线网实现远方抄表。图 5-16 所示为一个采用移动无线网的远程自动抄表系统。它采用三级网络：第一级电能量采集器通过 RS-485 总线读取各种智能电表的数据，也可以直接输入脉冲电能表的脉冲输出；第二级经电能量采集器中的专用 GPRS 通信模块将信号发送到无线分组交换网上；第三级远方主站通信单元从无线网接收抄表数据，再送到主站的管理终端进行处理。

三、需方用电管理 DSM

经济的不断发展和人民生活的不断改善，导致对电力需求的不断增长，新建电厂投资费用的不断增加，环境法规的日益完善，公众对生态环境保护要求的日益强烈以及中长期燃料价格的不稳定都促使电力企业不断发展灵活多样的负荷管理战略以应付各方面的挑战。需方用电管理（Demand side Management，DSM）就是一种非常有效的策略，它提供发布一系列经济政策以及应用一些先进的技术直接影响用户的电力需求，以达到减少电能消耗、推迟甚至少建新电厂的目的，因而是一项在用户的有效参与下，充分利用电能的系统工程。

如仅从硬件角度来看，配电自动化 DA 中的变电站自动化属于站内自动化，到馈线开关为止；馈线开关以后至用户表计之前，属于馈线自动化范畴；用户表计之后，就与 DSM 有关了。但 DSM 和 DA 不同，远不是一个简单的技术问题，而更多的是一个“生产与消费”的关系问题。

和其他的工业产品一样，电力生产者（供方）必须生产出价廉物美的产品（电力），来满足用户（需方）不断增长的需求。但电力生产又和其他的工业产品不同，具有发、供、用电同步完成的特点，即生产与消费同时完成。这就使得电力生产不能像其他工业生产那样，仅靠供方的市场预测来规划生产，还必须在规划和生产的同时，取得消费者的密切配合，以争取达到用较低价格满足用户需求的共同目标，这就是需方用电管理 DSM 产生的物质基础。

早期，用户对电力的需求是由供方的规划人员进行负荷预测，然后规划电力的增长幅度来保证的。但自 20 世纪 70 年代以来，这种传统的做法受到了工业急剧发展、供需关系不确定因素增长的挑战，要想准确地进行负荷预测并维持低价格的电力供应已越来越困难了。这就迫使人们想到：为什么不能把原属于供方的举措延伸到需方表计一侧去，将供方控制的发展规划和价格水平由纯供方观点改变为需方和供方的共同观点呢？这一观点的认同，导致了 20 世纪 80 年代初 DSM 的兴起，即主要采用各种深思熟虑的手段，直接影响用户的电力需求，以减少电力供需平衡上的不确定因素，充分利用现有电力设备的资源，尽量减少或推迟新建电厂和输配电设备的投资。目前各主要工业国家正在大力推行符合该国国情的 DSM 计划，具体项目繁多，涉及应用极广。

（一）DSM 与负荷管理

传统的负荷管理是指由电业部门或独立发电单位所进行的抑制负荷增长、改善负荷曲线的形状（包括削峰、填谷和错峰）等活动。具体实现方案有：

（1）设置谷峰分时电价、季节电价和可停电电价；

（2）直接控制负荷；

（3）间接控制负荷（打折扣、低息融资、建立能量管理系统或配电管理系统等）；

（4）其他应急措施，如在用电高峰期间或发生故障时强制甩负荷等。

DSM 与传统的负荷管理不同，它不是由电力企业（供方）单方面管理用户负荷，而是千方百计地调动用户（需方）的积极性，双方密切配合，共同实现负荷管理的目标。

作为一项庞大的系统过程，DSM 的内容十分广泛，包括负荷管理措施的建立、评价与实施，战略节电与战略负荷等计划的实现。其管理对象包括家庭生活用电、商业用电、工业用电等多种用户。

显然，DSM 与传统的负荷管理的主要区别就是是否有用户的直接参与。DSM 计划能否成功的关键首先取决于电力企业和用户之间协作关系的好坏，同时也与用户对计划的接受程度以及电力企业能否提供有效的旨在提高电能利用的项目有关。为此，加强与用户的信息交流，了解用户的需求，协调好电力企业与用户之间的关系，对 DSM 计划的成败至关重要。

DSM 的主要目标就是为了改善负荷曲线的形状。作为 DSM 目标的负荷曲线形状见表 5-1，其中前 3 项（削峰、填谷和错峰）是传统负荷管理的目标；其余 3 项是 DSM 增加的目标。可见，DSM 的目标不局限于单纯地使负荷曲线变得平坦，更重要的是提供其他措施改变电力需求的绝对水平。

表 5-1　　DSM 目标的负荷曲线

负荷曲线变化	手 段 和 效 果
削峰	手段：直接控制用户电气设备 效果：减少负荷用电量；推迟新扩增设备；节约峰荷用高价燃料
填谷	手段：夜间蓄热式电热水器 效果：增加发电设备利用率，降低发电综合成本
错峰	手段：引入蓄冷式空调装置 效果：推行峰谷分时、分季电价
战略节电	手段：房屋隔热；再生能源；停息融资；高效能源及用电设备 效果：增加利用率；在增加供电有困难时有降低费用的作用
战略用电	手段：开拓电能在住宅和商业区的新用途；热泵，产业电气化 效果：减轻对传统燃料的依赖；提高总体效率
提高负荷控制能力	手段：引入可停电电价 效果：增加负荷曲线的灵活可控性和供电可靠性；通过减少电力备用率来减少供电费用

（二）DSM 的实施方案与实现的技术手段

1. DSM 的实施方案

从概念上讲，可以把 DSM 的实施方案分成是否在传统的电价框架内进行两大类。在电价制度外推行的 DSM 方案仅限于对特定的用户设备，通过电价以外的手段（也包含电价优惠方案）改变需方的用电，也称为直接影响终端用户的 DSM。

国际电气电子工程师学会 IEEE 所设的 DSM 委员会，对 DSM 的实施方案进行了分类。可以看到 DSM 的实施方案种类繁多、丰富多彩。

属于供方（供电企业）的有：

(1) 控制电力系统设备：降低电压；控制功率因数。

(2) 为用户提供如何最有效地利用电能的技术咨询。

(3) 推行激励电价：分时分季电价；地区电价；可停电电价；直接控制负荷合同；需量电价；打折扣；特约电价。

(4) 充分利用分散电源：风力发电；太阳能发电；燃料电池；预备电源；热电联产；小水电；其他替代电源。

属于需方（用户侧）的有：

(1) 控制需方设备：①家用和商用空调机远距离交替运转控制、投切和设定控制温度；

②商用和产业用冷冻机设定控制温度和远距离交替运转控制；③家用和商用热水器远距离投切控制；④水泵远距离投切控制和定时启动；⑤暖房远距离交替运转控制、投切和设定控制温度；⑥对非指定负荷设置需量控制器；⑦对连续作业负荷进行控制。

（2）改善用户设备效率：①提高热泵的使用效率；②建筑隔热；③推广节电器具和方法。

（3）需方储能：①蓄冷与蓄热；②采用有蓄水池的热水器；③利用工业余热。

美国的DSM以市场占有率高、负荷率低的家庭用户为重点对象，最普通的项目是空调机交替运转。例如，在夏季重负荷日内，只要空调器的开关按7.5min切断、22.5min接通，就可以消减25%的负荷（但是某些用户不希望频繁地进行投切操作），某公司还报道了每台节电0.6～2.04W的实例。此外，由于商用空调比家用空调使用率高，且对气温的敏感度较低，故可采用蓄热进行负荷调节，这样做比交替停转更为有效。

非电业部门经营的分散电源过去被认为是电业部门的竞争对手，而现在已开始考虑通过DSM计划将这些电源纳入直接或间接控制。如利用钢厂副产品气体的发电厂，用储存的夜间产生的多余气体发电，可使电力企业的负荷曲线平坦，达到降低发电成本的目的。

通过降低电压达到抑制负荷的方案，仅容许在紧急状态下使用。经验表明，如电压下降1%，即可减少1%的负荷。当然，电压下降的范围必须在2.5%～5%之内，以不损害用户设备为前提。

DSM的实施方案还包括利用报纸杂志、电视广播等公众媒体进行宣传和报道，以及向终端用户发放低息贷款用以购买改善效率、节能节电的新型设备。

2. 实现DSM的技术手段

为了有效地实施DSM的各种技术方案，发展DSM的各种支持技术是非常重要的。近年来，这方面的新技术层出不穷，在电源、输电系统、配电系统、终端用户以及电力企业与用户通信方面都有许多新的技术和设备问世。下面对某些新技术作一概述性的介绍。

（1）用于电源方面的DSM技术。在这方面采用的新技术有：

1）热电联产。这种发电方式同时供热和供电，通常是一些分散型小电源。

2）联合循环发电。这种发电方式是由燃气发电机与蒸汽发电机之间的热循环构成的，它将燃气发电机排出的余热进行再利用，利用它驱动蒸汽发电机发电，其整体发电效率可提高到43%～47%。而且由于启停较快，具有较好的调峰能力。在日本已经有一些发电厂采用这种发电方式。

3）启用旧机组。发电设备持续发电一段时间到达寿命期限后就被废弃不用，如将其修复启用，延长寿命，也就相当于增加了电源资源。当然，修复过程中应采用新技术、新工艺。

（2）用于输电系统的DSM技术。美国最近正在进行电力托送（Wheeling）的试点。电力托送是指用户或某电力企业通过所属电力企业的输电系统，购入其他电力企业或电源公司富余的电力，然后转卖给其他公司。例如，美国电力公司（AEP）采用这一方法，通过加洛拉伊纳电力电灯公司的输电系统向亚尼阿尼电力公司（APS）输送近70%的电力，AEP公司按6.5～8美元/MW向加洛拉伊纳电力电灯公司支付托送费用。美国西海岸也在试行一种称为自由市场托送（Free Trade Wheeling）的工程，进一步扩展了这一方法的应用范围。

电力托送工程使需方能更方便地选择电力企业和电源，同时还能更有效和经济地利用电力设备。不过目前它的推广与扩大经营受到输电系统输电极限的制约。为提高输电极限，改善设备的使用效率，美国 EPRI 正在研究和试验一种称为灵活的输电系统（FACTS）的项目，其目标是利用当代最新的电力电子技术制造出各种控制设备，从而可以高效、自由地控制电力系统中的潮流流向和流量。

（3）用于配电系统的 DSM 技术。

1）配电自动化。配电自动化主要包括远距离监视和计测；配电系统故障诊断与恢复；开关操作顺序的确定等。

2）用户信息系统。建立用户信息系统的目的是在发生停电事故时，电力企业可以提供用户打来的投诉电话，尽快确定故障地点，这样做可以省去许多过去必须由电力企业承担的巡视工作。这一系统的核心是用户数据库，数据库中包含用户的姓名、住所、电表号、电价编号、用户所安装的滤波器和柱上变压器的类型、以前交付电费的情况、用户允许的停电时间以及以前的电话记录等信息。

这一系统的使用方法是：电力企业一旦接到用户的投诉电话，便开始从台上的计算机终端检索数据。所有的询问、申报及投诉都从终端直接输入，并具有误码检错功能。如果电话的内容与停电有关，该信息将直接传向故障处理中心，根据投诉电话的件数即可确定故障的范围并能及时恢复供电。

用户信息系统的另一个功能是起用户服务中心的作用。其目标是不让用户等待电话，做到有问必答。在非常时期，配置多达 250 个终端，并配有自动应答设备。

3）新型电能表（电子式电能表）。电子式电能表把半导体技术和装在微处理器中的软件结合起来，除了具有电能计量功能外，还能计测和存储各时刻的功率、电压、功率因数和气温等参数，从而可以准确地掌握各个家电用品的工作情况。此外，它还具有远距离读取数据、传递信息的功能，如果再配上便携式计算机及数据下行功能，就更能适应未来用户的需要。

（4）用于终端用户的 DSM 技术。没有用户的密切配合，DSM 计划无法成功实现。终端用户侧的 DSM 技术包括负荷监测、家庭自动计量装置、负荷控制、电能储存和节能技术。

1）负荷监测（Load Survey）。最终端用户的用电情况，对于电力企业建立用于设备规划和峰谷分时、分季电价方面的用户模型、用电咨询以及设计新型电能表等工作都是必不可少的第一手资料。其具体做法是把家电中耗电最大的空调器、热水器和电暖气设备通过的电流通过电流互感器监测出来，输入家电调查装置内，然后把这些数据通过用户的电话线传送到中央计算机，建立起数据库，帮助制定负荷控制决策。

2）家庭自动计量装置。家庭自动计量装置分为两类：一类以住宅保安为中心（日本）；一类是与现代化多用途新型住房相配套的自动计量设备（美国 EPRI）。

家庭自动计量装置有两种通信频道，一种由配电线传送（使用 200kHz 载波），一种由室内电线传送，使用金属电缆、光纤等专用通信网。

新建房屋目前使用一种称为混合式电缆的通信媒体来传送有关交流电、直流电、电话和家庭控制信号的信息。用户将一种智能接口与终端任意设备连接，就能判断出插口侧设备的种类并能提供所需的电能和信息。这样，通过设备的控制器就能进行个别配电线的集中管理。

3）负荷控制。这一内容已在本节前面有过专门介绍。

4）电能储存。用户储存电能主要以储热方式为主。一种储热方式为冷水储热。美国1988年有18家电力企业实施该计划，它以商业用建筑物为对象，在2～3年内可收回设备投资。一般采用以冰储热的方式效果最好。另一种储热方式为避峰储热。美国有17家公司采用这种方式。这是一种利用储热器在300～800℃下的储热方式，设备效率高，且每台设备享受1 502 000美元的折扣优惠；还有一种温水储热。此外还有一种新技术是将原有的暖气设备改造为可使用电力或其他燃料，在低谷时使用每台享受250～400美元的优惠。

5）节能技术。通过节能降低峰荷同样是DSM技术的重要组成部分，这里主要介绍热泵（heat pump）技术。热泵是一种利用氟利昂等热交换介质的蒸发，从各种低质热源（空气、河水以及湖泊等）中回收热量并作为暖气或热水器热源的技术。它作为一种高效节能设备，如今在家庭空调和大型楼房空调中得到日益广泛的应用。

（5）用于电力企业和需方间通信用的DSM技术。

1）配电线载波。利用配电线通信有许多优点，但由于配电线设计中没有考虑通信功能，因而使用中存在许多技术难点。信号输入方法有大地回路方式和线间注入方式。

大地回路方式所面临的问题是：接地电阻随季节变化、信号传送距离不确定和信号衰减大等。不过，在5～10kHz频带内，信号衰减量与频率关系不大，因而不受信号频率的限制。

线间注入方式用于无地线的用户，其缺点是受用户负荷阻抗影响，在城市内信号衰减大等。

用配电线传送双向通信的实例是佛罗里达电力电灯公司使用的TWACS系统，该系统通过13、23kV配电线控制负荷。

2）无线方式。①盒式无线电，SCE通过Net Comm通信网工程进行负荷控制和自动抄表试验，由营业所各总局间的盒式无线电通信网将多功能电能表构成联系点，通过盒式无线电装置传送控制信号及电能表的各种信息。该通信方式的优点是当一部分回路故障时可通过另外的网络保持通信畅通。②调频，SCE用超高频（约154MHz）技术对空调设备施行交替投切控制。

3）电话线。美国有些电力企业推行“电力托送”业务，对于那些没有本公司配电线的用户，可以用电话线进行自动抄表和负荷控制作业。

4）其他通信方式。正在研究的未来的通信技术有双绞线（64kHz以下）、同轴电缆（450MHz以下）、光纤电缆、有线电视和电子邮件（E-mail）等。

（三）DSM的多种电价

实施DSM计划必须要有一套与之配套的电价，以便通过经济手段引导需方用电，达到需方参与负荷管理实现DSM的目的。

近年来，电业部门经营电源的传统垄断地位受到非电业部门经营的独立电源（其中包括低价格的热电联产电源）的挑战，加上由追求个性生活方式所带来的用电形式的多样化，都使得电业部门必须摒弃单一、僵硬的供电方式，采用灵活多样并与用户协调的供电方式以适应激烈的市场竞争状况。为此电业部门准备了多种电价供需方选择，这些新电价也是DSM计划的重要组成内容。

DSM 计划就是利用电价引导用户的用电时间，并提供不同品质的供电服务。

1. 峰谷分时、分季电价制度

分时、分季电价是根据重负荷和轻负荷期间以及白日和夜间所规定的电价（称为峰荷价格理论），其目的是引导用户转移负荷，使负荷曲线平坦。日本 1988 年出台以高压和特高压用户为对象的分时、分季电价。其季节分为夏季和其他季节，在每季内又分为高峰负荷、昼间和夜间各时区，在不同的时间区间内，收取不同的电费。

峰谷分时、分季电价使用户间的费用分配更加公平合理。为节约燃料费用，发电厂通常按发电效率高低的顺序投入机组，在峰荷时，所投入的设备大多具有较高的边际费用（加单位功率所需要的费用），此时供电费用必然很高；反之在低谷时，由于使用边际费用较低的设备，其供电费用必然低廉。由此不难看出，如果所有时间实行同一电价，只能使在高峰时段用电多的用户获利而使在低谷期间用电多的用户吃亏。因而说峰谷分时、分季电价的实施能使用户的负担更加合理和符合实际。

总之，由于分时、分季电价反映了不同季节和时间区段边际费用的差异，故可借助于不同的电价引导负荷转移，使负荷曲线平坦并最终达到减少供电费用的作用。而对用户而言，也在把负荷从电价高的时间段移到电价低的时间段的过程中得到节约电费的实惠。特别是工业用电大户，使用峰谷分时、分季电价后，通过负荷转移得到电价折扣，其经济效益十分可观。

2. 实时电价

在分时、分季电价中，对应各固定季节和时间区段的电价是固定的。但是实际负荷对于气象及外部经济环境十分敏感，变动幅度很大，因而固定的电价不能充分反映各时刻供电的边际费用。

在实时电价中，将电价与各时期发电的边际成本、输电损失及输电和发电的制约等因素联动，其平整负荷和消减供电费用的效果比分时、分季电价更高一筹。该电价以美国 Schweppe 提出的理论为基础，设定电价变更次数、变更幅度以及电价的上下限。通常，在电价变更之前要预先通告。

提出实时电价的目的是：

(1) 阻止商业和工业用户转向私营电源和热电联产电源购电，并刺激用户增加低谷用电。

(2) 向居民用户普及和推广信息通信技术和负荷控制技术。

(3) 通过试点，调查用户对实时电价的承受能力及对负荷调整的反应。

美国已有 3 家公司把实时电价列入普通电价表中让用户选择，包括常规供电和可停电供电。其他公司均以实时电价为试验电价，多以商业、工业用户为对象。

3. 论质电价

论质电价分多品种供电和优先服务两类。

(1) 多品种供电。峰谷分时、分季电价和实时电价都是针对在时间轴上变化的电力供应，与电力品质轴相对应的电价（论质电价）则包括多品种供电和优先供电。

伴随着电力应用的不断深化与普及，人类对于电力品的要求也日益多样化并更趋严格。例如，停电和瞬时电压下降都会给计算机和一些家电带来损害，所以有一半拥有计算的用户配置了自发电电源或不停电电源。为适应对高品质电力需求的扩大，必须随之增加电力供应品种，向用户提供不同品质和可靠性的电力。

（2）优先服务。美国 EPRI 正在进行优先服务（Priority Service）电价制的研究。优先服务就是根据用户的选择，提供不同的电价与该电价相配套的可靠性服务。它不同于传统的可停电电价，其电价不是由电力企业统一规定的，而是通过与各个用户商而确定的。

优先服务有 3 个特点：①用户可以根据自己的情况从电价和供电可靠性中选择出最适合自己的方案，扩大了选择余地，能充分满足用户的要求从而提高了供电企业的竞争力；②为维持稳定持续供电，需设置相当的预备电源，这样必然增加费用，采用优先服务原则则可以通过分配负荷来减少或取消部分预备电源，从而减少了费用；③由于优先服务是长期合同，能避免电价大幅度变动所带来的风险。因而，优先服务不仅在电力“现货市场”中可作为实时电价的补充，而且在“期货市场”中也同样发挥作用。

在美国，优先服务电价制度尚在部分范围内试验，项目包括可停电服务、需量合同以及负荷直接控制。

可停电服务将用户的负荷分为可以停电的负荷（空调等）和确保供电的负荷（计算机等），可停电负荷享受电价折扣，其折扣多以基本电价为基础。该电价以产业或商业用电为对象，并在实际合同中规定在一定时间内停电的次数和停电持续时间的上限。签了合同的用户，还可以拒绝或同意停电，不过此时需缴纳预先规定的罚金。在美国停电服务的实施中，合同规定的停电次数要比实际执行的停电次数少得多。所以签了可停电服务合同的用户由于大幅度的电价折扣而获得很大的实惠。

需量合同把用户的电力需求限制在预定的上限之内，而作为条件，向需方提供供电电价折扣优惠。例如，南加州爱迪生公司，以普通家庭为对象，装设负荷停电前的预告装置，进行在电力使用量超过上限时切断负荷的试验。

负荷直接控制与可停电服务基本相同，只限于对热水器和空调等家电对象进行负荷直接控制，其做法是交替切断和接入负荷。

第六节　配电网应用分析功能

应用分析在配电管理系统（DMS）中起到重要的辅助调度作用，通过它可以掌握当前配电网的运行状态，从而挖掘出安全与经济方面的巨大潜力。有了应用分析功能，过去配电系统的设计与分析人员应该研究而因为难于计算没有研究的许多重要问题都可以得心应手地解决了。

配电网应用分析也称配网高级应用软件，它是与高压输电系统中的 PAS 功能相对应的运行于配电网络模型上的高级网络分析功能，也称为 DPAS（Distribution PAS）。DPAS 在 DMS 中的地位和 PAS 在 EMS 中的地位是一样的。高压输电系统高级应用分析功能着重于保障网络的安全经济运行。因此各类高级网络分析功能基本上是针对正常运行网络模型的优化，或保证网络安全经济运行。在配网自动化系统中，调度员直接面对电力系统的最终用户，同时配电网络更庞大和复杂，网络设备操作更为频繁，因此配网高级应用软件功能着重在实时网络模型下完成和用户供电相关的各类应用。所以，与 PAS 系统相比，DPAS 应用目标也有所不同。

PAS 系统基本上是以状态估计为核心的，所有的实时态应用以及离线态应用都基于实时状态估计的结果。在配网系统中，由于网络规模复杂，而量测相对较少，因此要精确地实现实时状态估计难度很大，更多依赖的是各种历史统计数据和相对近似的处理方法。此外，在配网分析中，存在一些与状态估计无关，而仅与网络结构相关的分析应用，比如配网的可靠性分析，线损计算，短路电流计算，故障定位、隔离和供电恢复等。

配电网应用分析包含的内容有网络建模、网络结线分析、动态网络着色、配电网潮流计算、短路电流计算、网络重构、负荷预测等。

一、网络建模

用于建立和维护配电网络数据库，为其他应用软件如配电潮流、短路电流计算、网络重构等定义配电网的网络结构。

配电网络建模不宜照搬输电网络建模方法。首先，配电网络模型包括的对象模型和输电网络模型不完全一样。完整的配电网络模型应包括的对象模型有母线、馈线段、开关设备（断路器、负荷开关、重合器、分段器、熔断器）、配电变压器、电容器、厂站（开关站、环网柜、配电站）等。

配电网络的拓扑模型可以分为静态拓扑模型和动态拓扑模型。静态拓扑模型描述配网设备之间的物理拓扑连接关系，一旦建立了系统模型，静态拓扑模型相对稳定。新增设备、更换设备都会引起网络静态拓扑模型的改变。考虑所有开关设备的实时运行状态，通过拓扑处理获取配电网络的动态拓扑模型，动态拓扑模型描述了哪些设备在电气上连接在一起，以及连接的方式如何。

二、网络结线分析与动态着色

网络结线分析是将网络的物理模型（结点模型）转化为数学模型（母线模型），其结果被用于潮流计算、网络重构和短路电流计算等网络分析软件。

网络结线分析主要有母线分析和电气岛分析两个步骤。母线分析是将闭合开关连接在一起的结点集合化为母线。电气岛分析是通过线路和变压器将母线连接为岛。配电网络接线分析采用和输电网有所不同的搜索控制策略，对变电站开关和馈线开关变位作分别处理，以提高结线分析的速度和效率。

以结线分析为基础，可以实现配电网的动态着色功能，包括电气状态着色、电压等级着色、馈线跟踪与着色、环路着色、电源跟踪与着色、电路跟踪与着色、子树着色等功能，其中每种着色功能的颜色和效果都应该能够在线修改或重定义。

三、状态估计

在实时情况下，不可能对网络的所有运行状态量进行监测；此外，获取的测量数据也不可避免地存在测量误差。状态估计基于网络的拓扑模型，利用 SCADA 采集的实时信息，确定电网的结线方式和运行状态，估计出各母线的电压幅值和相角及元件的功率，检测、辨识不良数据，补充不足测点，加强全网的可观测性。采用状态估计可以提高量测数据的可靠性和完整性，为下一步进行安全分析、经济调度和调度员模拟培训提供一个相容的熟数据集。

配电网与输电系统不同，有其自身的特点，其状态估计也应该采用适合于配电网的计算方法。特点之一是，配电系统的拓扑描述应以馈线为单位。特点之二是，配电网与输电系统相比，网络结构成辐射状、有较大的 R/X 比值、三相不平衡以及量测不足。

四、配电网潮流计算

对辐射型和环形网络提供平衡（单相）或不平衡（三相）潮流算法，能够在控制下对整个配电网络进行潮流分析，也能够自动计算部分系统潮流。在研究方式下，调度员可启动潮流程序以便研究对付突发事件的策略。为保证在各种实时和研究方式下都能得到收敛潮流解，配电潮流应能提供多种潮流算法。

牛顿-拉夫逊法和PQ快速解耦法是应用于高压输电系统的常规潮流计算方法。一般认为，对于网络呈树状结构、R/X比大的配电系统，常规的潮流算法收敛性比较差。大量的计算试验说明，牛顿-拉夫逊法在常规配网中一般也有很好的收敛性，但计算时间比较长。而基于BX型的快速解耦潮流算法在常规配网中收敛性也很好，而且计算速度快。在配电网系统中，网络结构基本以馈线为单位组织，如果采用常规潮流算法，相当于需要针对多个“电气岛”（馈线）进行。在大量的分析应用中潮流计算作为功能模块需要快速调用，因此需要寻找适用于配网系统的更快速、有效的潮流算法。

五、配电网重构

在配电网实现改造后，由辐射型网络发展成为环形网络，出于继电保护简化和整定值配合需要以及故障后定位的要求，配电网采用开环运行的方式。配电网中大部分开关为分段开关，正常处于闭合状态；另有少量开关为联络开关，平时处于开断状态。为了保证供电可靠性与经济性，一段线路上的负荷可以通过开关的切换转移到不同的电源供电。负荷转移过程称为配电网络重构。配电网络重构是配电管理系统（DMS）的重要内容之一，是配电调度控制的重要依据。

配电网络重构分为两种。一种是正常运行状态下的网络重构。对正常运行的辐射型配电网的负荷进行供电调整，在保证供电安全性、可靠性的前提下，针对负荷的不断变动，从网络运行经济性出发，通过线路开关切换，改变负荷的供电电源，减少网损，达到优化运行的目的。第二种是故障情况下的网络重构，用于配电网事故后的供电恢复，主要考虑恢复用户供电，兼顾网损。这两种过程的分析基础是：配电网络结构一定；负荷是随时变动的；配电网的运行继承性，即网络已是环网开环辐射网络，因此操作有多种方案可行。讨论的方向是开环运行条件下的重构方案的选择，在针对当前负荷水平、当前辐射网状态，以保证对负荷的供电为前提，通过部分负荷的转移供电，以网损最小为目标函数，结合其他的约束条件，求取运行方式的优化，均匀负荷，消除过载，提高供电质量。

由于配电网的网损与电压是非线性关系，且又存在电压与电流的相差以及各种约束条件，进行配电网络重构的分析实际上是一个复杂的多目标非线性优化问题。经过多年众多学者的探索研究，目前解决配电网重构的方法大致有：①最优流算法，以闭合所有开关计算潮流分布，开断最小电流支路求解；②开关交换法，通过成对的开关的打开与闭合，对比网损的变化求解；③遗传算法，以进化的方式处理开关交换的组合，求取最优解；④模拟退火法，以随机搜索迭代过程寻求最优解；⑤人工智能法，包括专家系统法、人工神经网络法等，结合运行人员的运行经验和采用对样本的训练进行筛选和组合。

1. 正常情况下的网络重构

正常运行的环网开环以辐射形配电网运行的网络重构，通常采用的网络重构方法有最优流模式、开关交换算法、遗传算法、数学优化技术和人工智能算法等。

（1）网损与线路限制条件。正常运行时配电网线路功率时刻在变动，一条线路的线损与

线路中的潮流大小有关。全网的网络损耗为

$$P_w = \sum(P_i^2 + Q_i^2)R_i/U^2$$

求取网损最小的目标函数是一个非线性的优化问题，其中还包括线路容量和电压的限制条件。

从调度总站 SCADA 的实时数据采集系统可得到配电网的各母线电压及线路功率。设某线路原有功率为 $P_1 + jQ_1$ ，网络重构后转入该线路的功率为 $P_z + jQ_z$ ，则对于该线路应根据发热条件考核其是否过载。

线路电流为

$$I = \frac{\sqrt{(P_1 + P_z)^2 + (Q_1 + Q_z)^2}}{U_1^2}$$

设该线路允许载流量为 I_{yx} ，则应有 $I_{yx} > I$ 。

线路电压降落横分量为

$$\Delta U = [(P_1 + P_z)R + (Q_1 + Q_z)X]/U_1$$

纵分量为

$$\Delta\delta = [(P_1 + P_z)X - (Q_1 + Q_z)R]/U_1$$

式中 R、X ——线路电阻、电抗。

则线路末端电压为

$$U_2 = \sqrt{(U_1 - \Delta U)^2 + (\Delta\delta)^2}$$

要求 $U_2 \geqslant U_{min}$ 电压允许值。

(2) 最优流模式。最优流模式采用环网开环操作得到最优流。一个配电网对应于网损最小的经济电流分布是当网络中各支路只有电阻时的电流分布。因为实际的网络支路不可能只有电阻或阻抗比 R/X 相同，因此，网络电流的实际分布与经济分布并不相符。

环网开环操作的方法是先假设网络支路只有电阻，使网络中联络开关均闭合，而形成环网，去除线路阻抗中的电抗部分，使网络变成纯电阻网络。根据 KVL 和 KCL 可求得经济电流分布及对应网损。然后，选择电流最小的支路，并打开开关，使该支路成为联络线，相应解开一个网环。再一次求解电流，进一步电流最小选择打开开关。通过多次计算和操作，直到网络成为辐射型网为止，即认为得到了重构方案。在求解过程中，选择最小电流支路打开该支路开关是认为在最优流模式下开断最小电流支路，给网络带来的网损的增量最小。

最优流模式的电流、电压关系为

$$[I] = [G][U] \tag{5-1}$$

其中 $$U = V_i - V_j (i = 1, \cdots, n-1, i \neq j)$$

由于经济电流分布以环网为基础，各个网孔电流之间相互影响，每打开一个开关，同时也使有联系的网孔电流发生变化，即打开开关的前后顺序对计算结果有较大的影响，因此，只能说是得到较佳的重构方案。

在进行计算过程中，在每一次打开一个开关后应检验是否出现孤立节点，确定该次操作是否可行。在完成整个计算后，还应恢复线路的阻抗表达，进行交流网络的潮流计算，以线路容量和电压约束进行校核。

(3) 开关交换算法。开关交换算法是建立在当前配电网运行基础上进行的。根据当前潮流将负荷用恒定电流源表示。对于一个辐射型运行的配电环网，每次选择两端电压差最大联络开关使其合上，即考虑此时可有一定的网损减量，形成一个环形。选择该网孔中另一个分段开关打开，又使网络成为辐射型，分段开关的选择方法是使负荷从网损增量大的一侧转移至网损增量小的一侧，而搜索范围可以只包含原电压降落较大一侧线路中的分段开关，将其打开，完成一次开关交换。通过开关的逐个交换，可使负荷逐步均匀化和使网损逐步减少。

在一条线路中加入一个负荷功率 $P_{iz}+jQ_{iz}$ 后所形成的网损为

$$\begin{aligned}P_w &= \sum[(P_{ix}+P_{iz})^2+(Q_{ix}+Q_{iz})^2]R_i/U^2\\ &= \sum(P_{ix}{}^2+2P_{ix}P_{iz}+P_{iz}{}^2+Q_{ix}{}^2+2Q_{ix}Q_{iz}+Q_{iz}{}^2)R_i/U^2\\ &= \sum S_{ix}{}^2R_i/U^2+\sum(2P_{ix}P_{iz}+2Q_{ix}Q_{iz}+P_{iz}{}^2+Q_{iz}{}^2)R_i/U^2\end{aligned}$$

式中第一项为线路原来电流所形成的网损，第二项为加入功率后形成的网损增量。则

$$\begin{aligned}\Delta P_w &= \sum(2P_{ix}P_{iz}+2Q_{ix}Q_{iz}+P_{iz}{}^2+Q_{iz}{}^2)R_i/U^2\\ &= \sum(2P_{ix}P_{iz}R_i/U^2+2Q_{ix}Q_{iz}R_i/U^2+P_{iz}{}^2+Q_{iz}{}^2R_i/U^2)\end{aligned}$$

从公式可看出，由于网损与线路电流二次方成正比，转移功率后增加的网损不仅与转移功率有关，而且与线路中原有功率电阻乘积大小有密切关系。线路中原有功率电阻乘积越大，形成的网损增量就越大，因此，负荷的转移方向是向原线路功率电阻乘积小的方向转移。

开关交换算法可以快速确定降低网损的开关交换组合，并可以计算出每一次交换所带来的网损的减少。但由于各网孔之间有公共支路存在，所以开关的交换会使公共支路上的潮流发生变化，从而使前一次相关网孔开关的交换依据出现不确定性，因此不能保证得到整个配电网的最优模式，同时计算的结果也与网络的初始状态紧密相关。同样，交换结束应校验线路容量和电压约束。

（4）遗传算法（GA）。遗传算法（genetic algorithm）模拟生物进化过程，以自然基因选择机理为基础的搜索方法，通过模拟基因串的优者生存及随机交换信息的方法搜索优化方案。在 GA 中，利用上代最适合的信息去创造新的合成基因串，有效利用过去的信息去寻找新的搜索点，从而改进搜索进程。该方法把配电网的重构描述为混合整数的规划问题，用通过一定规则得到的交叉率 P_c 和变异率 P_m 的遗传算法求取配电网的重构。

一个配电网由电源节点和负荷节点通过馈电线连接构成配电网络，网中可以有很多环路，使用联络线开关打开而形成开环运行。因此根据配电网结构和当前联络线在网络中的位置，可以运用编码规则编制染色体。编码的位表示开关的状态，如“1”表示合，“0”表示分。网络中一个联络开关对应一个环路，同一环路的开关又可形成一个基因块。编码过程中排除违反实际运行的约束要求的个体，因此染色体的长度并不需要包含网络中所有的开关状态。配网重构的目标函数是网损最小，属于最小值优化问题。由配网的总线损构成适应度函数，适应度函数是遗传算法指导搜索方向的依据。

遗传算法首先随机产生一组初始种群，去除不符合运行约束的个体后，构成父代样本。采用产生随机数的方法，以随机数来进行选择复制与交换，并运用交叉率 P_c 和变异率 P_m 对染色体中进行交叉和变异操作，形成较优异的子代。优异选择的依据仍然是系统网损减少，以适应度值逐代增加的方向来进行优化。适应度函数一般表达为

$$F=\begin{cases}C_{max}-f & F<C_{max}\\ 0 & \text{其他}\end{cases}$$

式中，f 为系统网损目标函数；F 为适应度函数；C_{max} 为一个定值。

GA 遗传算法的特点是从群点出发进行优化搜索，而不是单个的开关状态变化，这样全局收敛的速度加快。使用概率规则指导搜索，若能够选择去除不合理的运行方式，则能有效地解决病态的、离散型的网络优化问题。

（5）专家系统法。专家系统法将调度人员的运行经验以样本的形式构成样本集，结合当前系统潮流分布，运用启发式规则进行筛选，得到最优配电网结构。

2. 故障后的网络重构

当配电线路发生故障时，由 DMS 系统控制馈线自动化装置实现线段的故障定位和故障隔离。由于配电网均采用辐射型线路供电，当故障线段被切除后，该馈电线路将被分为两部分。一部分线路负荷为原电源侧，由线路重合器重合而实现恢复供电。另一部分线路及负荷将通过配电网的故障后重构而转移至其他电源供电。

通常采用的网络重构典型方法是在故障线路被切除后，启动一定的算法寻找出最佳的联络开关投入方案。

在某一线路故障且隔离后，停电的区域包括若干线路及负荷，可以通过一个联络开关接通至另一个电源，或者打开该停电区域内某些线路开关，将该区域再分隔为若干个小区域，分别通过不同的联络开关接通不同的电源。

当一条由多段组成的线路有几个联络开关可分别接入不同电源的情况下，各区域对应有多个转移方案。采用连通搜索方法，确定各个负荷可通过的线路路径得到故障下游负荷的多个转移方案。由调度总站 SCADA 得到各运行线路的功率计算出各被转移的节点实时功率，组合成各个可能的重构方案及其转移功率。转移方案的约束条件是线路连通，开关的投切保证不形成环网供电，并校验超线路容量和电压，不允许超过限值。重构过程从运行优化的角度出发，转移方案的选择都是以网络重构后网损最小且线路容量有一定裕度考虑的，并且追求操作的开关较少。

六、负荷预测

负荷预测功能利用历史负荷数据预测未来时段的负荷。负荷预测功能一般针对全网或某个区域内的总负荷进行。应考虑气象修正的负荷预测模型，可以预测未来 1 天至 1 周的每小时、每 15min 的系统负荷值，然后利用可自动校正的负荷分配系数把该预测值分配到各变电站、馈线及负荷点。负荷预测应用了线性外推、线性回归和人工神经网络等算法。

配电负荷预测可能要考虑分类预测。负荷分类指负荷中可分离出来的最小的可统计用电负荷类别。典型的负荷分类如电冰箱、烹饪、日光灯、电热器、电弧、泵等。负荷分类的日负荷曲线可以根据统计部门提供的数据获取，负荷分类也可以有负荷电压静特性、功率因数等属性。

思 考 题

1. 什么是配电自动化和配电管理系统？各自的功能主要有哪些？
2. 试举例说明环网中重合器与分段器配合实现故障区段隔离的动作过程。
3. 什么是馈线 FTU？FTU 分为哪几种？有哪些不同？
4. 基于 FTU 和通信网络的配电网自动化系统如何实现故障区段隔离？有什么优点？

5. 配电 SCADA 系统的功能有哪些？

6. 电力负荷控制的功能有哪些？

7. 抄表和电能计费一般有哪几种方式？远程自动抄表电能计费系统主要由哪几部分组成？

8. 什么是配电图资系统？其基本功能有哪些？

9. 什么是需方用电管理？实现需方用电管理有哪些技术手段？

10. 配电网重构的出发点和实现的方法是什么？

第六章　数据通信系统

第一节　数据通信系统构成

数据通信系统是组成电力系统调度自动化系统和配电网自动化系统的重要部分。电力系统可分为发电厂、高压输电系统、配电系统三大部分，各自配置自动化系统，数据通信系统也与之对应。

在发电厂内由各种计算机设备构成内部网络，通过设备之间的数据通信，实现发电的协调控制。在高压区域变电站，数据信息采集装置采集本站内电气设备以及高压输电线路的运行情况，形成遥测、遥信信息。借助于数据通信系统，发电厂和变电站的实时运行数据信息被传送至调度控制中心。根据对实时的系统运行状态的监控与离线的系统分析，控制中心形成遥控、遥调命令，并能准确地通过数据通信系统传送到为数众多的远方终端，实现对开关设备的远方控制、对控制装置的远方调整和定值设置，从而使电力系统的运行状态得以调整，不正常状态或故障得以及时处理，保证电力系统能够安全、经济运行。在一个已实现综合自动化的变电站内，以分散布置的各个计算机采用局域网形式，通过设备之间的通信，实现监控功能、继电保护功能的相互配合与数据共享及存储。馈线自动化完成故障的定位与隔离，以及负荷的转移等，实现配电网的重构，馈线自动化智能设备的控制及故障信息的传送都依靠一定的通信方式来完成。一个具有强有力功能的配电管理系统对通信系统的依赖是明显的，由于配电网的用户成千上万，各个变电站的运行参数和状态的采集，各种用电负荷的用电状况、用电电能量等需要有效的通信方式进行传送，DMS 依靠数据通信系统完成数据的采集，实现实时的配电网地理信息系统的功能，实现变电站的远方控制，实现用户电能数的远传等。虽然发电输电系统数据集中，配电系统的数据采集的范围相对分散，但是对数据通信的总的要求是一致的，只是采用的通信系统的构成和通信方式有所不同，因此一个可靠性高的、功能强大的、无处不在的、方便使用的通信系统是一个现代化的电力系统不可或缺的、十分重要的部分。

随着通信技术的发展，目前可采用的通信手段和通信系统构成形式很多。从目前的技术水平看，尚没有一种单一的通信手段能够全面满足各种规模、各种层次的电力系统自动化的需要，因此必须对各种通信技术的长处和不足有较全面的了解，并根据所对应的自动化系统的实际需求情况，选用一种合适的数据通信系统构成和通信方式，或者采用多种、多层次的系统构成和通信方式的混合使用来满足与适合实际的需要。

电力系统自动化系统对通信系统构成的要求取决于系统规模、复杂程度和预期达到的自动化水平，主要体现在以下几个方面：

（1）通信可靠性。具有在大量的、远距离传输数据过程中保证数据通道的通畅，误码率低，并具备一定的误码检测和纠错能力。

（2）建设费用较低，即具备较高的价格性能比。不根据实际数据传输的要求，盲目采用过高等级、超过实际容量需要的、复杂的通信系统及设备是不明智的。

（3）满足目前和将来数据传输速率的要求。设备容量和通道容量应适当考虑电力系统的发展及对自动化程度的要求，可以通过规划来逐步实施。

（4）通信方式具有实用性和灵活性。包括一对一、一对多、多对多和网络结构的选择，以及通信通道工作方式的选择。

（5）通信通道不受电力系统故障的影响。当电力系统故障时，强烈的电磁干扰会对附近的通信设备和线路形成影响，造成设备损坏或信息误码，尤其是采用电力线路载波方式时，还须考虑保证信息通道不受影响的问题，在系统设计时应加以充分考虑。

（6）易操作与维护，建立调度系统的安全防护体系保证通信系统的安全。

一、通信系统构成

简单的数据通信系统由数据终端、调制解调器、通信线路、通信处理机和主计算机组成，如图 6-1 所示。

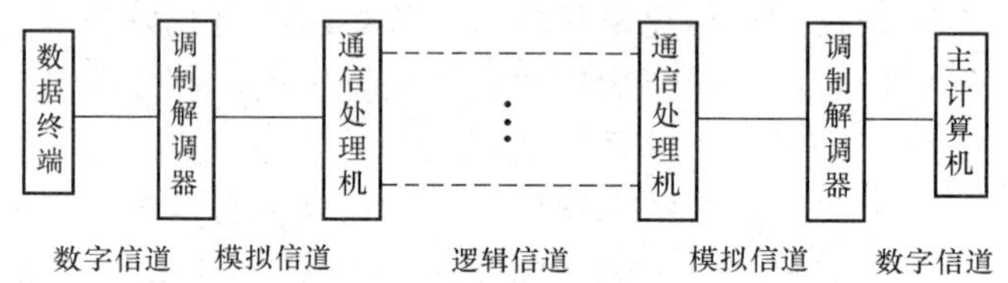

图 6-1 数据通信系统构成简图

（1）数据终端。电力系统被监控设备与数据通信网络之间的接口，能够把电气模拟信号或状态量转换为二进制信息向数据通信网络送出，也能够从数据通信网络中接受控制调节指令（或经转换）向受控对象发出。

（2）调制解调器。较远距离的通信往往采用模拟信道。调制解调器的作用是二进制数据序列调制成模拟信号或把模拟信号解调成二进制数据，是计算机与模拟信道之间的连接桥梁。对近距离的通信，可直接采用数字式通信。

（3）通信线路。可以是采用公用通信线路或专用通信线路，可以是直接连接，也可以是经过通信处理机网络连接。

（4）通信处理机。承担通信控制任务，完成计算机数据处理速度与通信线路传输速度间的匹配缓冲，对传输信道产生的误码和故障进行检测控制，对网络中数据流向与密度根据要求进行路由选择和逻辑信道的建立与拆除。

（5）主计算机。集中数据终端采集到的电力系统运行数据，进行判别、分析与控制。

二、信道

进行通信的通道又称为“信道”。在数据通信网络中，各站点之间的信息交流都需依靠信道完成。电力系统通信的信道种类很多，由于电力系统通信的重要性和特殊性，其发展以电力系统的扩大和发展为前提条件。以下介绍电力系统专用通信网中使用的信道种类。

按数据传输媒介的不同，数据传输信道可分为有线信道和无线信道两类。有线信道包括电力线载波、通信电缆、光纤、现场总线等。无线信道包括无线电广播、微波、卫星通信等。按数据传输形式的不同，数据传输信道可分为模拟信道和数字信道两类。

1. 电力线载波通信（Power Ling Carrier，PLC）

自从 20 世纪 20 年代电力线载波通信推出以来，PLC 已经成熟而有效地应用于电力系统，主要服务于用电力传输线传输继电保护、SCADA 和语音通信所需的信息。电力线载波通信使用电力系统中传输电能的电力线，由于电力系统的各个电气设备均通过电力线相连，因此电力线载波通信是利用了现成的电力线构成信息通道，不必考虑架设专用线路，并且PLC不必经过无线电管理委员会（FCC）的许可，而建立起来的一种特有的通信方式，其具有高度的可靠性和经济性，而且与电网调度分级管理的分布基本一致，因此电力线载波通信已经成熟而有效地应用于电力系统，成为电力系统的主要通信信道。

按电力线载波通信所采用的通信线的不同，PLC可分为输电线载波通信（Transmission Line carrier，TLC）、配电线载波通信（Distribution Line Carrier，DLC）和低压配电线载波通信（又称为入户线载波通信）三类。

按传输方式的不同，电力线载波通信可分为一线对地传输方式、两线对地传输方式、相间结合传输方式（即利用同一回线路的两条线传输方式）和回线间结合传输方式。

电力线载波通信将信息调制在高频载波信号上通过已建成的电力线进行传输。对于电力线载波通信，载波频率一般为10～300kHz；对于配电线载波通信，载波频率一般为5～40kHz；对于低压配电线载波通信，载波频率一般为50～150kHz。对待传输信息的调制可采用幅度调制（AM）、单边带调制（SSB）、频率调制（FM）或移频键控（FSK）。

电力线载波通信的设备有在主变电站安装的多路载波机（称主站设备），在线路各测控对象处安放的电力线载波机（称从站设备）和高频通道。高频通道主要由高频阻波器（简称阻波器）、耦合电容器和结合滤波器组成。电力线载波通信的简单原理如图6-2所示。

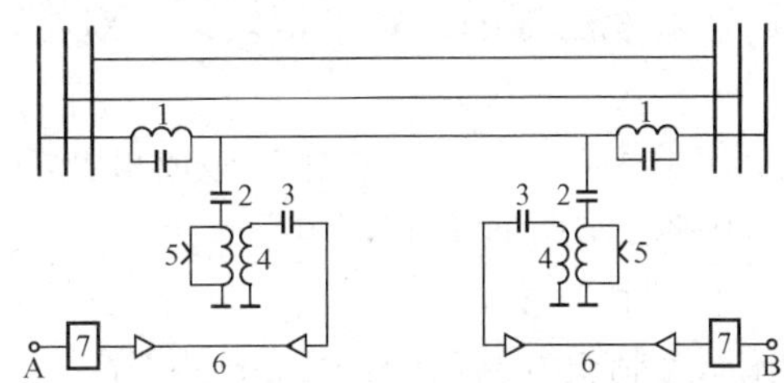

图6-2 电力线载波通信的简单原理图
1—阻波器；2—高压耦合电容；3—结合滤波器电容；4—结合滤波器电感；5—保护间隙；6—通信电缆；7—载波机

高频阻波器是用以防止高频载波信号向不需要的方向传输的设备；耦合电容器的作用是将载波设备与馈线上的高电压、操作过电压及雷电过电压等隔开，以防止高电压进入通信设备，同时使高频载波信号能顺利地耦合到馈线上；结合滤波器是与耦合电容器配合将载波信号耦合到馈线上去，并抑制干扰进入载波机的设备，它由接地刀闸Q、避雷器FB、排流线圈LI、调谐网络LO、CI和匹配变压器T组成。在发送端，载有信息的载波信号经耦合电容器和结合滤波器注入电力线传往接收端；在接收端，通过耦合电容器和结合滤波器将调制信号从电力线上分离出来，并经解调装置将信息提取出来。

配电线载波通信系统在主变电站安装多路配电线载波机（称主站设备）并与区域工作站相连，在10kV馈线的分段开关处安放的馈线RTU（FTU），采用配电线载波机（称从站设备），经耦合电容器C耦合至馈线，并通过馈线与相应的区域工作站相联系，这样就可把分散的FTU上报的信息集中至主变电站的区域工作站处，区域工作站再通过高速数据通道将收集到的信息转发给配电自动化中心。为了避免线路开关分断时切断载波通道，可在开关处通过耦合电容器构造载波桥路；为了防止在发生单相接地时影响载波通信，可采取两线对地耦合方式，即通过四台耦合电容器将载波信号分别耦合至开关两侧的两相线上。对于低压用户的抄表信息，可采用低压配电线载波方式将各用户的信息传至公共配变（配电变压器）的抄表交换机，再通过配电线载波方式传至区域工作站。

电力线载波通信在高压电力系统中的应用效果很好，因为它不仅简单而且很少间断。此外，电力线载波通信中信号盲区的存在是一个十分严重的问题。信号盲区发生在电力线上的反射信号，抵消或大大削弱了入射信号的区域。反射往往发生在线路的不连续点，如变压器和线路终端设备等处。因此在建设电力线载波通信系统时，必须仔细分析，尽量减小盲区的影响。

对于配电网来说，由于其结构复杂，变压器、分支线、电容器等对高频信号会造成较大的衰耗和失真，因此配电线载波通信使用较低的载波频率，即 5～40kHz，尽管如此，载波信号在配电线上的传输仍会受到比输电线载波通信显著得多的衰减。

从目前的技术水平看，一个典型的配电线载波通信系统可以达到 150～300bit/s 的波特率，并可以满足双向通信的要求，而且对于远方抄表（AMR）和监测来自馈线的数据信息等应用来说，也是较经济的方式。

对于配电系统自动化来说，由于其信噪比低，因此一般只有采用频率调制（FM）或移频键控（FSK）方式才能实现较为稳定的数据传输。由于配电系统自动化的测控对象数量巨大，因此希望配电线载波通信系统能传输尽可能多路信息。但是由于配电线载波通信系统使用的频率低，因此仅采用频分多路复用技术（FDM）往往不能满足要求，一般还要同时采用时分多路复用技术（TDM）。

配电线路阻抗特性随用电负荷的变化而变化，同时又因用电设备的性质不同而时常变化，必须采用自动电平控制单元来控制发送信号输出，从而消除配电线路阻抗特性的变化对输出信号幅度的影响。对于接收端，对接收信号的幅度也应在较宽的动态范围内具有适应性。

配电线载波机的输出功率应做成可调的，这样做既能保证一定的功率储备，又降低了不必要的功率消耗，而且在停电后还能延长电池供电的时间，同时可减少对其他设备的干扰。

2. 脉动控制技术

脉动控制技术（Ripple Control）的工作原理类似于输电线载波通信，它也是将高频信号注入电力传输线上，只是脉动控制技术对信息的调制方式是通过让脉动有或无来实现的。之所以称为脉动控制技术是因为它的频率较低，低于 2kHz（一般为 100～500Hz），当通过示波器观看时，有时很像脉动。由于这个频率较配电线载波使用的频率更接近 50Hz 工频，因此脉动控制技术在配电网上的传输效率高，可靠性高。但是由于使用的频率低，脉动控制技术的数据传输速率低于配电线载波通信，尽管如此，脉动控制技术对于大部分配电自动化功能的实现，仍是够用的。

在电力系统中，低于 1kHz 的谐波是很普遍的，由于这个频段正是脉动控制技术的工作区间，因此脉动控制技术的工作频率必须避开电力系统的谐波点，否则将会受到谐波的强烈干扰。即使如此，脉动控制技术比配电线载波对于电力系统的噪声更敏感。

尽管存在这些缺点，脉动控制技术已经在世界各地成功地应用了 60 多年，它主要适用于单向通信的场合，比如负荷控制，它也适用于已建成的电力线，并且不受无线电管理委员会制约。

3. 工频控制技术

工频控制技术是一种双向通信方式，它也是利用电力传输线作为信号传输途径，并利用电压过零的时机进行信号调制。工频控制技术的原理如图 6-3 所示。由变电站向外传送信号的工频控制技术是在 50Hz 工频电压过零点附近（25°左右）的很窄的区间内根据需要

（如传输“1”码时），通过调制电路，产生一个轻微的电压波形畸变，位于远方控制点的检测设备能够检测出这个电压波形畸变，并还原出所代表的码元。向变电站传送信息的工频控制技术是建立在电流调制的基础上的，在电压过零点附近的很窄的区间内根据需要（如传输“1”码时），在远方控制点准确地控制一个开关产生，通过一个电感从电力线上吸取一定的电流，在变电站检测出这个电流变化，并还原出所代表的码元，因此数据传输速率较高。

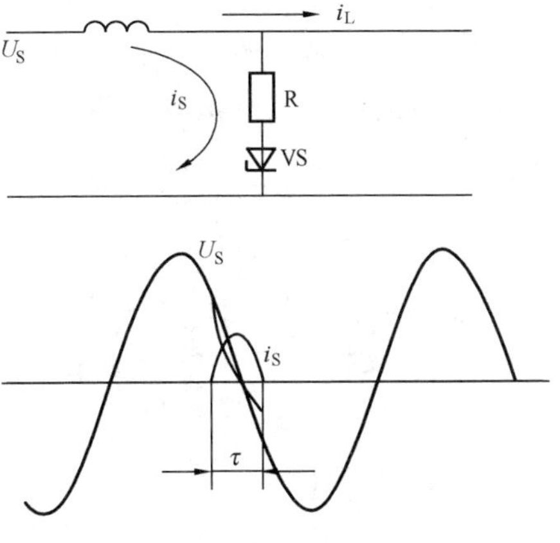

图 6-3　工频控制技术的原理

工频控制技术的特点是：

（1）信号发生原理是在工频电源电压过零点附近，用晶闸管控制电容放电或通过电感吸收电流产生脉冲波。

（2）传送速度是通过在过零点同时传送多个通道脉冲，来实现很高的传送速度。

（3）传送可靠性受负荷阻抗变化的影响，并要注意利用控制相位原理的其他设备所发出的脉冲的干扰。

工频控制技术与脉动控制技术相比，设备更简单，投资更节省；与配电线载波系统相比，工频控制技术不存在由于驻波而带来的盲点问题。目前这种技术在美国和加拿大已广泛应用于远方自动抄表和零散负荷控制（如热水器、游泳池水泵、路灯和空调器）等领域。

4. 电缆通信

电缆通信使用专用的或公用的通信电缆为设备之间的信道，是一种质量高的信息传送方式，但其中间转接站较多，投资费用较大。在同途径电力线路发生故障时，电缆可能会产生高值感应电势，从而损坏电缆或设备。采用同轴电缆可以有大的信号带宽，比一般电缆的传输速度快，常用于计算机设备之间的连接和直接的数字通信。

5. 电缆金属屏蔽层通信

跟随城市电网改造，电力电缆大量得到使用，其金属屏蔽层可用于信息通道。其特点是由于电力电缆连接变电站、用户之间，不必再敷设专用通道，金属屏蔽层中没有大的负荷电流流通区别于电力线载波，金属屏蔽层接地可减少干扰的影响等。采用耦合器可将需传送的信息加至屏蔽层中，在另一侧用解耦器取出信息。

6. 光纤通信

光纤通信是以光波作为信息载体，以光导纤维作为传输介质的先进的通信手段。目前光纤通信技术已经成熟，并且已在电力系统中广泛应用。与其他通信技术相比，光纤通信有以下的优点：

（1）传输频带很宽，通信容量大。

（2）传输衰耗小，适合于长距离传输。

（3）体积小，重量轻，可绕性强，敷设方便，抗腐蚀，抗酸碱，且光缆可直埋地下。

（4）输入与输出间电隔离，不怕电磁干扰。

（5）保密性好，无漏信号和串音干扰。

但是，光纤通信仍存在以下的缺点：

（1）强度不如金属线；

（2）连接比较困难，分路和耦合不方便。

光纤通信系统的组成如图 6-4 所示。图中表示了一个方向的传输，反方向的传输也是相同的。

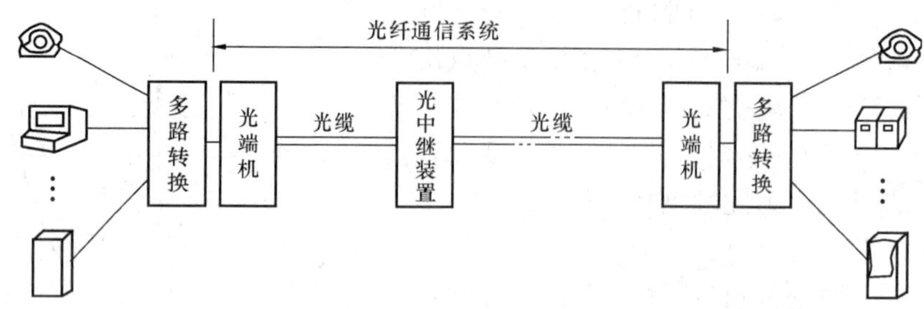

图 6-4 光纤通信系统组成

图 6-4 中，电端机及多路转换装置完成对信息源的处理，如多路复用和复接分接等；光端机的发送端内含有光源，它完成将电信号转换成为光信号，并输入光纤传输至远方；光端机的接收端内含有光检测器，它完成将来自光纤的光信号还原成为电信号，并输入到多路转换装置的接收端；光中继装置完成将经过长距离传输后被衰减和畸变了的光信号转换成电信号，经放大、整形和生成一定强度后，再转换成光信号，继续送向远方，形成多级中继，以便于信号的长距离传输。

按传输的光波长划分，光纤通信系统可分为：

（1）短波长光纤通信系统，工作波长为 0.8～0.9μm，中继距离短于 10km。

（2）长波长光纤通信系统，工作波长为 1.0～1.6μm ，中继距离可大于 100km。

（3）超长波长光纤通信系统，工作波长为 2.0μm 以上，中继距离可达 1000km 以上。

按光纤的种类划分，光纤通信系统可分为：

（1）多模光纤通信系统，采用多模光纤，传输容量小，一般在 140Mbit/s 以下。

（2）单模光纤通信系统，采用单模光纤，传输容量大，一般在 140Mbit/s 以上。

按传输的信号形式划分，光纤通信系统可分为：

（1）光纤数字通信系统，传输数字信号，抗干扰能力强。

（2）光纤模拟通信系统，传输模拟信号，仅适用于短距离传输。

按网络的形式划分，光纤通信系统可分为点对点光纤通信系统、T 形光纤通信系统、环形光纤通信系统和星形光纤通信系统几类。

（1）点对点光纤通信系统一般用于设备内部通信（如用于联系分布式 RTU 内各智能模块的内部串行总线），或设备之间短距离通信（如智能电气设备 IED 之间），这种方式的设备费用较低，为了进一步节省造价，还可以采用多模光纤。

（2）T 形光纤通信系统。环形光纤通信系统和星形光纤通信系统适合于构成光纤通信网络。其中，环形光纤通信系统中，也可采用光—电—光式中继器的电端口作为节点的串行 I/O 口。公用光纤通信网络中的多路转换装置一般提供经调制（如 PCM）和复接后的一次群 E1 信号（2.048Mbit/s）。

经过复用和复接的主干线光纤通信系统的单位通道的架设费用较低。通常需要几百芯的电缆才能在主干线上传输 10 亿 bit/s 的容量，而采用光纤通信时，只需要一根光纤就可以了。

光纤通信系统较其他通信方式的优越之处在于它对于电磁干扰不敏感，这对于电力系统应用尤为重要，因为故障、雷电和开关变位所引起的电磁干扰将不会影响光纤通信系统工作。

在配电自动化系统中，可以利用供电企业和各变电站间开通的公用光纤电话网进行数据传输，此时光纤通过 Modem 将数字脉冲信号转换成话带信号后占用一路通道传输。也可以专门架设光纤通信专用网络传输数据信息，此时除了选用一般光端机外，还可以选用自愈式光端机，当光缆出现故障时，自愈式光端机可以自动选择路由，当故障消失后自动恢复。

对于采用架空线路的电网，由于光导纤维不导电，因此在架设时，可以将它缠绕在电力传输线的相线上直接引到低处，但是往往需要外覆一个绝缘层以免光导纤维被飞弧污染。光导纤维还可以缠绕在电力传输线的中性线上，这样就无须绝缘层了。

对于地埋电缆的配电网，光缆可以方便地与配电电缆同沟敷设，因此非常方便。为了保证通信可靠，最好设计成工作和备用两套光缆系统。

在用于馈线自动化中 FTU 和附近区域工作站间通信时，可选用廉价的多模光纤，并采用低造价的 LED 发送器。

7. 现场总线和 RS-485 接口

现场总线（Field Bus）是近 20 年来发展起来的新技术，它是连接智能现场设备和自动化系统的数字式双向传输、多分支结构的通信网络。现场总线适合于用来满足 RTU 和附近区域工作站间的通信，以及发电厂、变电站内自动化中智能模块之间的通信。

现场总线具有如下特点：

（1）全数字化的双向数据传输，一对传输线上可以共线连接多台设备，使现场设备的通信简单化。

（2）智能程度高，可以完成差错控制和一些采集与控制算法，可以具有一定的报文处理能力。

（3）拓扑结构灵活，可构成总线型、环形、星形等各种结构。

（4）开放式结构，根据开放互联系统协议（OSI）的七层协议制订，可根据需要采用其中的几层，便于设备间互连。

在一些对实时性要求不高的场合，如远方自动抄表，也可以采用 RS-485 方式通信代替现场总线。

8. 无线电通信系统

无线电通信系统利用电磁波在空间传播信息，是一种覆盖面广的通信方式，它不需要传输线，而且可以构成双向通信系统。所有的无线电通信系统都能够和停电区域通信。传统的无线电通信系统包括调幅（AM）广播、调频（FM）广播、无线寻呼网、甚高频通信和特高频通信。

由于无线电通信的发送功率受到限制，因此，无线电通信一般用于城镇配电网且范围较小的监控系统中。

（1）调幅（AM）广播。调幅广播采用不干扰现有无线调幅广播电台的频率范围工作，一般应用于配电自动化中对大量的用户进行负荷控制，对负荷控制信号进行相位调制后以幅度调制的形式调制到载波上，通过发射系统发送出去。

（2）调频（FM）广播。用于配电自动化的无线广播为调频（FM）辅助通信业务（SCA）。本质上讲，调频辅助通信业务是通过对一个负载波进行频率调制，而将信号在调频波段分开传输的通信方式。通常的调频收音机是无法检测到这个信号的，但特殊制作的接收机可以收到并解调出传输的信号来。

（3）无线寻呼网。无线寻呼系统是一种利用无线电信号传输信息的通信方式。城区配电自动化系统中采用建设专用无线寻呼网的方式，可以使通信问题得以较满意解决。专用无线寻呼系统可实现群呼（用于下达广播命令）、紧急呼叫和优先呼叫等功能。也可以采用具有自动寻呼功能的公用寻呼网，在控制中心通过一台计算机进行拨号和下达控制代码，经过公用电话网沟通公用寻呼网，从而达到单向数据传输的目的。

近几年，我国部分地区采用移动通信网实现配电网电能数据的采集（简称 GPRS），由远方终端定时发“短信”形式完成数据的传送。

（4）甚高频通信。频率在 30～300MHz 的无线电波段被称作甚高频（Very High Frequency，VHF）。对于配电自动化，目前常用的是 800MHz 的信道。在建设甚高频通信系统之前，必须得到无线电管理委员会的许可。甚高频信号的覆盖面积较小，而且容易受到多路径效应和障碍物的影响，因此设计时必须小心。在 VHF 频段，可以采用 200MHz 数字传输电台来实现配电系统自动化的通信，但是，目前在大中城市，工作在 200MHz 频段附近的无线电设备太多了，如电视、寻呼台和对讲机等，因此干扰比较严重。

（5）特高频通信。频率在 300～1000MHz 的无线电波段称作特高频（Ultra High Frequency，UHF）。我国无线电管理委员会将 821～825MHz/866～870MHz 作为无线数据通信频段，其中 866～870MHz 用于基台（即中心站）发射，821～825MHz 用于终端台发射。该段信道间隔为 25kHz，共有 120 对频点，其中有 12 对用于普通遥控和遥测数字传输业务。采用该频段的数字传输电台可以较好地满足配电自动化的需要。UHF 通信可以达到 9600bit/s 的通信速率。而且由于波长较短，UHF 通信的天线尺寸也比 VHF 通信的小。由于工作频率高，UHF 通信又受到视距的限制，在多山的环境下，UHF 通信不能很好地工作。

9. 无线扩频通信

扩频通信的理论基础可由香农信道容量公式 $C=B\log2\ (1+S/N)$ 来描述。该公式表明，在高斯信道中当传输系统的信噪比 S/N 下降时，可以通过增大传输带宽 B 的方法来保持信道容量 C 不变。对于任意给定的信噪比，可以用增大传输带宽来获得较低的信息差错率。扩频通信正是利用这个原理，用高速率的扩频码来达到扩展待传输的数字信息带宽的目的。扩频通信系统的带宽比常规通信体制大几百倍至几千倍，故在相同信噪比条件下，具有较强的抗噪声干扰能力。

无线扩频通信系统比较适合于构成 10kV 开闭所、小区变电站或用于集结分散测控对象的区域工作站对配电自动化 DSCADA 控制中心间的数据通信。由于存在成本方面的原因，在配电自动化系统中，不便于采用无线扩频通信方式为数众多的分散测控点（如 FTU）通信。图 6 - 5 所示为天线扩频通信溃线自动化的示意图。

10. 混合通信系统

为了用比较经济的方式全面满足配电自动化的要求，通常需要根据配电网的具体情况，在不同层次上采用不同的通信方式，从而构成混合通信系统。混合通信系统的优点在于能够为每一条信道提供最合适的通信方式。在一个具有分层集结的配电自动化系统中，所处的层次越高，则所需要的通道数就越少，所需带宽和可靠性就越高，通常将高层次的通信信道称为通信主干线。在一个大型的配电自动化系统中，不适合于较低层次的通信方式有时对于通信主干线却是很合适的。例如，一个配电自动化系统具有10个大型变电站，这些变电站的RTU与控制中心之间可以采用租用电话线通信方式或光纤通信方式或无线扩频通信方式；而变电站可作为通信集结点，它与馈线RTU之间可采用配电线载波（DLC）方式通信；对于单向负荷控制则可采用调幅或调频无线广播通信方式直接和控制中心相联系，对于双向负荷控制则可采用230MHz的无线负荷控制专用通道和控制中心相联系；而远方抄表则也采用拨号电话线和控制中心相联系。在这个系统中，不同的通信方式的优点得以充分发挥，而且注意避免了其缺点。典型混合通信系统的结构如图6-6所示。

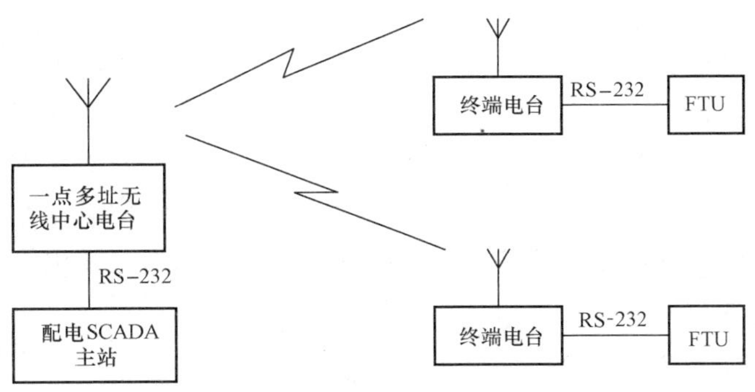

图6-5 无线扩频通信馈线自动化的示意图

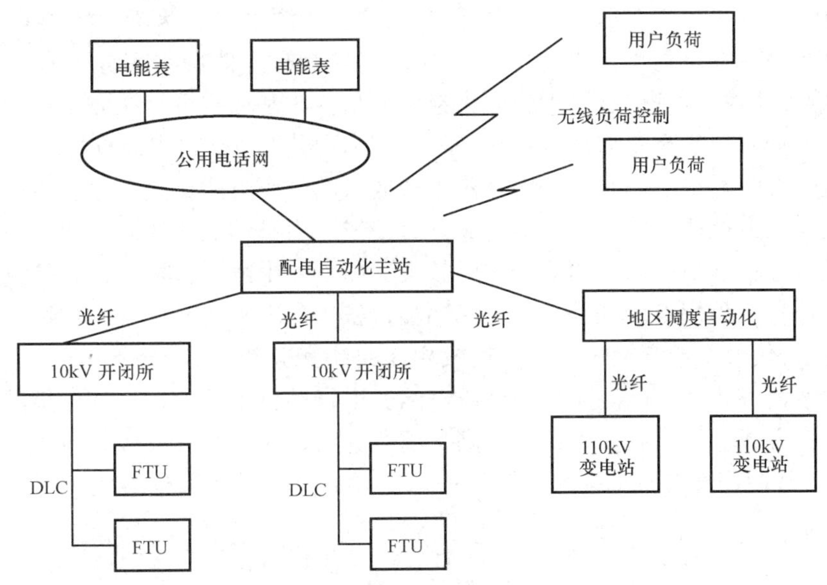

图6-6 典型混合通信系统的结构

在混合通信系统中，还可以通过存储—转发中继站来克服障碍物的影响或扩大通信范围。存储—转发中继站通常可看作结点，它是一个既可作为链路又可为其他站点提供通信服务的单元，比如在远方抄表系统中，可以采用低压配电线载波或RS-485及现场总线等方式将分散的电能表加以集结后再与控制中心通信。

在选择混合通信系统的方式时，应充分利用各地区原有的通信基础设施，从而达到减少投资的作用。

11. 电话线

电话线已被电力公司广泛应用于SCADA和继电保护中，长期的实践证明它是一种成熟的通信方式。单从技术角度看，利用电话线通信是很适合于配电自动化系统的，利用电话线通信可以达到较高的波特率，而且容易实现双向通信。但是电话专线的租用费用往往较高，并且电力公司无法完全掌握电话线通信的维护以确保其可靠运行。这些缺点降低了在配电自动化中使用电话线通信的积极性。此外，还有许多电话线未能覆盖到的区域，为这些区域额外架设专线的费用也是较高的。

利用电话线传输数据可分租用电话专线和公用电话网拨号电话两种方式。

12. 微波中继通信

微波的频率在300MHz～300GHz，波长为0.001～1.0m。微波基本上沿直线传播，由于地球表面是个球面，因此微波在地面传播的距离有限。微波通信一般40～50km就要设置一个中继站，将信号放大，按接力的方式一站站传递下去，以实现远距离通信，所以微波通信又被称为微波中继通信。

微波中继通信的优点是：微波频段频带很宽，可以容纳数量很多的无线电频道而不致互相干扰；微波收发信机的通频带可以做得很宽，用一套设备可作多套通信；受外界干扰小，通信稳定；方向性强，保密性好，每千米话路成本比有线通信低。所以其在电力系统中获得广泛的应用，目前这种信道在我国主要用于通信主干线。

微波中继站按其工作方式分为有源站和无源站。无源站又分为天线直接连接的无源方式、反射板无源方式和绕射网无源方式等。其根据是否有人值班管理分为有人站和无人站（远动操作、远方监控）；按抗衰老措施分为空间分集接收和频率分集接收工作两种。

微波中继通信系统示意图如图6-7所示。电话、数据（遥测或计算机）等信号，首先送入到终端机。在终端机中，利用频率分割方式或时间分割方式形成多路复用信号，再把这个复用信号送至信道机调制成微波，经过波导管馈线，由抛物面天线向空间辐射电波。在中继站，用中继机把传播中损耗了的信号加以放大、向下一中继站转发。在收信侧，利用信道机解调成多路信号，再用终端机进一步对每个话路进行调制。最后，分别取出电话，数据（远动或计算机）信号交给交换机、记录器或相连的计算机等。

微波中继通信方式目前广泛应用于高压电网调度自动化系统中，其特点是微波频段频带很宽，所以通信方式的传输容量大、质量高、配置灵活，尤其是在一点多址的小微波（TD-MA）推出后，其使用性能更加强大。微波通信一般是点对点的通信方式，因此，如果在配

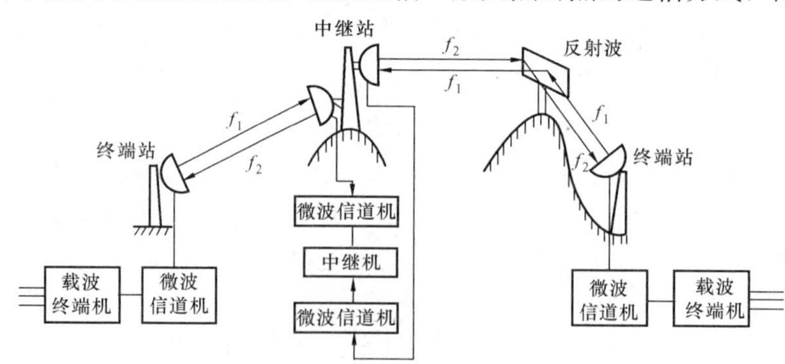

图6-7 微波中继通信系统示意图

电自动化系统中完全采用微波通信方式，则对于为数众多的测控单元，每个点都要建设一对微波通信设备。微波通信虽可以省去建设有线传输线的费用，并且具有很宽的带宽，可以实现很高的数据传输速率。但是，对于配电自动化，由于通信距离较短且数据传输速率要求不高，加上建设一套微波通信系统的技术复杂性和造价高等，使得微波通信在配电自动化中不具有吸引力。

13. 卫星通信

卫星通信是利用位于同步轨道的通信卫星作为中继站来转发或反射无线电信号，在两个或多个地面站之间进行通信。和微波通信相比，卫星通信的优点是不受地形和距离的限制，通信容量大，不受大气层骚动的影响，通信可靠。凡在需要通信的地方，只要设立一个卫星通信地面站，便可以利用卫星进行转接通信。卫星通信使用的频率为：上行（地球—卫星），5925～6425MHz；下行，3700～4200MHz。

一般来说，地面通信线路的成本随着距离的增加而提高，而卫星通信与距离无关。这就使得长距离干线或幅员广大的地区采用卫星通信较合适。

要想采用卫星通信方式，必须租用或拥有一个星上应答器，并具有必要的上行和下行联络设备。国外一些电力公司已成功地采用了卫星通信为SCADA服务。由于卫星在同步轨道的超高空上，报文来回一次的时间约为1/4s，传输延迟大，所以不能用于响应速度要求很快的场合，如继电保护等。

采用卫星通信的另一个用途是利用GPS全球定位系统来统一系统时间，提高SOE站间分辨率指标。在电网自动化系统中，层次较多，设备非常分散，有的设备的访问周期很长，并且电网自动化系统还要做到各级调度之间，以及发电厂、变电站自动化系统内各子系统之间具有一致的时间。单纯通过软件对时是难以实现的，必须在系统的适当位置安放GPS接收机，以减少对时环节，达到系统时钟的统一。

三、计算机网络

（一）计算机网络功能

计算机网络是把分散在各处的计算机通过通信信道建立联系，各个计算机可有其各自独立的功能，同时通过网络达到资源共享的结果。计算机网络可有以下基本功能：

（1）数据传送。终端设备与计算机及计算机之间，能够根据约定相互交换数据，从而实现电力系统的数据集中分析和远方控制。

（2）数据共享。网络使大量的、分散的数据迅速正确地集中、分析和处理，并建有一定数量的数据库，而网络中的计算机可以根据需要充分利用非本机内的数据资源。

（3）软件共享。网络共享软件包括各种语言处理程序、服务程序和应用程序等。

（4）硬件共享。网络使一些贵重的设备为网内的各计算机共享，如外设打印机、绘图仪、投影仪等，以减少投资，资源互备。当一台计算机发生故障或任务太忙时，网络中的其他计算机可以替代完成任务，保证及时、可靠地进行数据处理或控制。

（二）计算机网络的构成

计算机网络中的通信处理机和互连的通信线路一起负责完成主机间通信任务，构成的通信子网的任务是完成数据传输、数据交换和信息处理。通过通信子网互联的主机负责运行用户应用程序，对数据进行计算分析汇总，同时向网络其他用户提供可共享的硬软件及数据资源，又构成了资源子网。

1. 网络中节点和路的含义

一个计算机网络由若干个节点和若干条路连接构成，如图 6-8 所示。

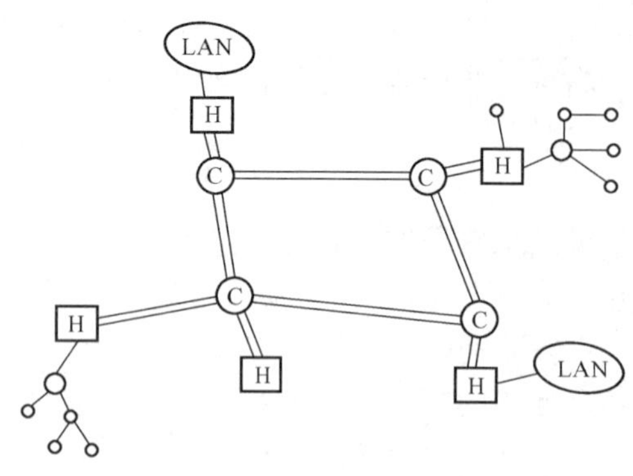

图 6-8 计算机网络组成
H—主机；C—通信处理节点机

(1) 节点。节点可分为转接节点和访问节点两类。

转接节点通常有通信控制处理机和集中器。通信控制处理机的主要任务是信息差错控制与处理；信息传送路径的选择、建立与拆除；数据报文的分组与装配等，其作用是路中的信息传输和数据流的控制。当某一地点有多个终端存在时，为了简化网络，把这些终端通过短线路接入一个集中器，然后通过 1～2 条线路接入主机或通信控制处理机上，再通过高速线路接入网络，以提高通信效率与降低成本。

访问节点包括主计算机和信息终端，具有信源（发信点）和信宿（收信点）的作用。主计算机在网络中负责数据的处理与分析，以数据库的形式成为网络的数据共享资源。信息终端则负责信息的采集、控制命令的执行及信息的显示与打印。终端与通信控制处理机或主机直接相连的称为近程终端，而通过集中器与通信控制处理机相连的，一般称为远程终端。

(2) 路。网络中的路分为链路和通路。

链路是两个节点之间承载信息流的线路或信道，使用的介质可以是电话线、光纤、微波等。单位时间内链路上可承载的最大信息量，称为链路容量。

通路由从信源到信宿的若干节点和链路组成。对网络而言，对某个信源到一个确定的节点的通路可以是不止一条，因此，通路是指由路由建立起来的穿越通信网络的“信源→信宿”链路。

2. 网络拓扑结构

初期的远动系统较多的是点对点、多点对点、星形、共线、环形等链路结构。这类链路结构是 1 个控制端对一个或多个终端，所以这类结构严格来说尚不能称为计算机网络。因为计算机网络的定义为“一个互联、自主的计算机集合”。“互联”意为两计算机之间有交换信息能力，“自主”指网内各计算机是平等的，无主从关系。随着技术的进步和微机的广泛使用，在调度自动化系统、变电站自动化系统等领域，普遍采用多机系统和分布式结构，计算机网络自然进入了电力系统自动化的领域。众所周知，计算机网络通常分为多机系统、局域网（LAN）和广域网（WAN）三种。目前，在电力系统自动化中，不仅有多机系统，局域网也得到广泛的应用。

计算机网络的拓扑结构主要有总线网、树形网、星形网和环形网。例如，以太网（Ethernet）就是总线网的一个典型。至此可以看出，在电力系统信息传输领域，数据通信的结构已经多种多样，从点对点、多点对点到局域网、广域网。

(1) 星形结构。星形结构以中央节点为中心（见图 6-9），各终端以单独的链路与中央节点的网络控制中心相连，所以又称为集中式网络。这种形式的网络结构简单、建网容易、控制简单、信息传输延时小、信息传输出错少，但全网集中于中央节点，当中心控制机故障时，将导致整个网络的瘫痪。

星形结构的特点是集中式控制。网中各节点都与控制中心相连。当某节点要发送数据时就向控制中心发出请求，由控制中心以线路交换方式将发送节点与目的节点接通，通信完毕，线路立即拆除。星形网也可用轮询方式由控制中心轮流询问各个节点。如某节点需要发送时就授以发送权；如无报文发送或报文已发送完毕，则转而询问其他节点。控制中心可向网中各节点同时发送全局性的报文。

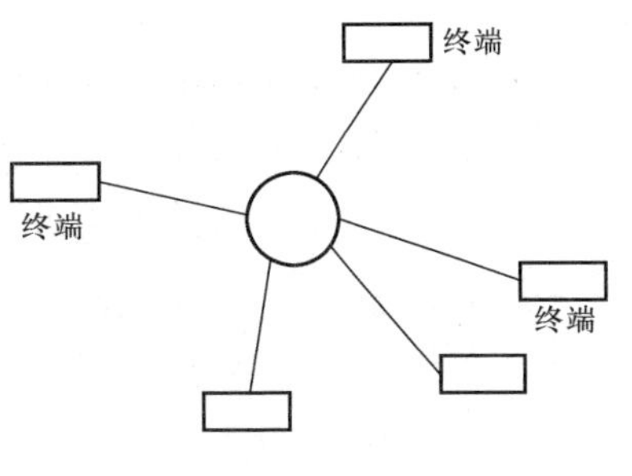

图 6-9　星形结构

星形网络结构简单，任何一个非中心节点故障对整个系统影响不大，但中心节点故障时会使全系统瘫痪。为了保证系统工作可靠，中心节点可设置备份。

(2) 总线结构。构成网络的各个节点工作站均连接在一条总线上（见图 6-10），无中心控制节点。任一个时刻只有一个节点可以占用总线发送数据，其他节点只能接收数据，因此，应由控制机制解决总线争用问题。

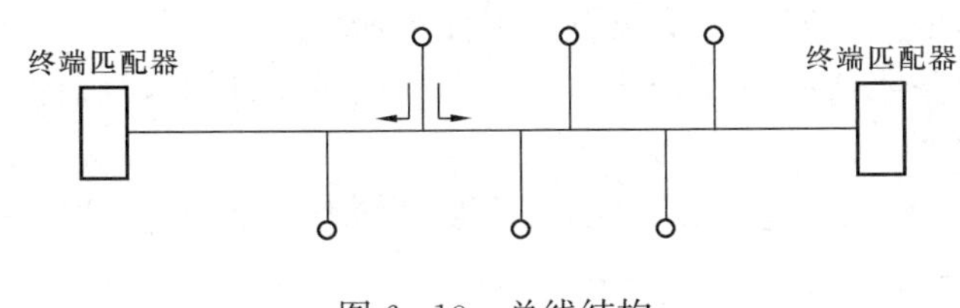

图 6-10　总线结构

总线大多采用同轴电缆或双绞线或扁平电缆，两端用终端匹配器实现阻抗匹配，以防止信号反射。任一个节点需要发送数据前，首先发出请求，由控制机制按照一定规则给出信息发送权。获得信息发送权的节点向总线上发送的信息包括目的节点地址和需发送的数据，总线上连接的所有节点将都接收到这些信息，经地址译码器进行地址识别，只有地址相符的节点才进入接收信息工作过程。

总线结构的特点是：结构简单，需要增加节点时，只要增加一个分支接口即可；总线可延长，但受到长度限制。由于总线上无控制装置，需要控制机制确定节点的发送权而变得复杂，有时可能会造成关键信息的延时发送。

在总线结构中所有节点都经接口连到同一条总线上，不设中央控制装置的总线结构是一种分散式结构。由于总线上同时只能有一个节点发报，故节点需要发报时采用随机争用方式。报文送到总线上可被所有节点接收，与广播方式相似，但只有与目的地址符合的节点才受理报文。

采用总线方式时增加或减少用户比较方便。某一节点故障时不会影响系统其他部分工作，但如总线故障，就会导致全系统失效。

(3) 环形结构。环形拓扑由封闭的环组成，每个节点接到一个转发器，如图 6-11 所示。在环形网络中，报文按一个方向沿着环一站一站地传送。报文中包含有源节点地址、目的节点地址和数据等。报文由源节点送到环上，由中间节点转发，并由目的节点接收。通常报文还继续传送，返回到源节点，再由源节点将报文撤除。环形网一般采用分布式控制，接口设备较简单。由于环形网的各个节点在环中串接，因而任何一个节点故障，都将会导致整个环的通信中断。为了提高可靠性，必须找出故障部位加以旁路，才能恢复环网

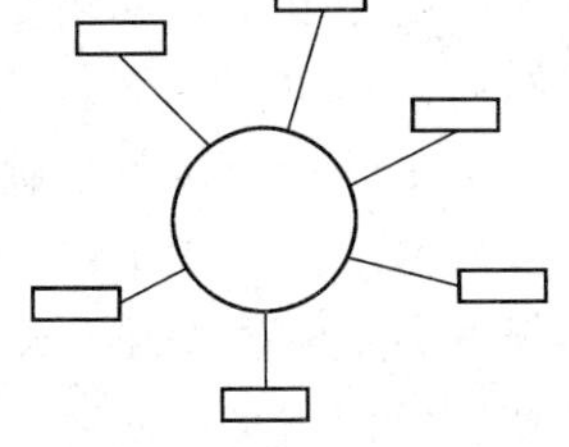
图 6-11　环形结构示意图

通信。

（4）树形结构。树形结构是分级的集中控制式网络。分级的集中控制方式网络与星形相比，通信线路总长度较短、成本低、易于扩展、路由确定比较方便。但在这种形式的网络中的任一个节点或主干线路发生故障，将影响整个系统。

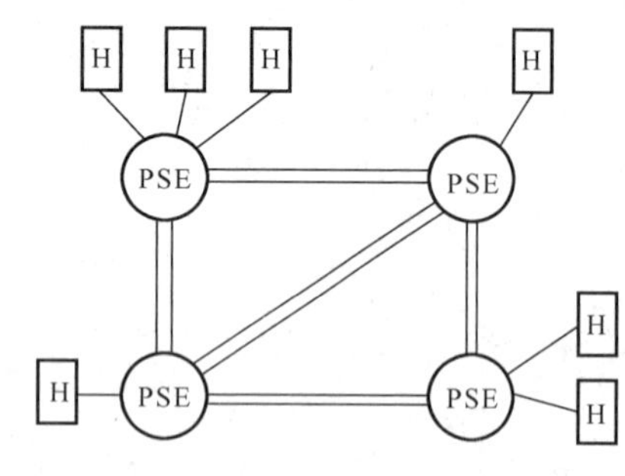

图 6-12　分布式结构示意图

（5）分布式结构。一般的广域网均采用分布式结构，如图 6-12 所示。

主机或用户终端以及通信控制机相互固定连接，通信控制机相连构成通信子网，通信子网中每个节点至少有两条线路与其他节点相连。在分布式结构的网络中，由于两个节点之间可有多条可能的通路，路径可根据各个节点和线路的动态情况进行选择，因此信息的流向可以是随机的，信息流量的控制也是不确定的。由此，分布式结构的网络控制比较复杂，相应的网络控制软件也比较复杂，其特点有：

1）网络扩充比较简单，在不超过网络最大容量的情况下，可任意增加主机入网。

2）由于采用分散控制，即使某一设备或线路发生故障，也不影响全网的运行，因此具有较高的可靠性。

3）若路由选择采用最短路径算法，则网络延迟时间小，传输效率高，但路径控制较复杂。

4）各节点也可以预先设定路径而直接建立数据链路，信息流经路程短，也便于全网控制。

5）网络资源利用率高。

四、信息调制

由于电力系统中普遍采用计算机进行二进制数据处理，为了在调度端和厂站端之间传输模拟量或数字量各种信息，需要把各种信息在发送端转换成电（光、波）信号。信息与信号之间建立单一的对应关系，接收端在接收到这些信号后，按照对应关系把电（光、波）信号恢复为按一定形式表达的信息，以用于分析、显示或控制。按信道中传输信号的形式，可将通信系统分为模拟通信系统和数字通信系统两类。如果信号的参量对应于模拟量信息而取连续值，这样的信号称为模拟信号或连续信号，传输模拟信号的系统称为模拟通信系统。如果采用对模拟信息量进行离散采样，并通过 A/D 转换将其转换成二进制数码序列，然后将二进制数码序列调制在基带模拟信号上的模拟信号，通过模拟信道传送至接收端，再解调为二进制数码信息，或直接进行数字信号传输的系统称为数字通信系统。由于数字信号脉冲在传输过程中会发生波形畸变，因此，直接进行数字信号传输的数字通信系统中每隔一定距离安装有对信号进行放大、整形的装置。

由于受通信技术限制，较远距离的信息传送目前尚不能采用数字脉冲形式，电力系统监控设备两端均采用了计算机数字技术，但它们之间的信息通信目前只能是模拟信号。因此，一个电力系统数据从一端传送至另一端，必然有一个发送端把数字信息调制为模拟信号，接受端把模拟信号解调还原成数字信息的过程。

数字调制是用二进制信息的值改变载波的参数。载波在工程上采用的是高频正弦信号，其特征量有振幅、频率和相位。信息调制方法基本有以下三种：

（1）振幅调制（AM）。这是一种最简单的信号调制方式，以一个固定频率的载波交流信号用不同的振幅表示“1”和“0”［见图6-13（a）］，调制后载波的频率和相位都不变。最特殊的振幅调制表达是用无信号代表“0”，而以有信号表示“1”。由于这种调制后的已调波很易受传输过程中的干扰或衰减等作用影响其振幅，而出现数据传输错误，所以现在一般很少采用。

（2）频率调制（FM）。利用载波信号的频率变化来传输数字信息［见图6-13（b）］，即以两种不同的载频（ω_1，ω_2）来表示二进制信息的“1”和“0”。由于传输的信息与已调波的振幅无关，其抗衰减性能比上述相位调制好，但其抗起伏干扰的性能不及相位调制，且占用频带较宽，频带利用不经济。

（3）相位调制（PM）。利用载波信号的相位变化来表达数字信息的不同数值，载波的振幅和频率不变。例如，以正弦波的正相位表示“1”，而反相位表示“0”（正弦波的正相位移相π，所以又称移相调制），如图6-13（c）所示。在每一“0”和“1”的转变处，相位变化180°。在某些相位调制器中有几种不同的相位移，以便可以在一次相位变化中传输几位信息。这种调制方式在恒参数通道下具有较高的抗干扰性能，可更经济有效地利用频带，是比较优越的调制方式，特别在超过2400Bd（波特）的高速传输情况下。

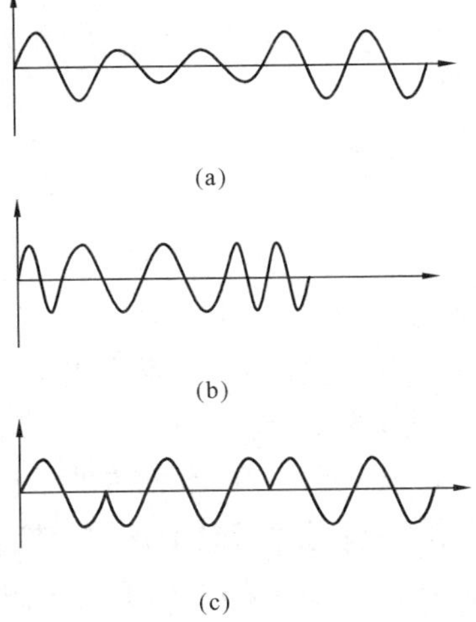

图6-13 调制方式
（a）振幅调制AM；（b）频率调制FM；
（c）相位调制PM

在发送端，将需发送的数字信号变换成适合于传输的模拟信号（通常是在音频范围）的过程叫做信号调制（Modulate），实现调制功能的设备即称为调制器（Modulator）；在接受端，将接受到的模拟信号还原成数字脉冲信号的过程叫做解调（Demodulate），实现解调功能的设备叫解调器（Demodulator）。在电力系统自动化系统中，通信两端往往既要发送信息又要接受信息，因此装置具有调制和解调两种功能，称为调制解调器（Modem）。

调制解调器的作用是：

（1）将基带信号的频谱搬移到载频附近，以适应信道频带的要求，便于发送和接收。

（2）实现信道的多路复用。

（3）压缩信号带宽，以便于利用话带传输设备进行数据传输。

按信息传输方向，调制解调器可分为全双工Modem和半双工Modem；按工作速率，调制解调器可分为低速Modem（<600bit/s）、中速Modem（600～9600bit/s）和高速Modem（>9600bit/s）；按信号的调制方式，调制解调器可分为移幅键控（ASK）、移频键控（FSK）、移相键控（PSK）和相对移相键控（DPSK）几类，分别实现信号的AM、FM、PM。在电力系统数据通信中，多采用FSK方式；按是否具有拨号功能，调制解调器可分为专线Modem和拨号Modem；按工作频带，调制解调器可分为全音频（300～3400Hi）Modem和上音频（2700～3400Hi）Modem。采用全音频Modem后，该通道就只能传送数据，而采用上音频Modem后，该通道既能传送数据又能同时进行语音通信；接连线方式，调制解调器可分为两线制Modem和四线制Modem。一般两线制上音频Modem只能满足较低传输速率（通常不超过 600bit/s），而四线制上音频 Modem 和两线制全音频 Modem 则能满足较高传输速率。

为了提高通信信道的利用率，可采用多路复用的方式。在发送端将两路或两路以上的数字信号按一定方式复用的原理合并起来通过一条通道传送的设备叫复接器；在接受端将接受到的合路数字信号分解成原来的多路数字信号的设备叫分接器。通常的装置具有两种功能，称为复接分接器。

多路复用的方式可将通信系统分为频分复用（Frequency Division Multiplex，FDM）、时分复用（Time Division Multiplex，TDM）、码分复用（Code Division Multiplex，CDM）、波分复用和时间压缩复用等几类，其中 FDM、TDM 和 CDM 是电力系统常用的多路复用方式。

频分多路传输 FDM 是频率分割制，各个信号的差异是传输频率不同，安排在互不重叠的频段内，经相加器合成后，在一个信道上传送。接收端对信号的解调过程是发送端调制的逆过程，即把收到的加到 n 个并联分路滤波器上，用滤波器把不同的频率信号分割开来。

时分多路传输 TDM 是时间分割制，各个不同信号按先后顺序安排在不同的时间间隔中，接收端用时间电子开关切换各个信号，即在固定的一个时间间隔内开放一个固定的通路对应的一个信号通过，而下一个时间间隔内开放另一个通路，依此循环。

按所复接信号的来源，复接器可分为同步复接器和异步复接器两类，若各路信号均是由同一时钟信号的时序产生的（即同源信号），就是同步复接，否则就是异步复接。在异步复接中，若各路信号的对应生效瞬间以同一标称速率出现，而速率的任何变化都限制在规定范围内，则称为准同步复接。

显然复接器和分接器的作用是将一个高速的数据传输信道转换成多个较低速的数据传输信道。

第二节　数据传输的差错控制

在现代化信息传输系统中要注意防止在传输过程中由于不可避免的干扰而引起的错误，以保证信息传输的可靠性。一般低速音频通道的误码率为 10^{-5}，即每传输 100000 个二进制码，可能出现一个误码。传输速度越高，即每秒钟内传输的二进制码越多，则每个码所占用的时间就越短，波形也越窄，因而受到干扰后发生错误的可能性也就越大。在电力系统实时系统中，如出现一个误码有可能导致错误的操作而使系统正常运行遭到破坏，所以要求有很高的传输正确率。为此，需要采取必要的检测和校正误码措施，常用的办法是：在传输信息的同时通过编码器按照一定的规则增加若干冗余的校验码，这些校验码与有效的信息码间具有一定的关系；这样，在接收端收到信息后，由译码器检验它们之间的关系是否符合原定的规则，在确认信息可靠无误后去除校验码并将其输出至数据库或控制电路；如果发现信息受到干扰而有错误时，则应作出必要的处理，拒绝接收、要求重新发送或设法纠正错误。

一、差错控制方法

（1）循环检错法。当在接收到的信息码序列中检测出有错码时，将该码序列丢弃不要，等到下一个循环传送过来时再检测，直到不再有错码存在时方采用该信息序列。这种方法适用于单向通道传送信息且信息采用循环多次传送方式的场合。

（2）检错重发法。接收端在检测出收到的信息中某码组有错码时，在整个数码序列接收完后，通知发送端重发有错码的码组，直到该码组不再有错码为止。这种方法适用于信息传送预计出错概率不高且具有双向通道的场合。

（3）反馈检验法。接收端将收到的信息序列按原样回送给发送端，发送端将其与原来所发的码序列进行比较。若有不同则重发原信息序列，若无不同，则发送下一个新的信息序列。凡接收端收到新的信息，则可认为上一次接收到的信息无错。这种方法设备简单，但信息传输效率不高且需要双向通道。

（4）前向纠错法。发送端在传送的信息中加入的校验码是可用于检错并判定出错位置的校验码。因此，接收端能够对信息进行检测是否有误码，而且还能确定误码所在位置，随后将该位信息码取反，达到纠错的目的。前向纠错法纠正错码的个数与加入的校验码有关，校验码与原信息比例愈大，纠正错码的个数就愈多，但信息传输效率愈低，且纠错设备或软件愈复杂。

二、常用校验码

在实际应用中，发展了多种抗干扰的校验码制，用以自动校验和纠正受到干扰的错误信息。在数据通信中发送端采用编码的方法在信息码后根据一定的规则附加几位校验码，跟随信息码一起传送到接收端。接收端在接收到信息后，检查收到的内容是否符合约定的规则，检查出是否有误码存在，比较高级的校验码还能判别出误码的位置，从而加以纠正。常用的校验码方式有奇偶校验码、方阵码、线性分组码、循环码、卷积码等。

（一）奇偶校验码

最简单的校验码是奇偶校验码，它是在被传输的信息上另加一位码，使信息码和校验码中“1”的总个数保持为奇数（或偶数）。采用奇校验或偶校验，由发送与接受方约定共同取其一。当接收端接收到信息序列后，运用一定的计算规则进行运算。这样，如果在信息码中有一位出错时（如“1”变为“0”，或“0”变为“1”），接收端就可判别出来。表 6-1 表示要传输 5 个由 8 位二进制数表示的字母，采用奇校验方式，在每一信息后加一校验码，使横向“1”的个数为奇数。例如，信息码 10110010 中有 4 个“1”，为了保持信息码和校验码中“1”的个数为奇数，所以校验码应取“1”；另一个信息码 11000100 中有 3 个“1”，所以为了使“1”的个数保持奇数，校验码应取“0”，所以总共传输 5 个 9 位的信息。同样，若采用偶校验，则应使横向“1”的个数为偶数。

表 6-1　奇校验码

二进制信息码	校验码
00100011	0
10110010	1
10000101	0
00001010	1
11100100	1

接收端对收到的码序列逐位进行异或运算。因为采用的是奇校验，若对每 9 位码的逐位异或运算的最后结果均为“1”，则认为收到的信息无错码。以 9 位码“001000110”为例，逐位异或运算的过程可描述如下：

$$0+0=0\rightarrow0+1=1\rightarrow1+0=1\rightarrow1+0=1\rightarrow1+0=1\rightarrow1+1=0\rightarrow0+1=1\rightarrow1+0=1$$

对其余各组也分别进行逐位异或的同样计算，若结果中出现“0”，则可检测出该码序列中有错码。由于所添校验码仅一位，奇（偶）校验码只能检测信息中是否有错码，而不具备判别出错在哪一位的能力。

表6-2 奇校验方阵码

	二进制信息码	横向校验码
	10000010	1
	11100011	0
	01011011	0
	10011100	1
纵向校验码	01011001	1

（二）方阵码

方阵码又称水平垂直奇（偶）校验码。方阵码根据奇校验或偶校验的监督码的添加原则，分别在横向和纵向添加一位校验码，接收端则对接收到的信息进行横向和纵向的异或运算校验，表6-2所示为奇校验方阵码。

接收端则对接收到的信息进行横向和纵向的异或运算校验的结果应为全“1”。方阵码可以检测出某一行或某一列出现的多个误码。

（三）线性分组码

在数据通信中，传送的是“1”或“0”的离散电平信号，每一个“1”或“0”所占的时间相同，称为码元。

如用 k 个二进制码元 m_1，m_2，…，m_k 表示一个信息组（如一个测值或一组遥信量），则可有 2^k 个不同的信息组。

以 k 个码元表示的一个信息组和用编码器按一定规则加 r 个监督码元组成长为 $n=k+r$ 的码元组 C_{n-1}，C_{n-2}，…，C_2，C_1，C_0 称为码字，即一个 n 位长的码字由 k 位信息码元和 r 位监督码元组成。长为 k 位的信息组可有 2^k 个不同的组合，经编码后可得相应的长为 n 位的 2^k 个不同的码字。称此 2^k 个码字集为（n，k）分组码。

一个码字有 n 位码元，但其信息码元只有 $k=n-r$ 位，一个码字中信息码元所占的比重，称为码效率。码效率为 $R=k/n$。一个码字中，信息码元所占比重越大，则码的效率越高。另一方面，R 表示信道中每传送 n 个单元时间中有 k 个单元时间用于传送信息。因此，R 大小表示信道信息码元的利用率的大小，所以又称 R 为传信率。R 越大，码效率越高，传信率也越高，它是衡量码字性能的一个重要参数。

长为 n 的二进制数（码）可有 2^n 个不同的组合。（n，k）分组码长为 n，但只有 2^k 个不同的码字有效，因此分组码的编码问题，就是如何从 2^n 个不同组合中按一定规则选取 2^k 个有 n 位的二进制码元的码字。所用规则不同，便构成不同的分组码。

设信息码元只有一位，$k=1$，因为是二元制码（即每位码元有两种取值“0”或“1”），可表示两个不同信息，如“0”表示断路器分闸状态，“1”表示断路器合闸状态。此一位信息组如在信道传送过程中受到干扰，“1”变为“0”，或“0”变为“1”，则接收端无法辨认该码组是否出错，也就是说，此种码组无抗干扰能力。现在根据监督码元是信息码元的重复的规则，增加一位监督码元。上述信息组可编成两个码字11和00，其中第一位码元是信息码元，第二位是监督码元。二位二进制数共有 $2^2=4$ 种组合，即11，10，01，00。码字11和00是从这四种组合中按照监督码元是信息码元的重复这一规则选出来的，所以称为（2，1）重复码。其余的10和01就不是码字。（2，1）重复码，经信道传送至接收端，如果没有干扰，码字不变样，则由译码器进行检验，符合重复规则，将正确接收。如果在信道中受到干扰，有一位码元发生错误，如原码字为11，变成10（或01）。这时经译码器检验，不符合重复码规则，那就认为不是码字，拒绝接收，从而避免错收。因此（2，1）重复码能检验出一位错误，但是它不能纠正错误，因为它不能判别是 11 码字发生错误还是 00 码字发生错误，而且不能检验二位错误。因为有二位错误时，如 11 码字将变成 00 码字，错误的码字由译码器检验仍符合重复规则，因而将把 00 错字接收，造成错收。

同理，可编成有一位信息的（3，1）重复码字集 111 和 000，如前者表示断路器合闸，后者表示断路器分闸。长为 3 位的二进制数共有 $2^3=8$ 种组合，即 111，110，101，100，011，010，001，000。码字 111 和 000 是从中按重复规则选取出来的，其余的都不是码字。现发送一个断路器的合闸信息，相应的码字为 111。如在信道中受到干扰有一位错误，原码字变为 110，这时可由接收端的译码器检验出一位错误。而且，根据 110 与 111 只有一位不同而与 000 有二位不同，在一般情况下，错一位的可能性总比错二位的大，因此可认为是第三位发生了错误。只要将第三位的 0 变成 1，就纠正了受干扰而造成的错误码元，所以（3，1）重复码具有纠错能力，能纠正一位错误。仿照以上分析方法，可得（3，1）重复码只能纠正一位错误，但不能纠正二位错误。如用于检错，它最多能检验出二位错码，但不能区分是一位错码还是二位错码。

从上述几个例子中可见，一个（n，k）码的抗干扰能力取决于两个码字之间对应码元不同的个数。在分组码中，码字中“1”的数目叫做码字的“重量”，简称“码重”。任何两个非零码字之间对应位码元取值不同的个数称为码距。如（3，1）重复码，两个码字 111 和 000 之间，对应码位有三个不同，所以其码距为 3。一般情况，（n，k）码可有 2^k 个不同的码字，其中任意两个码字之间码距的最小值，称为最小码距，用 D 表示，又称海明距。最小码距是衡量一个码的抗干扰能力大小的参数。码的最小码距越大，其抗干扰能力越强。

一个（n，k）码如要能由译码器检验出 e 个错误码元，则码字之间的最小码距 D 应为

$$D \geqslant e+1 \tag{6-1}$$

如要能纠正 t 位错码，则码字之间的最小码距应为

$$D \geqslant 2t+1 \tag{6-2}$$

设有 r 个监督码元，每个监督码元由 k 位信息中的某些相对应的信息码元的模 2 运算规则所确定，见表 6-3。

表 6-3　模 2 运算规则

加　法	乘　法
0+0＝0	0×0＝0
0+1＝1	0×1＝0
1+0＝1	1×0＝0
1+1＝0	1×1＝1

按逻辑运算解释规则，模 2 运算的加法即为逻辑异或运算，而模 2 运算的乘法即为逻辑与运算。照此规则编成的长为 $n=k+r$ 个码字集称为（n，k）线性分组码，k 位信息码元排在前面，r 位监督码元附在信息码元之后。现设有 3 位信息码元，按照上述规则加上 4 位监督码元，便可得到字长为 $n=3+4=7$ 的（7，3）分组码。设 3 个信息码元为 C_6，C_5，C_4，监督码元为 C_3，C_2，C_1，C_0，则监督码元为

$$\left.\begin{aligned} C_3 &= 1\cdot C_6+0\cdot C_5+1\cdot C_4 \\ C_2 &= 1\cdot C_6+1\cdot C_5+1\cdot C_4 \\ C_1 &= 1\cdot C_6+1\cdot C_5+0\cdot C_4 \\ C_0 &= 0\cdot C_6+1\cdot C_5+1\cdot C_4 \end{aligned}\right\} \text{（模 2 加）} \tag{6-3}$$

上述方程是线性方程，而且各方程是线性独立的，所以监督码元与信息码元之间是线性

关系，只要给定三位信息码元，就能唯一地确定四位监督码元。所编成的码字为 C_6、C_5、C_4、C_3、C_2、C_1、C_0，信息码元在前，监督码元在后。例如，3 位信息码为 101，即 $C_6=1$，$C_5=0$，$C_4=1$，则根据方程组（6 - 3）有

$$\left.\begin{aligned} C_3 &= 1\cdot 1+0\cdot 0+1\cdot 1=0 \\ C_2 &= 1\cdot 1+1\cdot 0+1\cdot 1=0 \quad (\text{模 2 加}) \\ C_1 &= 1\cdot 1+1\cdot 0+0\cdot 1=1 \\ C_0 &= 0\cdot 1+1\cdot 0+1\cdot 1=1 \end{aligned}\right\}$$

所编成的码字为 1010011。

（7，3）分组码有 $k=3$ 位信息码元，可有 $2^k=2^3=8$ 个不同信息组。按照线性方程可求得每个信息组的 4 位监督码元，编成字长为 7 位的 8 个码字。按上述线性方程求得的 8 个码字称为“许用码字”，除此而外的任意 7 位码字组合称为“禁用码字”。

表 6 - 4 中任意两个码字对应位模 2 相加，将得到一个新的码字，但它仍然是上述 8 个码字之一。如 0011101 和 0111010 对应位模 2 相加，得到 0100111，它恰好是表 6 - 4 中 8 个码字之一（第三行）。

表 6 - 4 （7，3）线性分组码

信息码	监督码	码字	信息码	监督码	码字
000	0000	0000000	100	1110	1001110
001	1101	0011101	101	0011	1010011
010	0111	0100111	110	1001	1101001
011	1010	0111010	111	0100	1110100

生成码字的方式也可以用矩阵的方式，式（6 - 3）可写成

$$[C_6 \quad C_5 \quad C_4 \quad C_3 \quad C_2 \quad C_1 \quad C_0]=[C_6 \quad C_5 \quad C_4]\begin{bmatrix} 1 & 0 & 0 & 1 & 1 & 1 & 0 \\ 0 & 1 & 0 & 0 & 1 & 1 & 1 \\ 0 & 0 & 1 & 1 & 1 & 0 & 1 \end{bmatrix}=\boldsymbol{MG}$$

式中，$\boldsymbol{G}=\begin{bmatrix} 1 & 0 & 0 & 1 & 1 & 1 & 0 \\ 0 & 1 & 0 & 0 & 1 & 1 & 1 \\ 0 & 0 & 1 & 1 & 1 & 0 & 1 \end{bmatrix}$为线性分组码的生成矩阵。

现在介绍线性码的抗干扰能力。上面已提到两个码字间的码距等于其对应位上的不同码元的数目。例如，0011101 和 0111010 两个码字中，第 2、5、6、7 四位码元不同，所以其码距 $D=4$。对应位码元不同，也就是对应位码元模 2 相加为 1，因此该二码字间的码距就等于两个码字对应位码元模 2 相加后所得的新码字中“1”的个数。上面已指出，这个新码字仍是线性码中的一个码字。所以线性码字中“1”码元的个数就是其码距。如上列两个码字模 2 相加得到另一个码字 0100111，其“1”码元的个数恰好等于其码距。

接收端收到信息后，将其数字序列与由“许用码字”组成的“码字典”依次比较，如果无相同即是“禁用码字”，也就判定为有误码存在。

依照 $D\geqslant 2t+1$，当 $D=4$ 时，t 只能是 1。因此（7，3）线性分组码不仅能够检错，而且具有纠正 1 位错码的能力。常用的纠错方法是采用“最大似然译码原则”。通俗地说，就

是“最像哪个就算哪个”。计算收到的数字序列（禁用码字）与许用码字的码距，哪个码距最小就纠正为这个许用码字。例如：收到数字序列为 1011110，计算后与 1001110 的码距为 1，而与其他的许用码字的码距均大于 1，因此该数字序列纠正为 1001110。

（四）循环码

循环码是线性分组码中的一类码。循环码能用现代代数的方法确定监督码元的位数及构造，使编成的码字性能较好，而且所用的编码器和译码器较简单。因此循环码在实际中得到较广泛的应用，如 BCH 循环码。

1. 模运算与余式

为了说明循环码，先介绍按模运算的基本概念。一个整数 m 被另一个整数 n 除，所得余数 r 一定是小于 n 的一个整数，即

$$m = q * n + r \quad (r < n)$$

将小于 n 的整数 0，1，2，…，$n-1$（共 n 个）称为模 n 的剩余类。如我们只关心被 n 除后所得的余数，则所有整数可按模 n 划分为 n 个剩余类，则称这种运算为按模 n 运算。

例如，$n=5$ 时，有 5 个剩余类，表示为 {0}，{1}，{2}，{3}，{4}。任一个数，如 8 被 5 除得余数为 3，所以按模 5 运算时，8 属于剩余类为 3 这一类，表示为 $8\equiv3$（模 5）。又如 13 被 5 除，得余数为 3，所以按模 5 运算时，13 同属于剩余类 3，表示为 $13\equiv3$（模 5）。“≡”表示“同余”的意思。用这种模 5 运算可把所有整数分属五个剩余类。

与整数按模运算相类似，对于任意多项式 $f(x)$ 可用一个次数为 n 的多项式 $h(x)$ 去除，得商式 $q(x)$ 和次数小于 n 的余式 $r(x)$，即

$$f(x) = q(x) * h(x) + r(x)$$

$$f(x) \equiv r(x) \quad [\text{模 } h(x)]$$

一个二进制数码序列可表达为系数只取值 0 或 1 的多项式 $f(x)$。对于任意多项式 $f(x)$ 按模 $h(x) = x^n + 1$ 运算，可得到次数小于 n 的 2^n 个不同的剩余类，即多项式 $f(x)$ 被 x^n+1 除可得 2^n 个不同的余式。例如，按模 x^3+1 运算，可得 $2^3=8$ 个不同的剩余类，见表 6 - 5。

例如，多项式 x^4+x^2+1 用模 x^3+1 去除，得余式 x^2+x+1，即 $x^4+x^2+1\equiv x^2+x+1$（模 x^3+1）。因此，任意多项式 $f(x)$ 用模 x^3+1 去除得到的余式都将是表 6 - 5 中的余式中的一种。

表 6 - 5　按模 x^3+1 运算得到的 2^3 个不同的余式 $r(x)$

二进制数	余式（剩余类）	二进制数	余式（剩余类）
000	0	100	x^2
001	1	101	x^2+1
010	x	110	x^2+x
011	$x+1$	111	x^2+x+1

2. 循环码的特性及其编码方法

一个 (n, k) 循环码是码长为 n，有 k 位信息码元的线性分组码，除了具有线性分组码的一般性质外，还具有循环性。它的特性是任一码字每一次循环移位（左移或右移）得到的

是另一个码字。表6-6中的（7，3）循环码字0111001，将其左移一位得到另一个循环码字1110010。

表6-6 (7，3) 循环码表

序号	信息组（$k=3$）	校验码（$r=4$）	码字（$n=7$）	序号	信息组（$k=3$）	校验码（$r=4$）	码字（$n=7$）
1	000	0000	0000000	6	111	0010	1110010
2	001	0111	0010111	7	110	0101	1100101
3	010	1110	0101110	8	100	1011	1001011
4	101	1100	1011100	9	001	0111	0010111
5	011	1001	0111001				

一个（n，k）循环码有k位信息码元，可有2^k个不同的码字，从中取出一个其前面$k-1$位都是0的码字以多项式$g(x)$表示，则$g(x)$的最高次数为$n-k$，$g(x)$称为循环码的生成多项式，$g(x)$是(x^n+1)的一个因式，由$g(x)$可生成整个（n，k）循环码。

用生成多项式$g(x)$生成（n，k）循环码的方法步骤如下：

（1）将待编码的k位信息写成多项式$m(x)=m_{k-1}x^{k-1}+m_{k-2}x^{k-2}+\cdots+m_1x+m_0$，也可记为$M(m_{k-1}m_{k-2}\cdots m_1m_0)$；

（2）做乘法$M(x)*X^r$，即将$M(m_{k-1}m_{k-2}\cdots m_1m_0)$左移$r$位，后面添0；

（3）将x^n+1分解因式，得出阶为$n-k$的生成多项式$G(x)$；

（4）除法运算$M(x)*X^r/G(x)$，得余式$R(x)$；

（5）$R(x)$即为监督码组成的多项式；

（6）循环码字的多项式为$F(x)$，$F(x)=M(x)*X^r+R(x)$。

例如，要生成（7，3）循环码，生成多项式$g(x)$是x^7+1的一个因式，x^7+1可表示为

$$x^7+1=(x+1)(x^3+x+1)(x^3+x^2+1)$$

$g(x)$应是$n-k=4$次多项式，例如，选

$$g(x)=(x+1)(x^3+x^2+1)=x^4+x^2+x+1=g(10111)$$

现求信息码m（110）对应的循环码字。编码过程如下：

第一步：信息位向左移$n-k=4$位，得$x^{7-3}m(x)=1100000$；

$$\frac{x^{7-3}m(x)}{g(x)}=q(x)+\frac{x(x)}{g(x)}$$

第二步：做除法，得余数$r(x)$；

多项式的模运算（除法）为

```
               111
10111 √1100000
        10111
         11110
         10111
          10010
          10111
           0101
```

即 $1100000/10111 = 111 + 0101/10111$

其中，$r(x) = 0101$ 即为 110 信息码对应的监督码 0101，合成后得循环码字 1100101。

这里把模运算规则说明一下：每当被除数首项的系数为 1 时，即进行模 2 运算（无借位）。当被除数首项的系数为 0 时，则不减去除数而进行移位。例如：

信息码 011 对应的运算为

$$\begin{array}{r} 010 \\ 10111\,\sqrt{0110000} \\ \underline{10111} \\ 11110 \\ \underline{10111} \\ 1001 \end{array}$$

同样对其他的信息码进行运算，可得到对应的监督码构成码字。

3. 编码电路

以（7，3）循环码为例，其码字格式是

$$C = (m_2, m_1, m_0, r_3, r_2, r_1, r_0)$$

即前 3 位是信息位（m_2，m_1，m_0），后面 4 位是对应的监督码（r_3，r_2，r_1，r_0）。相对于 $x^4 + x^2 + x + 1$ 的（7，3）循环码的编码电路如图 6 - 14 所示。

图 6 - 14 电路在前 3 个移位脉冲作用下，移入 3 位信息序列（m_2，m_1，m_0），这时门 1 关闭，门 2 打开。此时 3 位信息序列以高位到低位逐位从总“或”门输出；同时经门 2 一位一位地由余式编码电路求余式。前 3 个移位从总“或”门输出（m_2，m_1，m_0），同时余式编码电路已形成后 4 位对应的监督码（r_3，r_2，r_1，r_0），在后 4 个移位脉冲作用下，门 1 打开，门 2 关闭，4 位监督码（r_3，r_2，r_1，r_0）逐位从总“或”门输出，构成完整的（7，3）循环码字。

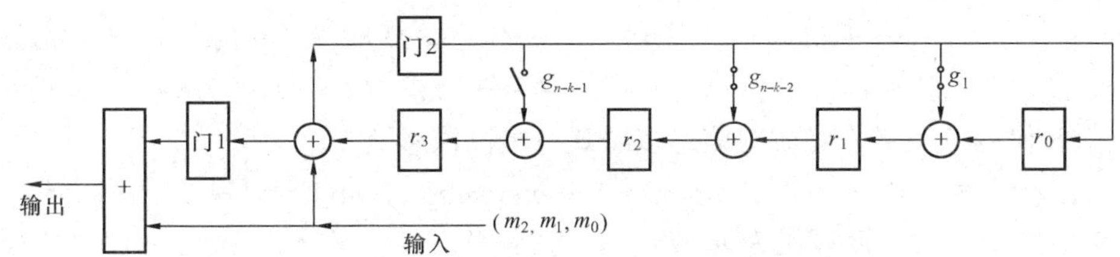

图 6 - 14 （7，3）循环码编码电路

以（m_2，m_1，m_0）=（1，1，0）为例，编码过程见表 6 - 7。

表 6 - 7 **（7，3）循环码编码过程**

移位脉冲	输入信息	移位寄存器状态				输出信息
		r_3	r_2	r_1	r_0	
起始	0	0	0	0	0	
1	1	0	1	1	1	1
2	1	1	0	0	1	1
3	0	0	1	0	1	0

续表

移位脉冲	输入信息	移位寄存器状态				输出信息
		r_3	r_2	r_1	r_0	
4	0	1	0	1	0	0
5	0	0	1	0	0	1
6	0	1	0	0	0	0
7	0	0	0	0	0	1

相应可推至（n，k）循环码的编码电路，（n，k）循环码的生成多项式 g（x）为

$$g(x)=x^{n-k}+g_{n-k-1}x^{n-k-1}+\cdots+g_2x^2+g_1x+1$$

即可用 $n-k$ 个移位寄存器和 $n-k-1$ 个电子开关来构成（n，k）的编码电路。当 $g_i=1$ 时，该电子开关为合上状态，当 $g_i=0$ 时，该电子开关为开断状态，无反馈作用。在前 k 个移位脉冲时，门 1 关闭，门 2 打开，在后 $n-k$ 个移位脉冲时，门 1 打开，门 2 关闭。

4. 循环码的软件编码

前面介绍了循环码的基本编码过程，从中可以看出，编码过程实质上是求运算后的冗余码。方法是将 $m(x)$ 乘以 x^{n-k}（即左移 $n-k$ 位）再除以 $g(x)$，求得余式。实用中，$m(x)$ 的位数较多，每次运算均以 m（x）的整体参加运算很是麻烦。电力系统自动化系统的一个数据信息字以若干字节的形式表达，每个字节 8 位二进制，如一个数据信息字由 6 个字节组成，其中有 5 个字节为地址和数据，$k=40$。当需要求出 $n-k$ 位监督码时，可以以字节为单位，每 8 位求一次余式，逐步递推求出最后的余式。

设信息组为 40 位，共 5 个字节，可表示为

$$m=(m_{39}\sim m_{32},m_{31}\sim m_{24},m_{23}\sim m_{16},m_{15}\sim m_8,m_7\sim m_0)$$

写成 x 的多项式为

$$m(x)=(m_{39}x^7+\cdots+m_{32})x^{32}+(m_{31}x^7+\cdots+m_{24})x^{24}+(m_{23}x^7+\cdots+m_{16})x^{16}$$
$$+(m_{15}x^7+\cdots+m_8)x^8+(m_7x^7+\cdots+m_0)$$

以 $m_i(x)$ 代表各个字节对应的信息多项式，最高次数为 7。

即有 $$m(x)=m_4(x)x^{32}+m_3(x)x^{24}+m_2(x)x^{16}+m_1(x)x^8+m_0(x)$$

设需构成的（n，k）循环码为 $n-k=8$，可得

$$x^8m(x)=((((m_4(x)x^8+m_3(x))x^8+m_2(x))x^8+m_1(x))x^8+m_0(x))x^8$$

循环码的生成式为 $g(x)$，则余式为

$$r(x)\equiv x^8m(x)/g(x)$$
$$\equiv((((m_4(x)x^8+m_3(x))x^8+m_2(x))x^8+m_1(x))x^8+m_0(x))x^8/g(x)$$

计算可以从最内层开始，逐步向外递推，最后得到的余式即为监督冗余码。

5. 循环码的检错

数据通信在发送端把信息序列添加监督码后形成循环码字，发送给对侧。在信息传输过程中由于可能的干扰，使正常的数据序列中夹杂了误码。设接收端收到的是数据序列 R，误码多项式为 $E(X)$，则

$$R(X)=C(X)+E(X) \tag{6-4}$$

在接收端，根据信息双方对信息格式的约定，求出一伴随式，接收端运用该伴随式对收

到的 $R(X)$ 数据序列进行检错。

记循环码的伴随式为 $S(X)$，是接收端用接收到的数据序列 $R(X)$ 除以生成多项式 $g(x)$ 所得的余式，即

$$S(X) \equiv R(X)$$

由式（6-4）两边除以 $g(x)$，得

$$S(X) \equiv C(X) + E(X)$$

其中，$C(X)$ 除以 $g(x)$ 的余式为零，可得

$$S(X) \equiv E(X)$$

由此可见，伴随式为 $S(X)$ 即为误码多项式 $E(X)$ 除以 $g(x)$ 的余式，有：

（1）当 $S(X)$ 为零，说明无误码。

（2）当 $S(X)$ 不为零，则接收到的信息中有误码而不可用。

（五）卷积码

前面所讨论的分组码，是将要传送的信息分组处理，将 k 个信息码元分成一组，再按一定规则加上 r 位监督码元，最后生成有 k 位信息码元，长为 n 位的码字，即（n，k）分组码。分组码每个码字的监督码元只与本码字的信息有关，即只监督本码字的信息，所以各码字彼此独立地进行编码和译码。卷积码也是将要传送的信息分组处理，但是，其处理方法与上述分组码不同。编码时，它也是将 k 位信息码元分为一组，然后，按一定规则加上若干位监督码元而编成长为 n 的码字。通常 k 和 n 的数目都较小，但是其每个码字中的监督码元，不单与本码字的信息码元有关，而且与前 m 个码字中的信息码元有关。因此，它还监督着前 m 个码字中的信息码元，也就是说：在卷积码中，前后码字之间有互相监督彼此约束的作用。按上述规则编成的码称为（n，k，m）卷积码。卷积码由于能够进行码字的前后监督，因此它的性能等于或优于分组码，其编译码器或软件也较为简单，因此得到较广泛的应用。有关卷积码的编码方法可参阅有关数据通信书籍，这里不再介绍。

第三节 通信方式

一、串/并行转换

计算机对数据的处理采用并行数据处理的方式，而数据传输线（较远距离）只有两根，上面传输的数据采用串行数据传送方式。因此，数据发送端的计算机设备要将数据通过传输线送出，必须将并行数据转为串行数据才能输出。同样，数据接受端必须将接收到的串行数据进行串/并转换，才能将数据送入数据库或进行处理。

数据的串/并行转换是通过串/并行转换器实现的。图 6-15 所示为串行数据发送和接收过程原理图，左边为发送器，右边为接收器，这是数据通信设备不可缺少的基本部件。

发送器由一个发送缓冲区和并—串变换移位寄存器组成。发送的数据由 CPU 控制以并行的方式成批送入并暂存于发送缓冲器中。如果移位寄存器空，发送控制脉冲将缓冲器中的内容并行送入移位寄存器中。在发送时钟的控制下，移位寄存器中的内容从一字节的低位到高位，逐位被送入调制解调器（若为数字通信，则不需要调制），按照一定的调制方式调制成模拟信号，再送到通信线路上，传送给对方。当移位寄存器中的内容全部移出移位寄存器后，将发出字节发送空的中断请求，下一个数据由控制信号作用从缓冲器中又并行送入移位

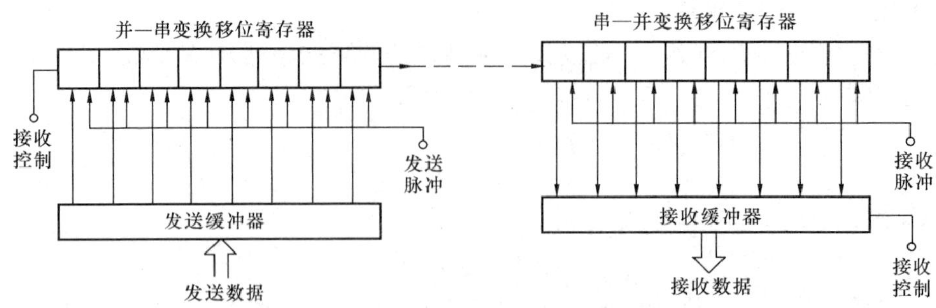

图 6-15 串行数据发送和接收过程原理图

寄存器。经过多次并—串转换输出，当发送缓冲区变空时，将向 CPU 发出缓冲区数据发送空的中断请求，并准备接收下次要发送的数据组。若 CPU 响应字节发送空的中断请求，则将下一组数据从 RAM 存储器传送至发送缓冲器，进行新的一组数据的发送。显然，送到线路上的数据速率取决于发送时钟频率。

接收部分的原理与发送侧相似，只是数据传送和变换方向相反。从信道上传来的数据，在接收时钟的控制下，首先接收的是数据字节的最低位，然后是第二位，被逐位地移入移位寄存器。当寄存器占满后，将发出字节接收满的中断请求，CPU 响应字节接收满的中断请求，控制脉冲就把这些数据一次性并行地移到接收缓冲器中。同样，当缓冲区数据满时，将向 CPU 发出缓冲区数据接收满的中断请求，CPU 响应缓冲区接收满的中断请求，将缓冲区数据一次性送到 RAM 存储器保存。从数据接收过程看，若要正确地接收数据，必须使接收端的接收时钟与发送时钟同步，而且应使接收时钟的有效边沿出现在每个数据位的中央。如何实现数据的有效接收，将在下面异步通信和同步通信内容中讨论。

二、数据通信的基本方式

按数据传输方向，可将通信系统分为单工通信系统（Simplex）、半双工通信系统（Half Duplex）和全双工通信系统（Full Duplex）。

（1）单工通信系统。图 6-16 中，单工通信是使用者只能向一个方向传输信息，传输信道上信号传送方向是固定不变的。

图 6-16 单工通信系统

（2）半双工通信系统。它是信道两侧的设备都具有信号发送和接收能力，但发送和接收不能同时工作，即某一时刻信号只能一个方向传输。平时两侧设备均处于接收状态，以便随时响应对侧的呼叫。信息传输过程中，呼叫、响应、传输、接收交替进行。半双工方式也可以用双线实现，如图 6-17 所示。

（3）全双工通信系统。全双工通信的双方由控制器协调发送与接收之间的工作，信道上的信号可双向流动，即发送与接收可以同时进行，如图 6-18 所示。

具体工程采用何种通信系统则根据通信指标和实际情况确定。

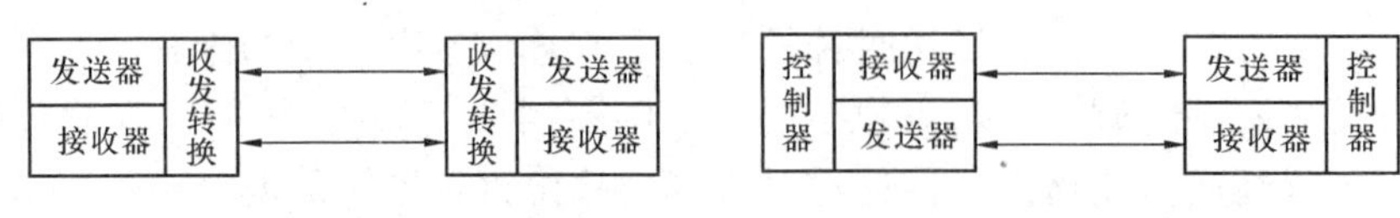

图 6-17 半双工通信系统　　图 6-18 全双工通信系统

三、异步通信和同步通信

利用通信信道数据可以把信息从发送端传输到接收端。数据通信的数据信息由一串二进制数码（经调制或直接）组成。一组数据表示一定的信息，称为信息字。信息字的结构示意如图 6-19 所示。

控制字用于说明字地址和数据属于哪一类的信息（如遥测、遥信等），监督码用于差错控制。数据信息若是遥测量，则以每个遥测量占 2 个字节计，一个信息字中可传送 2 个遥测量。若传送的是遥信量，则可传送 4 个字节共 32 位遥信量。

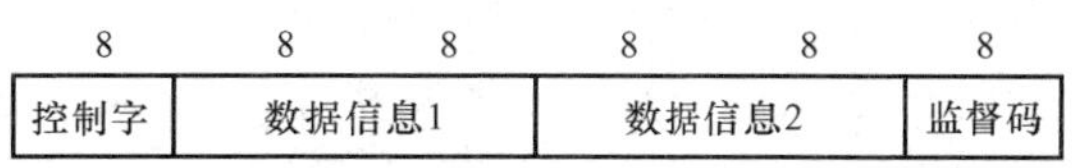

图 6-19　信息字结构示意图

一个或若干个信息字组成一个数据帧。一般的数据帧结构如图 6-20 所示。

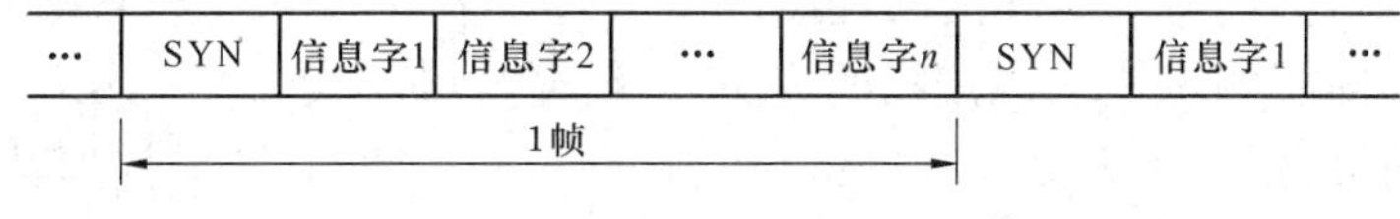

图 6-20　数据帧结构

数据帧的开头为帧标志，表达一帧的开始。为实现多点及网络通信，应设置控制字，其内容包括信息源发站和目的站的地址，说明这一帧信息的类别特征以及帧的长度有多少个字节。

信息源发站把数据帧按一定的先后顺序传送。通信两端的计算机系统有各自独立的时钟频率。当发送端以一定的数据速率发送数据，接收端如何从数据串中正确地划分出数据单元？对两侧装置的时钟频率之间需要如何配合？为了说明这些问题，下面先简单地说明几个常用名词。

（1）码元。数据通信中，传送的是一个个离散脉冲信号，故把每个信号脉冲称为一个码元。通常在一个数据中，每个码元占据的时间是相同的，等于 T。以两个不同的电平代表“1”和“0”称为二元制代码。在不同的传输媒质中，二元制代码的码元可以用不同的形式来表示，比如在短距离传送时，用逻辑高电平表示“1”，低电平表示“0”，在稍长距离传送中可以用正负电平表示等。用多个电平来表示和传送信息称为多元制代码，如用 E、(2/3) E、(1/3) E、0 分别代表“3”、“2”、“1”、“0”的四元制代码。多元制代码的码元可以表达事物的多个状态。

（2）码元速率。每秒传送的码元数，以 Bd（波特）为单位，也称波特率。

（3）信息速率。系统每秒传送的信息量。信息量以 bit（比特）为单位，信息速率的单位就是 bit/s（比特/秒）。在信息用二进制表示时，每个码携带 1bit 信息量，这时的码元速率与信息速率是相同的。

传输速率可以用上述两种速率表示。通信终端设备一般均可适应多种速率的收发，限制传输率的往往是通信线路。

（4）误码率。数据经传输后发生错误的码元数与总传输码元数之比，称为误码率。在电网远动通信中，一般要求误码率应小于 10^{-5} 数量级。计算机通信中，一般要求误码率达 10^{-6} 数量级。误码率与线路质量、干扰大小等因素有关，为了减小误码率，要采用各种检错、纠错的措施加以保护。

1. 异步通信

根据数据通信的基本原理，实现正确地通信所必要的条件，就是通信过程中保持收发双方的时钟一致。实际上收发双方往往相距很远，且接收端的时钟常常是独立产生的，难以保证与发送端时钟完全同步。为了满足这种条件下的通信最低要求，提出一个简便的方法就是异步通信。

异步通信时，对每一个数据编码加上一些特殊码，组成一个数据帧，称为异步数据帧，其格式如图 6 - 21 所示。

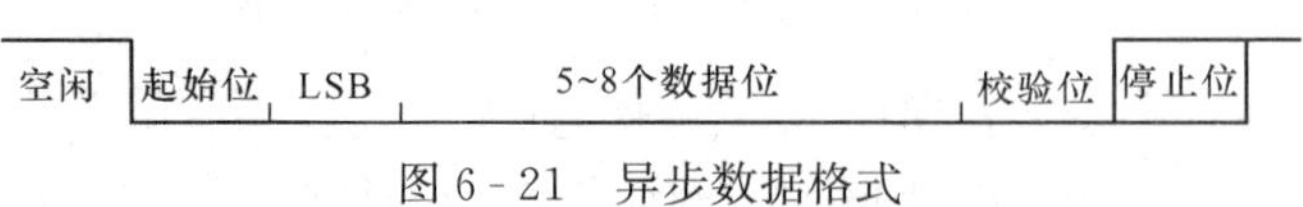

图 6 - 21　异步数据格式

线路上没有数码传输时称为空闲状态，线路保持高电平。在数据发送端正式开始传送前，先发送一个起始位，它占用一个码元的时间间隔，按规定为低电平。紧接着传送接收端的地址码和表明后面数据性质的功能码，接收的为 N 个数据位（一般为 8～10 位），数据位最先传送的是数据编码的最低位（LSB）。在一次确定的传输中，每个异步数据帧中包括的有效数据长度是相同的。如传送 ASCII 码的通信，规定数据位为 7 位。用两个字节表示的汉字编码，需要两个数据帧传送一个汉字，每帧的数据位为 8 位。为了接收端能够进行误码校验，根据约定校验方式加入一定位数的校验码。在异步数据帧的最后应该是一个码元的结束位（规定为高电位），作为这个数据帧的结束标志。结束位的宽度可以是 1、1.5 位或 2 位。当前一个异步数据帧全部发送完毕后，下一个数据帧尚来准备好，线路上将回到空闲状态，延续前一帧中停止位的高电平，直到出现下一个起始位为止。

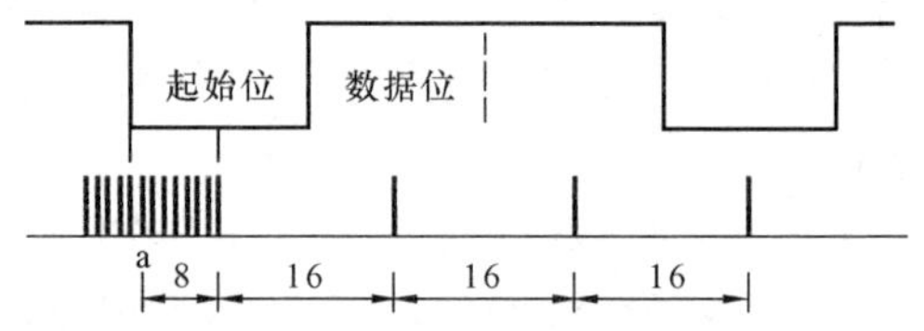

图 6 - 22　异步数据接收原理

通常，在异步通信的接收端，都采用一个独立时钟产生的频率为数据速率 N 倍的测试脉冲，利用这个测试脉冲检测线路上的状态。由于规定了线路空闲时为高电平，所以一旦检测到输入有低电平时，就意味着可能是起始位。由于测试脉冲频率比数据速率高得多，所以检测到的低电平可以认为是在起始位的下降沿。图 6 - 22 中（$N=16$），a 点为第一个检测到起始位的时刻。如果时钟的标称值是数据速率的 N 倍，那么接收器在对测试脉冲进行 $N/2$个计数，同时连续对线路状态进行检测。若连续检测到 $N/2$ 个计数后仍为零，由于这个检测时刻应该恰好是在起始位码元的中央，就可以确认这是一个起始位，可以开始接收数据。要是结果为高电平，就否定了前一次检测到的低电平是起始位的推测，认为这是外界的干扰所造成的一个错误信息。接收器继续以高速率对线路进行检测，寻找起始位。这种工作机制下，如果干扰信号的宽度小于测试脉冲周期的 $N/2$ 倍（即半个码元），就可以检测出来并排除掉。

起始位被确认后，就进入正常的数据接收。如图 6 - 20 所示，每 N 个检测脉冲将出现一个移位脉冲，将数据逐位移入移位寄存器中。若接收端的检测脉冲是数据速率的准确的 N 倍，那么，移位脉冲都将在每个码元的中央出现，这种接收是可靠的。在接收完到数据位后，接收器还要对接收到的数据与校验位进行校验。如果校验无误，表示这个数据帧基本上已正确接收，接着将数据移入数据缓冲器，等待 CPU 的成批处理。

为了提高对数据帧接收的正确性，在接收到两端约定的信息码元位数后，接收器还必须对结束位检测。只有在检测到是高电平后，这一帧就算正确地接收了，否则这一帧就认为发生了错误。实际工作中，如果出现像图 6-23 那样接收时钟太高的现象，可能出现这种错误。

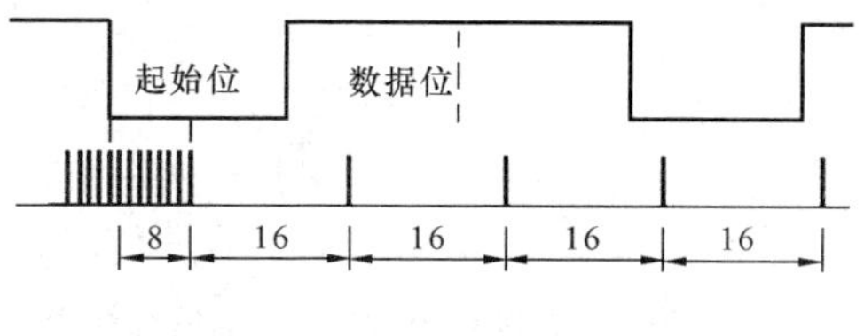

图 6-23　接收时钟太高

从上面的叙述中，可以看出异步通信方式的特点，即收发数据时两侧装置所用的时钟是独立的，最多也不过是标称值相同而已（或 16、32 倍），这也是称为异步的原因。虽然两个时钟频率标称值相同，但总是有误差的，这就有可能破坏正确接收的条件。不过仔细地研究一下图6-21可以发现，假定确认起始位时，时钟恰好在起始位的中央。由于收端的时钟偏高，在接收第一位数据时，就会在码元中央到来之前出现采样脉冲。以后各位数据接收时，这种提前量将逐步积累。为了保证数据帧内所有数据被正确地接收，必须保证一个数据帧内的提前量积累不超过半个码元。一旦接收完一个数据帧，接收端马上恢复对起始位的搜索，原有的偏差积累全部被消除。由于异步通信对时钟要求不高，且每个数据帧长度都较短，对其他设备要求也低，故被广泛地应用。

2. 同步通信

异步通信的最大优点是设备简单、易于实现，但是它的效率很低，一个数据帧中数据码元较少，数据的效率较低，使线路利用率降低。为此，提出了同步通信。

同步通信的最大特点是收发两端的时钟严格保持一致，从而使接收时钟与接收数据码元之间无误差积累问题，能正确地接收每一位数据码元。省去了传送时所附加的码元，允许采取数据帧长度变动的方式，使多个数据码的有效数位紧密排列构成数据帧，形成数据流，在接收端再把这些数据码分离出来。

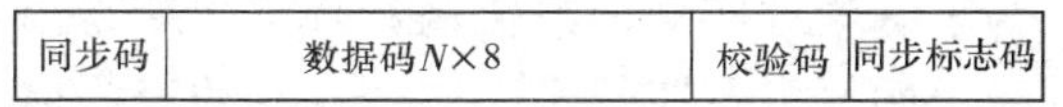

同步码	数据码N×8	校验码	同步标志码

图 6-24　同步通信时数据一般结构形式

为了区分数据流中的各个数据字，同步通信对数据格式作了一定的规定，因而形成了各种不同的协议。图 6-24 所示为同步通信时数据的一般结构形式，一个数据帧中包含有几部分。帧的开头为帧同步标志码，它是一种特殊二进制编码以区别于一般信息编码，以避免可能造成混乱。帧同步标志码后紧跟着接收端地址码和控制码，控制码是表达数据码性质的信息，然后是 $N\times8$ 位的数据码，每个数据码之间密排而不留空隙。原则上讲，数据码的长度不作严格的规定，但在实用时，考虑到传输的可靠性及网络的工作环境，有时依照双方约定对一帧的长度还作了些限制。同步数据帧的最后部分是校验码，它对本帧的数据进行保护校验，以确保接收到数据的正确性。在一帧结束后附加同步标志码，表示该帧的结束。

同步通信的同步标志码有多种。一种方式是在空闲状态，当没有信息传输时，将连续传送帧头标志（同步标志码），使通信两端始终处于时钟同步状态。国际标准化组织（International Standard Organization，ISO）高层数据链控制（Higher Level Date Link Control，HDLC）规约传送收信息的格式的第一部分是 8 位的帧头标志 01111110；其后是 8 位的目的站地址；再后面是 8 位控制区，用以定义功能；接着是以 8 为倍数的信息区，可以任选长度；再后是 16 位的校验码，最后还是帧头标志。因此，在这种同步通信方式中，接收端凡接收到非 01111110 码，即认为是目的站地址，从而连续地接收数据，直到又收到 01111110

码，即认为该帧结束。当发送端发送的数据中有 01111110 码时，为了区别于同步标志码，将在码中添加一个 1，以 011111110 发送。而接收端在连续接收到 7 个 1 时，将自动从中除去一个 1，而恢复其原来数据。

我国近几年的电力系统远动装置中，普遍采用 16 进制的 EB90H 码作为同步码，因为 EB90H 具有较好的自相关性，而且采用三组 EB90H 共 48 位的码长，处理较为方便。信道空闲时为无信号状态。当发送端发送信息时，首先发送三组 EB90H 码，接收端在检测到三组 EB90H 码后，即认可信息帧的开始，从 EB90H 码码元取得同步信号，借以取得与信息频率形成同步的接收移位脉冲，并以每 8 位一个字节接收数据。一个数据帧由若干个信息字组成，每个信息字长度为 6 个字节共 48 位。发送端在发送完一帧数据后，仍然发送三组 EB90H 码，接收端在又接收到 EB90H 码后，即认为一帧数据结束。

帧同步码在每帧的开头。接收端收到帧同步后，系统处于同步接收状态。但如果收发两端的时钟不严格同步，传送的信息码元较长时，由于这种时钟与码元的不同步而产生的误差积累效应，就不能保证系统同步工作。因此必须增加位同步措施，或称码元同步。目前常采用从接收信息码的脉冲串中提取时钟，用作接收端时钟的方法。我们知道接收到的数据是一长串等长的“1”、“0”码，它的速率就是发送时钟的频率，也就是说，收到的一定速率的数码中，除包含有数字所代表的信息外，还带有时钟信息。如果接收端从中提出这个时钟信息，并相应调整移位脉冲频率，那么这个时钟一定与发送端同步。电力系统远动装置中，常采用数字锁相电路原理来完成位同步。

第四节 数据传输规约

在电力网通信系统中，调度端与厂站端之间为了有效地实现信息传输，收发两端需预先对数码传输速率、数据结构、同步方式等进行约定，两侧设备应符合和遵守这些约定，称为通信规约。“四遥”等信息以数字形式传输。一个数据串表示一定的信息，称为信息字。一般形式下，由起始标志、地址字、控制字、若干信息字、监督字以及结束标志组成一个完整的信息结构，称为数据帧。数据帧的实际构成将随使用的通信规约不同而各有不同。在数据通信网络中，若干数据帧组成信息报文，在网络中传输时，一个报文又可以分割成若干个报文分组依次传送。

电力系统调度自动化体系由三个层次组成，厂站内系统、主站与厂站之间、主站侧系统。厂站内的站级通信总线和间隔级通信总线都应采用基于以太网的 IEC 61850 系列标准；主站与厂站之间的数据通信可采用 IEC 60870—6TASE. 2 或扩展的 IEC 61850 系列标准；主站侧各应用系统应遵从 IEC 61970 系列标准（CIM/CIS）。

通信规约可分为循环传送式规约、应答式规约和对等式规约。

一、循环传送式规约

循环传送式规约是一种以厂站端 RTU 为主动端自发地不断循环向调度中心上报现场数据的远动数据传输规约。在厂站端与调度中心的远动通信中，RTU 周而复始地按一定规则向调度中心传送各种遥测、遥信、数字量、事件记录等信息。调度中心也可以向 RTU 传送遥控、遥调命令以及时钟对时等信息。在循环传送方式下，RTU 无论采集到的数据是否变化，都以一定的周期周而复始的向主站传送。循环方式下 RTU 独占整个通道。

循环传送式规约的特点主要有：

（1）数据传送以现场端为主，由于采用循环式规约的 RTU 不断循环上报现场数据给主站，而主站被动接收，即使发生暂时通信失败丢失一些数据，当通信恢复正常后，被丢失的信息仍有机会上报，而不至于造成显著危害，因此这种方式对通道的要求不高，适合于在我国质量比较差的通道环境下使用。

（2）数据格式在发送端与接收端事先约定好，按时间顺序首先发送起始 SYN 同步字，然后依次发送以 8 位的字节作为基本单位的控制字和信息字，如此周而复始，连续循环发送。

（3）循环传送式规约采用信息字校验的方式，将整检信息化整为零，当某个字符出错时，只需丢弃相应的信息字即可，而其他校验正确的信息字就可以接收处理，大大提高了传输数据的利用率，从而更加适合于在我国质量比较差的通道环境下使用。

（4）循环传送式规约采用遥信变位优先插入传送的方式，重要数据发送周期短，大大提高了事故信息传送的相应速度，实时性强。由于采用现场数据不断循环上报的策略，一般数据发送周期长，实时性较差，主站对一般遥测量变化的响应速度慢。

（5）循环传送式规约的容量较应答式规约大得多，可以传送 512 路遥信量和 256 路遥测量。

（6）循环传送式规约允许多个从站和多个主站间进行数据传输，由于采用循环式规约的 RTU 自发地不断循环上报现场数据，因此通道必须采用全双工通道，并且不允许多台 RTU 共线连接，而只能采用点对点的方式连接。

循环传送式规约中，帧长度以是否可变分为可变帧长度和固定帧长度两种形式。

（一）可变帧长度

规约采用可变帧长度、多种帧类别循环传送，遥信变位优先传送，即上报信息串的长度是根据需要可变的。遥测量分为主要、次要和一般三大类。更新循环时间各不相同，重要遥测量最短，次要遥测量次之，一般遥测量允许较长的更新时间。规约区分循环量、随机量和插入量，这三种信息量采用不同的形式传送，以满足电网调度安全监控系统对远动信息的实时性和可靠性的要求。

1. 传送信息类型

循环传送式规约规定调度中心与厂站端之间可传送下列信息：

（1）遥信；

（2）遥测；

（3）事件顺序记录（SOE）；

（4）电能脉冲计数值；

（5）遥控命令；

（6）设定命令；

（7）升降命令；

（8）对时；

（9）广播命令；

（10）复归命令；

（11）厂站端工作状态。

2. 优先传送顺序

调度中心与厂站端之间传送的远动信息很多，但它们的重要性是有区别的，为了达到国家规定的电网数据采集与监控系统的技术条件以及远动终端的技术条件的要求和指标，信息按重要性不同采用不同的优先级和循环时间。

厂站端向调度中心传送信息的优先级排列顺序和传送时间要求如下：

（1）对时的厂站端时钟返回信息插入传送；

（2）变位遥信、厂站端工作状态变化信息插入传送，要求在1s内送到调度中心；

（3）遥控、升降命令的返送校核信息插入传送；

（4）重要遥测安排在A帧传送，循环时间不大于3s；

（5）次要遥测安排在B帧传送，循环时间一般不大于6s；

（6）一般遥测安排在C帧传送，循环时间一般不大于20s；

（7）遥信状态信息包含厂站端工作状态信息，安排在D1帧定时传送；

（8）电能脉冲计数值安排在D2帧定时传送；

（9）事件顺序记录安排在E帧以帧插入方式传送。

调度中心向厂站端发送命令的优先级排列如下：

（1）召唤厂站端时钟，设置厂站端时钟校正值，设置厂站端时钟；

（2）遥控选择、执行、撤消命令，升降选择、执行、撤消命令，设定命令；

（3）广播命令；

（4）复归命令。

3. 信息组织结构及传送规则

（1）信息组织结构。

1）帧系列。在循环传送式规约中，不同类型的信息采用不同的帧传送。多种帧连接在一起构成一个帧系列。设计帧系列的原则是保证各帧的信息传送在指定的时间范围内。需要指出，帧系列仅对上行（厂站端—调度中心）信息传送而言，下行（调度中心—厂站端）命令形成的时间是不确定的，所以不存在帧系列。

2）帧结构。在循环传送式规约中，每一帧均由同步字、控制率和信息字组成。向通道发码时，首先发送同步字，然后发送控制率和信息字。

3）字结构。每个字由6个字节构成。除同步字外，第6个字节是前5个字节的监督码，用于接收方对本字传送正确性的检验。控制字是用来对本帧信息的说明，在控制字中，必须指明传送信息的类型、信息的发源地、信息的目的地以及信息字的数量。必须指出，在某些下行命令帧中，信息字数为零，即本帧没有信息字。信息字是一帧信息的实体，一字节的功能码能够区别256个信息字，4个字节的数据和信息，可传送各种上行信息和下行命令。

（2）信息传送规则。无论采用何种帧系列，都实现下列三种方式传送：

1）固定循环传送，用于传送A、B、C、D1、D2帧。

2）帧插入传送，用于传送E帧。当SOE连续出现时，E帧可连续组织几帧在允许插入的位置传送。

3）信息字随机插入传送。当需插入的信息出现时，就应插入当前帧的信息字传送，并遵守以下规则：变位遥信、遥控和升降命令的返校信息连续插送三遍，对时的厂站端时钟返回信息插送一遍；变位遥信、遥控和升降命令的返校信息连续插送三遍必须在同一帧内，不许跨帧。若本帧不够连续播送三遍，全部改到下帧进行；被插的帧若是A、B、C或D帧则原信息被取代，原帧长度不变；若是E帧则应在SOE完整字之间插入，帧长度相应加长。

厂站端加电或重新复位后，帧系列应从D1帧开始传送。

（二）固定帧长度

固定帧长度由通信双方约定。在正常情况下每一帧以同步字开头，接着传送各个遥测信息字，一帧的最后一个信息字专门用于传送一个遥信字。帧长度是固定的，正常传送的4个遥信字分在4个帧依次轮流传送。

当有遥信变位需要插入传送时，由通信双方约定，变位遥信字将插在某些固定的位置上，如奇数点位上，取代原来该位置上的遥测字。由于按规定变位遥信字需重复连发三遍，因此，将占用连续三个（如三个奇数点位）位置，插入遥信送完恢复正常传送。由于插入遥信是取代原在奇数位置上的遥测字，因而不改变帧的长度。另外，奇数点位置的遥测字有可能被变位遥信替代，所以重要的遥测量应安排在偶数位置上传送。

二、应答式规约

应答式规约适用于网络拓扑是点对点、多个点对多、多点共线、多点环形或多点星形的远动通信系统，以及调度中心与一个或多个远动终端进行通信。通道可以是双工或半双工，信息传输为异步方式，允许多台RTU共线一个通道。在应答方式下，主站查询RTU是否有新的数据要报告，如果有，主站请求RTU发送更新的数据，RTU以新的数据应答。通常的RTU，对于数字量变化（遥信变位）优先传送，对于模拟量，采用变化量超过预定范围时传送。

应答式规约是一个以调度中心为主动的远动数据传输规约。RTU只有在调度中心查询以后，才向调度中心发送回答信息。调度中心按照一定规则向各个RTU发出各种询问报文。RTU按询问报文的要求以及RTU的实际状态，向调度中心回答各种报文。调度中心也可以按需要对RTU发出各种控制RTU运行状态的报文。RTU正确接收调度中心的报文后，按要求输出控制信号，并向调度中心回答相应报文。在应答式规约中，RTU有问必答，当RTU收到主机查询命令后，必须在规定的时间内应答，否则视为本次通信失败。

对于点对点和多个点对点的网络拓扑，厂站端产生事件时（如断路器跳闸，形成遥信状态变位信息），RTU可触发启动传输，主动向调度中心报告事件信息，以满足实时性的要求。当RTU未收到主机查询命令且无事件时，绝对不允许主动上报信息。

应答式规约的优点有：

（1）应答式规约允许多台RTU以共线的方式共用一个通道，这样有助于节省通道，提高通道占用率，对于区域控制站和有较多数量的RTU通信的场合，这种方式是很合适的。

（2）应答式规约可采用变化信息传送策略，从而大大压缩了数据块的长度，提高了数据传送速度。

（3）应答式规约既可以采用全双工通道，也可以采用半双工通道，既可以采用点对点方式，又可以采用一点多址或环形结构，因此通道适应性强。

应答式规约的不足表现为：

（1）由于应答式规约为非主动上报规约，主站对数据的采集速度慢，尤其是当通道的传输速率较低的情形。

（2）由于采用变化信息传送策略，应答式规约对信道的要求较高，因为一次通信失败会带来比较大的损失，虽然可以采用通信失败后补发的方法解决上述问题，但补发次数有限，在通道质量较差时，仍会发生重要信息（如 SOE）丢失的现象。

（3）应答式规约往往采用整帧校验的方式，由于一帧信息量较大，因此出错的概率较大，校验出错后就必须整帧丢弃，并阻止重发帧，从而更加降低了实时性。

（4）当出现由于出错弃帧的情况时，必须经过重新询问，RTU 才重发前面由于出错而被丢弃的数据帧。

（5）规约一般适用于多个从站和一个主站间进行数据传输。

1. 数据传输控制

在通信系统中，为了确保通信双方能有效地、可靠地进行数据传输，在发送端和接收端对数据的格式、数据链路的控制、双方应答等有一系列的约定。由于在实际的通信开始之前，通信两侧无任何通信意义上的连接关系，因此通信双方首先应建立起通信链路。通信链路的建立、数据信息的传送、接收的确认、链路的拆除等过程均在一问一答中完成。图6-25所示为简单对话的一般过程。

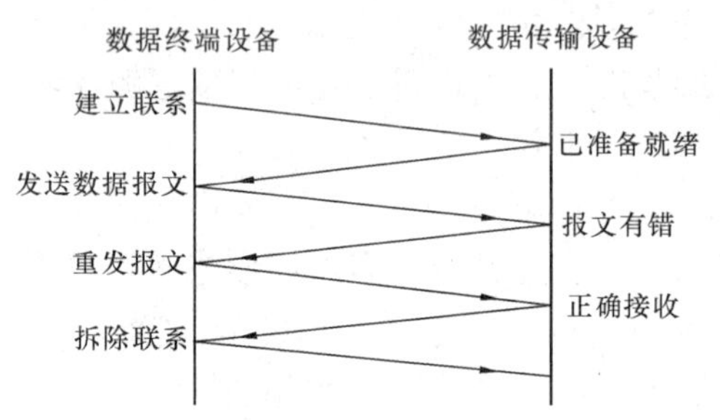

图 6-25　通信对话的一般过程

2. 帧格式

（1）可变帧长的帧格式。可变帧长的帧格式如图 6-26 所示，L 包括控制域、地址域、用户数据区的 8 位位组的个数，为二进制数，$3<L<122$。控制域用来说明数据传输方向、传输状态以及帧类型等。地址域说明信息的发送源或目的地地址。当由调度中心触发一次传输服务，调度中心向厂站端传输时说明目的地地址；当厂站端向调度中心传输报文时说明源地址，故地址域总是指向厂站地址；链路用户数据即报文传送的远动数据；帧校验和是控制、地址、用户数据区 8 位位组的算术和（模 256 和）。可变帧长帧格式用于由调度中心向厂站端传输数据，或由厂站端向调度中心传输数据。

（2）固定帧长格式。固定帧长帧格式用于厂站端向调度中心回答的确认报文或调度中心向厂站端的发送报文。

b7　b6　b5　b4　b3　b2　b1　b0
启动字符（68H）
L
重复 L
启动字符（68H）
控制域(C)
地址域(A)
链路数据（可变长度）
帧校验码(CS)
结束字符

图 6-26　可变帧长的帧格式

3. 链路传输规则

（1）链路服务。在应答式规约中，链路服务级别分为三级。第一级是发送/无回答服务，主要用在调度中心向厂站端发送广播报文。第二级是发送/确认服务，用于由调度中心向厂站端设置参数和遥控、设点、升降的选择、执行命令。第三级是请求/响应服务，用于由调度中心向厂站端召唤数据，厂站端以数据或事件数据回答。

（2）等待—超时—重发、等待—超时、重传次数。

1）等待—超时—重发。调度中心未收到厂站端发过来的确认帧或响应帧，超过时间后按服务用户给定的重传次数，链路层重传原报文，直至等于给定次数为止。

2）等待—超时。调度中心未收到厂站发过来的确认帧或响应帧，超过时间后，即结束这一次传输服务，启动新一轮传输服务。

3）重传次数。其值按不同的报文取0～5次。

(3) 链路传输规则。链路传输按窗口尺寸为1的非平衡方式传输规则进行，适用于各种网络配置。所谓窗口尺寸为1，即调度中心向厂站端触发一次传输服务，或者成功地完成或报告产生差错之后才能开始下一轮传输服务。对于发送/确认和请求/响应传输服务在传输过程中受到的干扰，可用等待—超时—重发或等待—超时方式发送下一帧。

1）发送/无回答服务传输规则。即只有在前一轮服务结束之后，才能开始新的一轮的发送。当一帧发送完后，发送线路空闲间隔（最少33位）。

2）发送/确认服务传输规则。即只有在前一轮传输结束并得到确认后，才能开始新的一轮的发送。当厂站端正确收到调度中心传送的报文后，厂站端即向调度中心发送一个确认帧。若厂站因为过载等原因不能接收调度中心报文，厂站则传送忙帧给调度中心。若确认帧受到干扰或超时未收到，则不改变帧计数位的状态，重发原报文直至允许的重复次数。厂站端依前后两次接收到的发送帧中计数位的值是否相同，确定是继续保留确认帧拷贝，还是消除该拷贝，形成新的确认帧。

3）请求/响应服务传输规则。即当前一轮传输过程结束才能触发新一轮的请求帧。厂站端收到请求后，将按有无调度中心所要求的数据发出响应或否定的响应帧。若响应帧受到干扰或超时，则不改变帧计数位，重复发送请求帧，直至允许的重复次数。厂站端依前后两次收到的帧计数位的值是否相同，确定是继续保留响应帧拷贝，还是消除拷贝，形成新的响应帧。

4. 厂站事件启动触发传输

厂站事件启动触发传输适用于点对点和多个点对点的全双工通道结构。当遥信发生变位或遥测的变化超过死区范围时，厂站主动触发一次发送/确认服务，并组织报文同调度中心传送。调度中心收到报文后，以确认报文回答厂站。如果因为忙，数据缓冲区溢出，则调度中心以忙帧回答厂站。随后厂站如还要传送数据，则厂站此时触发一次请求/响应服务，以请求帧询问调度中心链路状态；调度中心以响应帧报告链路状态。此种传输按平衡式传输的链路规则的规定进行。

平衡式传输的链路传输规则采用的窗口尺寸为2，即厂站事件启动触发一次传输服务，并成功地完成和收到主站的回答报文。如果没有正确收到报文，则超时后才能开始下一轮新的传输服务。厂站没有数据变化时，不主动发出事件启动触发传输，调度中心和厂站之间的链路传输按以下规则进行：由调度中心触发发送/确认、请求/响应、发送/无回答服务。

只有在前一轮的传输结束之后，如果厂站内又发生遥信变位或遥测死区，而调度中心又没有发送询问报文，此时厂站才主动触发一次传输服务。由于采用变化信息传送方式，大大压缩了信息长度，减轻了信道负担，提高了传输速度。

当调度中心正确接收到厂站主动触发的传输服务报文，调度中心即向厂站发送一个确认帧或回答一个响应帧。

若调度中心由于过载等原因不能接收厂站的报文，则向厂站发忙帧。厂站每次主动触发发送/确认帧或请求/响应帧时，帧计数位改变其状态；若调度中心收到无差错的确认帧或响应帧，则这一次主动触发传输即告结束。

若发送帧、请求帧或确认帧、响应帧受到干扰，致使厂站超时未收到报文，则厂站不改变计数位状态，重发前一轮的发送帧或请求帧，直至五次重复。为防止报文丢失，重复传输技术与前面所述相同。

三、网络通信规约

（一）计算机网络体系

一个计算机网络由多个用通信传输介质互连的节点组成。在这些节点之间要不断交换数据和控制信息，因此有必要遵守一些事先约定的规则，即网络协议（Protocol）。国际标准组织（International Standard Organization，ISO）会同原国际电报电话咨询委员会（原CCITT），发布了开放系统互联参考模型（Open System Interconnection Reference Model，OSI/RM），并定义了七层框架协议，以获得开放环境中的互连性、互操作性和应用的可移植性。所谓开放互连，就是网络中的所有计算机都遵守标准化的信息交换协议，达到各种不同类型的计算机系统相互连接协作。现代计算机网络的每一层都有自己的编号和名称，七层分别为物理层、链路层、网络层、传送层、对话层、表达层和应用层。每层承担着不同的功能，并且又为其高层提供不同的服务。开放系统互联参考模型如图 6 - 27 所示。

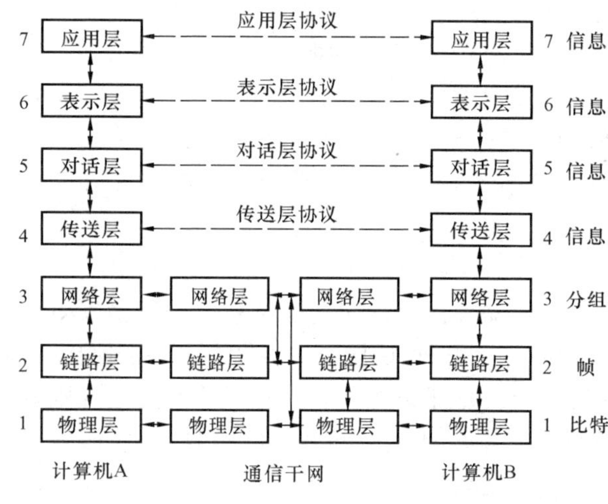

图 6 - 27　开放系统互联参考模型

在数据传输时，数据并不是从一台计算机的第 n 层直接传送到另一台计算机的第 n 层，而是每一层都把数据和控制信息传送到相邻的下一层，直到最低的物理层为止。由最低层和另一台计算机的最低层进行物理通信，然后再逐层向上传送直到第 n 层。在七层功能层次中，在每个功能层次通信双方共同遵守的约定称为“同层协议”。在层次之间通过层次接口逐层过渡，下一层次做好进入上一层次的准备，称“接口协议”。实际上，除物理层外，网络中的各个计算机之间都不存在物理的连接，相同层之间的通信是以虚拟通信的形式存在。

一台计算机的每个相邻层之间都有一个接口，接口中定义了各层之间相互提供的基本操作和服务。接口可以是以硬件形态，也可以是软件形态构成，都是相邻层之间通信的工具，即将某一层的数据处理成相邻层能够接受的数据形式送出。层次和协议的配置是计算机网络体系结构的基本内容。

七层协议中，上四层为用户层，下三层为通信子网。在每一层中，传送的数据单位不相同。

应用层
表示层
用户层　对话层　传送的数据单位为信息（Message），无大小限制
传输层
网络层　传送的数据单位为分组（Packet）

通信子网　　链路层　传送的数据单位为帧（Frame）

　　　　　　物理层　传送的数据单位为比特（bit）

上述各种数据单位之间的关系是：在物理层每个字符由比特组成；在链路层每个帧由若干个字符组成；在网络层则每个分组包含有若干个帧的内容。物理层传输的是代码序列，也就是比特流。

OSI/RM 中各层的主要功能是：

（1）物理层（Physical Layer）。物理层处于 OSI 参考模型的最低层。物理层的主要功能是利用物理传输介质为数据链路提供物理连接，以透明地传送比特流。

（2）链路层（Data Link Layer）。在物理层提供比特流传输服务的基础上，在通信实体之间建立数据链路连接，传送以帧为单位的数据，通过差错控制、流量控制方法，使有差错的物理线路变成无差错的数据链路。

（3）网络层（Network Layer）。网络层的主要任务是通过执行路由选择算法，为报文、分组通过通信子网选择最适当的路径。网络层具有路径选择、拥挤控制及网络互连等功能，它是 OSI 参考模型七层中最复杂的一层。

（4）传输层（Transport Layer）。传输层的目的是向用户提供可靠的端到端（end－to－end）服务，透明地传送报文。它向高层屏蔽了下层数据通信的细节，因而是计算机通信体系结构中最关键的一层。

（5）会话层（Session Layer）。会话层的主要目的是组织和同步两个会话服务用户之间的对话，并负责数据的交换。

（6）表示层（Presentation Layer）。表示层为应用层的信息表示服务。它包括数据格式变换、数据加密与解密、数据压缩与恢复等功能。

（7）应用层（Application Layer）。应用层是 OSI 参考模型的最高层，提供 OSI 用户服务，如文件传送、电子邮件、EDI 等。

在 OSI 模型由高到低的七层中，传输层是比较特殊的。若从面向通信和面向信息处理角度分类，传输层划在低层；若从面向用户端机和面向通信子网角度分类，传输层又被划分在高层。

计算机网络中通信子网和 OSI 模型高层协议的关系，还可以用以下几点表示：

（1）通信子网实现了点到点的通信功能，并可以自立为一体系结构。

（2）用户端机中的传输层实际上起着协助通信子网完成通信功能的作用。

（3）应用层、表示层和会话层三个高层可不必管通信中的具体细节，而在通信功能具备的基础上，完成用户所要求的功能。

值得注意的是，OSI 模型中的各层是逻辑上和功能上的标准框架，是异构系统互联的标准分层结构。用户端机的程序并非属严格的分层结构，如通信子网中的数据链路层和网络层近来也有突破，有合二为一的趋势。但是目前这一点是明确的，负责信息传送的通信子网和用户具体功能的资源子网是划分开的。

总之，数据通信可以看做是计算机网络 OSI 中的低三层，并具体解决通信子网功能的通信技术，而计算机网络可以认为是在以数据通信技术为支撑的通信子网的平台上来实现其以资源共享为主的功能。接口可以是硬件，亦可以是软件。由于七层模型中对链路层以上的定义尚缺乏统一的标准，因而有一些被广泛采用的协议就发挥了国际标准的作用，如

TCP/IP（传输控制协议/网际协议）就成为异种机和异种操作系统互联的网络协议。TCP对应于模型第4层（传输层），而IP对应于第3层（网络层）；又如网络文件服务标准NFS实现同种或异种操作系统文件之间的共享，并对应于模型的第5、6层。同样，在局域网中IEEE 802系列标准已被ISO采纳为国际标准。除此之外，CCITT X.25也是一个重要的通信协议，它实现了OSI的物理层、数据链路层和网络层协议。同时，电力系统信息传输根据本行业的共性又在七层之上的用户层制定了对象模型化的协议，这样大大节省了数据体转译的开销。

（二）网络规约

1. 物理层协议

构成一个计算机网络需要有物理设备将各个计算机连接起来，并形成数据传输的通路，这些物理设备是网络的物理基础，物理层数据规约是建立、保持和拆除连接设备（数据终端及传输设备）之间的数据链路的规约。

常见的数据终端设备（DTE）有SCADA系统、变电站RTU、馈线（FTU）、区域工作站、箱（杆）变电站TTU、抄表集中器和抄表终端等；常见的数据传输设备（DCE）有调制解调器（Modem）、复接分接器、数传电台、载波机和光端机等。

物理层数据传输规约是建立、保持和拆除DTE和DCE之间的数据链路的规约，规约规定了DTE和DCE的机械、电气、功能以及规约特性，以实现数据经过链路进行比特流传输。

（1）机械特性规定了接口连接器的尺寸、针脚线的数目与布置、紧固件及紧固方法等内容。

（2）电气特性规定了逻辑电平和码元宽度、最大允许数据传输速率、最大传输距离、额定电压和额定电流等。

（3）功能特性规定了连接器针脚线的定义及功能，针脚线包括数据、控制、定时和接地线等。

（4）规约特性则规定了针脚线的相互关系，设备连接的建立和拆除等。

物理层的数据传输根据连接双方的“握手”协议进行。“握手”协议的主要内容是数据发送方与接收方有关“状态”的应答、握手及数据的传送，实现设备的物理连接的激活和撤消、数据传输的物理服务以及物理层的管理。

以RS-232C接口标准（见图6-28）为例，标准确定了RS-232C接口的各个特性，该接口是在数据终端设备和数据传输设备间，以串行二进制方式传输数据的常用接口。

物理层协议以其规约特性确定了通道的建立和数据的传送过程。

当数据终端设备DTE要求发送数据时，首先通过20号端向数据传输设备DCE发送数据准备好请求（DTR），DCE在收到该请求后由6号端返送数据传输设备准备好的状态信息（DSR），从而建立起数据传输的通路。DTE收到应答后，经4号端发请求发送（RTS），DCE在5号端回答允许发送（CTS）。DTE在收到确定回答后由2号端发送数据（TD）。同样，数据终端设备通过数据传输设备接收数据也经过一个“握手”的过程，接收数据在3号端（RD）进行。

为减少交流50Hz电流的干扰，RS-232C接口标准中接口电路采用非平衡方式，即连接器使用两根接地线，一根是电源（机壳）地，一根是信号地，两者应分别连接在电源地网和信号地网上，两地网相互独立，且两根地线之间应具有高于100Ω的绝缘阻抗。

2. 链路层协议

链路可以理解为两个通信实体之间建立起来的数据连接通路。数据链路层的主要任务是在物理层正确工作的基础上，向网络层提供差错检测和控制，使上一层可认为链路上的数据传输是可靠的。

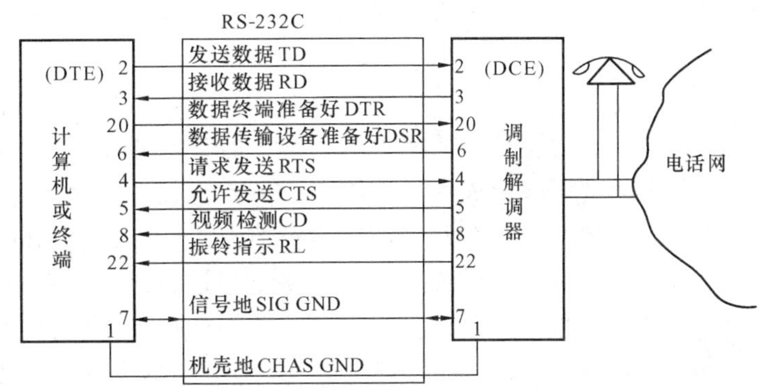

图6-28 RS-232C接口标准

数据链路层对传送的数据进行管理，将数据组成适合于正确传输的帧格式，以实现应答、差错控制、发送和接收的顺序控制以及数据流控制等功能。

数据链路层协议主要有两类：一类是面向字符的协议，如BSC协议等；另一类是面向比特的协议，如HDLC协议等。面向比特的同步通信协议HDLC（High Level Data Link control）高级数据链路控制规约由国际标准化组织在1972年提出，适用于分时系统、计算机之间的高速通信和报文分组交换系统。

（1）链路层协议基本内容。

1）数据链路的建立、保持、拆除和复位的控制，其中包括同步、地址确认、数据帧的收与发以及最终一次传输的表示等。

2）数据帧的形成，确定信息的格式、长度、顺序编号、接收确认和信息流量调节等。

3）传输差错的控制，对接收到的信息帧的校验、正确信息的确认、误码的纠错、信息重复或丢失的解决等。

4）链路出现异常情况的处理。

（2）HDLC规约的数据帧格式。HDLC规约以数据帧为数据传输的基本单位。

1）F标志字节。F标志字节为数据帧起始标志和结束标志，同时用于接收端与发送端实现帧同步，其字节长度为8个比特，编码为“01111110”。

2）A地址字节。A地址字节为8个比特。发送端站发送命令帧在该地址字节中填入接收端站地址，接收端站送回发送端站的响应帧则填入本站的地址，即填入对方地址的为命令帧，而填入本方地址的为响应帧。

3）C控制字节。C控制字节也为8个比特。该字节针对不同的控制要求有不同的格式，如说明该帧是命令帧或是响应帧、帧序号、认可、重发、暂停等内容。

4）I信息字节。该部分为所要传输的数据信息。由于受到误码校验、信道传输速度和误码率特性以及通信控制机缓冲容量的限制，最大数据信息长度不超过255个字节。

5）FCS帧校验字节。采用一定的信息传输差错检测方法形成的校验码。

3. 网络层协议

网络层的主要任务是对通信子网实现路径选择和流量控制等。网络层把上一层（传输层）送来的信息分为若干信息段，加上网络层的控制信息组成信息包或报文分组，选择好路由后交给下一层（数据链路层）以帧方式传送。网络层向上对传输层可以提供虚拟电路或数据报文服务。此外，网络层还对流量进行控制，避免拥挤或死锁，如采用预约缓冲器法或通行证法等。

在一个由多点对多点形成的计算机网络中，如何有效地使信息正确、快速地传输是网络层协议需要解决的问题。从物理的角度上看，数据的传输需要一条实际连通的链路来实现，而在一个复杂网络中形成一条从网中的一点至另一点的通路可以有许多方案。

（1）逻辑信道。两个相邻的通信机节点由链路控制可实际连通，该链路可由多个不同的数据传输对象使用，即该链路处于多路复用状态。当一个数据组需要从A点传送至B点时，其所经的路径并非一定是固定的或预先确定的，而是可以根据网络情况、数据流情况变化的。因此，从A点到B点的路径看上去是一种逻辑信道，或称为虚拟链路。

（2）分组交换规约。国际上通用的X25协议为分组交换规约。该协议把数据报文分割成若干个分组，每分组包含若干个数据帧。在分组报文的I字节中标明分组头信息，以便于网络传输和报文拼接。

分组交换规约的功能主要有逻辑信道的呼叫、建立与拆除，数据流量控制，出错复位与复接等。

（3）路由选择。在网络层进行数据通信过程中，某一时刻某一条线路上只能有一个数据报文或几个报文分组（线路复用）在传输，而其他的报文只能在通信节点等待线路的空闲或复用。节点通信控制机所能提供的缓冲区容量是有限的，当连通的逻辑信道太多或信道中的数据报文信息量过大，超过通信控制机的缓冲存储容量时，就会影响分组报文在网络中的正常通行，出现信息拥挤现象。过于拥挤将导致网络对信息流通控制的失效，引起部分分组报文的死锁。

分组报文在网络中通过的路径称为逻辑信道，其逻辑信道号由路由算法确定。路由选择方法可分为决定性路由和适应性路由。

1）决定性路由。网络中设立一个路由计算中心，存储全网各节点之间的最佳路由表。最佳路由表选择的基本标准为从A点通过网络到达B点的“最短”路径，可以是通过的线路长度最短，或传送的时间最快，或经过的节点数最少等。当任一对节点需要进行数据通信时，路由计算中心根据最佳路由表对应给出路由命令，从而建立通信信道。该方法不跟随网络中数据流的动态变化而变化。

2）适应性路由。根据网络中数据流的变化情况，各相邻节点控制机定时互相交换忙闲的动态信息，并及时地更改路由表，由此响应网络中数据流的动态变化，可以达到较佳的数据传输效果。由于决定信息取之于两相邻节点之间，因此不一定达到全网最佳。

数据分组报文的每个分组标以分组序号并在传送过程中分别单独处理，即各个分组在网络中所通过的路径可以是不相同的。例如，A计算机有3个分组需送至C计算机，A站首先把各分组送给节点1，节点1（通信控制机）收到各分组后即选择适当的路由，在收到1号分组时分析到节点2的分组队列最短，因此将1号分组排在去节点2的分组队列后，2号分组情况相同，被排在1号分组后。但在收到3号分组时分析到节点4的分组队列最短，因此3号分组将排在去节点4的分组队列后。每个节点机在收到一个分组后都要进行误码校验，若检出有错，则给上一个节点回送一个否定接收的信息，上一个节点重发该分组；若无错，则将该分组送缓冲区存储，并向上一个节点回送一个确定接收的信息，上一个节点续发下一个分组。网络中的节点机在接收各分组后均为其选择合适的路径，并转发至下一个节点。由于各分组在传送过程中所经过的路径可以不同，因此到达目的站的前后顺序可能颠倒，如 3 号分组可能先于 1 号分组到达 3 号节点。3 号节点为了能够按分组序号顺序将各分组送达 C 计算机，需要进行一个报文分组的拼装过程。

报文分组的拼装过程由目的节点上的通信处理机重新排序控制机制完成。网中每个报文分组都带有一个分组序号 S，序号按模循环使用，模数值很大，足以避免因分不清不同循环（不同报文）中的序号而造成的混乱。对某个报文，目的节点保持当前期望收到的序号 S_e，并以此检验当前收到的分组序号 S_a。若 $S_e=S_a$，则将接收到的报文分组立即转送给目的计算机（如上例的 C 站）并向源节点发出确认信息，同时使当前期望收到的序号 S_e+1；若 $S_e>S_a$，将收到的报文分组作为重复的报文分组予以丢弃；若 $S_e<S_a$，即 S_a 为不按序先到，则将 S_a 分组送本机接收缓冲区暂存，直到收到 $S_e=S_a$ 为止，再连同以前收到的但未交出的所有报文分组一起转送给目的计算机，再使 S_e+1，同时向源节点发出确认信息。如果报文分组在传送中丢失，源节点可以从发回的确认信息中发现，并重发被丢失的报文分组。

报文分组后长度较短，便于灵活处理。网络节点可以根据当时情况用不同的线路发送分组，提高了线路利用率。如果某些节点或线路因故不能使用时，可以迂回传送。报文的各个分组可以同时在几条线路上并行传送，提高了通信信息的实时性。

（4）流量控制。一个给定的网络在一定的时刻允许的数据通信量是有限的，为了保证网络中信息的有序通信，必须对信息流量进行控制。控制的对象包括：

1）主机节点与控制机节点之间的信息流量；

2）相邻控制机节点之间的信息流量；

3）源节点与目的节点之间的信息流量；

4）源节点主机数据处理进程与目的节点主机进程之间的信息流量。

为了对进入网络的信息总量进行控制，往往在控制节点机内设置一定容量的缓冲区。当源节点主机为了传送数据报文而向目的主机提出建立链路时，目的主机准备好接收并回应告知本机可用的缓冲区容量大小，源节点主机则根据回应确定发送的信息量。

4. 传输层协议

传输层的协议称为端点—端点协议，传输层的目的是在不同的开放式计算机系统之间向用户提供可靠的端到端（end-to-end）服务，透明地传送报文。它向高层屏蔽了低层数据通信的细节，因而是计算机通信体系结构中最关键的一层。物理层、数据链路层和网络层可以在网络节点上运行，也可在主机上运行，组成网络的低层。传输层只在用户侧主机上运行，通常由主机的操作系统来完成的任务是在源主机和目的主机之间实现数据的可靠通信，由于在传输层上数据格式是透明的，所以两个系统之间传送信息时不仅与各自的系统结构无关，而且也不受其他通信设备间通信的影响。传输层为系统间提供标准的用户数据交换接口，该接口提供与网络中连接的各个具体计算机系统类型无关的传输服务。传输层要实现端点—端点传输链路的连通、维持和拆除，端点—端点的差错控制（如发生链路故障，使后续的分组绕开故障；经故障处理后重建虚拟电路等），信息流控制，多路复用以及信息包的排序等功能。不同的用户对服务质量和等级（如差错率、延时、优先级及安全性等）有其特定的要求，传输层将以优化的方法提供服务。

5. 对话层协议

传输层及其下面的三层都是面向数据通信，而传输层上面的三层即对话层、表示层及应用层都是面向数据处理或面向用户的。

用户与用户之间的连接称为对话。对话层的基本功能是在两个不同主机的不同用户进程建立对话连接，并对对话进行管理，是用户与网络之间的接口。

要求对话的用户应提供对方用户的地址，对话层对其进行用户资格审查，并把该用户提供的面向网络的地址变换为面向目的节点的逻辑进程和端口地址，同时要求传输层建立起传输连接。

在对话连接建立后，对话层还要进行对话管理。例如，当传输连接不可靠，出现中断时对话层能自动建立一个新的传输连接，使两端重新同步，从断开的地方继续工作。

6. 表示层协议

表示层主要解决用户之间不同的信息表示方式的转换问题。由不同的开放式系统组成的网络中，低层的数据传输格式是透明的、同一的，但各个用户端在字符编码、数值、字长等方面的表示方式上可以存在差异。因此，需要在表示层进行代码字符集的转换、文件格式变换、图形表示方法的转换等工作，使通信双方能识别对方的信息，以适应不同的计算机语言和各种终端在信息发送和接收格式上的差别。即在发送端，表示层把个性化的信息格式转换为网络统一的格式；在接收端，表示层把网络中统一的格式变换为个性化的信息格式。此外，表示层还可提供文本压缩以及为要求保密的用户数据进行加密和解密等服务。

7. 应用层协议

应用层是OSI体系结构中的最高层，其内容实际上由网络应用软件组成，直接为端点用户服务。用户应用进程完全由用户的具体要求来确定。应用层面向应用，但仅仅处理与通信有关的问题。系统应用管理进程对系统资源进行管理，实现对系统资源分配的优化、控制系统资源的使用。应用层的功能可以包括开放系统之间全部有意义的而在较低层又未能提供的那些功能，如电子邮件通信、共享外设、虚拟终端、文件传输、网络级数据库管理等。

ISO的OSI开放系统参考模型已被普遍接受，在实现时可以将有些层次简化，甚至变成空层。例如，当通信双方可以直接相连时，第三层网络层不再是必要的。

四、电力系统数据通信协议体系及协议标准的应用

电力系统调度自动化体系由厂站内系统、主站与厂站之间和主站侧系统三个层次组成。厂站内的站级通信总线和间隔级通信总线都应采用基于以太网的IEC 61850系列标准；主站与厂站之间的数据通信可采用IEC 60870—6TASE. 2或扩展的IEC 61850系列标准；主站侧各应用系统应遵从IEC 61970系列标准（CIM/CIS）。

1. 厂站内系统协议标准的应用

厂站内的站级通信总线和间隔级通信总线采用基于以太网的IEC 61850系列标准。IEC 61850将变电站通信体系分为变电站层（第2层）、间隔层（第1层）和过程层（第0层）三层。在变电站层和间隔层之间的网络采用抽象通信服务接口映射到制造报文规范（MMS）、传输控制协议/网际协议（TCP/IP）以太网或光纤网。在间隔层和过程层之间的网络采用单点向多点的单向传输以太网。变电站内的智能电子设备（IED）、测控单元和继电保护均采用统一的协议，通过网络进行信息交换。

IEC 61850除了将变电站自动化系统分成变电站层、间隔层和过程层之外，每个物理装置又由服务器相应用组成，将服务器分为逻辑装置—逻辑节点—数据对象—数据属性，物理装置内包含服务器和应用。从应用方面来看，服务器包含通信网络和I/O。由IEC 61850来看，服务器包含逻辑装置，逻辑装置包含逻辑节点，逻辑节点包含数据对象、数据属性。从通信的角度来看，服务器通过子网和站网相连，每1个IED既可扮演服务器角色也可扮演客户的角色。这种分层，需要有相应的抽象服务来实现数据交换。由于电力系统生产的复杂性，信息传输的响应时间的要求不同，在变电站的过程内可能采用不同类型的网络，IEC 61850采用抽象通信服务接口就很容易适应这种变化，只要改变相应的特定通信服务映射（SCSM）。

2. 主站与厂站之间协议标准的应用

（1）基本应用。主站与厂站之间的数据通信可采用扩展的IEC 61850系列或IEC 60870—6 TASE. 2标准。数据通信传输协议主要应用于计算机之间的数据通信及联网，如变电站内的计算机和远方调度工作站、调度工作站和调度工作站之间、调度局和调度局之间。该系列协议一般建立在局域网或广域网的基础上。通过TASE 2软件接口规范，可将不同的MMS信息映射到控制中心的管理系统。国内已成功地将TASE 2协议应用于能量管理系统（EMS）进行数据传输，并且以此为基础可将计算机数据连入国家电力数据网（SPD-net）。

当通信结构为点对点或点对多点等远动链路结构时，亦即从厂站端向调度端进行信息传输时，可采用电力行业标准DL 451—1991循环式远动规约或DL/T 634—1997（neqIEC 60870—5—101）基本远动任务配套标准，但当使用网络访问时应采用IEC 60870—5—104。

循环式远动规约DL 451—1991是我国自行制定的第1个远动协议。它采用同步传输方式，帧标志为EB90H×3同步码，生成多项式为$G(x)=x^3+x^2+x+1$的BCH校验，保证汉明距离$d\geqslant 4$。长期以来，国内在远动设备和调度系统之间一直采用该协议（又称远动CDT规约或新部颁规约）。该协议一般采用标准的计算机串行口进行数据传输，采用循环发送数据的方式。同步传输时的数据格式为8位数据位，传输介质普遍采用铜芯电线、电力线载波和光纤等。其特点是接口简单，传输方便，因而得到了广泛的应用。但由于该协议传输信息量少（仅能传输256遥测、512遥信、64遥脉），且不能传输全部保护信息，因此难以适应变电站自动化技术。

基本远动任务配套标准IEC 60870—5—101一般用于变电站远动设备和调度计算机系统之间，能够传输遥测、遥信、遥调，保护事件信息、保护定值、录波等数据。其传输介质可为双绞线、电力线载波和光纤等，一般采用点对点方式传输，信息传输采用平衡方式（主动循环发送和查询结合的方法）。该协议年输数据容量是CDT协议的数倍，可传输变电站内包括保护和监控的所有类型信息，因此可满足变电站自动化的信息传输要求。目前它已经作为我国电力行业标准推荐采用，且得到了广泛的应用，该协议也被推荐用于配电网自动化系统进行信息传输。IEC 60870—5—104是将IEC 60870—5—101以TCP/IP的数据包格式在以太网上传输的扩展应用。

IEC 61870—5—101基本远动配套标准规定了电网数据采集和监视控制系统（SCADA）中主站和子站（远动终端）之间以问答方式进行数据传输的帧格式、链路层的传输规则、服务原则、应用数据结构、应用数据编码、应用功能和报文格式。它适用于传统远动的串行通信工作方式，一般应用于变电站与调度所的信息交换，网络结构多为点对点的简单模式或星形模式。

平衡传输方式是在全双工通道的点对点的配置方式下，允许通信链路的两个方向（调度中心与变电站）均可启动链路服务呼叫对方发起传输服务，减少了报告延时并达到快速的数据收集。非平衡传输是由主站（调度中心）采用顺序地查询（召唤）子站控制数据传输。在这种情况下主站是请求站，它触发所有报文的传输，子站（变电站）是从动站，只有当它们被查询（召唤）时才可能传输，响应主站数据请求，或对主站发出的控制命令加以确认。其链路传输服务分发送/无回答、发送/确认、发送/响应三种。IEC 60870—5—2 中，规定重复帧超时间隔为 50ms，当主站发出 1 帧信息后，如 50ms 后未收到应用回答，则重复发送一次。国内 101 规约在实际应用中，多采用非平衡的传输方式。

IEC 60870—5 的主要内容有传输帧格式、链路传输规则和应用数据三个部分。在传送远动信息时，一组信息称为 1 帧，每帧信息由若干“字”组成。这些“字”可以分别表示同步、遥信、遥测等内容，其组成顺序和型式称为帧格式。61870—5—2 链路传输规则规定了连续地成组传输的窗口尺寸为 1。简单地说，指的是建立传输联系两方中的任何一方都不能连续发出多帧数据。对于主站方，只有发出的某一帧请求得到了对方的响应或确认后才可以发起下一轮的传输服务（除非发生超时）。对于从站方，在发出一帧响应或确认后，只有得到对方的下一帧请求。才能继续发送数据响应或确认。但是国内制定的 101 规约针对这样的传输规则，做了一定的调整，允许在某些特定的情况下，从站端（变电站）可以连续发送数据帧，只要在连续两帧间至少间隔 33 个位的空闲即可。

IEC 60870—5—101 远动规约常用的信息体元素类型包含信息体地址的信息体标识单元，加上信息体元素和信息体时标（如果存在）构成了 101 规约报文中最重要的信息体。

在任何一帧包括了信息体的数据报文中，仅从信息体地址段（2 个字节）即可判断出该报文中传递的远动数据基本类型，确定是遥信、遥测、电能还是遥控的数据信息。这是由于 101 规约为各种不同基本类型的远动数据规定了不同的信息体地址范围，如遥信的信息体地址占用了 1H～400H 的地址空间，换言之，一个 RTU 可容纳 1024 点的遥信；继电保护单个事件的信息（保护动作）占用 401H～500H，一个 RTU 可上送 256 个保护动作信息；遥测的信息体地址范围为 701H～900H，共 512 个；电能量的信息体地址范围为 C01H～C80H，共 128 个；遥控点的信息体地址范围为 B01H～B80H，共 128 个。从这些信息体的容量看，用于一般的变电站远动通信是足够的，但是如果属于集控站，那么可能要求上送的数据或遥控的点量远远大于这些指定范围。

作为国家电力行业新的远动标准，101 规约将在今后的一段时间内逐步被贯彻，取代原先部颁 CDT 规约的地位。

（2）电能量传输配套标准 IEC 60870—5—102。IEC 60870—5—102 主要应用于变电站电量采集终端和电量计费系统之间传输实时或分时电能量数据。该协议支持点对点、点对多点、多点星形、多点共线、点对点拨号的数据传输网络，可采用 V. 24/V. 28 非平衡式的交换电路或 V. 24/V. 27 平衡式的交换电路。链路层的传输采用唯一的 FT1. 2 帧格式，传输仅采用非平衡方式（某个固定的站址为启动站或主站）。

（3）继电保护设备信息接口配套标准 IEC 60870—5—103。IEC 60870—5—103 是将变电站内的保护装置接入远动设备的协议，用以传输继电保护的所有信息。该协议的物理层采用光纤传输，也可以变通为采用 EIA—RS 485 标准的双绞线传输。传输速率定义为 9. 6Kbit/s 和 19. 2Kbit/s。该协议采用两种方法来描述数据：①应用服务，采用固定的格式按序号来定义数据属性；②采用通用服务。按数据的分类属性描述数据，为了兼顾我国的变电站自动化技术，在制定此协议时增加了传输远动信息和其他智能设备信息的内容。因此，国内制定的标准和原 IEC 60870—5—101 有一定的区别。

3. 主站侧各应用系统协议标准的应用

随着电力系统的发展和电力体制改革的深化，为保证电网安全、优质和经济运行以及电力市场的有序运行，电力调度中心可能同时运行多个应用系统，如能量管理系统（EMS）、电能量计量系统、调度生产管理系统、配电管理系统（DMS）和电力市场技术支持系统等；每个系统中可能同时包括多个应用，如 EMS 包括 SCADA、AGC、网络分析和 DTS 等应用。这些系统或应用存在如下需求：①需要交换数据、共享信息，包括实时信息和非实时信息两种；②来源于不同的开发商，需要异构和互操作；③需要不断扩展新的应用或系统，并降低接口的难度和成本。

新一代调度自动化系统的基础是 IEC 61970 系列，该标准定义了 EM5 应用程序接口（API）的标准，公共信息模型（CIM，300 系列），提供了 EMS 信息模型的逻辑视图；定义了组件接口规范框架（CIS1，400 系列），组件接口规范说明（CIS2，500 系列），规定了组成 EM5 应用的各个组件之间接口的规范。公用信息模型（CIM）是一个抽象模型，它描述了 EMS 信息模型中电力系统包含的所有主要对象，该模型包含这些对象的公共类和属性，以及它们之间的关系（继承关系、简单关联关系、聚合关系）。其类及对象是抽象的，可以用于许多应用，它是逻辑数据结构的灵魂，可定义信息交换模型。①CIM 不是数据库，而仅是数据模型（或元数据）。②遵从 CIM 意味着公用接口的数据表示符合 CIM 三方面要求：语义，命名和数据的意义；词法，数据类型；关系，与 CIM 其他部分的关系，据此相关数据可以被找到。③但是，遵从 CIM 并不意味着数据库的结构与 CIM 的类图完全一样，也不意味着支持 CIM 的所有方面。IEC 61970 标准用面向对象的方法（类及类间的关系）准确地描述了电力系统的复杂结构。它要求不同 EMS 之间、EMS 与电力系统其他应用系统之间以及 EMS 内部各应用之间使用标准的接口规范和面向对象的数据模型进行信息交换和信息共享，并要求 EMS 的应用能使用面向对象的方法和技术存取和处理数据。这是 IEC 61970 系列标准对新一代 EM5 应用的要求，以 CIM 描述电网的公用信息、以 CIS 访问电网的公用信息，其理想目标是实现“即插即用”，当前目标是解决互联和异构的问题。

新一代 SCADA/EMS 系统采用先进的开放分布式应用环境的网络管理技术、面向对象数据库、通信中间件技术、WEB 技术、国际标准等，提供符合国际标准（CIM、CIS、UIB 等）的统一的支撑平台，并集成 SCADA、AGC、NAS、DTS、WEB、TMR、DMS、SBS 等应用于系统，在保证安全的前提下进行同类系统的集成。

第五节 局 域 网 LAN

局域网（Local Area Network）顾名思义是运用于局部的、较小区域内的计算机网络。相对于广域网的通信距离远、区域广而言，局域网的主要特点是传输距离比较近，它把较小范围内的数据设备连接起来，相互通信。这些数据设备可以是微型计算机，小型、中型或大型计算机，也可以是终端或其他设备。在局域网中，各个计算机既能独立工作，又能相互交换数据进行通信。局域网中各设备的连接距离较近，适用于一个行政单位和系统内，这些单位有许多部门，各部门需要用各自的计算机处理本部门的数据，又需要在各部门之间交换数据，同时又有共享贵重数据设备的要求。另外，从经济的角度出发，各个计算机均有与广域网连接的需要，若各自独立地进行连接，则需要很多的连接部件。采用局域网后，也可和其他局域网或远程网相连，构成广域网的一部分。局域网络与 n 个远程网络连接仅需 n 个网络连接器（信关）就可以了，通过这些信关，局域网内各计算机均能方便地访问其他网络中的计算机。局域网有如下特点：

（1）传输距离较近，一般为 0.1～10km。而广域网的地域距离无限制。

（2）数据传输速率较高，通常为 1～20Mbit/s。而广域网由于公共信道的形式和数据流量的限制，传输速率一般在 0.2～100Kbit/s。

（3）误码率较低，一般为 10^{-7}～10^{-9}。

（4）局域网络一般采用专用电缆连接，如双绞线、同轴电缆和光纤。

（5）由于信息传输距离近，局域网络一般采用基带传输方式，直接用数字信号通信，省掉了调制解调器和多路复接设备。为了同时传输数据和图像，也采用频带传输方式。

（6）局域网络一般不设网络中心通信控制机，不进行路由选择和流量控制，趋于分散控制。

一、局域网的拓扑结构及传输信道

局域网的拓扑结构主要有星形、总线形和环形等几种。

数据设备之间可采用双绞线、同轴电缆或光纤等作为传输信道，也可采用无线信道。双绞线一般用于低速传输，最大传输速率可达每秒几兆比特。双绞线传输距离较近，但成本较低。同轴电缆可满足较高性能的要求，与双绞线相比，同轴电缆可连接较多的设备，传输更远的距离，提供更大的容量，抗干扰能力也较强。

局域网的信道按使用频带情况可分为基带与宽带两类。基带传输时信道中传送的是未调制的数字信号（基带数字信号常采用曼彻斯特码），不需配置调制解调器。由于信道的全部频带用来传送信号，因此不能采用频分多路复用技术。基带传输时脉冲信号在信道中会衰减，故传送的距离不能太远，一般限于几千米。为了延伸传送距离，可以使用中继转发器。

局域网中的宽带传输指的是在信道中传送模拟信号，这与通信中常用的宽带含义不同。局域网采用宽带传输时信道可采用频分多路复用。只传送单个模拟信号的系统称为单信道宽带系统。

局域网中的基带传输与宽带传输相比，基带传输投资低，比较简单，但传输距离较近，容量亦较小。宽带传输的容量较大，便于实现多路复用。

二、局域网信息传输控制方法

在局域网中，各个节点仍共享网络的公用信道，当不止一个节点同时要发报时就会发生冲突。协调节点之间争用信道的方法可分为两类：一类是竞争（有冲突）型信道访问方法；另一类是无冲突型信道访问方法。

1. 竞争型信道访问方法

局域网采用总线形式，各个节点竞争抢占总线发送信息方式，因此存在几个节点可能同时要求占用总线的冲突。为了解决这个矛盾，采用载波侦听多重访问（Carrier Sense Multiple Access，CSMA）方法，即采用“先听后发”的办法。每个用户在发送信息之前必须监听这时信道是否空闲，如信道正为其他用户服务，就不能发送信息；若总线处于空闲状态，则可立即发送信息。这样可减少冲突，提高信息传输的准确率。

"先听后发"还不能完全避免冲突。因为信号的传播总是需要时间的。假设节点之间的传播时延为 τ，则从报文开始发送，要经历时间 τ 之后才能为另一节点收到。假如总线一端的节点在检测到总线空闲后发送信息，在信息未到达总线另一端之前，距离较远的节点仍可能由于检测总线为空闲而发送信息。可见在一个节点发送信息之后，即使采用 CSMA 方法，在开始的时间段内仍有可能发生冲突。接收端在接收到信息报文后将对其正确性进行检测，若无错误，则回送确认应答，如发现差错就不予回答。发送端在收到对方确认应答后，则准备下一个分组（若存在）的发送，并监听总线是否空闲。如果超时未收到确认回答，则将在监听总线空闲后，重新该信息分组。由于信息发送冲突将造成差错，因此避免冲突显得很重要。

设节点之间的传播时延为 τ，发送一个信息分组需时间 T，时间比为 $\tau/T=a$，则 CSMA 方法保证不发生冲突的概率为 $(T-\tau)/T=1-a$，显然 a 越小，保证不发生冲突的概率就越大。由于局域网中传输的距离不远，传播时延不大，因而使用 CSMA 方法时保证不发生冲突的比率可以比较大。

为了进一步提高信道利用率，可以采用"边发送边监听"的方式，即 CSMA/CD（Collision Detection）冲突检测方法。

在 CSMA 方法中，当发生冲突时，冲突的报文仍继续发送，直到将报文全部送完，这样白白地浪费了时间。如果报文比较长，浪费就很大。为了克服这一缺点，增设"冲突检测"，成为"边发边听"，即 CSMA/CD 方式。采用这种方式时发报前对信道的监听情况与 CSMA 相同，但在发送报文的过程中还进行冲突检测，一旦发现冲突，立即停止发送，这就节省了时间，提高了信道的利用率。

冲突检测一般是将发送的信息与从信道上回收的信息进行比较，检查两者是否一致，借以判断是否发生了冲突。在 CSMA/CD 方法中，因冲突而浪费的时间减少到基本等于检测发现冲突所需的时间，网络的效率比较高，因而 CSMA/CD 方式在局域网中获得广泛应用，如以太网（Ethernet）就是采用这种方式。

以太网采用总线结构，信道介质采用具有分接头的基带同轴电缆，信息传输速率为 10Mbit/s。总线每段长度一般不超过 500m，以免信号在信道中的传播时间太长或衰减太大。若有需要时可经中继器再增加一段或几段，但两个最远点之间的距离不得超过 2500m。

以太网的信息发送工作过程为：当某节点有报文要请求发送时，先监测总线是否空闲，只有在信道空闲时才能发送。在发送过程中仍对信道进行监听，如发现有冲突就发一个简短的干扰码以加强冲突再停止发信，然后推迟一段随机时间继续监测信道。发报过程中如无冲突，在规定的时间内收到对方的肯定性应答 ACK，就结束此次通信；否则再监测信道，重复上述过程。

以太网的每个工作站都由计算机、以太网接口控制器和收发器等组成，在结构上主要可分为物理层与数据链路层，与 ISO 网络模型中的最低两层相对应。高于数据链路层的整个网络结构的层次都称为用户层。

数据链路层又可划分为数据包装和链路管理两个子层。数据包装子层的主要功能是划分信息帧、对源地址和目的地址的处理以及差错检测等。链路管理子层的主要功能是分配信道（避免冲突）、对冲突的处理等。

数据链路信息的帧格式由 5 个字段组成，即目的地址、源地址、帧类型、数据以及 32

位的帧校验序列。

物理层的逻辑功能规定了以太网的基本物理特性，如数据编码、定时、电压电平等。物理层实现的主要功能有信道访问（如载波识别、冲突检测、发送和接收）以及数据编码等。

2. 无冲突型信道访问方法

在局部网络中，为了不发生冲突而又能有较高的信道利用率，可以采用按需要分配信道的原则。令牌（Token）方式就属于这样一种控制方法。令牌实质上就是发信许可证。局部网络中有令牌在巡回，要发报的节点必须获得令牌，否则无权发信，运用令牌来控制发信可以避免冲突。

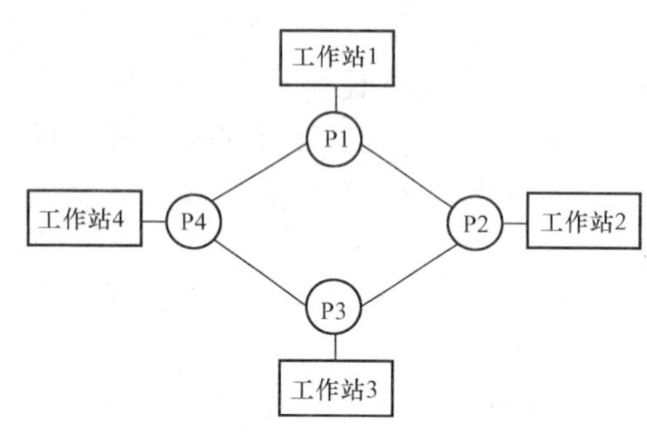

图 6-29　环形局部网络

以环形局部网络为例，如图 6-29 所示。其中，P1、P2、P3、P4 是环网接口机，其功能为接收环上游接口机发来的信息，并向下游接口机发送信息。接口机中设置有缓冲器，用于存储、转发信息。

在环形网络中，各节点沿着物理环形分布，并通过接口机构成环网相接。令牌是网中唯一的发送权标志，如以一个 8 位模式 11111110 作为令牌。令牌环形网工作时令牌沿着物理环单方向依次逐点传送，各节点的接口都能识别令牌。无报文要发送的节点在令牌到来时只需原封不动地转给下一个节点。要发送报文的节点则必须等待令牌的到来，当令牌经过该节点时就将令牌模式从“空”令牌（本例中为 11111110）改成“忙”令牌（本例中为 11111111），随后就发送数据帧，帧长不限。只有空令牌才是发送权的真正标志，忙令牌则表示发送权已被占用，并指出随后跟的是数据帧。由于信道上已无空令牌，其他节点不再有发送权，故不会出现冲突。

获得发送权的节点所发送的数据帧附带“忙”令牌沿着物理环逐个节点传送。每个节点识别帧中的目的地址，如不是指向本站，就把经过的数据帧和“忙”令牌转送给下一个节点；如指向本站，则将该数据帧复制存入缓存器，同时在帧中写入反映接收情况的应答信息，再把它转发给下一个节点。这帧沿环返回到源节点时，发送站根据带回的应答信息可以了解接收情况，最后把已完成任务的返回帧从环上撤走。以图 6-29 的站间通信过程为例：若工作站 1 发给站 3 信息，首先将对方地址和信息送至本站对应的接口机 P1；P1 机按规定格式形成一个数据帧，称为“成帧”；当 P1 站从环上得到 Token“空”令牌后，P1 站即把“空”令牌改为“忙”令牌连同数据帧一起发到环上；信息在环上按顺时针（或逆时针，只允许一种方向）传输，P2 站在接收到数据帧后，先核对地址，认为不是本站地址，于是将信息转发 P3；P3 站在接收信息后，核准终点地址为本站，即对该数据帧进行误码检测，无误后数据送往工作站 3，并在状态位中标注确认信息，之后再传给 P4；P4 再传给 P1；P1 从状态位上得到确认应答，认为信息已被可靠接收，从而从缓冲器中撤消该信息，并将“忙”令牌改为“空”令牌并传给 P2，完成一次信息传送。在网络中，各个接口机轮流得到 Token 令牌，若有信息发送则进行发送，若没有则需将“空”令牌传至下一个节点，不得独占。只有得到“空”令牌的接口机才有权发送信息，如果有多个信息帧需发送，则一次只能发一个帧，或一次发送不成功，只能等下一个“空”令牌到达后再进行。

发送站可以采用下列任一种方法来发送新令牌，以便将发送权转给下一个节点。

1）发送完一帧后随即发送一个新的空令牌。

2）发送完一帧后忙令牌已环绕一周返回本站，这时才发送新的空令牌。

3）发送完一帧，待该帧循环一周返回本站，并全部回收之后才发新的空令牌。

在令牌的传送过程中，可能会因受到干扰等原因出现令牌丢失或忙令牌不停地传送未被撤销等情况，因此可以设置一个节点进行监控。当忙令牌经过监控节点时就给它加上一个标志。如果下一循环还是这个忙令牌又通过监控节点，说明源节点未把令牌状态改变。因此监控节点检查到第二次已出现过的忙令牌时，便将该报文从环上撤走，并发送一个新的空令牌。为了监视令牌是否被丢失，监控节点中设有定时器，当忙令牌或空令牌经过时就启动定时器，从零开始计时。正常情况下空令牌或忙令解不断出现，定时器不会超时。若令牌丢失，定时器就会超时，于是监控节点就可以给环重新设置一个空令牌。

以总线形式组成的网络也可设置令牌，其工作原理与环形网令牌相似，节点只有获得空令牌后才有权发送数据。总线令牌与环网令牌的主要差别在于环网中的令牌是沿着环路按节点的物理位置逐点传送，而总线中的令牌则是以广播方式按各节点的逻辑次序依次传送。逻辑次序可以和物理次序不同。每一个站都明确在它之前和之后的站的标识，形成一个虚的“环”，各站以逻辑次序传送令牌。

当节点获得令牌时它就在指定的一段时间内控制信道，可以发送报文，询问别的站或接收响应等。当该站做完了要做的工作或者分配的时间结束，就将令牌传给按逻辑顺序的下一个站，于是下一个站就控制总线，开始工作。

三、局域网的互联

局域网的工作范围只限于有限区域，而域内的计算机有与其他网内的计算机通信的要求。随着网络应用的扩大和网络技术的发展，通过网络互连可以实现更大范围的通信和资源共享。

网络互联可以是局域网之间的互联，也可以是局域网与远程网或远程网之间的互联。互联网络的特性相互之间可能有较大的差别，如局域网与远程网在数据传输速度和数据链路协议等方面有所不同。根据不同的特点和要求，可采用相应的中继装置实现连接。

1. 转发器

转发器的功能处于OSI的最低层（物理层），起到信号的中转作用。两个网之间不存在差别，可用位转发器直接连接，扩大了网络范围。若存在传输速度上的差别，则使用存储转发器可在延长传送距离的同时实现不同数据速率的转换。

2. 桥

桥的作用相当于OSI模型的第二层（链路层），它主要起存储和转发作用。如果互联的网络类型相同，使用同样的内部协议和接口，则通过桥的连接，通过对信息组地址的筛选，实现通信流量的控制。

3. 路

在多个网络需要在一点上实现互联时，路连接器承担起路径选择的作用。路根据报文分组的地址，为其确定路径。

4. 信关

不同机种、不同操作系统的网络之间，即协议不相容的网络互联时通常使用信关

（Gateway，也称网络连接器）来实现。信关作为网络之间的接口，其主要功能是协议转换和信息转发。因此必须提供网间不同协议（至少包括物理层和数据链路层）的转换以及网际路由的选择、数据递交等服务。为此，信关除提供网络接口硬件外，在软件方面应包括有关协议系统及有关协议转换的模块。

信关协议的转换有直接转换和网间协议转换两类。

直接转换是将进入信关的信息报文直接转换成接收网能够接受的协议格式。对于互连两个网的信关，要求能从一种网络协议转换成另一种，或者反过来。但如果一个信关连接有 N 个不同协议的网络就要求能够进行 N（$N-1$）种转换。N 越大，对信关的要求也越高。

采用网间协议转换时，先制定统一的网间信息包格式。这一格式只作为转换之用，并不要求在各网络内部使用，对各网络内部协议毫无影响。当信息包跨越网络时，先转换为网间协议的标准信息包格式，然后由网间标准信息包格式转换为另一网络的格式。

信关是多个网络的数据交换接口，必须对信息流量进行控制，可以采用预约缓冲区等方法。

网际互联是一个还在不断发展的领域，尚未形成完善的理论和统一的标准，有不少课题，如协议转换方法、网际服务功能的优化、可靠性、安全分析、性能分析以及评价等，还有待于继续深入研究。

四、LAN 在电力通信网中的应用

局域网在电力系统中的应用，始于 20 世纪 80 年代初，首先在一个公司的多个部门之间的多台计算机实现联网。随着发电厂计算机自动控制技术、变电站自动化和配电网自动化的发展，各个单位内部建立了局域网，又可通过网络互联，实现厂（站）际、局际、省际、网际之间的网络连接，形成地域广阔的数据交换和信息共享网络。

1. 变电站中的现场总线

在变电站中电气设备运行数据的采集实现了数字化和继电保护实现微机化后，建立局部网络后，由于大都采用双重冗余结构，可使实时数据的可靠性得到保证，同时计算机和数据资源得以共享，如各个继电保护之间的配合。

在变电站自动化系统的初期，微机保护、微机监控和其他微机型的自控装置间的通信，大多数通过 RS-422/RS-485 通信接口相连，实现监控系统与微机保护和自动装置间的相互交换数据和状态信息。这与变电站原来的二次系统相比，已有很大的优越性，可节省大量连接电缆，接线简单、可靠。然而，采用 RS-422/RS-485 通信接口，虽然可实现多个节点（设备）间的互联，但连接的节点数一般不超过 32 个，在变电站规模稍大时，便满足不了综合自动化系统的要求；其次，采用 RS-422/RS-485 通信接口，其通信方式多为查询方式即由主计算机问，保护单元或自控装置答，通信效率低，难以满足较高的实时性要求；再者，使用 RS-422/RS-485 通信接口，整个通信网上只能有一个主节点对通信进行管理和控制，其余皆为从节点，受主节点管理和控制。这样主节点便成为系统的瓶颈，一旦主节点出现故障，整个系统的通信便无法进行；特别是对 RS-422/RS-485 接口的通信规约没有统一标准，使不同厂家生产的设备很难互连，给用户带来不便。

以上这些问题，不仅在变电站自动化系统中存在，在其他工控领域也存在。因此，国际上在 20 世纪 80 年代中期就提出了现场总线，并制定了相应的标准。所谓现场总线（Field Bus）是一种全数字的双向多站点通信系统。现场总线是基于微机化的智能现场仪表，实现现场仪表与控制系统和控制室之间的一种全分散、全数字化、智能、双向、多变量、多点、多站的通信网络。它按国际标准化组织ISO和开放系统互联OSI提供了网络服务，可靠性高、稳定性好、抗干扰能力强、通信速率快、造价低、维护成本低。如过程现场总线PROFIBUS（Process Field Bus）标准、FF（Field bus Foundation）现场总线、LONWORKS总线、CAN（Controller Area Network）总线等。

（1）LON WORKS现场总线。LON WORKS（Local Operating Network）的核心是Neuron神经元处理芯片，收发器模块和LonTalk通信协议。

1）Neuron芯片。LON WORKS的核心芯片Neuron的显著特点是既能管理通信，又具有I/O和控制功能。芯片内部有3个8位微处理器，包括媒体访问控制处理器（Mac Processor）、网络处理器（Network Processor）和应用处理器（Application Processor）。其中，前两个处理器管理通信，后一个留给用户开发程序。Neuron芯片的另一个显著特点是芯片内有软件，该软件实现Lon Talk（局部通信操作协议）和所有任务调度（完成网络数据通信、数据存取对象控制）。

2）收发器模块。LONWORKS收发器模块在神经元芯片和网络之间提供了通信接口，有多种介质的收发器模块可供选择，可以采用的网络传输介质有双绞线、电力线、无线电、同轴电缆和光纤等。双绞线通信模块的通信速率有78Kbit/s和1.25Mbit/s两种。

3）Lon Talk通信协议。Lon Talk协议遵循ISO定义的开放系统互联（OSI）模型，可提供OSI模型所定义的全部七层服务，这些通信和控制功能都固化在Neuron芯片中。可见，LON WORKS现场总线是一个完整的平台，可以利用Neuron神经元通信处理芯片与智能仪表组合一起，形成智能节点，完成各种测控功能，同时利用Lon Talk协议进行通信，这些具有Neuron神经元通信接口芯片的智能接点组合、集成，构成由复杂功能组成的分散控制系统。

LonWorks技术是一种“面向数据”的网络技术。该技术注重于将大量网络硬件及软件共同构成一个统一的网络操作系统（Local Operation Network，LON），供开发人员进行应用设计。除具有常规的I/O功能之外，还支持网络通信接口，可通过它的收发器连接到LonWorks网络上。在Neuron芯片内可以固化网络通信协议，同时提供一种Neuron C语言，可以简单地开发基于网络的应用系统。

变电站采用多Neuron芯片的网络扩展方式，由每个I/O单元或保护单元处理大量数据，网络只能用于实现各单元之间的数据传输。变电站的每个间隔单元都有Neuron芯片，通过其网络接口实现互连。主站计算机也通过LonWorks接口连接，通信网络采用双绞线。LonWorks通信网络最高通信速率可达1.25Mbit/s，最大通信距离可达2000m，最多可连接64个节点，典型为78Kbit/s，1km，完全能满足变电站自动化系统的要求。

（2）CAN现场总线。CAN（Control Area Network）是一种分布系统在强电磁干扰、恶劣工作环境能可靠工作而推出的网络技术，具有很高的实时处理能力。CAN总线最初用于汽车控制系统，现在已推广应用于其他许多领域，如工业自动化、机械制造、自动化仪表、环境控制等，并已成为国际标准ISO11898。CAN控制局域网是一种具有很高可靠性，支持分布式控制、实时控制的串行通信网络。CAN总线采用双绞线串行通信方式，具有强的检错功能，可在高噪声干扰环境中使用，可以与各种微处理器连接。

CAN总线的主要内容有：

1）CAN总线的通信协议。CAN总线是以多主方式工作的通信网络，CAN的通信协议分为物理层、传送层和目标层，传送层和目标层包括了ISO/OSI定义的数据链路层的所有功能，没有定义应用层。

2）物理层。CAN总线的传输介质可用差分驱动平衡双绞线、单线（加地线）、光纤等，最常用的是第一种。

3）通信协议传送层。传送层的功能包括帧组织、总线仲裁、检错和错误处理等。

4）目标层。目标层的功能包括确认哪个信息是要发送、确认传送层接收到的信息和为应用提供接口。

5）CAN总线控制器。CAN总线控制器包括了所有控制CAN网络通信的硬件和功能，CAN的通信协议主要由网络控制器来实现。为了方便各种单片机与CANBUS接口，有独立的CAN控制器，也有片内带有CAN控制器的单片机。

CAN总线通信规约是面向字节流的。其包长固定，每包有8个有效信息字。这种定长的短包结构是为适应在强干扰环境下实现高速通信所必需的，因为如因强干扰而误码，重发短包将使整体效率更高。面向字节流的设计给应用系统的开发提供了最大的灵活性。

CAN总线以位仲裁方式避免冲突，任一节点均以报文为单位进行数据传递，广播给网络上所有节点；而每一报文都有一个11位的唯一ID标识。在网络上同时有两个以上节点发送报文形成冲突时，以标识为标准，值低的获得网络访问权，值高的自动撤回让出网络，从而完全避免了冲突的发生。在完成仲裁的同时也已经开始报文的发送，提高了效率，通信实时性也得到了保证。

由于CAN总线网络上每一报文都有一个唯一的标识，所以网络规模不可能太大。通常可达110个节点，2032种数据帧。这种规模对变电站的控制应用是适宜的。利用CAN所提供的高速网络通信能力，可以达到快速的实时数据传送。通信速率可达1Mbit/s，距离可达5km。此外，为了实现高可靠性，一般采用双CAN网络形式，如需要传送故障录波等大块数据，还可以提供专门的录波用的CAN网络以增强性能。变电站每个间隔单元都有CAN控制器，通过其网络接口实现互联。主计算机也通过CAN接口连接，通信网络也采用双绞线，典型应用为100Kbit/s，1km。

变电站内的通信信道可采用光纤，通信距离短，采用直接的数字通信。运用光纤的隔离作用，可防浪涌电压和减少电磁干扰。

CAN总线通过远动计算机装置，与调度之间实现远动通信与控制。

2. 发电厂中的LAN

发电厂中的设备种类较多，如有电气系统、热力系统、水系统、燃料系统等。出于分类控制和集中控制的要求，根据不同的情况和需要，有各种不同类型的LAN。有的采用分层结构，如管理计算机与控制计算机之间用大容量的主干LAN系统，而控制计算机与控制装置之间用中小型的监视控制LAN，并且这些监视控制LAN的形式可以不相同。

由于采用分层结构，发电厂中的LAN的拓扑结构一般采用总线或环形/令牌结构。

3. 调度所、供电所的LAN

调度所、供电所的LAN的特点是数据量大、联系对象多。因此应因地制宜地采用合适的系统结构，如树形、星形、总线或环形/令牌。传输介质可用光纤、同轴电缆、双绞线等。

第六节 调度数据网络

一、电力数据网络

近年来计算机技术、通信技术、信息技术得到长足的发展，为电网调度自动化开辟了广阔的前景。过去各调度中心采用分层的点对点方式逐层交换信息，现在通过广域网连接，实现各调度中心计算机系统间甚至与厂站监控用的计算机系统间信息相互交换。除了可以实现电力信息、办公自动化信息网络化外，通过连接网络的路由设备还可以将分布在各地的SCADA/EMS连接起来，构成电力实时数据网，实现电网实时系统（SCADA/EMS）、电力市场以及其他管理信息的信息共享等。

2000年后，随着三峡工程的建设和有关全国联网工程的逐步实施，进一步促进了远动信息网络传输技术的发展。数据网络成为全国各级调度中心远动信息采集和实时调度的基础。

根据《全国电力调度系统第一级数据网络规划》精神，中国电力调度系统数据网络SPDnet分为三级：国家电力调度通信中心（简称国调）与各大区网调及独立省调之间的数据网络称为一级网络，利用电力系统的数字微波和卫星通道，构成其基本网架；大区网调与区内省调及直属地调之间的数据网络称为二级网络；省调与地调之间的数据网络称为三级网络。

国家电力数据网络（SPDnet）是面向全电力系统的公共数据网络，其服务对象应包括调度系统、生产管理系统、设计系统、教育、科研、情报系统等电力行业的各个部门。

目前SPDnet开通的业务主要有调度自动化系统实时数据通信、电子邮件服务、WWW服务、生产报表传输、文件传输、虚拟终端、MIS信息传输等。SPDnet建成并投入运行，为电网调度自动化系统的全国联网和MIS系统的全国联网奠定了基础，为保证电力系统的安全、经济、优质运行提供了技术措施，是电力系统技术进步的表现。

二、电力系统数据网络在电力系统中的应用

电力生产数据传输与管理信息传输是电力数据网络上的两类主要应用。电力生产数据主要指调度中心之间的实时数据、应用软件所需的准实时数据、调度中心与厂站之间的实时数据、水情实时数据、电量计费数据、雷电监测数据、云图气象数据、故障录波数据、微机保护的远方监测数据、生产报表数据、燃料管理数据等与电力生产直接相关的数据。这类数据的特点是数据量不很大，但大多实时性较强，有些每秒都有数据传送，其中遥控遥调更与电网安全直接相关，可靠性要求较高，与计费相关的数据对安全性有特殊要求，体现了电力系统的特点。管理信息主要指办公自动化或MIS系统信息如公文管理、公用信息查询、计划信息管理、基建信息管理、设计信息管理、科技信息管理等。这类信息的特点是没有实时要求，但有的远方查询传输量较大，具有随机性和突发性，通用性较强。对于数据网络，实时数据和生产数据的传输基本上相当于恒定负载，实时性较强；管理信息的传输基本上是突发性负载，传输频度较低。这两类负载具有很好的互补性。

三、SPDnet数据网络技术要求

SPDnet以全国电力系统通信网络为基础，在高可靠性的光纤、微波传输通道上建立宽带、高性能、综合多种业务的网络平台，提供实时数据通信业务、非实时数据通信业务、视

频及多媒体通信业务。

SPDnet 应具有高度灵活性，能支持多种协议，提供各种不同接口，以满足目前及未来的网络需求；应具有良好的可扩展性，网络设备应能支持网络的平滑扩容，保证在网络的增长过程中，网上业务不会受到影响。

SPDnet 应具有高度的可靠性、安全性及可保证的服务质量，以满足电力系统实时调度、电力市场报价、结算等特殊业务的需求。

SPDnet 应具有按业务、部门等组建虚拟专用网的能力，以满足不同业务的需要，提供业务及用户群间的隔离，保证安全性，并为现有网络的接入提供方便。

SPDnet 必须采用符合国际标准的协议和接口，满足与其他网络的互联要求。

SPDnet 应具有较完善的网络管理功能，宜采用统一的网络管理平台，以简化管理程序，提高网络运行管理水平。

数据网络的建设是基础建设，如果说通信通道是“高速路”，那么数据网络就是“立交桥”，随着电力系统光纤传输网络的建设，电力系统数据网络将有更大的发展。

全国电力信息网络（SPDnet）中各级信息中心均通过独立的路由器接入数据网络 SPDnet。总之，SPDnet 信息网是 SPDnet 数据网上的一类重要应用，属于资源子网，上层应用网与下层数据网将相互依存，共同发展。大部分 SCADA/EMS/DMS 系统和 MIS 系统都是基于局域网的，将这些网络通过路由器接入 SPDnet 广域网，对端也经过路由器接入 SPDnet，则两端就可以按一定协议通信了。实时系统和非实时系统都接入数据网络，体现了数据网络的公用性；分别通过路由器接入，便于设置“防火墙”进行隔离，体现了两类应用系统的相对独立性；通过单独局域网直接相连，大量局部交换数据不上广域网，体现了两类应用系统的互补性。

由于电力系统数字网络具有数据、语音、视频等多种通信业务功能，并支持分组交换、帧中继、TDM、ISDN 等各种通信方式。数字网络今后的应用非常广泛，电视会议、多媒体网络、RTU 等均可直接使用数字信道传送信息。

四、网络业务需求

随着电力行业对信息技术应用的深入，对网络业务的需求呈现出多层次、多方位的特点。其主要业务需求可分为：

（1）实时、准实时信息交换。在各级调度（含交易中心）之间及电厂、变电站与各级调度之间有大量的实时、准实时信息交换，包括调度自动化（远动）信息、电能量计量信息、水调自动化信息、雷电定位信息、通信监测信息、发电厂报价信息、日发电计划与实时电价信息等。

（2）电力市场信息发布与查询，包括系统负荷预测信息，网络设备运行、检修状况信息，电力市场规则，电力市场交易、结算以及合同信息等的发布和查询。

（3）生产、管理及办公信息交换，包括各单位管理信息系统（包括调度生产管理系统）间的交换信息、政务信息、电子邮件信息等。

（4）查询服务，即基于 Web 技术的多媒体信息检索服务。

（5）视频业务，如会议电视、视频监控等。

（6）电子商务，即基于 Web 技术的电子商务服务，用于电力市场交易和各种收费业务。

（7）其他，如远程教学、视频点播、远程异地科学计算及信息处理等业务。

其中，实时、准实时信息交换要求有极高的可靠性和快速响应性；电力市场信息的发布与查询信息量大，对可靠性、安全性有较高的要求，并希望能对所有的市场参与者提供一致的服务；生产、管理、办公局域网互联，信息交换量大，具有随机性和突发性；电子商务要求高可靠性、高安全性；多媒体信息检索服务、视频业务等要求较高的带宽。

五、数据网络基本技术体制

SPDnet网络是主要为电力生产服务的专用实时计算机数据通信网络，同时将兼顾其他MIS信息、电子邮件、WWW服务等非实时性信息传输。目前，SPDnet的基本技术体制是：DDN采用标准G.703接口和动态带宽分配（可选）；分组交换采用标准X.25和帧中继；路由器采用OSPF和IP。中国电力系统数据网络（SPDnet）采用分组交换技术和数字网络复接技术，形成独立的数据通信网，以实现电力生产数据和管理信息的全国联网，它是中国电力系统向信息化社会迈进的重要标志。以分组交换机为网络数据交换的核心，路由器作为局域网（LAN）连至广域网（WAN）的接口设备，DDN设备作为数字通道复接设备，使数据、话音、图像共享2Mbit/s的信道。随着通信协议的发展与成熟，现有的数据通信网络已能在设备硬件及线路备份之余提供依赖于网络的容错与可靠性。帧中继、ATM等组网技术已能通过其完善的流量管理，拥塞管理和重组路由、恢复等功能在网内提供强大的安全可靠性。

1. 数字数据网络通道

数字数据网络通道是一种利用数字信道提供半永久连接的电路，通过该网络向最终用户提供全程端对端数字数据业务。目前的SPDnet采用分组交换技术提供高速的中继传输通道。它以DDN设备作为数据通道复接设备，各节点之间以2Mbit/s的G.703中继线相连，分出部分话路（目前为6×64＝384Kbit/s）接至数据交换机，其余话路接至程控交换机。

分组交换机是SPDnet的核心，与DDN、路由器等设备都有标准接口，通过DDN或直接与远程数据交换机互联成网，主要负责全网的动态路由迂回，同时便于与其他公用数据网络互联。分组交换数据通信是一种面向各种数据用户的公用通信网。分组交换将用户传送的数据划分成一定的长度，每个部分叫做一个分组。在每个分组的前面加一个分组头，用以指明分组发往何地址，然后由交换机根据每个分组的地址标志，将它们转发至目的地。路由器工作于网络层，主要用作局域网接入广域网的接口设备，负责局域网至广域网的协议转换和路由映射。路由器为用户提供多种入网途径，它支持TCP/IP、IPX、X.25、DECnet、OSI等多种路由协议。网络将出网的数据送到路由器，由路由器决定将数据送往何方，本网内的数据不予处理，这样网络的效率得以提高。路由器根据价格、线速、线路延迟等指标优化路径，可提供最佳带宽，减少拥塞。

2. 帧中继技术

帧中继（framerelay）以从HDLC演变而来的LAPD为核心，在链路层增加了路由功能，取消了纠错重传，提高了效率，但要求通道误码率$<10^{-7}$。帧中继技术采用与X.25相同的统计复用技术，但简化了X.25技术复杂的传输确认与纠错的过程，把重传功能推向网络外部的智能化外部终端，提高了传输速度，降低了端到端的延时，很好地满足了数据用户高速及突发性强的特点。因此，对数据业务而言，帧中继技术是一种经济有效的网络传输技术。但是帧中继技术依然采用变长帧的统计复用技术，无法满足多种服务质量的业务特别是延时敏感业务的需求，不能适应实时、多媒体和高带宽的要求，所以用于图像或多媒体通信

并不理想。

3. ATM技术

ATM（Asynchronous Transfer Mode）技术采用异步时分复用的方法，将信息流分成固定长度的信元，进行高速交换，以满足话音、数据、图像综合业务所需的宽带要求。异步传输模式ATM本质上仍然是一种分组交换技术，但分组长度固定为53个8位位组，便于硬件实现，以提高交换处理速度。它既适应于广域网也适应于局域网，已被确认为数据网络的发展方向，但要求以大容量光纤网络为基础。其主要特点有：

（1）适合多媒体业务。由于ATM采用统计复用技术，可以动态分配带宽，对于具有突发性特点的数据业务来说极为有利；同时，ATM以固定长度的信元传送用户业务，又可以保证对延时够感的用户的需求。

（2）宽按需分配。网络可以根据业务特点以及要求的服务质量等级分配带宽资源，在无信息传输时，此带宽资源可供其他用户使用，具有优越的流量管理机制，从而提高带宽利用率。

（3）多种速率接口。在ATM网络中能够提供从2Mbit/s到622Mbit/s不同速率等级的多种物理接口，以满足不同用户对不同带宽的要求。

（4）硬件处理速度。ATM采用固定长度的信元传送数据，完全采用硬件技术来完成信元的交换。

六、数字网络的特点

数字网络的主要特点是向用户提供端对端的数字型数据传输信道，它与通过Modem实现的数据传输相比，有明显的优越性。具体表现如下：

（1）传输速率高。由于DDN采用PCM数字信道，因此每数字话路传输速率可达64Kbit/s，原实时计算机网络传输速率为9600bit/s。

（2）传输质量好。一般数字信道传输的正常误码率在10^{-6}以下，而且干扰不会叠加和累计。同时分组交换方式具有差错控制功能，使分组在网内传送时的出错率大大降低，因此使用数字网络进行传输，质量大为提高。而使用Modem的通信，误码率高时容易造成通信进程中断。

（3）传输距离远。因为PCM传输采用数字中继再生方式，所以数字网络传输距离比较远。

（4）传输安全可靠。DDN通常采用多路由的网状网络拓扑结构，因此中继传输段中任一个节点发生故障、话务拥塞或线路中断，只要不是最终一段用户实线，节点均会自动迂回改道而不会中断用户的端对端的数字通信，随着SPDnet网络的完善，迂回路由功能的优越性将被充分发挥。而使用Modem通信的实时计算机网络则会因为通道中断而中断。

（5）通信电路利用率高。在网内传输，交换的是一个个被规范的分组，这样可简化交换处理，由于进行分组多路通信，可大大提高通信电路的利用率。

七、调度自动化与电力数据网络

调度自动化是电力系统中非常重要的实时业务。目前，调度自动化系统主要有两方面互连要求：一是网、省、地区调度主控端到被控端——变电站、电厂RTU的通信；二是网、省、地区调度间的计算机系统（EMS/SCADA及电量计费系统等）及到部分厂站计算机系统的互联。

RTU与调度端计算机系统的传统连接方式是通过Modem实现点对点连接，速率为600bit/s～1200bit/s，带宽利用率极低（不足3%）。利用数据网实现RTU与调度端的连接有三种方式可供选择。①路由器方式。RTU通过协议转换器将所用协议转换至TCP/IP及标准的网络用户层协议，经串口或厂、站局域网与路由器连接，通过V.35接口接入当地的ATM设备。②局域网方式。RTU通过协议转换器将所用协议转换至TCP/IP及标准的网络用户层协议，接入厂、站局域网，通过局域网接口接入当地的ATM设备。③RTU通过V.24接口接入当地的ATM设备。在调度端EMS/SCADA系统通过其前置机以V.24接口接入节点机。RTU与调度端的数据交换是一种连续的、负荷较小但相对稳定的、可靠性、实时性要求很高的业务。为了保证此信号在网络上享有延时小及固定的通信带宽，可利用网络的电路仿真服务在RTU和调度中心之间建立一条虚电路VC。并通过ATM的“服务等级”中的“固定带宽”业务，保证整个网络无论在什么情况下，均能在RTU要求传送信息时提供一条虚通道（VC），以确保远动信息可靠、实时地传送。

省级电力数据网建立在电力专用通信干网的基础之上，各地区和重要电厂的调度自动化系统相互连接在一起，实现双向实时数据交换和各地区监控系统数据共享，从而构成了一个坚强的电力实时数据交换的计算机网络系统。其中网络方面应达到如下功能：

（1）提供各地SCADA/EMS间实时任务与实时任务数据交换。根据电网分级调度的原则，共享各电网监控系统具有的不同地区和厂站的实时数据。要求实时数据能双向传输。

（2）对一些重要厂站，可采用RTU直接上网方式，依据“直调直采”的原则，使需要数据的主站能以网络的方式获得实时数据，从而使数据的更新速度较传统远动大大提高。

（3）可提供文件传输、虚拟终端、电子邮件等应用服务。

（4）通过该网络可将各地基于WWW的MIS应用的Web服务器连在一起，实现调度MIS信息（如运方、继保、调度历史数据、电能量计费等）共享。

（5）系统可对各地通信系统的运行工况进行监测和管理，进行不同安全级别的限制。

（6）系统可提供充分的扩展能力，以适应通信双方数据内容的灵活定义。

作为电力市场运营和电力企业调度、生产、管理现代化的基础，国家电力数据网络（SPDnet）将大力发展。随着计算机技术、信息处理技术和通信技术的发展，对电力生产和管理产生了很大影响，对数据通信网络提出了更高的要求：生产、管理及办公等局域网的建设加速了对局域网广域互联的要求；电力企业Intranet的建立和对Internet的应用对网络带宽提出了更高要求；视频业务的出现，如无人值班变电站的视频监控、电厂视频监控、会议电视等都对网络带宽、可靠性及接口的灵活性提出更高要求；调度自动化系统的进一步发展，配电自动化系统及需方管理自动化系统的建设要求提供更大的网络带宽及接口灵活性，而这些自动化系统对传统的点对点通信方式的革命则是推动数据网络建设的巨大动力；电能量计量、计费系统的大规模建设；故障录波系统的建设；水情预报网络的建设和水调自动化系统的建设；雷电定位监测系统的建设；燃料管理自动化系统的建设以及多媒体业务的出现及其发展均对数据网络的带宽和综合业务的支持能力提出了更高要求。发电侧电力市场中参与交易的各电厂和各交易中心通过信息系统联系在一起，要求具有强大的信息系统的支持，信息系统是实现“公平、公正、公开”的基础。数据网络是信息系统实现的平台和基础。

根据电力系统各业务部门（如调度、燃料、运营等）上下级业务联系较多，而且有很多内部信息交流，要求安全、保密，不同业务部门横向联系相对较少的特点，数据网络应提供虚拟专用网络服务，使各部门可在此数据通信网络上建立自己的虚拟专用网（VPN）。同时，不同种类的应用、网络，也应根据需要建立各自的VPN，以避免彼此间的影响，实现各自的网络性能要求。VPN功能允许单个物理网同时分化成为多个逻辑网络。每个逻辑网络拥有自己的逻辑子网号，子网间被完全分开，以确保安全性的隔离。

第七节 数据网络的安全防护

由于网络技术的普及和市场化的需要，开放、互连、标准化已成为电力工业中业务系统发展的必然趋势。信息化和市场化大大增加了电力系统对信息系统的依赖性，信息系统的安全被破坏有可能影响电力系统的安全稳定运行。因此、根据调度自动化系统中各种应用的不同特点，优化电力调度数据网，建立调度系统的安全防护体系，具有十分重要的意义。

一、国家有关调度监控系统网络安全问题的规定

为防范对电网和电厂监控系统及调度数据网络的攻击侵害及由此引起的电力系统事故，保障电力系统的安全稳定运行，建立和完善电网和电厂监控系统及调度数据网络的安全防护体系，依据全国人大常委会《关于维护网络安全和信息安全的决议》和《中华人民共和国计算机信息系统安全保护条例》及国家关于计算机信息与网络系统安全防护的有关规定，2002年国家经贸委颁布《电网和电厂计算机监控系统及调度数据网络安全防护规定》（简称“规定”），对相关调度监控系统网络安全问题进行了明确要求。

“规定”所称“电力监控系统”，包括各级电网调度自动化系统、变电站自动化系统、换流站计算机监控系统、发电厂计算机监控系统、配电网自动化系统、微机保护和安全自动装置、水调自动化系统和水电梯级调度自动化系统、电能量计量计费系统、实时电力市场的辅助控制系统等；“调度数据网络”包括各级电力调度专用广域数据网络、用于远程维护及电能量计费等的调度专用拨号网络、各计算机监控系统内部的本地局域网络等。

电力系统安全防护的基本原则是：电力系统中，安全等级较高的系统不受安全等级较低系统的影响，电力监控系统的安全等级高于电力管理信息系统及办公自动化系统，各电力监控系统必须具备可靠性高的自身安全防护设施，不得与安全等级低的系统直接相连。

“规定”指出，建立和完善电力调度数据专用网络，电力监控系统可通过专用局域网实现与本地其他电力监控系统的互联，或通过电力调度数据网络实现上下级异地电力监控系统的互联。各电力监控系统与办公自动化系统或其他信息系统之间以网络方式互联时，必须采用经国家有关部门认证的专用、可靠的安全隔离设施。应在专用通道上利用网络设备组网，采用专线、同步数字序列、准同步数字序列等方式，实现物理层面上与公用信息网络的安全隔离。电力调度数据网络只允许传输与电力调度生产直接相关的数据业务。

二、调度自动化系统数据网络的安全防护策略

考虑调度自动化系统的安全，应首先根据系统对安全性、可靠性、实时性、保密性等方面不同的特殊要求。按照国家有关部门的规定，从应用系统的各个层面出发，制定完善的安全防护策略。

1. 信息系统的安全分层

一个信息系统的安全主要包含5个层面，即物理安全、网络安全、系统安全、应用安全和人员管理。调度自动化系统的安全防护体系应包含上述5个层面的所有内容。

物理安全主要包含设备硬件和物理线路的安全问题，如自然灾害、硬件故障、盗用、偷窃等，以及由此而导致的重要数据、口令及账号的丢失。

网络安全是指网络层面的安全，即联网计算机可能被网上其他计算机攻击，网络安全措施不到位而导致的安全问题。

系统安全是指主机操作系统层面的安全，包括系统存取授权设置、账号口令设置、安全管理设置等安全问题。

应用安全是指主机系统上应用软件层面的安全，如服务器、数据库等的安全问题。

人员管理是指如何防止内部人员对网络和系统的攻击及误用等。

2. 数据网络的信息流模型

电力信息系统数据网络的信息流模型是一种大型纵横交错的网状模型。由于电网运行实行统一调度和分级管理。所以在上下级调度之间和同一级的各个部门之间都有信息流动，信息的共享和安全之间的矛盾非常突出。按照数据网络中流动的信息特性来划分，数据网络可划分为实时控制网络、生产管理网络和企业管理信息网络。根据国家对网络及信息安全问题的有关政策和法规，这三种网络之间应该进行隔离。

数据网络主要为电力生产、管理、决策服务。待条件允许时，数据网络的部分资源也将对社会开放，成为电力公司新的经济增长点，但是对外业务不能影响核心业务的正常运转。

有些网络应用是为实时业务服务的，如 SCADA 系统。这种应用要求具有很高的可靠性、较小的响应延时（甚至在 ms 级）等特殊要求。应用低端常常采用单片机和实时操作系统实现，可用的计算机资源相对有限。随着嵌入式以太网技术和现场总线协议标准化的发展，这类应用在信息安全方面的特殊需求将会越来越突出。

3. 数据网络的技术体制及安全防护体系

规划数据网络技术体制和电力系统安全防护体系，应根据电力生产业务对数据网络安全性、可靠性、实时性方面的特殊要求，并遵照国家对涉密单位和重要设施在网络安全方面的有关规定。首先应根据网络的规模、目的、服务对象、实时程度、安全级别等综合考虑，确定最基本的网络技术体制。

从应用和连接方式来看，企业内部网络有两类：一类是与公共网完全隔离、在链路层上建立的企业内部网络，一般称为专用网络；另一类是连接于公共网、并利用公共网作为通道的企业内部网。第一类网络除了面临来自物理层面的安全问题外，主要是内部的计算机犯罪问题，如违规或越权使用某些业务、查看修改机密文件或数据库等，以及从内部发起的对计算机系统或网络的恶意攻击；第二类网络除了具有上述安全问题外，还要承受来自公共网的攻击和威胁，由于公共网上黑客、病毒盛行，网络安全的攻击与反攻击比较集中地体现在公共网上。

由于电力调度数据网的服务对象、网络规模相对固定，并且主要满足自动化系统对安全性、可靠性、实时性的特殊需求，为调度自动化系统提供端到端的服务，符合建设专网的所有特征。所以电力调度数据网应在通道层面上建立专网，以实现该网与其他网的有效、安全隔离。

4. 调度专用数据网络的安全防护措施

调度专用数据网除了传送 EMS 数据外，还要传送电能量数据、电力市场信息和调度生产信息（工作票和操作票、发电计划和交易计划、负荷预报、调度报表、运行考核等）。应根据各类应用的不同特点，采用不同的安全防护措施，如 EMS 等实时控制业务具有较高的优先级，应优先保证，生产信息的优先级次之，而电力市场信息须加密处理等。在技术措施方面可采用的措施包括防火墙、专用网关（单向门）、网段选择器，访问控制列表、用户授权管理、TCP 同步攻击拦截、路由欺骗防范、实时入侵检测技术等进行有效隔离。加密通信技术主要用于防止重要或敏感信息被泄密或篡改，该项技术的核心是加密算法，身份认证技术。

电力系统信息安全破坏后的生存性，这是信息安全领域的一个新的研究方向。系统的生存性是指在发生电子攻击、设备故障或意外事故的情况下，系统仍然能够及时完成核心功能的能力。电力系统的核心任务是安全、可靠、经济地把电能从发电厂输送到用户，目前已经能够在发生物理破坏（如设备故障退出运行）的情况下，有选择地隔离故障区域以保证电能的正常输送。信息系统的安全如被破坏，同样也不能或应该尽量少地影响电力系统的运行。对关键数据做好备份并妥善存放，对于网络关联资源如路由器、交换机等做到双机备份，以便出现故障时能及时恢复。一旦安全体系中某个子系统的安全性被破坏，该子系统应被隔离或限制与其他子系统的通信，直到该子系统恢复其安全性，才能解除隔离或限制措施。安全体系必须具有能够根据环境的变化调整或扩展自身的能力，应该是可重构的。

思考题

1. 电力系统通信信道有哪几种形式？各适用于哪些场合？
2. 电力系统计算机网络构成有哪几种形式？各适用于哪些场合？
3. 某系统采用循环码进行通信，若收到的信息字为 0101001，如何判别其是否正确？
4. 异步通信和同步通信有哪些不同点？各适用于哪些场合？
5. 某系统采用应答式通信规约进行通信，遥测信息传送过程如何进行？
6. 计算机网络开放系统互联参考模型由哪几层组成？各层分别完成什么工作？
7. 局域网在电力系统的应用特点是什么？
8. 电力系统数据网络完成哪些任务？
9. 保证电力系统数据网络的安全应采取哪些措施？

第七章　EMS 能量管理系统

第一节　概　　述

电力系统是由不同类型的发电机组、众多变电站及电力负荷、不同电压等级的电力网络及不同传输方式的输电线路所组成的十分庞大而复杂的系统，其基本作用是能量的有效转换和传输。从组织形式角度讲，电力系统能量管理的基本范围是调度系统。这里所说的调度系统包括各级调度机构和电网内的变电站、发电厂的运行值班单位。电力系统能量管理的领导机构是调度中心，它是对电力系统中发电厂、变电站、线路等进行调度控制的中心，具体包括运行方式管理、实时调度管理、继电保护管理、自动化管理、通信管理等部门。

为了合理监视、控制和协调日益扩大的电力系统的运行状态，及时处理影响整个系统正常运行的事故和异常现象，将电力系统的实时信息直接引入调度中心，并逐渐将功能丰富为包含 SCADA 功能、自动发电控制与经济运行功能、网络分析功能、调度管理和计划功能的能量管理系统（EMS），既是电力系统发展的内在需要，也得益于多项科学技术发展的外在推动。我们常讲的电力系统调度自动化系统基本上基于能量管理系统的概念展开并有所发展。如果说火电厂自动化、水电厂自动化、变电站自动化、馈线自动化是电力系统某一局部的自动化工程的话，那么电力系统调度自动化则是针对全网而言的。本章在介绍能量管理系统硬件平台的基础上，详细介绍了状态估计、安全分析、经济调度、发电控制和培训模拟等能量管理系统中常用的高级应用功能模块。

为保证电网安全、优质和经济运行，调度中心可能同时运行有多个应用系统，例如能量管理系统（EMS）、电能量计量系统（TMR）、继电保护管理信息系统、水调自动化系统和调度生产管理信息系统（DMIS）等；每个系统中可能同时包括了多个应用，如 EMS 包括 SCADA、AGC、网络分析和 DTS 等应用。这些系统或应用存在如下需求：①需要交换数据，共享信息，包括实时信息和非实时信息两种；②硬件及软件来源于不同的开发商，需要异构和互操作；③需要不断扩展新的应用或系统，并降低接口的难度和成本。为此，IEC 61970 标准（国际电工组织第 57 分会第 13 工作组制定的标准）定义了能量管理系统应用程序接口（EMS－API）标准。CIM（公用信息模型，Common Information Model）定义了这些 API 的语意，CIS（组件接口规范，Component Interface Specification）定义了信息交换的内容。在以 CIM 为标准的电力系统网络模型基础上，可以通过 CIS 接口实现不同 EMS 之间的数据交换。目前，国内外不断开展互操作试验来完善 CIM 和 CIS。新一代 EMS 系统采用了先进的开放分布式应用环境的网络管理技术、面向对象数据库、通信中间件技术、WEB 技术、国际标准等，为电力企业的各类自动化系统提供符合国际标准（CIM、CIS、UIB 等）的统一的支撑平台。

近年来，我国正在深入开展电力体制改革，其总体目标是，打破垄断，引入竞争，提高效率，降低成本，健全电价机制，优化资源配置，促进电力发展，推进全国联网，构建政府监管下的政企分开、公平竞争、开放有序、健康发展的电力市场体系。电力市场化趋势必将使原有的调度内涵发生巨大变化，专家和各级管理部门都正在不断摸索目前或即将到来的新的调度管理内容变化。可以预见，技术实现层面的电力市场技术支持系统必然与现有的能量管理系统进行有效整合或融合。积极应对改革，适时调整能量管理系统的结构和内容是当前和今后一段时间的一项重要任务。

需要特别关注的是，在政治经济格局不断变化和应对气候变化的双重推动下，世界正在掀起以绿色、低碳技术为核心的新一轮能源变革。我国提出要将能源结构战略性调整作为能源发展的主攻方向、长期任务和主题，大力发展新能源和可再生能源。能源结构的变化必然对电力生产运行与调度管理提出新的要求，增加新的难度。积极应对变革，拓展能量管理系统的内涵和外延是当前和今后一段时间必须面对的新课题。

第二节　调度自动化主站系统的体系结构

以计算机为核心的电网调度自动化系统的框架性结构如图 7-1 所示。从图中可以清晰地看到调度自动化系统采取的是闭环控制，但由于电力系统本身的复杂性，还必须有人（调度系统人员）的参与，从而构成了完整、复杂、紧密耦合的人—机—环境系统。

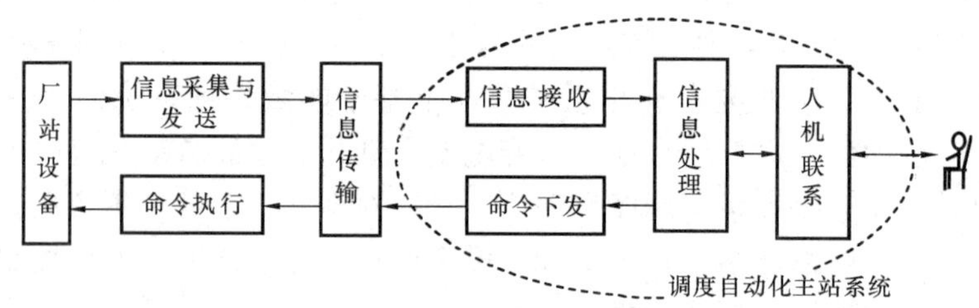

图 7-1　调度自动化系统的框架性结构

电网调度自动化系统可以分成如下四个子系统：

（1）信息采集与命令执行子系统。该子系统是指设置在发电厂和变电站中的远动终端、遥控执行屏等。远动终端与厂站计算机配合可以实现“四遥”功能，包括采集并传送电力系统运行的实时参数及事故追记报告；采集并传送电力系统中继电保护的动作信息、断路器的状态信息及事件顺序报告（SOE）；接收并执行调度员从主站发送的命令，完成对断路器的分闸或合闸操作；接收并执行调度员或主站计算机发送的遥调命令，调整发电机功率。除了完成上述“四遥”的有关基本功能外，还有一些其他功能，如系统统一定时、当地监控等。

（2）信息传输子系统。完成主站和远动终端之间的信息交换及各个调度中心之间的信息交换。信息传输子系统是一个重要的子系统。信号传输质量往往直接影响整个调度自动化系统的质量。

（3）信息的收集、处理与控制子系统。该子系统由两部分组成，发电厂和区域变电站内的监控系统收集分散的面向对象的 RTU 的信息，完成管辖范围内的控制，同时将经过处理的信息发往调度中心，或接收控制命令并下发 RTU 执行；调度中心内的监控系统收集分散在各个发电厂和变电站的实时信息，对这些信息进行分析和处理，结果显示给调度员或产生输出命令对对象进行控制。

（4）人机联系子系统。从电力系统收集到的信息，经过计算机加工处理后，通过各种显示装置反馈给运行人员。运行人员根据这些信息，做出各类决策后，再通过键盘、鼠标等操作手段，对电力系统进行控制。

一、集中式的调度自动化主站系统结构

基于对主站控制系统的不同要求，在 20 世纪 90 年代之前出现了某些公认的、典型的系统配置。这些系统配置多采用集中耦合方式，即计算机之间采用接口与接口的连接方式。计算机以采用小型计算机为主，主要是受到当时的计算机硬件结构和价格昂贵的限制，人们希望一机多用，软件的功能模块之间界面不清楚。

（一）单机系统

在主站控制系统最基本的配置方案是无冗余的单机系统，即采用一台计算机作为主计算机构成系统。在此基础上发展出来了划分运行功能的无冗余单机系统，如图 7-2 所示。该方案采用通信控制专用计算机和人机连接专用计算机构成系统，以提高主计算机的工作负荷能力。通信控制专用计算机实现前置于系统的数据处理，一般它服务于两个方面：一是接口子通信系统；二是执行某些数据处理。经 DMA（Direct Memory Access）方式，数据以高速度直接送至主计算机存储器内，因此，主计算机中断频率相应减少。人机连接计算机控制操作显示的数据处理，可以存储局部的显示信息，使之显示变化所需要的响应时间减少到最短。当然也可以采用 DMA 方式访问主计算机存储器。

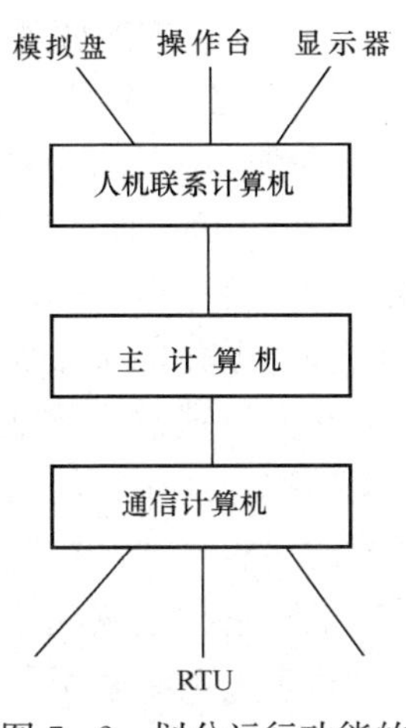

图 7-2　划分运行功能的无冗余单机系统

在单机系统配置中，如果任何一个关键性的系统元件损坏，都会导致整个主站控制系统停下。因此，单机系统通常运用于小系统，如某些变电站综合自动化系统中。

（二）双机系统

随着计算机在调度自动化中地位的提高和功能的增强，单机系统的可靠性已不能满足要求，双机系统越来越普遍用于电力系统调度中。

双机系统通常由一台计算机承担在线功能，另一台处于热备用状态。当在线机故障时，自动进行切换，由备用机承担任务。备用机除了热备用方式外，还有离线工作方式，以便进行系统维护或程序开发等工作。另一种双机系统配置方案是两台计算机各承担一部分在线任务。其中一台承担较重要的基本任务，称为“主计算机”，另一台分担较次要的，但较复杂而且费时较长的在线和离线计算任务，称为“副计算机”。两台计算机之间有紧密的联系通道，当主机故障时，所有重要的基本功能都将由副机自动接替。此时副机变成新的主机，暂时停止次要功能，直到故障修复为止。

目前，主机—前置机模式已比较流行。前置机的作用是承担处理周期快而计算简单的实时任务，如远动信息的采集与处理、计算机通信的控制等（实际上图 7-3 所示方案中的通信专用计算机就是一种前置机）。有了前置机，可以减小主计算机的负载而使主机能做更多复杂的任务，因此很多电力系统计算机监控系统都采用主机—前置机

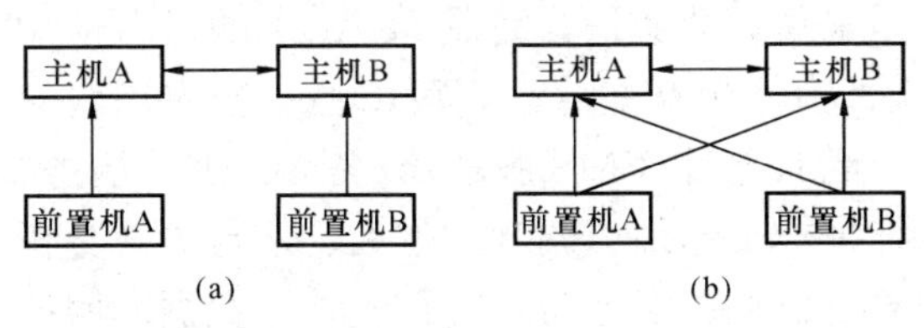

图 7-3　主机与前置机的连接方案

系统配置方案。

图 7-3 所示的是主机—前置机系统内各台计算机之间不同的联系方式。第一种方式如图 7-3（a）所示，前置机可以看成是主机的延伸，优点是连接简单，但不论是主机或前置机，只要有一个出问题，就要引起整个系统的切换，可靠性差。第二种方式如图7-3（b)所示，增加了前置机和另一台主机的联系通道，这样任一台前置机或主机出了故障，只需切换计算机本身，不必整个系统都切换，提高了可靠性，但相应的硬件和监视软件也要复杂一些。

二、分布式的调度自动化主站系统结构

20 世纪 90 年代以来，计算机硬件技术得到迅猛发展，计算机局部通信网络（LAN）得到广泛地应用，面向对象技术也在计算机中得到广泛应用和体现。面向对象技术由面向对象分析（OOA）、面向对象设计（OOD）和面向对象实现（OOP）三部分组成。由于对象具有数学模型较稳定、接口简单、规范等特征，开发出的软件的可复用性、可扩充性和可靠性都有明显的提高，所以面向对象技术适合于大型软件系统的开发。

在此基础上，调度自动化主站系统向分布式的体系结构发展。分布式系统意味着能将整个主站控制系统的任务分解成界面明确的较小的部分，将分解后的各部分内容分别在各个不同的处理器（主站控制系统中的各个服务器和工作站）上执行。分布式系统中所需要的服务器或工作站数量取决于如何分配软件模块。

分布式系统采用标准的接口和介质，把整个系统按功能解列分布在网络的各个节点上，数据实现冗余分布，提高了系统的整体性能，降低了对单机的性能要求，提高了系统的安全性和可靠性，并且系统的可扩充性增强，使局部功能升级成为可能。

在分布式体系结构中，SCADA/EMS/DTS 的一体化成为发展的趋势。SCADA、EMS 和 DTS 系统实际面向的是同一个物理对象——电力系统，它们本质上是对同一个物理对象在不同方面的应用。SCADA/EMS/DTS 系统的一体化有利于三者之间的资源共享，如可实现统一的数据库、人机界面和应用程序等。用户只需维护一套 SCADA/EMS/DTS 共享的图形数据库，无需繁琐地维护系统接口，因而降低了维护费用和难度，并为后续的发展打下良好的基础。

图 7-4 所示为一个典型的 SCADA/EMS/DTS 一体化的分布式调度自动化主站系统配置。SCADA、EMS 和 DTS 共享一套数据库管理系统、人机交互系统和分布式支撑环境。三者既可集成在同一节点上，也可分散驻留于不同节点，配置灵活，每个单独的系统都可独立运行。

从图 7-4 中可看出，系统由前置网、实时双网和 DTS 网 3 个网组成。两台互为热备用的前置机挂在前置网上，与多台终端服务器共同构成前置数据采集系统，负责与远方 RTU 通信，进行规约转换，并直接挂接在实时双网上，与后台系统进行通信。

实时双网组成后台系统，它负责与前置数据采集系统通信，完成 SCADA 的后台应用和 EMS 分析决策功能。应用服务器采用主备方式，为体现功能分散，可以将一台应用服务器设为主 SCADA 服务器/备 EMS 服务器，另外一台设为主 EMS 服务器/备 SCADA 服务器。根据职责和功能的不同，实时网上可以配置系统维护工作站、调度工作站、运行方式分析工作站和继电保护分析工作站等，各类工作站的数目可依据实际需要进行配置。数据库服务器节点由一主一备结构构成，主数据库服务器定期向备份数据库服务器复制数据，以提高系统

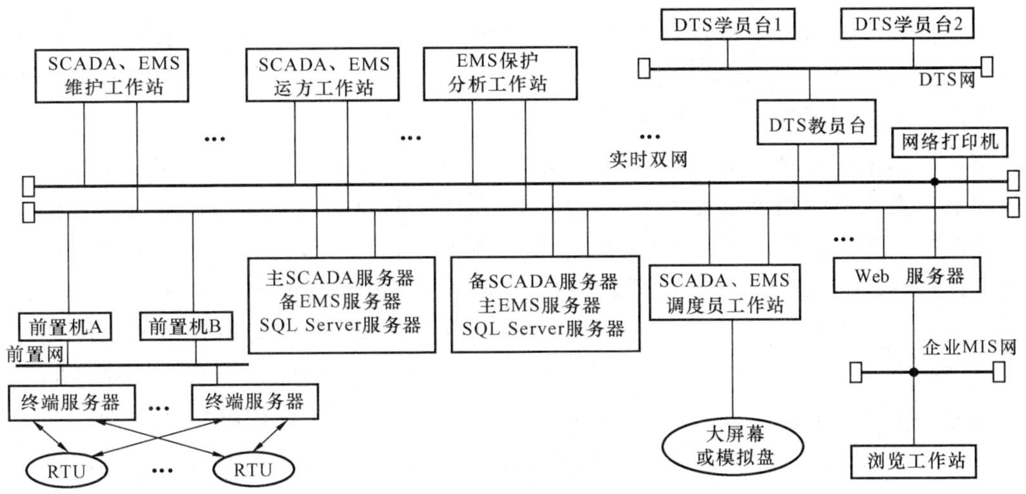

图 7-4　典型的 SCADA/EMS/DTS 一体化的分布式调度自动化主站系统配置

数据的安全性和可靠性。

DTS 网是调度员培训系统的内部网，它通过 DTS 的教员工作站与实时双网相连。其中 DTS 的教员工作站在这里同时起一网桥的作用，DTS 网可直接取用实时网上的实时数据进行培训。DTS 网与实时网上的数据互不干扰，减轻了网络的数据流。另外，在实时网上配置了一个 Web 服务器，企业 MIS 网上的用户通过它可以实现对实时网上的数据和画面的浏览。

在系统中，一般 SCADA 和 EMS 是共存于同一主机的，这样用户可不必面对过多的显示器，同时也减少了硬件配置。当然 EMS 也可独立运行，此时系统要求启动 SCADA 的实时数据库和实时数据接收等后台功能。由图 7-4 可见，系统中的 SCADA 和 EMS 的服务器是共享的，并且互为热备用。这种配置既可减少投资又不降低系统可靠性。

该系统结构具有以下特点：

（1）主网结构采用双 LAN，提高了网络通信的可靠性。

（2）按功能和信息流向分组、分层，将前置机系统和 SCADA、EMS 后台应用以及 DTS 应用各自分别连接至一独立 LAN 上，连接隔离可减少网上报文“碰撞”机会，提高了主网络系统的传输效率。

（3）通过第三网络接口板连接至企业 MIS，实现与外部系统的开放数据访问。

（4）关键节点均采用主—备结构的双机热备份冗余配置，当一节点故障时，另一节点升级为主服务器。如 SCADA 服务器、数据库服务器均采用分布式主—备结构的冗余配置。

（5）DTS 状态时，EMS 和 SCADA 人机工作站作为学员端可从电力系统模型（Power System Model，PSM）取得仿真电力系统模型数据，PSM 通过 DTSLAN 以广播方式向 EMS、SCADA 工作站学员端提供数据，这样将通信流量较大的 PSM 广播负载从主网（双 LAN）中隔离开来，大大减小了主网上网络通信的数据流量，提高了网络效率，PSM 可方便地取得实时数据，且各人机工作站（EMS，SCADA）可灵活地根据数据源的不同（电力系统实时数据和 PSM 数据）在 EMS 态和 DTS 态进行切换，这样可以实现在同一节点上同时运行 SCADA、EMS 和 DTS 三大应用功能的目的。

三、开放式体系结构的基本特性

开放式计算机体系结构是在分布式计算机结构的基础上发展起来的，其差别在于逐步实现软件上的独立，是EMS技术当前发展的方向。调度自动化主站体系结构的开放性主要体现在分布性、可移植性和互操作性等三方面。

分布性是指系统的功能由网络连接的许多硬件和软件共同协调完成，而不是靠“单干”；可移植性是指系统的应用可以在不同硬件和不同版本的软件平台上运行；互操作性是指当系统扩展时，扩展的部分与原来的部分能透明进行交互，进行“无缝”连接。从本质而言，分布性与可移植性和互操作性没有必然的关系，当分布式系统是由同一硬件和软件平台组成时，没有可移植性问题；当分布式系统的硬件和软件结构固定，不再进行扩展时，没有互操作性问题。然而，事实上，分布式系统往往要由不同种类的硬件和软件组成的“跨”平台的异构系统，分布性需要与可移植性结合；另一方面，分布式系统往往要不断扩展结构和功能，提供标准的接口对外互连，分布性需要与互操作性结合。因此，能同时满足分布性、可移植性和互操作性的体系结构无疑是开放性最好的体系结构，如图7-5所示。

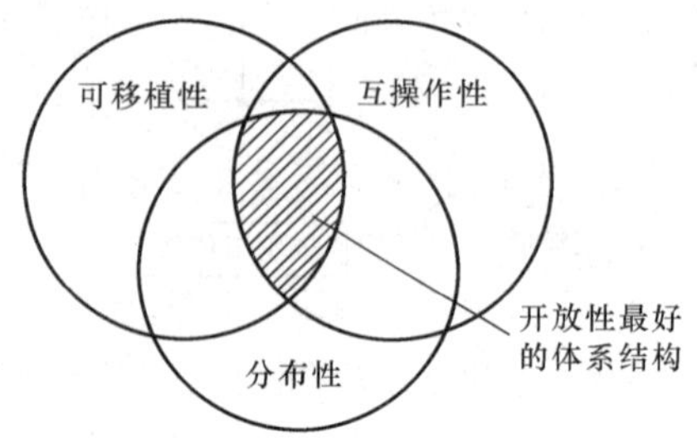

图7-5 开放体系结构的三个特性

四、调度自动化主站系统功能结构

从功能角度看，整个调度自动化主站系统涉及计算机硬软件的各个方面，可以看作是由图7-6组成。底层是包括计算机、网络、通信、远动在内的硬件基础设施；之上是支撑计算机运行的系统软件；再之上是实时监控系统必须的数据库、人机界面等；最上层是应用软件层，最终是通过EMS应用软件来实现对电力系统的监视、控制和管理。

应用软件包括的内容十分庞杂。一般分成SCADA软件和高级应用软件两大类。数据收集与监控（SCADA）是调度自动化系统最基本的功能。调度自动化主站SCADA系统功能包括：

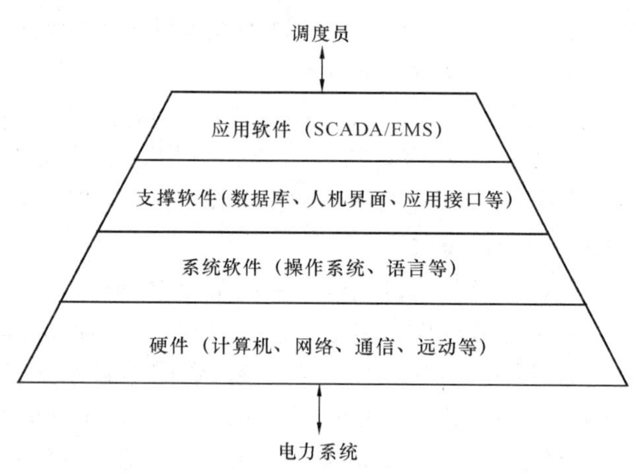

图7-6 调度自动化主站系统功能示意图

（1）实时数据显示。从电力系统的各个厂站收集实时数据，显示在屏幕上供调度员监视整个电力系统的运行状态。

（2）越限报警。如果电力系统中的任一元件（发电机、变压器、输电线路或母线）发生过负荷或越限（功率、母线电压），则发出警报，引起调度员的注意。

（3）事件记录。电力系统中的任何遥信信息（断路器、继电保护或某些隔离开关）改变状态，包括调度员在屏幕上的操作（如遥控、遥调、设置数据等）都将自动打印记录。顺序事件记录的动作时间分辨率可达毫秒级，对于分析事故非常有用，人为误操作也会被记录下来。

（4）遥控。通过 SCADA 下发远方操作断路器、隔离开关（可远方操作的）的命令。

（5）遥调。包括 AGC 的设定点调节、水电站的功率遥调和直流输电的输送功率遥调等。一般发送一个数字定值，由执行元件去执行闭环调节。

（6）事故追忆。将部分遥测值在一段时间内的记录值存储在缓存里，定时更新。当事故发生后，可以把事故前、后 n 秒的记录值打印出来，供事故分析用。

（7）运行报表自动记录。可以定时打印整个电力系统各个电厂的功率和整个电力系统的总功率、各个点的负荷与总负荷、各条联络线的潮流分布、各母线电压等。

调度自动化主站系统的高级应用软件包括自动发电控制（AGC）、发电计划（GS）、网络分析（NA）、调度员培训模拟（DTS）等几类内容。发电控制类应用软件功能主要由自动发电控制、发电成本分析、交换计划评估和机组计划组成。发电计划类应用功能主要包括电力系统负荷预测、机组组合、水电计划、交换计划、火电计划等。网络分析类应用软件中首要的是网络拓扑和外部网络等值，它们作为公共模块部分用于状态估计、调度员潮流、静态安全分析、安全约束调度、最优潮流、无功优化、短路电流计算、电压稳定性分析、暂态安全分析等网络分析功能和调度员培训模拟。调度员培训模拟（DTS）用于培训调度员在正常状态下的操作能力和事故状态下的快速反应能力，也可用作电网调度运行人员和方式人员分析电网运行的工具。

第三节　电力系统状态估计

电力系统状态估计是电力系统 EMS 高级应用的重要功能模块。许多涉及安全和经济的 EMS 其他高级功能都需要可靠数据集作为输入数据集，而可靠数据集就是状态估计程序的输出结果。从这个意义上讲，状态估计是一切高级软件的实现基础。

状态估计的必要性在于 SCADA 系统采集的全网实时数据汇成的实时数据库存在下列明显的缺点：

（1）数据不齐全。为了使收集的数据齐全必须在电力系统的所有厂站安装 RTU，并采集电力系统中所有节点和支路的运行参数。这将使 RTU 的数量和远动通道及变送器的数量大大增加，而这些设备的投资是相当昂贵的。目前的实际情况是一些节点或支路的运行参数不能被测量而造成数据收集不齐全。

（2）数据不精确。电力系统的信息是通过远动装置传送到调度中心，数据采集和传送的每一个环节如 CT、PT、变送器、A/D 转换等都会产生误差。这些误差有时使相关的数据变得互相矛盾，且其差值之大甚至使人不便取舍。

（3）受干扰时会出现错误数据。通常干扰总是存在的，尽管已经采取了滤波和抗干扰编码等措施，减少了出错的次数，但个别错误数据的出现在所难免。这里所说的错误数据不是误差，而是完全不合道理的数据。

为解决上述问题，除了不断改进测量与传输系统外，还可以采用数学处理的方法来提高数据的可靠性与完整性。电力系统状态估计就是为适应这一需要而提出的。

一、状态估计的基本原理

状态估计是利用实时量测系统的冗余度来提高精度和自动排除随机干扰所引起的错误数

据，估计出系统运行状态的。

为消除测量数据的误差，常用的方法是多次重复测量（对那些不随时间变化的量）。测量的次数越多，它们的平均值就越接近真值。

但在电力系统当中，不能采用上述方法。这是因为电力系统的运行是时变的。消除或减小时变参数测量误差的方法是利用一次采样得到的一组数量有多余的测量值。这里的关键是“多余”，多余的越多，估计得越准，但受到测点设备及通道的限制。

系统中能够表征系统特性所需的最小数目的变量称为状态变量。系统中独立测量量的数目与系统状态变量数目之比，称为测量系统的冗余度。

一般要求测量系统的冗余度在1.5～3.0。

状态估计的最常用方法是最小二乘估计法。在讲解电网状态估计之前，让我们先弄明白最小二乘法的基本概念。

对于某个状态 x 的真值进行测量时，一般都使仪表的测量值 z 与 x 之间是函数关系，即 $z=h(x)$。任何仪表都有误差，设此误差为 v，那么测量值 z 与 x 之间的关系为

$$z=h(x)+v \tag{7-1}$$

最小二乘估计就是要求所得出的状态变量的估计值 $\hat{x}$，尽可能使其对应的估计值 $\hat{z}=h(\hat{x})$ 与测量值 z 之间的误差平方最小，如果误差 v 是白噪声分布的话，那么这种估计精度很高，因为白噪声分布的 v 的均值为0。用公式表达为：

$$J(\hat{x})=\min\sum_{i=1}^{k}(z-\hat{z})^2=\min\sum_{i=1}^{k}[z-h(\hat{x})]^2 \tag{7-2}$$

举一个简单的例子说明最小二乘法估计的基本原理和物理意义。

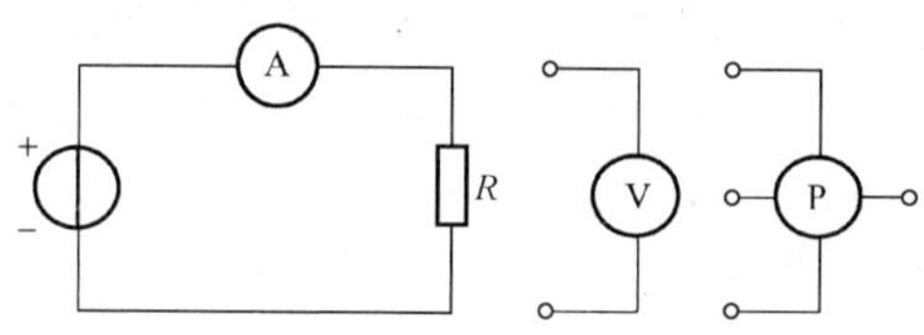

图7-7　最小二乘法估计的算例

【例7-1】　设有一直流电路如图7-7所示。已知结构参数 $R=10\Omega$，用电流表测得 $I_1=1.04\text{A}$，用电压表测得 $U_1=9.8\text{V}$，求电路的电流与电压的估计值。

解　显然，这两个测量值是有矛盾的，因为 $1.04\times10=10.4$（V），与电压表测量的9.8V不一致。哪个数准确呢？一般而言，两个测量值都不会准确，都因为有测量误差而不是“真值”。采用最小二乘法对真值进行估计。

首先，可以把电压表测量的电压值换算成电流值，即

$$I_2=\frac{9.8}{10}=0.98(\text{A})$$

各次测量误差的平方和为

$$J=(I_1-\hat{I})^2+(I_2-\hat{I})^2$$

其中，$I_1=1.04\text{A}$，$I_2=0.98\text{A}$。$\hat{I}$ 为与真值极为接近的状态估计值。从某种意义说，真值是永远不可能知道的，怎么测量都会有误差。这样，$\hat{I}$ 就可近似看作真值。

最小二乘法就是使上式值最小。据此可以求得这种条件下的 $\hat{I}$。数学上求最小值的方法是将上式对 $\hat{I}$ 求导，并令其导数为零。则

$$-2(1.04-\hat{I})-2(0.98-\hat{I})=0$$

$$\hat{I}=1.01\text{A},\hat{U}=1.01\times10=10.1(\text{V})$$

也就是说，电流、电压的估计值为 1.01A 和 10.1V，可认为此值即是准确值。

如果在测量时除了电流表、电压表之外，再加一个功率表，测量值为 $P=10.1\text{W}$，可以重新估计为

$$I_3=\sqrt{P/R}=\sqrt{10.1/10}=1.005(\text{A})$$

$$J=(I_1-\hat{I})^2+(I_2-\hat{I})^2+(I_3-\hat{I})^2$$

将上式对 $\hat{I}$ 求导，并令其导数为零，有

$$-2(1.04-\hat{I})-2(0.98-\hat{I})-2(1.005-\hat{I})=0$$

$$\hat{I}=1.008\text{A},\hat{U}=1.008\times 10=10.08(\text{V})$$

应当认为此值比上一次估计的结果更准确，因为测量冗余度从 2 提高到 3 了。

在此例计算中对电流表、电压表和功率表的准确度看做是相同的。但实际上各种测量仪表的准确度是不同的，应当让准确度较高的仪表对计算结果有较大的影响，而准确度较低的仪表影响较小，这才比较合理，这也是加权最小二乘法的出发点。

二、电力系统状态估计的模型及算法

（一）$h(x)$ 为线形函数情况下的状态估计求解

先假定 $h(x)$ 为线性函数，则

$$h_i(x)=\sum_{j=1}^{n}h_{ij}x_j \quad (i=1,2,\cdots,m) \tag{7-3}$$

则状态量的值 $\boldsymbol{x}$ 与测量值 $\boldsymbol{z}$ 间的关系为

$$\boldsymbol{z}=\boldsymbol{Hx}+\boldsymbol{v}$$

式中 $\boldsymbol{H}$——$m\times n$ 阶矩阵，其元素为 h_{ij}。

按最小二乘准则建立目标函数

$$J(\boldsymbol{x})=(\boldsymbol{z}-\boldsymbol{Hx})^{\mathrm{T}}(\boldsymbol{z}-\boldsymbol{Hx}) \tag{7-4}$$

对目标函数求导数并取为零，即

$$\frac{\partial J(\boldsymbol{x})}{\partial \boldsymbol{x}}=0$$

就可求解出估计量 $\hat{\boldsymbol{x}}$。

按照加权最小二乘准则，建立目标函数为

$$J(\boldsymbol{x})=(\boldsymbol{z}-\boldsymbol{Hx})^{\mathrm{T}}\boldsymbol{W}(\boldsymbol{z}-\boldsymbol{Hx}) \tag{7-5}$$

式中 $\boldsymbol{W}$——一适当选择的加权正定阵，$\boldsymbol{W}=\boldsymbol{R}^{-1}$，$\boldsymbol{R}^{-1}$ 表示量测权重，$\boldsymbol{R}$ 为量测误差方差阵。

$$\boldsymbol{R}=\begin{bmatrix}\sigma_1^2 & & & \\ & \sigma_2^2 & & \\ & & \ddots & \\ & & & \sigma_m^2\end{bmatrix}$$

于是目标函数写成

$$J(\boldsymbol{x})=(\boldsymbol{z}-\boldsymbol{Hx})^{\mathrm{T}}\boldsymbol{R}^{-1}(\boldsymbol{z}-\boldsymbol{Hx}) \tag{7-6}$$

或

$$J(\boldsymbol{x}) = \sum_{i=1}^{m}[z_i - \sum_{j=1}^{n} h_{ij}x_j]^2/\sigma_i^2 \tag{7-7}$$

使目标函数最小的条件是

$$\frac{\partial J(\boldsymbol{x})}{\partial x_k} = -2\sum_{i=1}^{m}\frac{[z_i - \sum_{j=1}^{n} h_{ij}x_j]h_{ik}}{\sigma_i^2} = 0 \qquad (k = 1,2,\cdots,n)$$

亦即

$$\sum_{i=1}^{m}\sum_{j=1}^{n}\frac{h_{ik}h_{ij}}{\sigma_i^2}\cdot x_j = \sum_{i=1}^{m}\frac{z_i h_i k}{\sigma_i^2} \qquad (k = 1,2,\cdots,n)$$

求解上列方程组，得出 x_j 的值。写成矩阵方程式的形式，即

$$\begin{aligned}(\boldsymbol{H}^{\mathrm{T}}\boldsymbol{R}^{-1}\boldsymbol{H})\ \hat{\boldsymbol{x}} &= \boldsymbol{H}^{\mathrm{T}}\boldsymbol{R}^{-1}\boldsymbol{Z}\\ \hat{\boldsymbol{x}} &= (\boldsymbol{H}^{\mathrm{T}}\boldsymbol{R}^{-1}\boldsymbol{H})^{-1}\boldsymbol{H}^{\mathrm{T}}\boldsymbol{R}^{-1}\boldsymbol{z}\end{aligned} \tag{7-8}$$

估计值的估计误差为

$$\boldsymbol{x} - \hat{\boldsymbol{x}} = (\boldsymbol{H}^{\mathrm{T}}\boldsymbol{R}^{-1}\boldsymbol{H})^{-1}\boldsymbol{H}^{\mathrm{T}}\boldsymbol{R}^{-1}(\boldsymbol{Hx} - \boldsymbol{z})$$

测量量的测量值与估计值的差，称为残差 r，表达式为

$$r = z - \hat{z} = Hx + v - H\hat{x}$$

（二）电力系统状态估计的数学描述

状态估计的量测量主要来自 SCADA 的实时数据，在量测不足之处可以使用预测及计划型数据做伪量测量。另外，根据基尔霍夫定律可得到部分必须满足的伪量测量。

量测量为

$$\boldsymbol{z} = [P_{ij}, Q_{ij}, P_i, Q_i, V_i]^{\mathrm{T}} \tag{7-9}$$

式中，$\boldsymbol{z}$ 为量测向量，假设维数为 m；P_{ij} 为支路 ij 有功潮流量测量；Q_{ij} 为支路 ij 无功潮流量测量；P_i 为母线 i 有功注入功率量测量；Q_i 为母线 i 无功注入功率量测量；V_i 为母线 i 的电压幅值量测量。

这里 ij 表示所有量测的支路，既表示线路又表示变压器，而且还表示起端和终端；i 则表示有量测的母线，指的是与此母线连接的机组和负荷均有量测。

待求的状态量是母线电压

$$\boldsymbol{x} = [\theta_i, V_i]^{\mathrm{T}} \tag{7-10}$$

式中，$\boldsymbol{x}$ 为状态向量，用 n 表示母线数，状态量 $\boldsymbol{x}$ 为 $2n$ 维，一般假设参考母线电压已知，$\boldsymbol{x}$ 的待求量为（$2n-2$）维；θ_i 为母线 i 的电压相角（$i=1$，2，…，n）；V_i 为母线 i 的电压幅值（$i=1$，2，…，n）。

量测方程是用状态量表达的量测量为

$$\boldsymbol{h}(x) = [P_{ij}(\theta_{ij}, V_{ij}), Q_{ij}(\theta_{ij}, V_{ij}), P_i(\theta_{ij}, V_{ij}), Q_i(\theta_{ij}, V_{ij}), V_i(V_i)]^{\mathrm{T}} \tag{7-11}$$

式中，$\boldsymbol{h}$ 为量测方程向量，m 维；$P_{ij}(\theta_{ij}, V_{ij})$，$Q_{ij}(\theta_{ij}, V_{ij})$，…，$V_i(V_i)$ 均是网络方程，根据电力系统稳态分析介绍的知识，可知其分别表示为

$$P_{ij} = V_i^2 g - V_i V_j g\cos\theta_{ij} - V_i V_j b\sin\theta_{ij} \tag{7-12}$$

$$Q_{ij} = -V_i^2(b + y_c) - V_i V_j g\ \sin\theta_{ij} + V_i V_j b\cos\theta_{ij} \tag{7-13}$$

$$\theta_{ij} = \theta_i - \theta_j \tag{7-14}$$

$$P_i = \sum_{j\in i} V_i V_j (G_{ij}\cos\theta_{ij} + B_{ij}\sin\theta_{ij}) \tag{7-15}$$

$$Q_i = \sum_{j \in i} V_i V_j (G_{ij}\sin\theta_{ij} + B_{ij}\cos\theta_{ij}) \tag{7-16}$$

式中，g 为线路 ij 的电导；b 为线路 ij 的电纳；y_c 为线路对地电纳；G_{ij} 为导纳矩阵中元素 ij 的实部；B_{ij} 为导纳矩阵中元素 ij 的虚部。

实际上 P_i 和 Q_i 就是所连支路潮流 P_{ij} 和 Q_{ij} 的代数和（包括电容器和电抗器），上述量测方程属非线性方程。

状态估计的目标函数可写为

$$J(\boldsymbol{x}) = [\boldsymbol{z} - \boldsymbol{h}(\boldsymbol{x})]^{\mathrm{T}} \boldsymbol{R}^{-1} [\boldsymbol{z} - \boldsymbol{h}(\boldsymbol{x})] \tag{7-17}$$

即在给定量测向量 $\boldsymbol{z}$ 之后，状态估计向量 $\boldsymbol{x}$ 是使目标函数 $\boldsymbol{J}(\boldsymbol{x})$ 达到最小的 $\boldsymbol{x}$ 的值。

预测型和计划型伪量测数据取自母线负荷预测和发电计划，也属于注入型量测量（P_i，Q_i），只不过伪量测数据精度低、权重小。

对于网络上的无源母线（既无电源又无负荷）其注入量为零，这就是第 1 类基尔霍夫型伪量测量，采用注入型量测方程式（7 - 15）和式（7 - 16），但权重比一般量测量大一个数量级以上。

对于零阻抗支路（ZBR）其两端电压差为零，这是第 2 类基尔霍夫型伪量测量，即

$$\theta_i - \theta_j = 0 \qquad (i,j \in \mathrm{ZBR}) \tag{7-18}$$

$$V_i - V_j = 0 \qquad (i,j \in \mathrm{ZBR}) \tag{7-19}$$

但这时需补充状态向量

$$\boldsymbol{x} = [P_{ij}, Q_{ij}]^{\mathrm{T}} \qquad (i,j \in \mathrm{ZBR}) \tag{7-20}$$

对这一类伪量测量也应给以大权重。

（三）电力系统加权最小二乘法状态估计的求解

在（一）中的讨论是在 $h(x)$ 为线性函数的前提下展开讨论的，那时估计值的解析形式是能够明确给出的。但在电力系统中，$h(x)$ 为非线性函数，这就需要迭代的方法求解。先假定状态量初值为 $x^{(0)}$，采用泰勒级数展开的方法，经过推导可得，基本加权最小二乘法状态估计的迭代修正公式为

$$\Delta\hat{\boldsymbol{x}}^{(l)} = [\boldsymbol{H}^{\mathrm{T}}(\hat{x}^{(l)})\boldsymbol{R}^{-1}\boldsymbol{H}(\hat{\boldsymbol{x}}^{(l)})]^{-1}\boldsymbol{H}^{\mathrm{T}}\hat{\boldsymbol{x}}^{(l)}\boldsymbol{R}^{-1}[\boldsymbol{z} - \boldsymbol{h}(\hat{\boldsymbol{x}}^{(l)})] \tag{7-21}$$

$$\hat{\boldsymbol{x}}^{(l+1)} = \hat{\boldsymbol{x}}^{(l)} + \Delta\hat{x}^{(l)} \tag{7-22}$$

式中　$\Delta\hat{x}^{(l)}$——第 l 次迭代状态修正向量；

　　　$\boldsymbol{H}$——量测方程的雅可比矩阵。

H 的 $[m \times 2(n-1)]$ 维矩阵为

$$\boldsymbol{H}(\boldsymbol{x}) = \frac{\partial \boldsymbol{h}(\boldsymbol{x})}{\partial \boldsymbol{x}}$$

按式（7 - 21）和式（7 - 22）进行迭代修正，直到目标函数 $J(\hat{x}^{(l)})$ 接近于最小为止。所采用的迭代收敛判据可按下三项中的任一项，即

(1) $\max\limits_i |\Delta\hat{x}_i^{(l)}| \leqslant \varepsilon_x$　　(7 - 23)

(2) $|J(\hat{x}^{(l)}) - J(\hat{x}^{(l-1)})| < \varepsilon_J$　　(7 - 24)

(3) $\|\Delta\hat{x}^{(l)}\| \leqslant \varepsilon_a$　　(7 - 25)

式中，下标 i 表示向量 x 中分量的序号；ε_x、ε_J 和 ε_a 为三种收敛标准，第一种标准最为常用，ε_x 可取基准电压的 $10^{-6} \sim 10^{-4}$。

电力系统加权最小二乘法状态估计框图如图 7 - 8 所示。

（四）电力系统状态估计的步骤

状态估计的过程一般可以分为以下四个步骤（见图 7 - 9）：

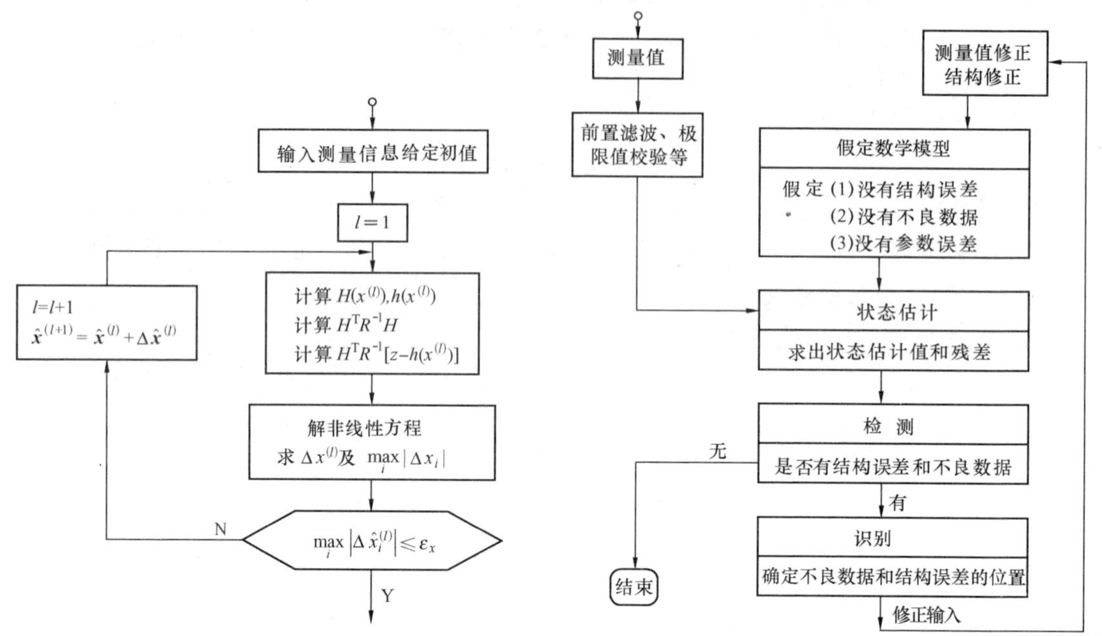

图 7 - 8　加权最小二乘法状态估计框图　　　　图 7 - 9　状态估计的过程

（1）假定数学模型：在假定没有结构误差、参数误差和不良数据的条件下，确定计算所用数学方法。常用的计算方法有加权最小二乘法、快速分解法、正交变换法、支路潮流法等。

（2）状态估计：根据选定的数学方法，计算出使残差最小的状态变量估计值。

（3）检测：检测是否有结构误差和不良数据信息，如果没有，状态估计即告结束；如果有，则转入第 4 步。

（4）识别：也叫辨识，是确定具体的不良数据和网络结构错误信息的过程。在修正或除去已识别出来的不良测值和结构信息后，再进行第二次状态估计计算，这样反复迭代估计，直至没有不良数据和结构错误为止。

从图 7 - 9 中可以看出，测量值在输入前还要经过前置滤波。这是因为一些很大的测量误差，只要采用一些简单的方法和很少的加工就可容易地排除。例如，对输入的节点功率可以进行极限值校验和功率平衡检验，这样就可以提高状态估计的速度和精度。

从上面的论述中可以看出，不良数据的检测和辨识是电力系统状态估计的重要功能之一，其目的在于排除量测采样数据中偶然出现的少数不良数据，以提高状态估计的可靠性。

电力系统中测量系统的标准误差 σ 大约为正常测量范围的 0.5%～2%，因此误差大于 $\pm3\sigma$ 的测量值就可称为不良数据，但在实际应用中由于达不到这个标准，所以通常把误差达到±（6～7）σ 以上的数据称为不良数据。

对 SCADA 原始量测数据的状态估计结果进行检查，判断是否存在不良数据并指出具体可疑量测数据的过程称之为不良数据检测。对检测出的可疑数据验证真正不良数据的过程称之为不良数据的辨识。

不良数据的出现，会在目标函数 $J(\hat{x})$ 中得到反映，使它大大偏离正常值。为此可把状态估计值带入目标函数中，求出目标函数的值，如果大于某个门槛值，则可认为存在不良数据。除了这种方法之外，常用的检测方法还有加权残差 r_W 检测法、标准化残差 r_N 检测法等。

r_W 法与 r_N 法在单个不良数据情况下一般可以取得理想的效果，但有时除了不良数据点的残差超过检测阈值外，还有一些正常测点的残差也超过阈值，这种现象称为残差污染。在多个不良数据情况下，由于相互作用可能导致部分或全部不良数据测点上的残差近于正常残差现象，这称为残差淹没。

通常对不良数据辨识的思路是：在检测出不良数据后，应进一步找出这个不良数据并在测量向量中将其排除，然后再重新进行状态估计。

假定在检测中发现有不良数据的存在。一个最简单的辨识方法，是将 m 个测量量作一排列，去掉第一个测量量，余下 $m-1$ 个用不良数据检测法检查不良数据是否仍存在。如果 $m-1$ 个测量的 $J(\hat{x})$ 与原来 m 个时的 $J(\hat{x})$ 值差不多，则表示刚刚去掉的第一个测量量是正常测量，应予以恢复；然后试第二个测量量，直到找到不良数据为止。如果存在两个不良数据，则应试探每次去掉两个测量量的各种组合。这种方法试探的次数非常多，而且每次试探都要进行一次状态估计，因此问题的关键在于如何减少试探的次数。实际中应用较多的辨识方法有残差搜索辨识法、非二次准则法、零残差法、总体型估计辨识法、逐次型估计辨识法等。

三、变压器抽头估计

变压器抽头对状态估计结果有很大的影响，特别是联络变压器抽头量测错误会造成环网无功潮流的严重变形，因此希望能在线估计重要变压器抽头，以弥补没有抽头量测或辨识抽头量测的错误。

变压器抽头估计实际就是变比估计，只要将变比扩展进状态量中即可进行变比估计。变压器模型如图 7 - 10 所示，量测量为

$$z=[P_{ij},Q_{ij},P_{ji},Q_{ji},V_i,V_j]^{\mathrm{T}} \quad (7-26)$$

即变压器两侧的功率量测和电压量测。

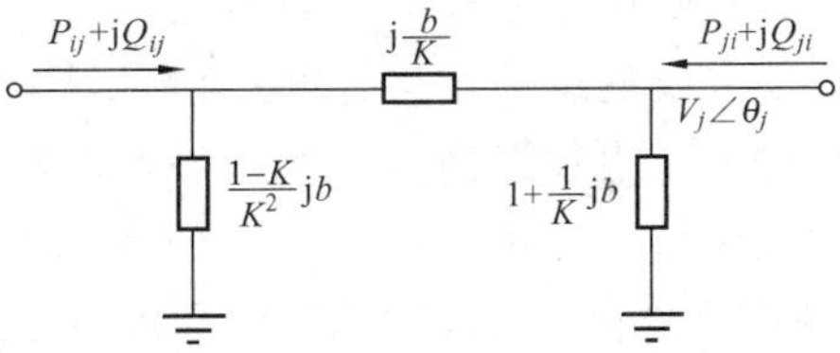

$P_{ij}+jQ_{ij}$　$j\frac{b}{K}$　$P_{ji}+jQ_{ji}$　$V_j\angle\theta_j$　$\frac{1-K}{K^2}jb$　$1+\frac{1}{K}jb$

图 7 - 10　变压器模型

如果选择母线 i 为电压参考点，则

$$\theta_i=0$$

此时 V_i 也可以从量测量 z 中取出，待求的状态量为

$$x^{\mathrm{T}}=[V_j,\theta_j,K]$$

这时量测方程 $h(x)$ 为

$$P_{ij}=\frac{1}{K}V_iV_jb\sin\theta_j$$

$$Q_{ij}=-\frac{1}{K^2}V_i^2b+\frac{1}{K}V_iV_jb\cos\theta_j$$

$$P_{ji}=-\frac{1}{K}V_iV_jb\sin\theta_j$$

$$Q_{ji}=-V_j^2b+\frac{1}{K}V_iV_jb\cos\theta_j$$

$$V_j=V_j$$

其中，b 为变压器导纳值，$b=-\frac{1}{X_{\mathrm{T}}}$，$X_{\mathrm{T}}$ 为变压器电抗值。

按照前面状态估计的解法，先列写雅克比矩阵 $\boldsymbol{H}$，然后迭代求解状态量 $\hat{x}$，其中包括变压器变比 K。变比 K 的初值可以是已知值，也可以取 1。计算出变比之后很容易归算到抽头。

变压器抽头估计不扩展到全系统的状态估计之中，每台变压器可以单独进行，必要的话可以连续估计。

我国大型联络变压器大多数是三绕组变压器，网络分析中有时简化为两台两绕组变压器，有时简化为三台两绕组变压器，这时需要联合估计变比。对变压器抽头估计有以下要求：

（1）对两绕组变压器和三绕组变压器应尽量加满量测（即各边的有功功率、无功功率和电压），否则无法估计。

（2）变压器抽头估计应该单独进行，可以人工指定要进行抽头估计的变压器；软件要区分是双绕组变压器还是三绕组变压器；三绕组变压器还需要区分是用两台两绕组变压器还是三台两绕组变压器等值。对两绕组变压器单台估计变比，而对三绕组变压器则要联合估计变比。

第四节　电力系统静态安全分析

一、电力系统的安全状态

随着用电需求量的不断增长，电力系统的规模也日益扩大。大规模电力系统的形成，大机组、超高压远距离输电的出现，以及系统内电压层次的增加、电厂类型多样化、环网重叠等，使系统的结构、运行方式和运行特性越来越复杂，对安全、经济和电能质量（电压和频率）的要求更加严格。国内外各大电网也先后发生过大面积停电事故，国家对电力系统的安全稳定运行十分重视，1981 年颁发、2001 年修订的《电力系统安全稳定导则》，对提高系统安全稳定水平、大幅度地减少系统稳定破坏事故起了重要的指导作用。近年来大力发展的用于调度自动化的能量管理系统（EMS）也把对系统的安全分析作为重要一部分。综合看来，对系统进行安全分析，对于有效防止大型事故是非常必要的，对电网的安全经济调度也是至关重要的。因此，进行电力系统安全分析，具有十分重要的意义。

电力系统的安全性是指电力系统在运行中承受故障扰动（如突然失去电力系统的元件，或短路故障等）的能力。安全性通过两个特性表征：①电力系统能承受住故障扰动引起的暂态过程并过渡到一个可接受的运行工况；②在新的运行工况下，各种约束条件得到满足。

电力系统处于正常状态时，是在两组约束条件下运行的。即式（7 - 27）的等式约束条件和式（7 - 28）的不等式约束条件为

$$\begin{aligned}\sum_{i} P_{\mathrm{G}i} &= \sum_{i} P_{\mathrm{L}i} \\ \sum_{i} Q_{\mathrm{G}i} &= \sum_{i} Q_{\mathrm{L}i}\end{aligned} \tag{7 - 27}$$

式中　$P_{\mathrm{G}i}$、$Q_{\mathrm{G}i}$——节点 i 注入的有功功率和无功功率；

$P_{\mathrm{L}i}$、$Q_{\mathrm{L}i}$——节点 i 的有功负荷和无功负荷。

为书写清晰，等式中未计及网损部分。

$$\begin{cases} V_{i,\min} \leqslant V_i \leqslant V_{i,\max} \\ f_{s,\min} \leqslant f_s \leqslant f_{s,\max} \\ P_{Gi,\min} \leqslant P_{Gi} \leqslant P_{Gi,\max} \\ Q_{Gi,\min} \leqslant Q_{Gi} \leqslant Q_{Gi,\max} \\ |I_{ij}| \leqslant I_{ij,\max} \end{cases} \tag{7-28}$$

式中 V_i——节点 i 的电压模值；

f_s——系统频率；

I_{ij}——支路 ij 上的传输电流，下标 min、max 分别表示为下限和上限值。

上述两式可以简记为

$$g(x, u) = 0$$
$$h(x, u) \leqslant 0$$

式中 x——系统运行的状态变量，可取为节点电压幅值和相角；

u——系统运行的控制变量，可选为发电机有功与无功功率、变压器变比、可投切的电容器等。

从系统运行角度讲，处于正常状态的系统当发生故障后，可能仍处于安全状态；当然也可能出现系统电压越限、线路过负荷、系统失去稳定等情况。因此对于正常状态进一步分为安全状态和不安全状态。处于正常状态的系统是否是不安全状态，需要周期性地用预想事故分析的方法来判别。电力系统安全评估就是为此目的而设立的。使系统由不安全状态转化为安全状态的控制手段称之为预防控制。

判断系统发生预想事故后电压是否越限和线路是否过负荷的分析称之为静态安全分析；判断系统发生预想事故后系统是否失去稳定的分析称之为动态安全分析。

对于只满足等式约束但不满足不等式约束的运行状态，称之为紧急状态。在此状态下，系统虽未出现大面积停电，但运行参数已经越限。若不及时采取措施，系统运行状态将进一步恶化。紧急状态分为没有失去稳定性质的紧急状态和可能失去稳定的紧急状态两类。第一类紧急控制由于输电设备允许一定越限持续时间，可以通过控制使其回到安全状态，这种控制称之为校正控制；第二类紧急控制由于容忍的时间非常短暂（往往是几秒钟），因此相应的控制不得超过 1s，这种控制称之为紧急控制。传统上，此任务主要由“事先整定、实时动作”的继电保护和自动装置来完成；某些时候，也可由调度员根据“电网运行规程”和本人的经验（包括历史事件和 DTS 案例所提供的知识），在 SCADA 和报警信息的帮助下采取行动完成。紧急控制后系统一般进入恢复状态。

恢复状态下系统可能不满足等式约束，但不等式约束则可以满足。处于恢复状态的系统，一般通过恢复控制来恢复对用户的供电及实现已解列系统的重新联网，使电力系统进入到正常状态。传统上，此任务是由调度员根据“电网运行规程”及其经验（包括历史事件和 DTS 案例所提供的知识），在 SCADA 系统的帮助下完成。

电力系统的运行状态和安全控制如图7－11所示。

二、网络的化简与等值

（一）网络化简

在电力网络计算中，有时我们对电网中的某一部分感兴趣，需要仔细研究，而对其余部

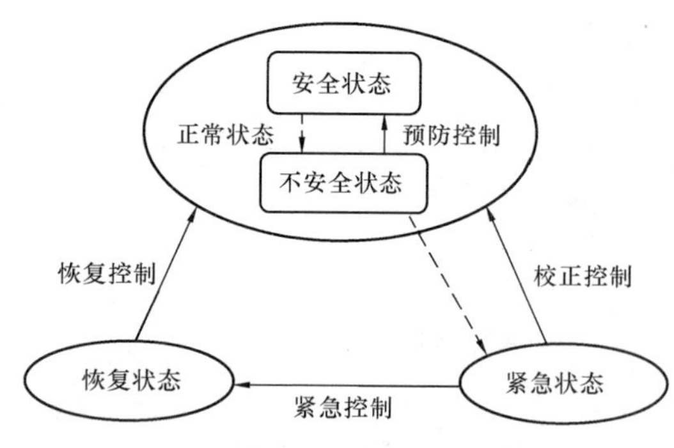

图 7-11　电力系统的运行状态和安全控制

分不感兴趣，这时我们可以将其余部分网络进行化简处理得到感兴趣部分网络的电流电压关系。网络化简常用高斯消去法消去其余部分网络的节点，最后得到保留部分网络。网络化简既可在导纳矩阵上进行，也可以在阻抗矩阵上进行，还可以在导纳矩阵的因子表上进行。下面主要介绍在导纳矩阵上进行的网络化简。

令原网络的节点用集合 N 表示。欲化简掉的部分称为外部网络，这部分网络的节点集用 E 表示。保留部分网络的节点用保留集 G 表示，有 $G+E=N$。在保留集中和外部网络节点相关联的节点组成边界节点集，用 B 表示。不和外部节点集关联的部分为内部节点集，用 I 表示，如图 7-12 所示。我们将导纳矩阵表示的网络方程按 I、B、E 集合划分，可以写出用分块矩阵形式表示的网络方程为

$$\begin{bmatrix} Y_{EE} & Y_{EB} & 0 \\ Y_{BE} & Y_{BB} & Y_{BI} \\ 0 & Y_{IB} & Y_{II} \end{bmatrix} \begin{bmatrix} U_E \\ U_B \\ U_I \end{bmatrix} = \begin{bmatrix} I_E \\ I_B \\ I_I \end{bmatrix} \tag{7-29}$$

消去外部节点的电压变量 U_E，有

$$\begin{bmatrix} \widetilde{Y}_{BB} & Y_{BI} \\ Y_{IB} & Y_{II} \end{bmatrix} \begin{bmatrix} \widetilde{U}_B \\ U_I \end{bmatrix} = \begin{bmatrix} \widetilde{I}_B \\ I_I \end{bmatrix} \tag{7-30}$$

或记为

$$Y^{EQ}U^{EQ}=I^{EQ} \tag{7-31}$$

其中

$$\widetilde{Y}_{BB}=Y_{BB}-Y_{BE}Y_{EE}^{-1}Y_{EB} \tag{7-32}$$

$$\widetilde{I}_B=I_B-Y_{BE}Y_{EE}^{-1}I_E \tag{7-33}$$

$\widetilde{Y}_{BB}$是等值后的边界导纳矩阵，它包括了外部网络化简后产生的等值支路的贡献。式（7-33）中右侧第二项是外部网节点注入电流移置到边界节点时的等值电流。用式（7-29）求解 U_B、U_I 和用式（7-30）求解 U_B、U_I 两者结果是一样的，而式（7-30）的方程的阶次较低，容易计算。由于等值边界导纳矩阵 $\widetilde{Y}_{BB}$相对于原来的 Y_{BB}增加了一个附加项，而附加项在很多情况下是满阵，所以 $\widetilde{Y}_{BB}$的非零元比 Y_{BB}多，即 $\widetilde{Y}_{BB}$将丧失稀疏性。当 $\widetilde{Y}_{BB}$维数较低，即边界节点较少时，求解简化后的网络方程式（7-30）比求解原网络方程式（7-29）要快。

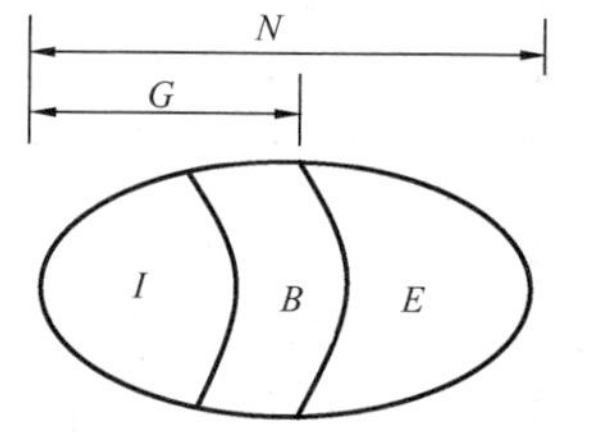

图 7-12　网络的划分

（二）电力系统外部网络的静态等值

电网离线计算时，为减少内存和加快计算速度，常把不需要仔细分析的部分网络用一个等值网络代替，以后的计算在等值网络上进行。在在线分析应用中，由于外部网络的实时信息一般不传送到本调度中心，但外部系统的运行情况对内部系统的分析有重要影响，尤其是在内部系统中进行预想事故的安全分析时，外部系统对在内部系统进行的分析影响甚大。因此，需要认真地对外部系统进行等值，以计及外部系统对内部系统中扰动的影响。对外部网络进行等值可分为静态等值和动态等值，静态等值只涉及稳态潮流，不涉及暂态过程。

外部网络静态等值给定的条件包括全网络拓扑结构和元件参数以及内部系统和边界系统的实时潮流解，这可通过对内部网络的状态估计给出。需要求解的是外部系统的等值网络和等值边界注入电流，使等值后在电力系统内部网络中进行的各种分析与未等值时在真实系统中所做的分析结果相同，或者十分接近。这里说的分析是指对内部网络中的各种扰动所进行的稳态分析。电力系统外部网络的静态等值过程实质上也是网络化简过程，在电力系统应用中处理方法略有不同，其方法主要有 WARD 等值和 REI（Radial Equivalent Independent）等值。本文介绍 WARD 等值，其特点是算法简单、易于实现，因而应用非常广泛。

（1）电流给定情况下的 WARD 等值。其基本原理已由式（7－29）、式（7－30）描述，此处不再重述。在那里，其假设条件是在内部网出现扰动前后，外部网中的节点注入电流不变。等值的结果可得到等值网的边界节点导纳矩阵 $\widetilde{Y}_{BB}$ 和等值边界节点注入电流 $\widetilde{I}_B$。

（2）功率给定情况下的 WARD 等值。由于电力系统一般给定节点注入功率，而不是节点注入电流，所以上面的等值不能在电力系统计算中直接使用，应进行一些处理。即

$$I=\left[\frac{S}{U}\right]^*=\text{diag}\ (U^*)^{-1}S^* \tag{7-34}$$

式（7－30）改写为

$$\begin{bmatrix}\widetilde{Y}_{BB} & Y_{BI}\\ Y_{IB} & Y_{II}\end{bmatrix}\begin{bmatrix}\widetilde{U}_B\\ U_I\end{bmatrix}=\begin{bmatrix}\left[\frac{S_B}{U_B}\right]^*-Y_{BE}Y_{EE}^{-1}\left[\frac{S_E}{U_E}\right]^*\\ \left[\frac{S_I}{U_I}\right]^*\end{bmatrix} \tag{7-35}$$

定义

$$E=\begin{bmatrix}\text{diag}\ (U_B^*) & 0\\ 0 & \text{diag}\ (U_B^*)\end{bmatrix} \tag{7-36}$$

则式（7－35）可写成

$$EY^{EQ}\begin{bmatrix}\widetilde{U}_B\\ U_I\end{bmatrix}=\begin{bmatrix}S_B^*-\text{diag}(U_B^*)Y_{BE}Y_{EE}^{-1}\left[\frac{S_E}{U_E}\right]^*\\ S_I\end{bmatrix} \tag{7-37}$$

由式（7－30）可知，消去外部节点后 Y_{BB} 得到修正，亦即边界节点的自导纳和互导纳改变。如果系统是在某一基本运行方式下进行等值，由于其节点电压是已知的，则外部注入功率分配到边界节点上的注入功率增量 P_i^{EQ}、Q_i^{EQ} 为式（7－38）的实部和虚部

$$\text{diag}\ (U_B^*)\ Y_{BB}Y_{EE}^{-1}\left[\frac{S_E}{U_E}\right]^* \tag{7-38}$$

这样，WARD 等值后的系统网络接线，如图 7－13 所示。

由式（7－38）可见，等值边界注入功率增量是边界节点以及外部节点电压的函数。当功率给定时，由于内部系统中发生的扰动可以使外部系统节点电压发生变化，外部系统等值到边界的功率也是变化的，所以 WARD 等值在这种情况下有一定的误差。

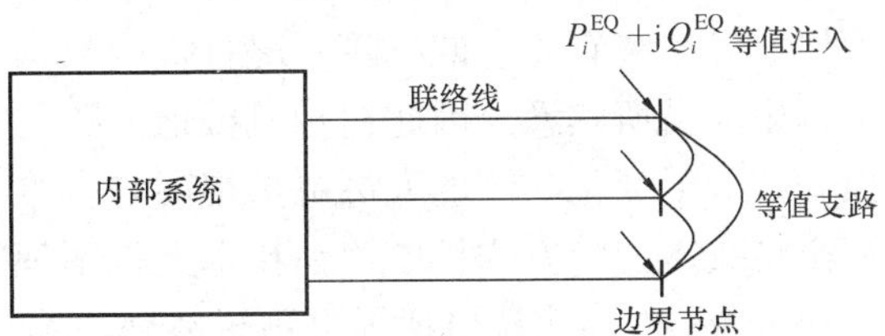

图 7－13　WARD 等值后的系统网络接线

在在线环境下，内部系统节点集 I 和边界系统节点集 B 的节点电压可由状态估计给出，这时，等值边界注入功率可以直接求出，而不需要外部系统的注入电流或注入功率的信息。但

是，由于外部网中可能既有 PV 节点又有 PQ 节点，而且 PV 节点的无功功率有一定的上下界限制，当外部发电机节点无功不越界时，其电压一定，节点无功注入功率在内部网中发生扰动时会发生变化，即节点注入功率不再是定值。当外部发电机节点无功越界时，该节点电压不再维持不变。所以，对于内部的扰动，这些节点的反应各不相同，常规 WARD 等值假定外部网节点注入电流在内部网扰动前后不变，这一假定一般不能成立，因此 WARD 等值会产生误差。

三、预想事故分析

电力系统的静态安全分析是只考虑事故后稳态运行情况的安全性，而不考虑从当前的运行状态向事故后稳定状态的动态转移。静态安全分析的重点在于预想事故分析。

所谓预想事故分析指的是针对预先设定的电力系统元件（如线路、变压器、发电机、负荷和母线等）的故障及其组合，确定他们对电力系统安全运行产生的影响。预想事故分析的主要功能有：

（1）按调度员的需要方便地设定预想故障；

（2）快速区分各种故障对电力系统安全运行的危害程度；

（3）准确分析严重故障后的系统状态，并能方便而直观地展示结果。

与功能相对应，预想事故分析内容包括故障定义、故障筛选（或称为故障扫描）和故障分析三部分。故障定义是由软件根据电网结构和运行方式等定义的事故集合，该集合的元素可以由调度员根据需要进行人工增删或修改；故障筛选是对故障定义的事故集合按事故发生的概率及严重性进行排序，形成一个顺序表，故障筛选的方法分直流法和交流法等；故障分析是对故障顺序表中对系统安全运行构成威胁的故障逐一进行分析。

（一）故障定义

随着电网规模的扩大，可能出现的故障类型也在增多，根据不同的条件或准则能够对故障进行不同形式的分类。故障分类的主要目的：

（1）提高预想故障分析的准确程度；

（2）降低预想故障分析的计算量；

（3）改善预想故障分析的灵活性和方便性。

在预想故障分析软件中按不同的需要，对故障和故障组进行不同的分类。在定义预想故障集时，采用物理分类方式；在分析过程中，对故障按危害程度分类。故障分类的科学性是提高预想故障分析质量的重要一步。

在早期的预想故障分析中，一般只进行 $n-1$ 扫描式的故障选择和分析，即分别开断系统的每个网络元件，计算其后的电网状态。随着电网结构的增强，绝大多数单重元件的开断已不构成对系统有危害的故障；况且极少数构成危害的单重元件开断的影响范围和安全对策已被调度人员所熟悉。因此这种机械地 $n-1$ 扫描方式在实际中较少使用。随着电网规模的扩大和结构的变化，调度人员更重视的是多重故障分析，但若进行 $n-2$ 或 $n-3$ 扫描方式则计算量将按雪崩的方式扩展，在技术上是不现实的。

20 世纪 90 年代初出现了以预想故障集合方式代替 $n-1$ 扫描方式，其特点是能方便灵活地定义多重故障，因此是最实用的方式。

预想故障集合是由有经验的调度人员和运行分析人员给出的，它包括各种可能的故障及其组合，并且可以规定监视元件及条件故障自动产生复杂故障。运行中使用者可以激活感兴趣的故障组进行分析计算。预想故障集合方式的优点有：

(1) 更方便、更有效定义多重故障；

(2) 只分析感兴趣的故障组，大大提高了计算效率；

(3) 能灵活、方便、快速模拟和再现电网实际故障过程。

预想故障集合的定义和管理技术是提高该应用软件性能的关键。为此，应以物理分类的方式按层次定义预想故障集合，如图7-14所示。其中，故障组是具有某种特征的若干故障的集合；故障集合是全部定义故障组的总称。

一个完整的故障由主开断元件、条件监视元件、条件开断元件和规则集四部分组成。

主开断元件：可以是电网中任何元件，如变压器、线路、发电机、负荷、电容器、电抗器、开关或母线等。故障可以是单重的，也可以是多重的，而多重故障可以是同一类元件，也可以是几类元件的组合。开关断(合)也包含在故障定义之中，这对模拟变电站事故等是非常方便的。

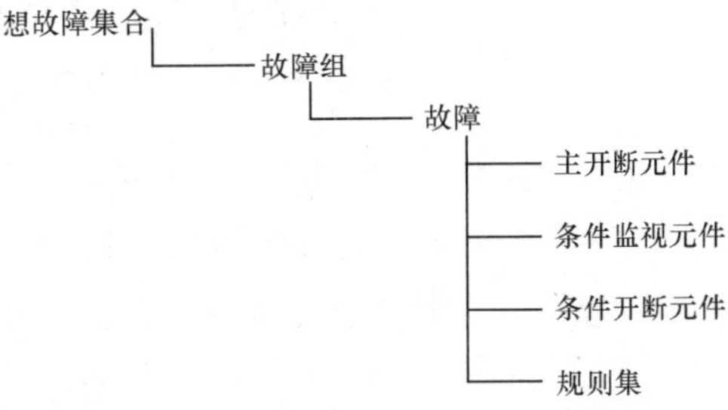

图 7-14 预想事故集合的结构

条件监视元件及条件开断元件：配合使用，可以模拟继发性故障。在实际电力系统中，某些元件故障可能引发其他元件的开断，这就需要引入条件故障的概念。当主开断元件的动作引起开断监视元件越限时，条件开断元件随之动作。这种带有条件监视元件和条件开断元件的故障称为条件故障。

规则集：描述主开断元件动作后，调度人员按规定或经验所必须执行的操作。在实际电网中，当一些关键元件开断或关键监视元件越限时，系统内已制订了一些相应措施指导调度人员操作，规则集中放置这些措施，以便有效模拟故障后系统的真实状态。规则集的建立和应用，实际上是将专家系统的思想引入预想故障分析，使其结果更准确、可信和有效。

已定义的故障可以放到一个故障组或多个故障组中。故障组是具有某种特征的若干故障的集合。这些物理特征可以是：

(1) 按故障重数划分，如单重、二重、多重等。

(2) 按开断元件类型划分，如线路、变压器等。

(3) 按地区划分，如 A 地区故障、B 地区故障等。

(4) 按故障电压等级划分，如 500、220、110kV 等。

(二) 预想事故筛选

在进行大型电力系统安全分析时，需要考虑的预想事故数目是非常可观的。要给出预想事故的安全评价，需要逐个对预想事故进行潮流分析，然后校核其越限情况。这种做法难以适应实时要求。

所谓预想事故自动选择，就是在在线运行条件下，利用电力系统实时信息，自动迭代出那些引起支路潮流过载、电压越限以及危害系统安全运行的预想事故，并用行为指标来表示它对系统造成的危害性的程度，按其从大到小的顺序排列得出预想事故一览表。这样就可以不必对整个预想事故集合进行逐个详细分析计算。

1. 故障严重程度的性能指标

(1) 有功功率行为指标。该指标用以衡量线路有功功率过负荷程度。表达式为

$$PL_P = \sum_{a} W_l \left(\frac{P_l}{P_l^{\lim}}\right)^{2n} \tag{7-39}$$

式中 a——有功功率过负荷的线路集合；

P_l——支路 l 中的有功潮流；

$P_l^{\lim}$——支路 l 的有功功率极限值；

W_l——支路 l 的权重；

n——一正整数（一般可取 $n=1$）。

（2）电压—无功功率行为指标。该指标用以衡量无功和电压的过负荷情况。可表示为

$$PI_{UQ} = \sum_{\beta} W_{vi} \frac{|U_i - U_i^{\lim}|}{U_i^{\lim}} + \sum_{r} W_{Qi} \frac{|Q_i - Q_i^{\lim}|}{Q_i^{\lim}} \tag{7-40}$$

式中 W_{vi}——节点 i 的电压权因子；

$U_i^{\lim}$——节点 i 的电压模值极限；

β——电压越限的节点集合；

Q_i——节点 i 的注入无功无率；

$Q_i^{\lim}$——节点 i 的注入无功功率极限；

W_{Qi}——节点 i 的注入无功功率权因子；

r——无功出力高于上限和下限的节点集合。

（3）有功功率与无功功率综合行为指标。该指标综合了前两种指标，并考虑事故发生的可能性。可表示为

$$PI = p\left[\lambda_P \sum_{a} W_l \left(\frac{P_l}{P_l^{\lim}}\right)^{2n} + \lambda_{UQ}\left(\sum_{\beta} W_{vi} \frac{|U_i - U_i^{\lim}|}{U_i^{\lim}} + \sum_{r} W_Q \frac{|Q_i - Q_i^{\lim}|}{Q_i^{\lim}}\right)\right] \tag{7-41}$$

式中 p——发生某预想事故的概率；

λ_P——有功的权重；

λ_{UQ}——无功的权重。

2. 用于故障扫描的快速计算方法

预想故障分析一般采用快速分解法，故障扫描可以用其第 1 次迭代修正值做近似计算，称为 $1-P$ 和 $1-Q$ 迭代。在快速分解法中每次因子分解占的计算时间比较长，一次前代回代占的时间很短，因此在故障扫描中如何避免完全重新做因子分解是加快扫描过程的技术关键。在众多的计算方法中，大多数应用了叠加原理。下面就叠加原理的应用给以简单介绍。

对于线性网络可以应用叠加原理，而 $P-\theta$ 迭代基本满足这一条件。对于图 7 - 15 那样的网络模型，开断支路时，相当于在母线 p 和 q 之间增加一条电纳为 $\Delta b=-b_{pq}$ 的支路，如图 7 - 16（a）所示。

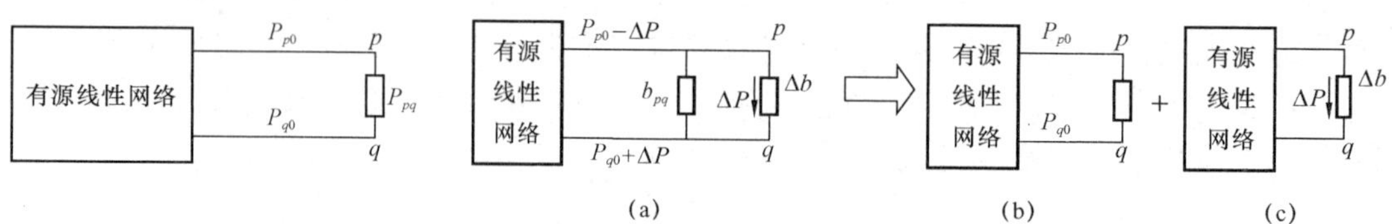

图 7 - 15 $P-\theta$ 线性网络

图 7 - 16 开断支路 pq 时应用叠加原理

（a）线性网络；（b）；基态潮流解；（c）网络潮流解

支路 $\Delta b=-b_{pq}$ 的增加，将使母线 p 和 q 净注入功率发生变化，变化量是流经新增支路 Δb 的有功功率。由于预想故障分析总是从一个收敛的基态潮流解开始，因此图 7-16（b）中网络所示的就是基态潮流解，这是已知的。根据叠加原理，欲求开断支路 pq 后的网络潮流解，只需将图 7-16（c）中网络潮流解与基态潮流解叠加在一起即可，进一步的计算由于涉及直流潮流模型等概念，详细的分析可参考有关文献。

四、安全约束调度

由预想故障分析或状态估计得到不安全状态需由安全约束调度软件提出解除方法，这是一个普遍受到重视的问题。历史上处理技术可分为两类：一是灵敏度分析方法；二是有约束最优化法。近年来解决安全约束调度问题倾向于线性规划方法。尽管线性规划的精度低于非线性规划，但基本满足工程需要。如果将线性规划的结果再送到交流潮流程序中计算一遍，就可以得到精确解。这里，我们给出安全约束调度问题的线性化描述，具体的计算将不再介绍。

1. 控制变量

问题是通过有功功率的控制来解除支路过负荷，而可控的有功功率主要是机组，必要时也可降低负荷，则

$$\Delta P=[\Delta P_1\ \Delta P_2\cdots\Delta P_m]^{\mathrm{T}} \tag{7-42}$$

式中 ΔP——有功控制变量组成的列向量；

m——有功控制变量数。

2. 问题陈述

安全约束调度的目标函数可写成为

$$\min f=c\Delta P \tag{7-43}$$

式中 c——对应可控变量的微增费用行向量，假设每台机组具有单一的微增费用值。

控制变量的变化应满足系统功率平衡条件（等式约束）

$$\beta_1\Delta P_1+\beta_1\Delta P_2+\cdots+\beta_m\Delta P_m=0 \tag{7-44}$$

式中 β——对应机组的网损修正因子。

控制变量的变化还应满足不等式约束条件。

（1）机组不等式约束为

$$L_{i,\min}\leqslant\Delta P_i\leqslant L_{i,\max}(i=1,2,\cdots,m) \tag{7-45}$$

即要求调整后的机组发电功率保持在机组上下限值之内。

式中 $L_{i,\min}$、$L_{i,\max}$——机组 i 功率上下限值。

$$\Delta P_i=P_i-P_{i,0}\qquad(i=1,2,\cdots,m) \tag{7-46}$$

$$L_{i,\min}=P_{i,\min}-P_{i,0}\qquad(i=1,2,\cdots,m) \tag{7-47}$$

$$L_{i,\max}=P_{i,\max}-P_{i,0}\qquad(i=1,2,\cdots,m) \tag{7-48}$$

式中 P_i——机组 i 调整后有功发电功率；

$P_{i,0}$——机组 i 初始有功发电功率；

i——机组；

m——机组数。

（2）支路潮流不等式约束为

$$L_{l,\min}\leqslant A_l\Delta P_l\leqslant L_{l,\max}\qquad(l=1,2,\cdots,b) \tag{7-49}$$

即要求调整后各支路潮流不越限。

式中 $L_{l,\min}$、$L_{l,\max}$——支路潮流上下限值。

$$\Delta P_l = P_l - P_{l,0} \quad (l = 1,2,\cdots,b) \tag{7-50}$$

$$L_{l,\min} = P_{l,\min} - P_{l,0} \quad (l = 1,2,\cdots,b) \tag{7-51}$$

$$L_{l,\max} = P_{l,\max} - P_{l,0} \quad (l = 1,2,\cdots,b) \tag{7-52}$$

式中 P_l——调整后支路潮流；

$P_{l,0}$——调整前支路潮流；

l——支路；

b——支路数。

目标函数式（7-43）、等式约束式（7-44）、不等式约束式（7-45）和式（7-49）组成了有功安全约束问题。

第五节 电力系统经济调度

电力系统经济调度是能量管理系统中发电计划的核心内容之一。发电计划的概念较为广泛，但在一些具体环境下发电计划与经济调度的概念范畴是基本相同的。

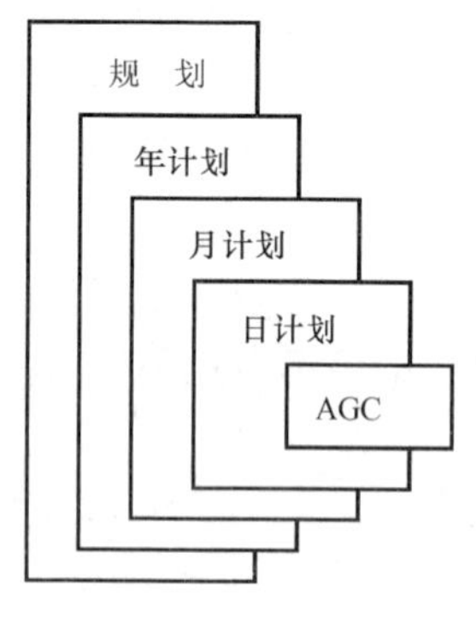

图 7-17 不同周期发电计划的关系

发电计划包括机组组合、水火电计划、交换计划、检修计划和燃料计划等。不同周期的发电计划是相互嵌套在一起的，如图 7-17 所示。超短期发电计划指的是实时发电控制（AGC），其动作周期是秒或分钟级；短期发电计划指的是日或周的计划；中期发电计划指的是月至年的计划与修正；长期发电计划指的是数年至数十年的计划，包括电源发展规划和网络发展规划等。

发电计划的形成过程本身是一个十分复杂的工作，需要考虑的因素十分繁杂。以年度发电计划为例，就需要在年初（或年前）编制电力系统年度运行方式。所谓电力系统年度运行方式是指电力系统运行调度部门编制的指导次年内电力系统生产和运行的技术方案。其主要内容有：

（1）根据有关部门提供的资料按月做出电力系统最大发电负荷预测。

（2）根据新的发电和输变电设备计划投产时间，按月编制电力系统最大可调功率。

（3）与互联的各个电力系统商定电力系统联络线每月电力、电量交换计划。

（4）根据前两项的内容按月编制电力系统的功率、电量平衡表和备用容量表。

（5）发电和输变电设备检修计划进度表。

（6）水库控制运用计划。

（7）电力系统各厂站母线短路容量表。

（8）电力系统正常与主要检修方式下的潮流分布图。

（9）电力系统无功功率平衡及调整措施和电压中枢点电压水平及电压调整措施。

（10）电力系统正常运行与主要元件检修的接线方式。

（11）电力系统有功与无功功率的经济调度方案。

（12）电力系统按频率降低自动减负荷装置整定方案。

（13）电力系统主要输电线的送电极限表，电力系统稳定性分析及其提高措施。

（14）电力系统各级调度所事故拉闸序列表。

（15）电力系统安全自动装置整定方案及使用规定。

（16）对继电保护装置配置和整定的要求。

（17）对远动装置功能的要求和对通信信息传输的特殊要求等。

再比如日发电计划，日发电计划需要编制电力系统日运行方式。所谓电力系统日运行方式是由电力系统调度部门编制的指导电力系统每日生产运行的计划，涉及电力平衡计划与电力系统运行接线方式。编制目的是保证负荷需要并供给质量合格的电能，使电力系统运行安全稳定和获得最大经济效益。其主要内容有 24h 负荷预测、发电机组和输变电设备检修计划、水库放水计划、联络线送/受电计划、电力平衡计划、电力系统运行接线方式、继电保护与安全自动装置定值变更计划和反事故措施等。

一、负荷预测

电力系统的一个重要目标就是对各类用户尽可能经济地提供可靠而合乎标准要求的电能，以随时满足各类用户的要求，即满足负荷要求。但是由于电力的生产与使用具有其特殊性，电能是不能大量储存的，这就要求系统发电功率随时紧跟系统负荷的变化动态平衡，否则就会影响供用电的质量，重则危及系统的安全与稳定。电力系统负荷预测就因此发展起来，成为工程科学中重要的研究领域。

负荷预测实际上是根据系统的运行特性、增容决策、自然条件与社会影响等诸多因素，在满足一定精度要求的条件下，确定未来某特定时刻的负荷数据。其中负荷指的是电力需求量（功率）或者用电量的值。负荷预测是电力系统运行调度中一项非常重要的内容，是能量管理系统的一个重要模块，是保证电力系统安全经济运行和实现电网科学管理的基础。

（一）负荷预测的分类

电力系统负荷预测按预测内容可分为系统负荷预测和母线负荷预测。系统负荷预测是对研究系统未来的负荷需求的预测；母线负荷预测是由系统负荷预测取得某一时刻系统负荷值，并将其分配到每一条母线上。而系统负荷预测又可根据不同的侧重点来分类。

1. 负荷预测按时间分类

电力负荷预测中经常按时间期限进行分类，一般可分为超短期、短期、中期和长期负荷预测。

超短期负荷预测是指未来一个小时以内的负荷预测。当用于质量控制时，需 5～10s 的负荷值，用于安全监视需 1～5min 负荷值，用于预防控制和紧急状态处理需 10～60min 负荷值，使用对象是调度员。在正常情况下一般不考虑气象条件的影响，因为天气因素中最主要的影响因素温度已体现在负荷的历史数据中了。但是对于天气的突变和其他一些对负荷影响的突发事件必须考虑在内。超短期负荷预测模型主要在于反映负荷在短时间内的变化规律，即反映负荷的上升下降或水平趋势及变化值。

短期负荷预测通常是指 24h 的日负荷预测和 168h 的周负荷预测，其主要用于火电分配、水火电协调、机组经济组合和交换功率计划，需要 1～7 天的负荷值，使用对象是编制调度计划的工程师。短期负荷预测模型中主要考虑负荷的周期性变化规律及天气影响因素。

中期负荷预测是指未来一年（12 个月）之内的用电负荷预测，主要预测指标有月平均最大负荷、月最大负荷和月用电量。其主要用于水库调度、机组检修交换计划和燃料计划，需要 1 月～1 年的负荷值，使用对象是编制中长期运行计划的工程师。中期负荷预测比短期负荷预测考虑的因素要多一些，特别是一些未来的因素及气候条件。

长期负荷预测是指未来数年至数十年的用电负荷预测，其主要用于电源发展规划和网络发展规划，使用对象是规划工程师。长期负荷预测受到地区的社会、经济、人口、气候等多因素影响涉及不确定问题较多，难度较大。

2. 负荷预测按行业分类

负荷预测按行业分类并不严格，一般来说负荷预测可以分为城市民用负荷、商业负荷、农村负荷、工业负荷以及其他负荷。其中城市民用负荷主要是城市居民的家用负荷；商业负荷与工业负荷是各自为商业及工业服务的负荷；农村负荷是指广大农村所有负荷，包括农村民用电生产与排灌用电以及商业用电等的预测；而其他负荷则包括市政用电、街道照明等公用事业、政府办公、铁路与电车、军用等负荷。每种类型的负荷都有各自的主要影响因素，如民用负荷及商业负荷随季节性变化；而工业负荷一般都视作是受气候影响较小的基础负荷。分析负荷的结构及其影响因素对提高负荷预测的准确性至关重要，尤其是针对突发性重大事件。

电力系统负荷预测按预测表示的不同特性，常常又分为最高负荷、最低负荷、平均负荷、负荷峰谷差、高峰负荷平均、低谷负荷平均、平峰负荷、平均全网负荷、母线负荷、负荷率等类型的负荷预测，以满足供用电部门的管理工作。

（二）电力系统负荷预测模型

长期以来，通过对大量历史数据的分析，可以发现影响负荷变化的因素有负荷构成、负荷随时间的变化规律、气象变化的影响及负荷的随机波动。所以根据文献中的分类将任一时刻的负荷假设为以下 4 种成分的组合，针对每种成分的特性分别进行分析，然后在预测模型中分别考虑各种成分如何处理。

1. 典型负荷分量

典型负荷分量也称为正常负荷，它与气象无关，具有线性变化和周期变化的特点。线性变化描述日平均负荷变化规律，而周期变化描述以 24h 为周期的变化规律。典型负荷的不同主要是由于各地负荷组成不同。所引起负荷组成的差异性主要体现在两个方面：一是负荷种类；二是各种负荷成分所占比重不同。组成的负荷在这两方面的差异决定了它们的负荷特性及对影响因素的响应特性互不相同。究其原因，不同的组成成分对各种影响因素的灵敏度不同，表现出不同的响应特性。可见，负荷的具体组成对负荷特性具有根本性和决定性的影响。

图 7 - 18 所示为某省电网典型日负荷曲线，即一天 24h96 点的负荷值，从图中不难看出日负荷曲线具有明显的趋势变化。图 7 - 19 所示为某省电网连续两周的负荷曲线，不难看出每周的负荷都具有类似的变化规律。图 7 - 20 所示为某省连续五年日总负荷曲线，从中可以看出每年负荷随季节发生变化的趋势大致相似。

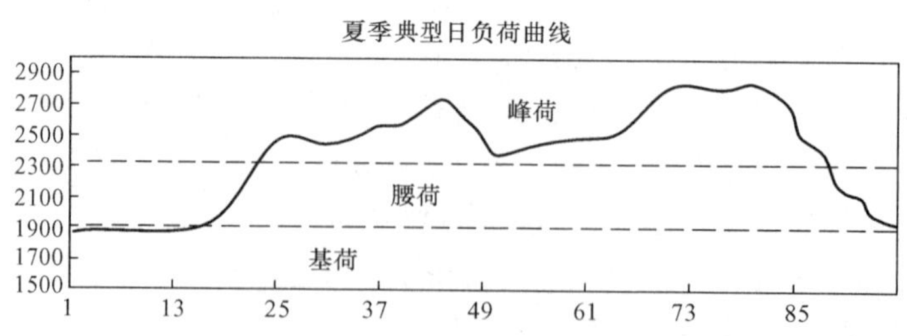

图 7 - 18 某省电网典型日负荷曲线

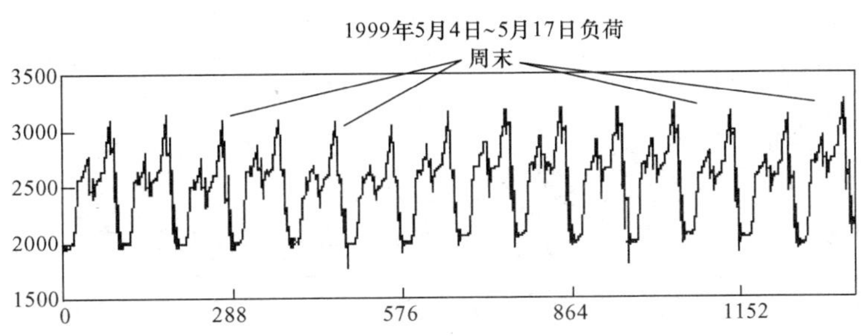

图 7-19 某省电网连续两周的负荷曲线

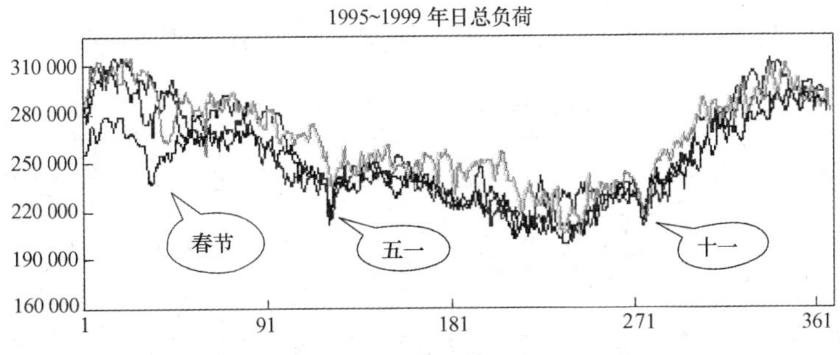

图 7-20 某省连续五年日总负荷曲线

2. 天气敏感负荷分量

天气敏感负荷分量与一系列天气因素有关，如温度、湿度、风力、阴晴等。不同天气因素影响负荷的方式不同，一年中不同时期天气因素影响负荷的方式也不同，这就形成负荷季节性周期变化的规律。图 7-21 给出某省冬季和夏季的两天的典型日负荷的比较，从中可看出在不同温度下负荷的幅值和趋势都有所不同，冬季日负荷总比夏季日负荷高。图 7-22 给出某地区 1999 年日总电量与日平均温度的离散图。

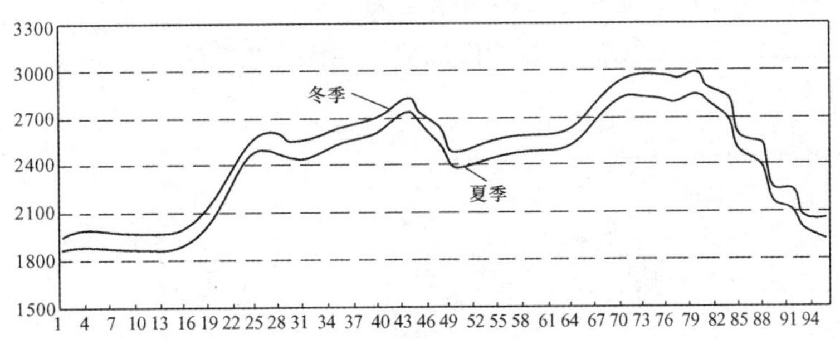

图 7-21 某省冬季和夏季的两天的典型日负荷的比较

图 7-23 给出某地区降雨后连续五天的负荷曲线，可知降雨量对负荷存在影响，表现在降雨对负荷的滞后效应。

3. 异常或特殊事件负荷分量

异常或特殊事件负荷分量使负荷明显偏离典型负荷特性，如政治事件、系统故障限电、特别电视节目等。由于这类事件的随机性，需要由调度人员参与判断。在各种负荷预测模型中这部分分量往往通过人工修正得以改进。

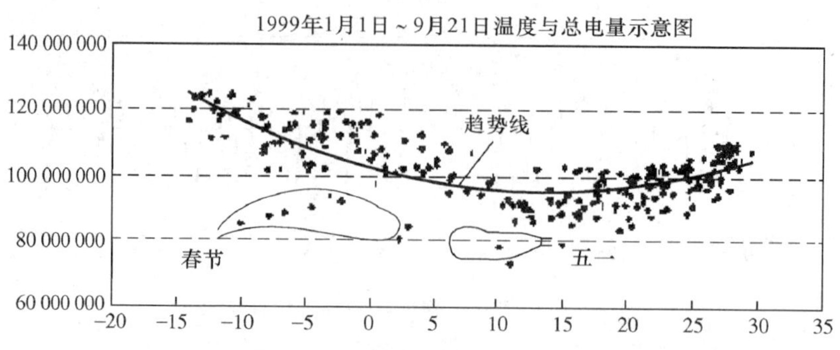

图 7-22　某地区 1999 年日总电量与日平均温度的离散图

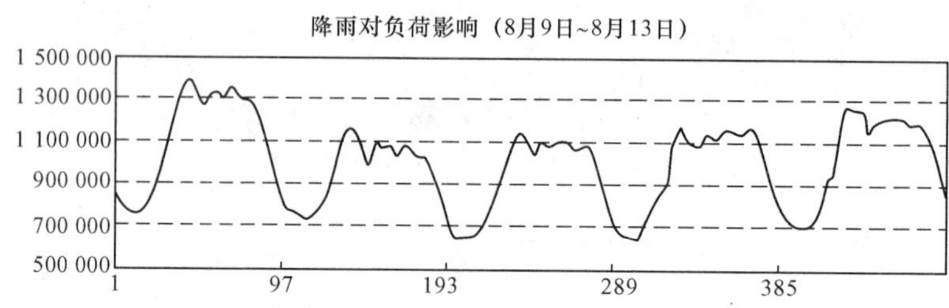

图 7-23　某地区降雨后连续五天的负荷曲线

4. 随机负荷分量

随机负荷分量是负荷中的不可解释成分，可通过负荷预测的模型和算法来考虑这些随机负荷分量。例如，在时间序列法中将剩余的残差，即为各时刻的随机负荷变量，看成是随机时间序列；而在神经网络预测中，利用模型良好的非线性能力可以很好地考虑到随机负荷因素。

由此可以看出，总负荷系统的总负荷可表达为

$$Y(t) = N(t) + W(t) + S(t) + r(t) \tag{7-53}$$

式中　$Y(t)$ ——总负荷；

$N(t)$ ——典型负荷分量；

$W(t)$ ——天气敏感负荷分量；

$S(t)$ ——特殊事件负荷分量；

$r(t)$ ——随机负荷分量。

（三）负荷预测方法

在长期的实践中，人们开发的许多种负荷预测的方法，可分为定性的经验预测技术及依赖于数量模型的定量预测技术。经验预测技术主要是依靠专家或专家组的判断，仅给出一个方向性的结论，当然预测结果也不可能是数值型的。在实际应用中，从可计入人类经验这一点来说，定性方法的预测精度并不比定量方法的预测精度差，甚至比某些定量方法的预测精度更高，尤其是在天气突变重大事件等特殊情况下。

定量预测技术比较常用的主要有时间序列法、卡尔曼滤波分析法、回归分析法、指数平滑预报法、专家系统法、模糊预测法、灰色模型法、优选组合预测法、人工神经网络法等这

几种。以下简单介绍几种。

1. 时间序列法

时间序列法是对给定的过去一段时间的历史负荷记录提取出基本负荷分量、天气敏感负荷分量和特别事件负荷分量后，剩余的残差即为各时刻随机负荷分量，可以看成是随机时间序列。目前最有效办法是 Box-Jenkins 的时间序列法。

2. 卡尔曼滤波分析法

把负荷作为状态变量建立状态空间模型，用卡尔曼滤波算法实现负荷预测。这种算法是在假定噪声的统计特性已知的情况下得出，事实上估计噪声的统计特性是该方法应用的难点所在。此算法适用于在线负荷预测。

3. 回归分析法

回归预测是根据负荷过去的历史资料，建立可以进行数学分析的数学模型，对未来的负荷进行预测。其特点是将预测目标的因素作为自变量，将预测目标作为因变量。回归分析法中自变量是随机变量，因变量是非随机变量，又给定多组自变量和因变量，资料研究各种变量之间的相关关系。利用得到的经验回归方程式来表示变量之间的定量关系，预测系统将来的负荷值。

4. 指数平滑预报法

用过去数周的同类型日的相同时间的负荷组成一组时间上有序的 $y(t)$ 、$y(t-1)$ 、$y(t-2)$、…，对该数组加权平均，计算时应该加大新近数据的权系数，减小陈旧数据的权系数，以体现过程的时变性。

5. 模糊预测法

应用模糊逻辑和预报人员的专业知识，将数据和语言形成模糊规则库，然后选用一个线性模型逼近非线性动态的系统负荷。从实际应用来看，单纯的 FUZZY 方法对于负荷预测精度往往是不尽如人意的。这主要是因为 FUZZY 预测没有学习能力，这一点对于不断变化的电力系统而言是极为不利的。

6. 人工神经网络法

利用人工神经网络（ANN），选取过去一段时间的负荷作为训练样本，然后构造适宜的网络结构，用某种训练算法对网络进行训练，使其满足精度要求，之后用 ANN 作负荷预测。一般而言，ANN 应用于短期负荷预测要比应用于中长期负荷预测更为适宜。因为短期负荷变化可以认为是一个平稳随机过程，而长期负荷预测与国家或地区的政治、经济、政策等因素密切相关，通常会有些大的波动而并非一个平稳随机过程。

（四）母线负荷预测

随着电力系统调度自动化水平的提高，不仅要求预测系统负荷，而且还要求预测母线负荷。母线负荷也是由许多用户负荷组成的，也具有系统负荷所具有的规律性，但随机事件对它的影响远大于系统负荷。

母线负荷预测模型与系统负荷有所不同，包括建负荷区层次（树型）结构和预测计划。预测计划的参数采用大潮流母线负荷数据或状态估计结果修正。系统负荷预测与母线负荷预测关系如图 7 - 24 所示。

原则上讲，母线负荷预测可以采用系统负荷预测的一些方法，这需要及时获得历史母线负荷数据，要求系统具有较为完善的量测配置。然而，目前在我国电力系统中，量测

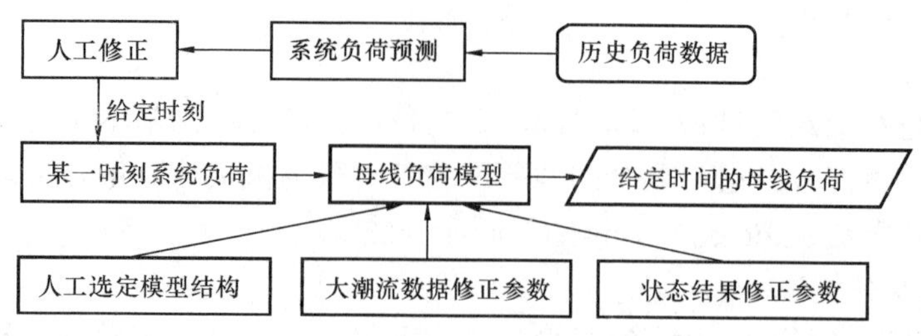

图 7-24 系统负荷预测与母线负荷预测关系

配置尚不充分，可观测性比较差，在这种情况下如何进行母线负荷预测是一个需要解决的问题。

母线负荷预测通常是超短期或短期的，一般采用较为简单的方法以减少对众多母线负荷的预测计算时间，实际是应用母线负荷模型将系统负荷预测值转化为系统内各母线上的有功和无功负荷，如图 7-25 所示。

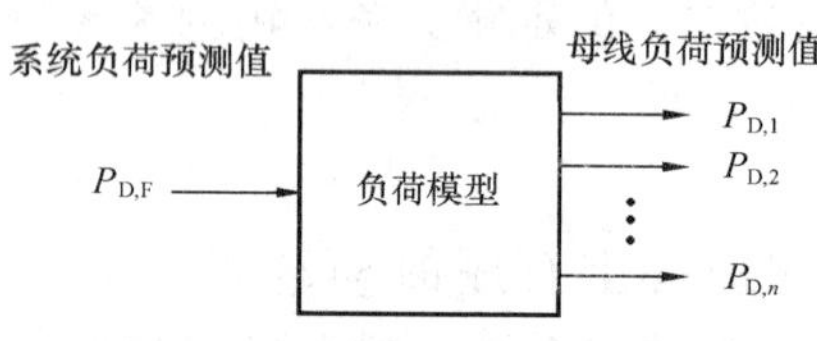

图 7-25 母线负荷预测示意图

母线负荷预测在实时应用中主要用来预测某些未量测的负荷，或代替某些错误量测值，它在离线应用中可以提供未来某一时刻的母线负荷值。

母线负荷模型比较简单的是比例分配模型，但负荷变化在地域上的不一致性和在负荷类型上的不一致性，使得需要构造随时间变化的模型。

树状常数负荷模型：将对应于预测计划的系统负荷分配到每一母线负荷，一般采用多层树状结构的模型。系统负荷对应于树干，母线负荷对应于各枝条的末端。最简单的模型是将上一级负荷按比例（在各时段为常数）分配到下一级负荷。这种模型一般用在很小的系统中和最底层的母线负荷预测中。

负荷区域不一致时，采用区域划分的方法将模型划分为系统负荷、区域负荷、母线负荷三层进行分析求解。负荷类型不一致时，采用按负荷类型划分的负荷树状模型，负荷分为系统负荷、类型负荷和母线负荷三种。在出现负荷类型和区域不一致的情况下，可采用混合模型。

二、短期经济调度

电力系统的短期经济调度问题是以小时为单位确定未来 24h 至一周内电力系统中哪些机组应该运行、何时运行以及运行时各机组的发电功率。经济调度的目标是发电成本最低，同时满足系统负载及其他物理和运行约束。

根据美国最近的一些研究报告表明，对于装机容量在 1000 万～3000 万 kW 的大型电力系统而言，节约 1%的发电成本就意味着每年 1000 万～3000 万美元的经济效益。

一个大型的电力系统经常包括多种发电资源，如火电、水电、抽水蓄能、核电等。系统的决策变量又包含离散和连续变量，每台机组还有各自的运行和物理约束，水电系统还有网络水利约束。所以经济调度问题在数学上是一个高维数、非凸的、离散的、非线性的混合整数规划问题，同时又是 NP 完备的，其计算量随问题规模的增加而呈指数上升，很难找到理论上的最优解。但由于问题的可观经济效益，多年来该问题的研究一直在电力系统领域内非常活跃，获得了一些可喜成果。

尽管经济调度问题涉及机组组合、水火电计划、联络线交换计划、检修计划、燃料计划等诸多子问题，但由于篇幅有限，本文介绍时更侧重于机组组合问题。

(一) 各类发电机组的特点与定性意义的机组组合

不同类型的机组的特点不同，对机组组合的作用也就不同。

火电机组的特点是：

(1) 火电机组的锅炉和汽轮机都有一个技术最小负荷，因此机组正常运行时功率范围是有最小功率和最大功率限制的。

(2) 火电机组的锅炉和汽轮机的退出运行和再度投入不仅要消耗能量，而且要花费时间，且易于损坏设备。

(3) 火电机组的锅炉和汽轮机承担急剧变化的负荷时，既要消耗额外的能量，又要花费时间。

(4) 火电机组的锅炉和汽轮机有高温高压、中温中压之分。高温高压机组设备效率高，但可以灵活调节的范围窄；中温中压机组设备效率较低，但可以灵活调节的范围宽。

(5) 供热机组是一类特殊的火电机组，其技术最小负荷取决于热负荷，也称为强迫功率。

核电机组的特点是：

(1) 原子能反应堆的负荷基本上没有限制，因此机组最小负荷主要取决于汽轮机。

(2) 核电机组的原子能反应堆和汽轮机退出运行和再度投入或承担急剧变化的负荷时，既要消耗能量，又要花费时间，且易于损坏设备。

(3) 核电机组一次投资大，运行费用小。

水电机组的特点是：

(1) 为综合利用资源，保证下游的灌溉和通航，水电机组必须向下释放一定的水量，释放水量所发的功率也是强迫功率。

(2) 水电机组的水轮机也有一个技术最小负荷，其值因具体条件而异。

(3) 水电机组退出运行和再度投入不需要消耗很多能量，也不需要花费很多时间，操作简单。这是水电机组的主要优点之一。

(4) 水电机组承担急剧变化的负荷时，不需要额外消耗能量和花费时间。

(5) 水电机组的水头过分低落时，其可发的功率要降低。换言之，水电厂不一定总能承担它额定容量范围内的负荷。

(6) 水电机组按其有无调节水库、调节水库的大小或其功能分为无调节、日调节、季调节、年调节、多年调节和抽水蓄能等几类。

无调节水库的机组任何时刻发出功率取决于河流的天然流量，由于一昼夜天然流量基本不发生变化，因此这种机组一昼夜发出的功率基本不变。

有调节水库机组的运行方式主要取决于水库调度所给定的耗水量。洪水季节，给定的耗水量较大，为避免溢洪弃水，往往满负荷运行。枯水季节，给定的耗水量较少，为尽可能利用这部分水量，节约火电机组的燃料消耗，往往承担急剧变动的负荷。

抽水蓄能机组是在系统负荷低谷时，抽水到上水库，储蓄水能；系统负荷高峰时，放水至下水库，同时发电。

根据各类机组的运行特点，可见：

（1）一般，火电机组以承担基本不变的负荷为宜。这样可以避免频繁开停设备或增减负荷。其中高温高压机组因效率最高，应优先投入。而且，由于它可以灵活调节的范围较窄，在负荷曲线的更基底部分运行更恰当。其次是中温中压机组。

（2）核电机组的可调容量虽大，但其一次投资大，运行费用小，建成后应尽可能利用，原则上应该持续承担额定容量负荷，在负荷曲线的更基底部分运行。

（3）无调节水库水电机组的全部功率和有调节水库机组的强迫功率都不可调，应首先投入。有调节水库机组的可调功率，在洪水季节，为防止弃水，往往也优先投入；在枯水季节则恰恰相反，应承担高峰负荷。这样一方面能够发挥水电机组快速启动、快速增减负荷的突出优点，另一方面能够减少火电机组的燃料费用和负荷急剧调节带来的设备损耗。

（4）抽水蓄能机组的总效率虽然仅在70%左右，但其介入能够使火电机组的负荷进一步平稳。在系统负荷峰谷差较大且水电机组不多的情况下，抽水蓄能机组已经大量出现并发挥重要作用。

综上所述，可将各类发电机组承担负荷的顺序大致排列如下：

枯水季节：

（1）无调节水电机组；

（2）有调节水电机组的强迫功率；

（3）热电厂的强迫功率；

（4）核电机组；

（5）热电机组的可调功率；

（6）高温高压机组；

（7）中温中压机组；

（8）有调节水电机组的可调功率；

（9）抽水蓄能机组。

洪水季节：

和枯水季节的不同在于，这时有调节水电机组的可调功率往往也归入强迫功率成为不可调功率。

图7-26更加直观地表达了不同季节的不同机组组合顺序。当然，图示是示意性的，不同的负荷曲线特性、不同电网将具体问题具体分析。

在根据负荷曲线，确定机组组合顺序后，接下的工作是要确定各计划运行机组的具体功率水平，也就是有功功率负荷的合理分配。

可以证明，在不考虑电网损耗下，不同的火电机组之间按照相等的耗量微增率进行负荷分配，能够实现系统的总煤耗量最小。这就是著名的等耗量微增率分配准则。在系统中存在水电机组时，或在系统中考虑网损时，等耗量微增率准则需要相应的修正。有关的内容可以参考《电力系统稳态分析》的内容。

（二）数学优化意义的机组组合

上面我们考虑机组组合问题，更多地停留在概念和定性意义上。从运筹学角度讲，机组组合是一个典型的数学优化问题。其中考虑的因素主要是发电成本和约束条件。电力系统的发电成本主要包括燃料费用、启停费用和维护费用三类。由于维护费用很难量化到调度优化中，因此通常在调度过程中不予考虑。约束条件则主要包括系统约束与单机组的物理和运行

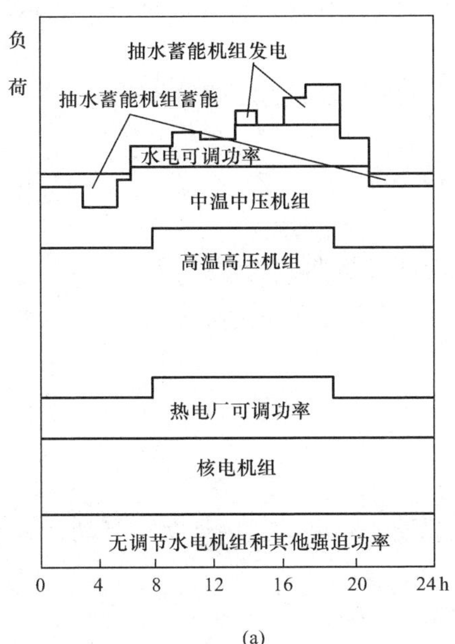

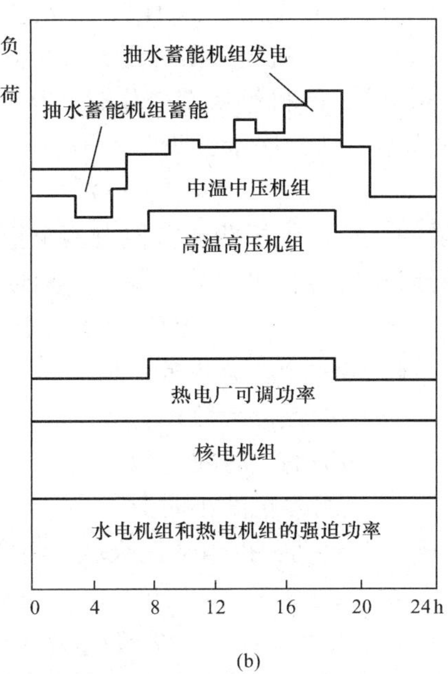

图 7-26　不同机组组合顺序示意图

(a) 枯水季节；(b) 洪水季节

约束。

在系统的实际经济调度中，系统燃料费用取决于电力系统运行中所用的发电设备。火电机组一般使用油、煤作为发电燃料；水电机组和抽水蓄能机组则以水能发电；核电机组用核能发电。一般而言，那些可再生资源、水资源和核能的价格与昂贵的油、煤相比，可以忽略不计。这样，燃料费用主要指火电机组使用的煤、油费用。一台发电的火电机组，其燃料费用可以表示成为发电功率的多项式函数或分段线性函数，这种模型一方面具有计算方便的优点，另一方面这种近似能够满足精度要求。

机组的启停费用是指机组要耗费一定的燃料费用和运行费用将机组启动并工作于能够发电的状态。启停费用不仅与机组的特性有关，而且因受热效率的影响，也与停机时间的长短有关。在机组停机已经超过一定时间时，机组已经完全冷却，因此启动需要消耗的燃料已经不再随停机时间而变化。对于水电机组和抽水蓄能机组而言，启停费用是由于在启停阶段水电转换效率的低下而造成的水资源的浪费，同火电机组相比，这部分费用微不足道。因此在经济调度中，启停费用是主要针对火电机组的。

根据实际系统的需要，机组组合问题可以建立不同的数学模型。

1. 目标函数

机组组合模型的目标函数是系统总运行费用的最小化，为

$$\min_{u_i(t),p_i(t)} J = \sum_{t=1}^{T}\sum_{i=1}^{I}\{C_i[p_i(t)]+S_i[x_i(t),u_i(t)]\} \tag{7-54}$$

式中　T——系统优化时段总数；

I——系统发电机组数；

$p_i(t)$——机组 i 在时段 t 的有功功率；

$x_i(t)$——机组 i 在时段 t 的连续开停机时间；

$u_i(t)$ ——机组 i 在时段 t 的状态，$u_i(t)=1$ 表示运行状态，$u_i(t)=0$ 表示停运状态；

$C_i[p_i(t)]$ ——机组 i 在时段 t 的燃料费用；

$S_i[x_i(t),u_i(t)]$ ——机组状态变化时，从时段 $t-1$ 到时段 t 的启停费用。

这里假设 $p_i(t)$ 二次函数为

$$C_i[p_i(t)] = a_i p_i{}^2(t) + b_i p_i(t) + c_i \tag{7-55}$$

较精确的机组启停机费用特性有两个模型。

（1）冷启动模型：机组从冷却状态启动，其启动耗量曲线为

$$TF_{\mathrm{st}}(t') = TF_0(1-\mathrm{e}^{-t'/a}) + TF_{\mathrm{t}} \tag{7-56}$$

式中 TF_0——锅炉冷启动耗量；

TF_{t}——启动耗量常数；

a——锅炉的热时间常数；

t'——机组停机的小时数。

（2）“压火”启动：机组从压火状态（保持锅炉、汽机一定的温度）启动，其启动耗量函数为

$$TF_{\mathrm{st}}(t') = TF'_0 t' + TF_{\mathrm{t}} \tag{7-57}$$

式中 TF'_0——压火 1h 所需的启动费用。

为了问题简化，有些文献将开机费用取为线性函数的形式。在工程实用中，启停机费用甚至可以根据经验直接给出。

2. 约束条件

系统电力平衡约束

$$\sum_{i=1}^{I} u_i(t)P_i(t) = P_{\mathrm{d}}(t) \quad (t=1,2,\cdots,T) \tag{7-58}$$

式中 $P_{\mathrm{d}}(t)$ ——系统 t 时段的总负荷。

系统负荷备用功率约束

$$\sum_{i=1}^{I} u_i(t)P_{i,\max}(t) \geqslant P_{\mathrm{d}}(t) + P_{\mathrm{RO,U}}(t) \quad (t=1,2,\cdots,T) \tag{7-59}$$

$$\sum_{i=1}^{I} u_i(t)P_{i,\min}(t) \leqslant P_{\mathrm{d}}(t) - P_{\mathrm{RO,D}}(t) \quad (t=1,2,\cdots,T) \tag{7-60}$$

式中 $P_{\mathrm{RO,U}}(t)$、$P_{\mathrm{RO,D}}(t)$ ——系统 t 时段的向上负荷和向下负荷备用功率的最低要求。

系统负荷旋转备用负荷功率约束

$$\sum_{i=1}^{I} \{u_i(t)\cdot\min[P_{i,\max}(t)-P_i(t),\Delta P_{i,U}]\} \geqslant P_{\mathrm{RS,U}}(t) \quad (t=1,2,\cdots,T) \tag{7-61}$$

$$\sum_{i=1}^{I} \{u_i(t)\cdot\min[P_i(t)-P_{i,\min}(t),\Delta P_{i,D}]\} \geqslant P_{\mathrm{RS,D}}(t) \quad (t=1,2,\cdots,T) \tag{7-62}$$

式中 $P_{\mathrm{RS,U}}(t)$、$P_{\mathrm{RS,D}}(t)$ ——系统 t 时段的电网负荷向上旋转备用和下旋转备用功率的最低要求；

$\Delta P_{i,\mathrm{U}}$、$\Delta P_{i,\mathrm{D}}$——发电机组 i 的最大上升功率速度和最大下降功率速度。

输送容量约束

$$|P_l(t)| \leqslant P_{l,\max} \quad (l=1,2,\cdots,L;t=1,2,\cdots,T) \tag{7-63}$$

式中 $P_l(t)$ ——t 时段支路 l 的有功潮流功率；

$P_{l,\max}$——该线路的输送功率极限；

L——电网支路总数。

机组发电功率约束

$$u_i(t)P_{i,\min} < P_i(t) < u_i(t)P_{i,\max} \tag{7-64}$$

式中 $P_{i,\min}$、$P_{i,\max}$——机组 i 的最小、最大发电功率限额。

最小停机时间和最小运行时间约束

$$u_i(t) = \begin{cases} 1 & \text{如果 } 1 \leqslant x_i(t) < \overline{r}_i \\ 0 & \text{如果 } -\underline{r}_i \leqslant x_i(t) < -1 \end{cases} \tag{7-65}$$

式中 $\overline{r}_i$、$\underline{r}_i$——机组 i 的最小运行和停运时间。

机组爬升速度约束

$$-\Delta P_{i,\mathrm{D}} \leqslant P_i(t) - P_i(t-1) \leqslant \Delta P_{i,\mathrm{U}} \tag{7-66}$$

式中 ΔP_i——机组 i 每时段爬升功率的最大值。

3. 机组组合的主要算法

由于机组组合问题是一个高维数、非凸的、离散的、非线性的优化问题，很难找出理论上的最优解。但由于其在电网运行中的重要性，由于其能够带来显著的经济效益，数十年来人们一直在积极研究，提出了各种方法来解决这个问题。概括地讲，机组组合算法分为启发式方法、经典数学优化方法、随机和智能优化方法等。

(1) 启发式方法。启发式方法（heuristic method）是最早使用的一类优化方法，这种方法没有严格的理论依据，依靠直观的判断、实际调度经验或专家系统（expert systems）知识寻找最优解。启发式方法中最典型的方法是优先顺序法。优先顺序法（priority list）将系统可调度的机组按某种经济特性指标事先排出顺序，根据系统负荷大小按这种顺序依次投切机组。启发式方法算法简单、直观、计算速度快，但在性能方面并不要求得出最优解，只希望近似解尽可能“接近”最优解。启发式方法既可单独使用，也可与其他方法结合使用。由于其显著的特点，在目前的研究和应用之中仍大量出现。

(2) 经典数学优化方法。这类方法包括动态规划法、混合整数规划法、拉格朗日松弛法等具体技术。

动态规划法（dynamic programming）是解决多阶段决策过程最优化的一种数学方法。用动态规划法求解机组组合问题时，整个调度期间 T 被分成若干个时段，每个时段即动态规划过程中的一个阶段。各阶段的状态即为该时段所有可能的机组开停状态组合。从初始阶段开始，从前向后计算到达各阶段各状态的累计费用（包括开停机费用和运行时的燃料费），再从最后阶段累计费用最小的状态开始，由后向前回溯，依次记录各阶段使总的累计费用最小的状态，这样就可得到最优的开停机方案，在计算运行所需的燃料费用时，需使用负荷经济分配算法。

为了克服大系统所面临的“维数灾”问题，动态规划法往往和优先顺序法结合使用，在计算量与优化效果之间寻求折中。动态规划法面对“机组爬升速度约束”，处理起来十分繁琐。对于某个给定的状态来说，爬坡速率限制是前一阶段与其相连的状态的函数，对于这个状态，相对于每个前一阶段状态都要进行一次经济负荷分配计算，使占用内存量和计算时间增加，因此只能通过近似方法解决。

混合整数规划（mixed-integer programming）是变量中既有整数又有非整数的数学规划

问题，根据除整数变量以外的其他变量的函数类型，又可分为线性混合整数规划和非线性混合整数规划。这种规划问题解决起来十分困难，常用的方法有分支定界（branch-and-bound）法、Benders 分解（Benders decomposition）法、广义 Benders 分解法等。

拉格朗日松弛（Lagrangian relaxation）法是解决复杂整数和组合优化问题的一类优化算法，它建立在下述思想的基础上：许多困难的整数规划问题可看成是由一些边界约束条件联系在一起的一系列相对容易的子问题组成，利用这个特点，把约束条件被破坏的量和它们各自的对偶变量的乘积加在目标函数上作为惩罚项，形成拉格朗日问题。拉格朗日问题相对容易解决，对于最大（小）化问题，它的优化值是原问题优化值的上（下）界，因此在分支定界法中，它能够取代线性规划法以提供下界。

拉格朗日松弛法在机组组合问题中应用时，把所有的约束写成惩罚项的形式，加入目标函数，形成拉格朗日函数，拉格朗日函数可按单台机组分解成一系列的子问题，子问题一般用动态规划法求解，对偶问题一般用次梯度法求解。

（3）随机化优化算法。该类方法包括遗传算法（genetic algorithm）、模拟退火算法、Tabu 搜索法、人工神经网络法（artificial neural network）、人工蚁群算法（artificial ant colony search algorithms，ACSA）、内点法（interior point method）等。这些随机和智能的算法近年来在机组组合问题的求解中都被不断尝试。

第六节 电力系统发电控制

一、基本原理

自动发电控制（Automatic Generation Control，AGC）是现代电网控制的一项基本和重要功能，也是建立在电网调度自动化的能量管理系统与发电机组协调控制系统（CCS）间闭环控制的一种先进的技术手段。实施 AGC 可获得以高质量电能为前提的电力供需实时平衡，提高电网运行的经济性，减少调度运行人员的劳动强度。

电力系统频率的波动根据其周期长短和幅值大小可分为三类。A 类：频率波动的周期在 10s 至 2～3min，幅值在 0.05～0.5Hz 之间，主要由冲击负荷变动引起，是电网 AGC 主要调节对象。对于这类频率波动，有关设计技术规程根据控制区域内装机容量或最大负荷大小，规定了频率偏差允许的波动范围。B 类：频率波动的周期在 2～3min 至 10～20min 之间，幅值较大，主要由生产、生活及气候变化引起。对这类频率波动的控制，现在主要由 EMS 系统的超短期负荷预报软件进行控制。C 类：频率波动的周期在 10s 之内，幅值在 0.025Hz 以下，由于幅值小、周期短，EMS 不对其进行控制，而由机组的一次调频进行调节。

自动发电控制的基本目标包括：

（1）发电功率与负荷平衡；

（2）保持系统频率为额定值；

（3）使净区域联络线潮流与计划相等；

（4）最小化区域运行成本。

第一个目标与频率一次调整有关；第二个和第三个目标与频率的二次调整有关，也称负荷频率控制（LFC）；第四个目标也与频率的二次调整有关，又称为经济调度控制（Economic Dispatching Control，EDC）。通常所说的 AGC 仅指前三项目标，包括第四项时写为 AGC/EDC，也有将 EDC 功能包括在 AGC 功能之中的。

图 7-27 表示某一联合电力系统，由三个区域及三条联络线组成。各区域内部有较强的联系，各区域间有较弱的联系。

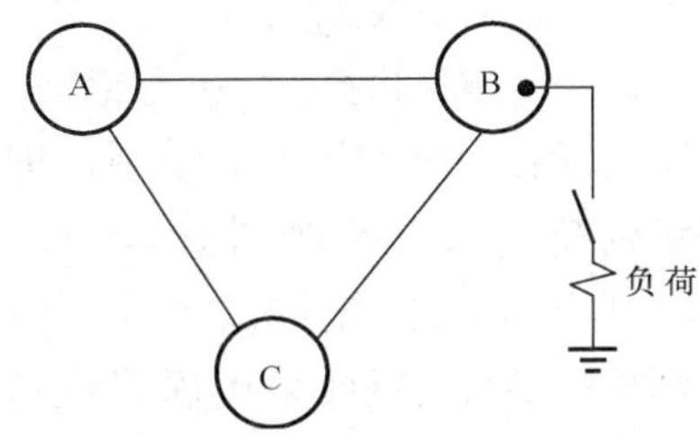

图 7-27　某联合电力系统

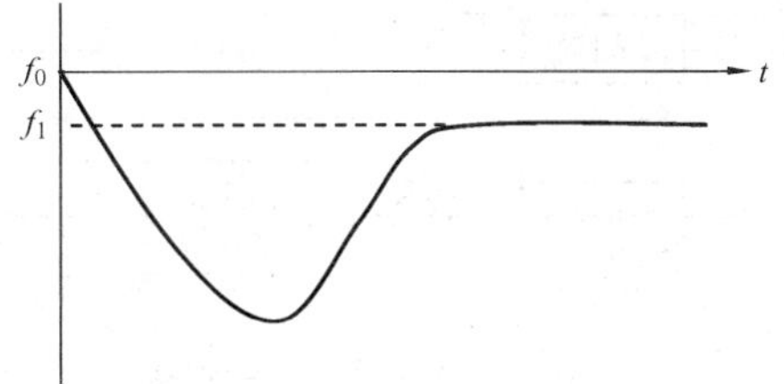

图 7-28　扰动后一次调节的频率变化

正常情况下，各区域应负责调整自己区域内的功率平衡。例如，在图区域 B 中接入了一个新的负荷时：起初联合电力系统全部汽轮机的转动惯性提供能量，整个联合电力系统的频率下降；系统中所有机组调节器动作加大，发电功率提高频率到某一水平，这时整个电力系统发电与负荷达到新的平衡（见图 7-28）；一次调节留下了频率偏差 Δf 和净交换功率偏差 ΔP_{T}，AGC 因此而动作。提高区域 B 的发电功率，恢复频率到达正常值（f_0）和交换功率到计划值（I），这就是所谓的二次调节，如图 7-29 所示。此外，AGC 将随时间调整机组发电功率执行发电计划（包括机组启停），或在非预计的负荷变化积累到一定程度时按经济调度原则重新分配发电功率，这就是所谓的三次调节。从 AGC 来说，一次调节是系统的自然特性，希望快速而平稳；二次调节不仅考虑机组的调节特性，还要考虑到安全（备用）和经济特性；三次调节则主要考虑安全和经济，必要的话甚至可以校验网络潮流的安全性。

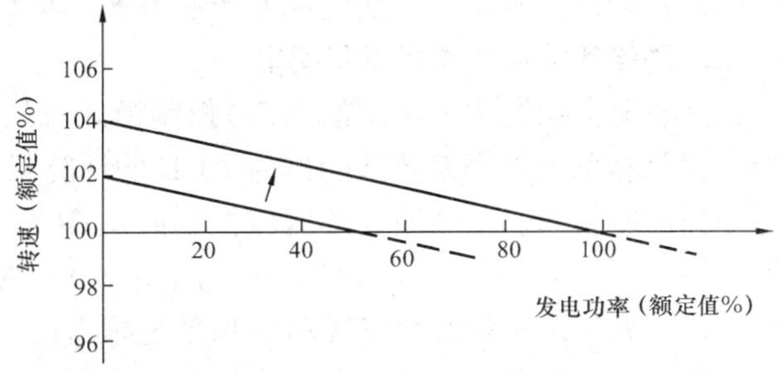

图 7-29　AGC 对调速器的二次调节

AGC 的总体结构如图 7-30 所示，这里主要有机组控制环、区域调节控制环和计划跟踪环三个控制环。机组控制是由基本控制回路去调节机组控制误差到零，在许多情况下（特别是水电厂），一台电厂控制器能同时控制多台机组，AGC 的信号送到电厂控制器后，再分到各台机组；区域调节控制的目的是使区域控制误差（Area Control Error，ACE）调到零，这是 AGC 的核心。功能是在可调机组之间分配区域控制误差，将这一可调分量加到机组跟踪计划的发电基点功率值之上，得到设置发电功率值发往电厂控制器；区域计划跟踪控制的目的是按计划提供发电基点功率，它与负荷预测、机组经济组合、水电计划及交换功率计划有关，担负主要调峰任务。如没有上述计划软件，全部发电计划应由人工填写，这是调度员难以承受的任务。

实现 AGC 的不同控制方式较多，其关键指标是区域控制误差 ACE。常用的控制方式包括：

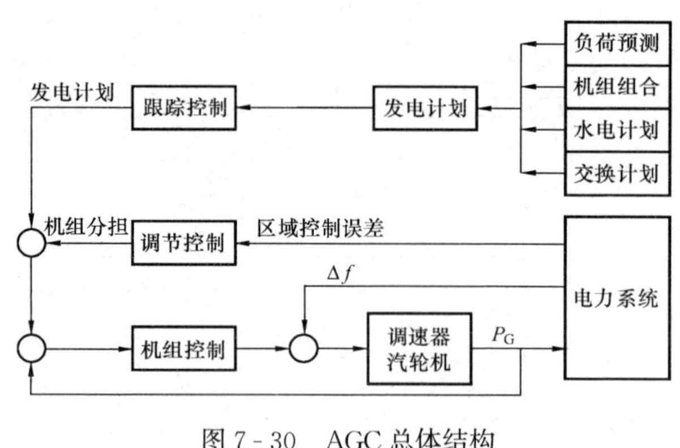

图 7-30　AGC 总体结构

（1）定频率控制 FFC：$ACE = K\Delta f$ 。

（2）定交换功率控制方式 FTC：$ACE = \Delta P_T$ 。

（3）联络线控制偏差模式 TBC：$ACE = \Delta P_T + K\Delta f$ 。

显然，对于孤立电力系统而言 AGC 采用的是恒定频率控制，即自动频率调整；与大系统联合运行的小系统，可以采用恒定净交换功率控制；大系统的 AGC 只能采用联络线控制偏差模式控制。此外，从理论上讲，还有以下控制方式：

（1）自动修正时差控制方式：$ACE = \Delta P_T + K\Delta f + K_t\Delta t$ ；时间偏差是指与系统频率密切相关的电钟与标准天文时间的偏差。

（2）自动修正交换电能差控制方式：$ACE = \Delta P_T + K\Delta f + K_w\Delta w$ ；交换电能偏差是指在合同规定时间内联络线传输电能与合同数额的偏差。

（3）自动修正时差及交换电能差控制方式：$ACE = \Delta P_T + K\Delta f + K_t\Delta t + K_w\Delta w$ 。

二、联络线控制偏差模式的分析

在互联电力系统中最常用的 AGC 控制模式就是联络线控制偏差模式 TBC。该模式将交换功率偏差和系统频率偏差共同作为 ACE 的计算量，将交换功率和系统频率控制在计划值附近作为控制目标。某区域 n 的区域控制误差 ACE 的计算式为

$$ACE_n = (P_t - P_s) + K_n(f_t - f_s) \tag{7-67}$$

式中　P_t、f_t——实际的联络线功率和系统频率；

P_s、f_s——联络线功率和系统频率的计划值；

K_n——该控制区域频率偏差系数设定值。

式（7-67）写为变化量形式为

$$ACE_n = \Delta P_t + K_n\Delta f_{sys} \tag{7-68}$$

式中　Δf_{sys}——互联系统的频率变化量。

TBC 模式具有两个最重要的优点：一是不需要整个互联系统各区域间的通信就可以实现各控制区域的分散自动发电控制；二是可同时将联络线功率偏差和频率偏差控制在允许范围内。

理论上讲，AGC 控制中 ACE 准则是一个静态目标，对频率偏差系数的设定并没有特殊要求。在 AGC 的闭环控制流程中，控制环节内含有一个积分环节，因此频率偏差系数 K 取任何值均可以使 ACE 最终减小到零。然而，从动态响应特性和 AGC 控制稳定的角度来看，K 的设定是非常重要的，并需要有一定的理论依据。下面将从互联系统的自然频率特性出发，讨论合理设定区域控制频率偏差系数的理论依据和准则。

1. 互联系统的自然频率特性

互联系统的自然频率特性由发电机的自然频率特性（也称为发电机的调差特性）和负荷的自然频率特性组成。在讨论互联系统中发电机的频率特性时，假设整个互联系统的频率是

完全相同的，当任意区域的负荷发生变化引起系统频率变化时（AGC 的观点来看，这里的负荷包括用户负荷和输电损耗），整个系统的机组都将自然地响应频率变化。由于互联系统的频率假设是完全相同的，所以系统中负荷发生变化时，各发电机的摇摆也是一致的，此时这些发电机可以用一等值发电机来表示，该发电机具有“等值的转动惯量”和“等值的阻尼系数”。该等值发电机的“等值调差系数 R_{sys}”由各发电机的调差特性综合构成。

由于负荷也将随着系统频率的变化而变化，因此互联系统的自然频率特性中还应包含一个相对较小的负荷因子项 D_{sysld}，此时互联系统的自然频率特性可以表示为

$$K_{sys}=D_{sysld}+\frac{1}{R_{sys}} \tag{7-69}$$

当互联系统中增加 ΔP_L 的负荷时，系统频率将按系统的自然响应特性变化并到达另一稳定值，此时系统输出功率的总变化 ΔP 与负荷的变化达到平衡，频率的变化量为

$$\Delta f_{sys}=-\frac{1}{K_{sys}}\Delta P_L \tag{7-70}$$

系统输出功率的变化量为

$$\Delta P_{sys}=\Delta P_L=-K_{sys}\Delta f_{sys} \tag{7-71}$$

为简单起见，设有一个由 A、B 两个控制区域所组成的互联系统，如图 7-31 所示。对整个互联系统有

$$K_{sys}=D_{Ald}+D_{Bld}+\frac{1}{R_A}+\frac{1}{R_B} \tag{7-72}$$

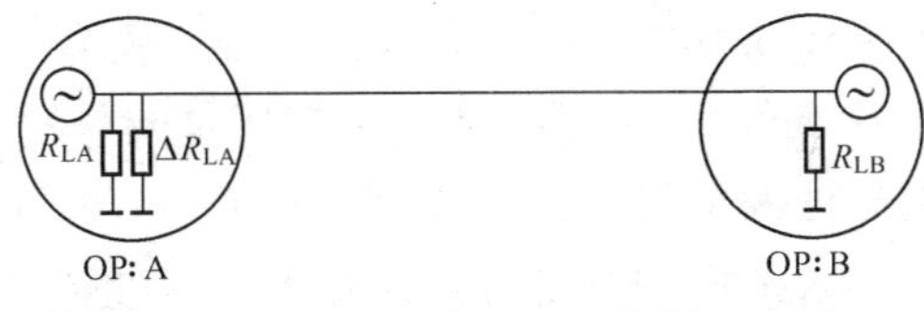

图 7-31 互联系统 TBC 控制示意图

若 B 控制区增加 ΔP_L 的负荷，A、B 两控制区联络线功率的变化量分别为 ΔP_{AB}、ΔP_{BA}，区域功率输出变化量为 ΔP_A、ΔP_B，当系统达到稳定后（$\Delta f_{sys}=\Delta f_A=\Delta f_B$），可得到下面的方程组

$$\begin{aligned}\Delta P_A-\Delta P_{AB}&=0\\ \Delta P_B-\Delta P_{BA}-\Delta P_L&=0\\ \Delta P_A&=-K_A\Delta f_{sys}\\ \Delta P_B&=-K_B\Delta f_{sys}\\ \Delta f_{sys}&=-\frac{\Delta P_L}{K_{sys}}=-\frac{\Delta P_L}{K_A+K_B}\end{aligned}$$

解之可得

$$\Delta P_{AB}=\frac{K_A}{K_{sys}}\Delta P_L \tag{7-73}$$

$$\Delta P_{BA}=\left(\frac{K_B}{K_{sys}}-1\right)\Delta P_L \tag{7-74}$$

式（7-73）表示当控制区外负荷变化时，该区域联络线功率的变化量。式（7-74）表示控制区内部有负荷变化时的联络线功率变化。为计算系统恢复到稳态时区域控制误差 ACE，可将式（7-73）和式（7-74）代入式（7-68）得

$$ACE_A=\Delta P_{AB}+K_1\Delta f_{sys}=\frac{K_A-K_1}{K_{sys}}\Delta P_L \tag{7-75}$$

$$ACE_B=\Delta P_{BA}+K_2\Delta f_{sys}=\frac{K_B-K_2}{K_{sys}}\Delta P_L-\Delta P_L \tag{7-76}$$

2. 选择合理的区域控制频率偏差系数 K_A、K_B 的讨论

由式（7-75）和式（7-76）可知：

（1）如果将区域A、B的频率偏差系数 K_1、K_2 设定得与各自区域的自然频率特性系数 K_A、K_B 相等，则没有负荷变化的A区域的 *ACE* 值等于零，有负荷变化的B区域的 *ACE* 值等于该区域的负荷变化量本身。A区域除对频率变化进行一次响应外，AGC并不调节A区域内的发电机功率；B区域的AGC控制作用将调节B区域内的发电机功率以满足负荷的增加。

（2）如果将区域A、B的频率偏差系数 K 设定得大于各自区域的自然频率特性系数，则没有负荷变化的A区域的 *ACE* 值小于零，此时A区域虽然没有负荷不平衡，但AGC还是调节发电机增加功率。有负荷变化的B区域的 *ACE* 值的绝对值变大，B区域的AGC控制作用将以更快的速率调节发电机功率以满足负荷的增加。因此，总体上讲，将区域A、B的频率偏差系数定得大于各自区域的自然频率特性系数，可以以更快的速度响应并校正频率和联络线功率偏差，其代价是没有负荷不平衡的A区域也参与了调节。

（3）如果将区域A、B的频率偏差系数 K 设定得小于各自区域的自然频率特性系数，则有负荷变化的B区域的 *ACE* 值的绝对值变小，B区域的AGC控制作用将以较慢的速率调节发电机功率以满足负荷的增加。没有负荷变化的A区域的 *ACE* 值大于零，此时A区域虽然没有负荷不平衡，但AGC还是调节发电机功率响应这一偏差，而且是不恰当地减小本控制区的发电机功率，从而延长了调节时间。

综合上面的讨论可知，对于每个控制区域而言，应将频率偏差系数取得与本地区系统的自然频率调节特性尽可能一致，并根据系统情况及时予以更新。理论上讲，由于自然频率调节特性中的负荷效应项相对较小，控制区域中发电机的综合调差系数可以作为设定频率偏差系数的基础。

3. 选择合理的区域控制频率偏差系数 K 的实际方法和问题

由式（7-75）和式（7-76）可知，理想状况是将区域控制的频率偏差系数设置得与本区域的自然频率特性相等，负荷不变的所有区域的 *ACE* 都为零，负荷有变化的控制区域的 *ACE* 等于负荷变化本身，此时没有负荷变化的区域仅分担了一次响应，AGC对外区域的负荷变化并不作进一步的响应，有负荷变化的区域将在一次响应后在AGC的控制下进行二次响应以满足本地区负荷的变化。这样就分清了互联系统中各控制区域的一次响应和二次响应，从而使各区域的AGC能有效、合理地进行发电控制，保证频率质量。

但在实际应用中选择合理的区域控制频率偏差系数 K 还会遇到一些问题：首先，要获得某控制区域的准确的自然频率特性本身就是比较困难的，特别是要考虑负荷的频率特性时难度更大；其次，在 *ACE* 中采用的是固定频率偏差系数，而控制区域的自然频率特性是随负荷水平和在线机组数的变化而变化的，这样就存在着固定的频率偏差系数和变化的区域自然频率特性之间的矛盾。

实践中的一般做法是：在各AGC控制区域中，每年一次根据下一年预测的最大负荷峰值来确定频率偏差，典型值大约按最大负荷变化2%时频率偏差为0.1Hz来设置。但按每0.1Hz最大负荷的2%来设置区域控制频率偏差系数 K 的一个可能结果是，在负荷低时，K 值可能比本控制区当前的实际自然频率特性大得多，从而可能引起AGC的不稳定控制，造成各控制区域的周期性振荡。

三、火电厂内 AGC 控制的实施

电网调度自动化的一个重要任务是实时监视电力系统频率的波动并随时调整发电机功率，使系统功率总量始终维持在平衡状态。AGC 是指发电机组的 CCS 系统根据调度中心 EMS 系统 AGC 软件计算结果输出的 set-point 指令，自动调节发电功率，维持电网频率和（或）区域联络线交换功率在规定范围内。

目前火电机组参加电网 AGC 模式有三种：①对不具备调节能力的老机组及中小型机组，按调度中心前一日下发的发电曲线进行小时级的负荷调节；②对配置调功装置的机组，由 EMS 根据超短期负荷预测制定的超短期发电计划软件输出的实时计划曲线发送至电厂调功装置，再由调功装置分配到各台机组，进行 15min 周期的自动调节；③对具有完善 CCS 自动调节性能好的机组，由 EMS 直接控制到机组，进行 8～12s 周期调节。

《火力发电厂设计技术规程》规定：电厂规划容量为 1200MW 及以上，单机容量为 300MW 及以上的大型火电厂可设置厂级实时监控系统。因此，21 世纪的电网 AGC 可按不同电厂依以下三种模式进行。

1. 机组数量少且调节性能好的火电厂

这类电厂可继续沿用现有控制模式，即 AGC 直接控制到机组方式（见图 7-32）。参加此类模式的机组数量由电网调度中心根据全网 A 类频率波动需调整的幅值确定。要求机组调节性能强，响应速度快，调节幅度不宜过大，可控制在 10%之内，便于机组运行的稳定性。

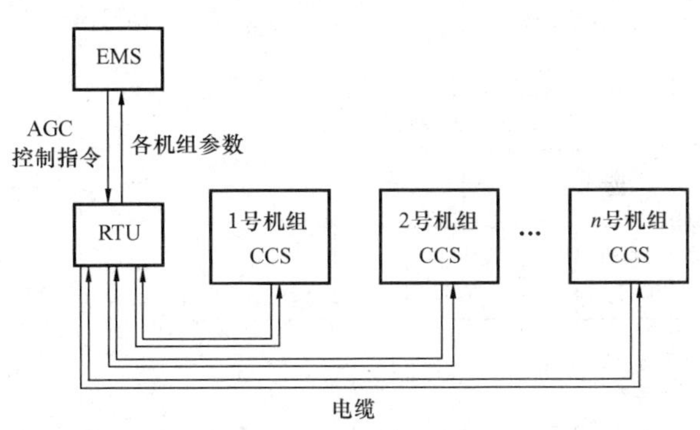

图 7-32 EMS 直接控制机组的 AGC 模式

2. 新建大型火电厂

新建大型火电厂厂级 SIS 可与机组级的 DCS 进行一体化设计。它与电网调度中心 EMS 主站之间通过电力系统数据网络或点对点的数据通信方式进行通信，传送全厂实时信息和存煤情况、申报电价等数据；与机组及公用系统的 DCS 之间实现 10～100Mbit/s 局域网的网段交换。而调度中心则从全网经济和安全角度出发，将秒级调节指令和（或）实时发电曲线下达至被调电厂的 SIS，由 SIS 在全厂经济性能计算的基础上，把负荷目标值传送至各机组的 DCS，完成机组的开停及负荷优化分配，实现各机组的最佳运行工况。SIS 可承担电网 A 类和 B 类频率波动的调节和控制，对 B 类频率波动的控制指令通过局域网传送，对 A 类频率波动的调节指令通过硬接线方式或通过一体化设计的网络方式传送。在工程实施中应根据 DCS 厂商的具体实施方案结合控制延时和响应速率确定。

厂级 SIS 系统应在电厂初设阶段进行一体化总体设计，实现与厂内各台机组及公用系统 DCS 的软硬件连接，合理安排全厂信息流程，并对经济调度和资源优化进行通盘考虑。这符合电网调度自动化信息就近入网、控制分层实施的原则，也有利于减少现有电厂设计中设备重复配置占用的控制室面积，减少各专业设备间的接口问题。SIS 如有可能还可承担电力市场买卖电量交易终端角色，完成电价申报、发电成本分析、运行计划安排、资源优化、数据传输等功能。图 7-33 所示为 SIS 分层控制的 AGC 模式。

3. 扩建和改建的火电厂或多台机组的老电厂

对此类电厂可采用远动和SIS并存的控制模式（见图7-34），即电厂的运行信息及实时计划曲线由SIS与EMS通信完成，AGC调节指令由EMS至RTU至CCS实现。此模式可同时具备对电网A类和B类频率波动进行调节，但必须在RTU的出口控制回路和SIS的出口控制回路之间实现闭锁。关于RTU的配置，如升压站电气控制装置也进入DCS，仅用于AGC控制的RTU可采用分布式的小容量I/O单元，放置在各单元机组DCS机房的CCS机柜内。RTU的I/O单元用光纤与RTU的主CPU及通信模块通信，通过电力系统数据网络（广域网）或常规远动方式实现与EMS通信。

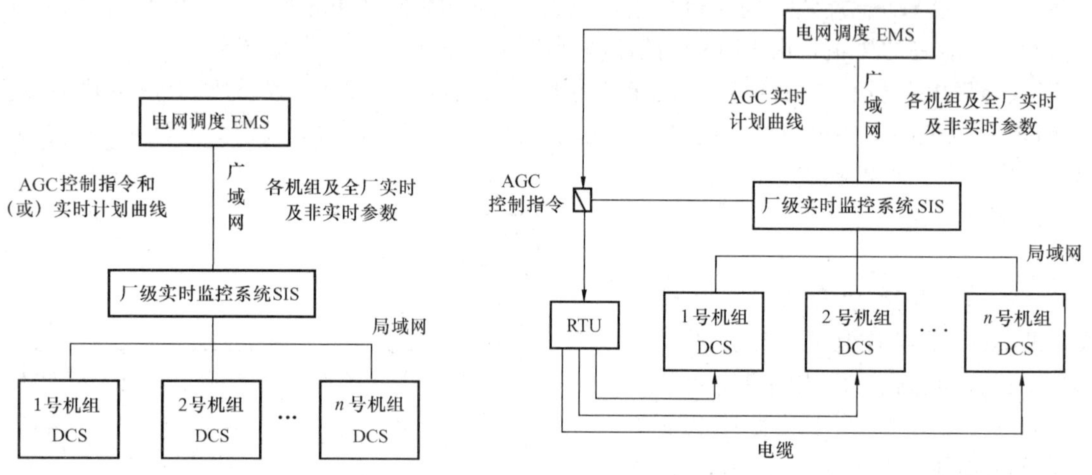

图7-33 SIS分层控制的AGC模式

图7-34 远动和SIS并存的控制模式

此模式要求同时实现SIS与厂内各机组级的DCS网控室的监控系统等计算机系统连接，保证设置在SIS上的总值长工作站能同时看到全厂信息。

第七节 调度员培训模拟系统

随着电力工业的发展，电网规模日益扩大，对供电可靠性的要求也越来越高。电力系统故障是由调度员统一协调、指挥处理的，如果处理不当可能会发展成大面积、灾难性故障。为实现电力系统的经济安全运行，一方面要求组成电力系统的元件和自动装置可靠性高；另一方面在目前调度自动化尚不能很好处理系统中所有故障的情况下，要求有高水平的调度人员。对许多重大事故的分析表明：运行人员临时慌乱做出错误判断和处理不当，往往是事故扩大的主要原因之一。提高调度员的调度水平，增强反事故能力成为很迫切的任务。

过去运行人员的经验主要来自实时工作积累，通常的培训方式有跟班学习、课堂式反事故演习和事故处理经验总结等。但当实际事故出现时，调度员往往仍不知所措。造成这种问题的原因是：电力系统事故率很小，即使发生事故也往往由于事故过程很短，很难在一两次事故中积累足够的经验，调度员没有机会在电网多次异常和事故中得到磨炼。而实际电网是不允许人为制造事故的，这就要求采用其他方式对电力系统进行模拟。随着计算机在线控制的应用，调度员培训仿真器日益成为培训电网调度员的重要手段之一。

调度员培训模拟系统（Dispatcher Training Simulator，DTS）是一套计算机系统，它按被仿真的实际电力系统的数学模型，模拟各种调度操作和故障后的系统工况，并将这些信息送到电力系统控制中心的模型内，为调度员提供一个逼真的培训环境，以达到既不影响实际电力系统的运行而又培训调度员的目的。

一、总体结构

调度员培训模拟系统通过模拟电力系统和控制中心为调度员提供了一个逼真的环境，以便培训在系统正常、故障和恢复情况下的操作。其基本组成部分应有三个，如图 7 - 35 所示。

控制中心模型（CCM）：CCM 应与实际控制中心的环境一致，是能量管理系统的完整拷贝。CCM 是培训模拟器中学员所面对的环境，包括网络分析（NA）、数据采集和监控（SCADA）、自动发电控制（AGC）等功能。

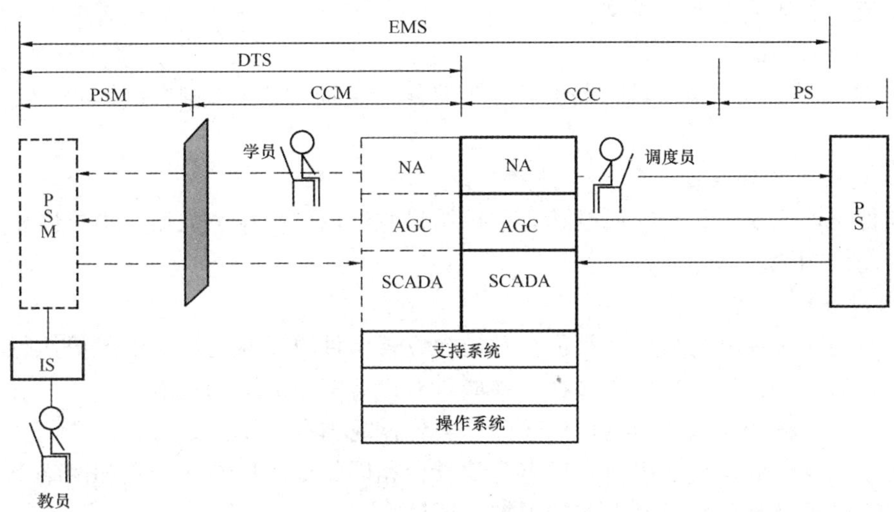

图 7 - 35 调度员培训模拟系统示意图

电力系统模型（PSM）：PSM 模拟电力系统网络及各种设备的静态和动态响应，包括发电机组、输电线路、负荷、变压器和继电器等。对 PSM 的要求是对电力系统高度逼真的模拟，要协调好计算速度和模型精度之间的关系。

教员台（IP）：IP 提供了监视和控制培训过程的功能，包括初始化和调整控制参数、设置事件序列、与学员通信及干预培训进程等。

DTS 是 EMS 的一个有机组成部分，给用户提供了两种运行环境，控制中心环境和电力系统模拟环境。在培训过程中，学员只能从模拟的控制中心环境（即 SCADA 和 AGC 等）中观察电力系统的运行状态，却不可能直接看到电力系统模型，正如图 7 - 35 所示，在学员和 PSM 之间挡有一个单向透明的玻璃。教员可以面对两种环境，能看到学员，以便观察学员的操作和表情，而学员看不到 PSM 和教员，这种模型更符合电力系统调度中心的实际。

（一）控制中心模型

控制中心模型与实际控制中心的环境一致，是能量管理系统的完整拷贝，包括数据采集和监控（SCADA）、网络分析（NA）、自动发电控制（AGC）等，包含有调度员工作站的人机操作的所有功能；数据更新与处理；越限和变位监视；报警处理；远方调节和控制操作；数据分析与显示。

（二）电力系统模型

1. 电力系统稳态模型

它包括母线、线路、变压器、电抗器、电容器、开关、刀闸、负荷、继电保护、安全自动装置等模型，网络拓扑及稳态潮流。

2. 电力系统动态模型

动态模拟是通过求解微分方程来模拟发电机组及有关控制系统的动态响应，得到机组的输出功率和频率，动态模拟的步长一般为1s。动态模拟中需要以下模型：

（1）电源模型，包括发电机、励磁系统、原动机、调速系统、锅炉、核电站、抽水蓄能电站等。

（2）负荷模型：应能反应频率和电压变化时负荷的动态特性。

（3）交流、直流输电系统模型。

（三）教员台系统

DTS教员台系统工作由培训前初始条件准备、培训中操作控制和培训后处理三部分组成。

1. 培训前初始条件准备

初始条件可取用实时数据断面或状态估计结果并辅以外网相关数据，也可以根据需要人工调出一个离线潮流。

2. 培训过程中的操作和控制

（1）对电力系统模型的操作。教员在教员台设置事件以及充当厂站值班员执行学员下达的调度命令。事件的设置方法应有多种，并应具有设置多重故障的功能。

（2）对培训过程的控制。包括培训暂停、暂停恢复与存储快照。

（3）对学员操作的监视。教员台应有与学员台相同的全部厂站接线图和网络单线图，可监视学员操作结果及显示学员对电网的遥控、遥调命令。

3. 培训后的处理

（1）快照重放。对培训过程中的快照可按指定的时间段和周期逐一予以播放。

（2）培训重演。可以从培训的全部快照中，选择感兴趣的某一快照作为重演的起始断面，逐一重演该时间段内的全部事件。

（3）复现动态曲线。进入培训评估后，应可以复现培训阶段存储的任一动态曲线。

（4）培训评估。培训结束后自动生成评估报表。

二、系统基本功能

（1）基本调度指令的模拟。用于培训的基本操作包括所有的遥控、遥调调度指令与故障处理操作。

（2）故障的设置。用于进行故障培训时模拟各种故障事件的输入，教员可以根据需要选择下列故障要素：故障起始时间、故障点、故障持续时间、故障类型、故障点接地阻抗等。

（3）误操作的模拟。模拟各种误操作并自动生成相应的故障事件。

（4）继电保护及自动装置动作行为的模拟。故障时，将自动显示继电保护及自动装置其动作情况。

(5) 开关或保护误、拒动模拟。模拟任一开关或保护的拒动、误动。

(6) 查询、监视功能。查询系统运行的有关信息；具备 SCADA 所具有的各种监视画面。

(7) 培训过程控制。可进行暂停、恢复、快照、恢复初态、恢复事故前的状态、重放等。

(8) 教案制作及培训评估。

第八节 EMS 系统相关技术的最新进展

一、概述

近年来，伴随着调度自动化系统对象的日趋丰富、手段的不断完善和目标的适时调整，调度自动化系统的支撑理论和实用技术仍然在不断发展，相关领域的研究十分活跃。这主要体现在以下几个方面：

(1) “十二五”期间，我国将继续加大电网投入，构建坚强主网架，促进大型能源基地集约化开发和清洁能源高效利用，推动电源与电网、电源基地与输电通道、各电压等级电网、一次系统和二次系统协调发展。远距离电能输送中将较多地采用直流输电方式。交直流混合互联电力系统的形成，使电力系统的动态行为更加复杂，也加剧了电力系统动态分析的难度。至今，科学界和工程界对互联电力系统的动态过程仍然缺乏足够的认识。在此背景下，近年来调度机构积极推行精细化稳定限额管理、简单可靠的安全自动装置应用、解开电磁环网分层分区运行、采用更为详细的模型进行计算分析等工作，开展自动无功电压优化控制系统、在线稳定分析和动态稳定监视控制技术、并行计算技术、短路电流抑制技术、同塔多回路应用技术、在线预决策技术等的研究、推广和应用工作。尽管如此，确保电力系统安全，努力解决电网动态稳定问题、超（特）高压电网运行问题、全国联网的联络线控制问题、交直流系统相互影响问题、电力市场运作安全和经济协调问题，仍将使调度部门面临严峻的挑战。

(2) 电力系统是一个高维数、高阶次、非线性、非自治的复杂巨系统，是世界上最复杂的控制系统之一。20 世纪 60 年代以来，在世界范围内的各电力系统中，先后发生多起由于局部偶然故障人为处理不当或自动装置控制不力引发的连锁性故障，进而导致大面积停电事故，即所谓的电力系统灾变。近年来，类似 2003 年“8·14 美加大停电”等电力系统恶性事故仍不断发生。人们在呼吁加强电网统一调度的同时，一个不容回避的问题是：目前我们还没有建立完善的电力系统动态行为监视手段，还没有十分准确可信的电力系统动态仿真工具，也还没有完备的行之有效的在线动态分析与控制理论。客观的高度需求促进了近年来以广域测量系统（Wide Area Measurement System，WAMS）为基础的电力系统实时动态监测系统全方位的研究。

(3) 目前调度机构中同时存在的能量管理系统、电能量计量系统、调度生产管理信息系统、继电保护管理信息系统、水调自动化系统、实时动态监测系统在保障电网安全稳定优质运行、提高调度机构的生产管理水平和工作效率的同时，缺陷逐渐显现：一是系统间数据流向不合理、系统间通信接口复杂；二是各应用系统的数据分散、网络模型参数得不到共享，增加了系统参数和数据维护的难度；三是系统和设备种类繁多、硬软件配置水平低或重复配置，新增应用和系统扩充、升级改造比较困难；四是上下级调度机构相关应用系统之间难于方便地实现网络模型参数和数据的交换与共享。开展综合数据应用支撑平台的设计和建设，实现调度系统数据整合，是今后一段时期的重要基础性工作。通过该工作，将逐步实现调度系统各应用系统在结构、功能、数据流向、数据命名、设备命名、数据交换等方面的规范化和标准化，理顺和解决调度系统现有各应用系统在系统结构、数据流向、数据应用等方面的不合理性，建成安全、可靠、规范、高效的基础数据与应用支撑平台，实现系统资源、数据资源的最大优化和共享。

（4）当前包括EMS系统在内的电力二次系统的安全防护也是一个重要而崭新的研究课题。传统概念上，安全防护主要是防范对调度数据网络的攻击侵害及由此引起的电力系统事故。近年来，国际安全形势发生了许多重要变化，特别是美国“9·11事件”之后，整个世界经济及工业基础的安全性受到重新评估和再认识。电力作为经济的基础和重要命脉，其自身的安全性尤其受到重视。社会关于开展电力系统反恐与灾变防护的呼声十分高涨。由于分布地域广、系统耦合紧密等原因，使得科学、有效地构建电力系统防范体系存在巨大的难度。国家电力监管委员会2004年12月颁发的《电力二次系统安全防护规定》（电监会5号令）及2006年11月进一步配套的《电力二次系统安全防护总体方案》将“安全分区、网络专用、横向隔离、纵向认证”作为我国电力二次系统安全防护工作应当坚持的重要原则，明确了二次系统安全防护的重点是保障电力监控系统和电力调度数据网络的安全，同时对二次系统安全防护的技术措施和安全管理提出了明确的要求。该规定是对原国家经贸委第30号令《电网和电厂计算机监控系统及调度数据网络安全防护规定》的进一步完善和深化，对规范和指导全国电力二次系统安全防护工作有着非常重大的指导意义，标志着我国电力二次系统安全防护工作已经迈入了一个新的阶段。

（5）传统电力行业管理机制的弊端、用户降低电价和提高服务质量的期望、投资者对调整进入壁垒的企盼，成为电力行业改革的内部动力和外部激励。2002年国务院印发了《电力体制改革方案》，明确电力体制改革的总体目标是：打破垄断，引入竞争，提高效率，降低成本，健全电价机制，优化资源配置，促进电力发展，推进全国联网，构建政府监管下的政企分开、公平竞争、开放有序、健康发展的电力市场体系。《国民经济和社会发展第十二个五年规划纲要》进一步指出，要“深化电力体制改革，稳步开展输配分开试点”，要“积极推进电价改革，推进大用户电力直接交易和竞价上网试点，完善输配电价形成机制，改革销售电价分类结构”。伴随着不可逆转的电力市场改革的深入进行，一个新的技术支撑平台——电力市场运营系统（Power Market Operation System，PMOS）业已出现并在不断完善。电力市场运营系统根据不同的市场模式而功能各异，但与传统的EMS系统有许多相同或相近的功能。在电力市场环境中如何实现这两个系统有机、高效、科学的融合也是需要在实践中不断探索的问题。

（6）能源是人类社会赖以生存和发展的重要物质基础，电力是一次能源消耗大户。我国能源资源的特点是能源资源总量比较丰富，人均能源资源拥有量较低，能源资源储存分布不均衡，能源资源开发难度较大。《中华人民共和国国民经济和社会发展第十二个五年规划纲要》明确提出，到2015年，非化石能源占一次能源消费比重达到11.4%；单位国内生产总值能源消耗降低16%，单位国内生产总值二氧化碳排放降低17%；化学需氧量、二氧化硫排放分别减少8%，氨氮、氮氧化物排放分别减少10%。节约能源，是中国缓解资源约束的现实选择。2011 年 8 月，国务院印发的《“十二五”节能减排综合性工作方案》提出要加强节能发电调度，研究推行发电权交易。所谓节能发电调度，就是改革发电调度方式，电网企业要按照节能、经济的原则，优先调度水电、风电、太阳能发电、核电以及余热余压、煤层气、填埋气、煤矸石和垃圾等发电上网，优先安排节能、环保、高效火电机组发电上网；电网企业及时、真实、准确、完整地公布节能发电调度信息，电力监管部门实施对节能发电调度工作的监督。可以预见，节能发电调度深化实施后，调度中心需要对电厂的煤耗水平和污染物排放水平进行有效监测，EMS 系统的有关高级应用软件也必将进行重大调整。

（7）在政治经济格局不断变化和应对气候变化的双重推动下，世界正在掀起以绿色、低碳技术为核心的新一轮能源变革。我国将坚持节约优先，优先开发水电，优化发展煤电，在保障安全的前提下有序发展核电，积极推进风能、太阳能等可再生能源发电，有序开发生物质能，适度发展天然气发电，因地制宜发展分布式发电，加快推进智能电网建设。其中，可再生能源的开发利用得到了国家高度重视，2005 年 2 月《可再生能源法》由全国人民代表大会常务委员会通过并于 2006 年开始施行，2009 年 12 月《可再生能源法》得以修改并于 2010 年 4 月起施行。法律规定，国家鼓励和支持可再生能源并网发电，电网企业应当全额收购其电网覆盖范围内可再生能源并网发电项目的上网电量。风电具有间歇性和变化性，在其蓬勃发展的同时也面临着巨大挑战，如何在促进大规模风电并网和全额收购的同时确保电力系统安全稳定运行，越来越艰巨地摆在电力行业的规划、生产、调度和科研工作者的面前，特别是它向电力生产运行与调度管理提出了新的要求，增加了新的难度。政府和监管部门需要制定风电并网管理规定，调度中心需要完善调度指挥体系、提高和丰富技术手段。EMS 系统的硬件体系需要拓展延伸，高级应用软件需要增加功能，随着风电占比的增加，一些未知的技术难题更等待攻克。

二、交直流混合电力系统的运行与调度控制

1. 交直流混合系统的基本概念

直流输电的基本原理接线图如图 7-36 所示。这个简单的直流输电系统包括两个换流站 C1、C2 和直流线路。

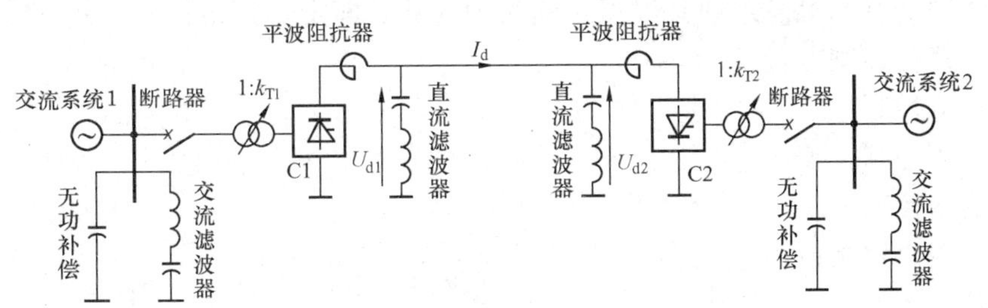

图 7-36　直流输电的基本原理接线图

与交流输电相比，直流输电有三个显著优点：①输电距离足够长时，直流输电的经济性优于交流输电；②直流输电通过对换流器的控制可以快速调整直流线路上的功率，从而提高交流系统的稳定性；③直流输电线路可以连接 2 个不同步或频率不同的交流系统。正是由于上述优势，直流输电愈来愈多地应用到了各大电力系统中，使得现代电力系统成为在交流系统中包含直流输电系统的交直流混合系统。

2. 交直流混合系统的基本控制

如图 7-36 所示，当交流系统 1 经直流输电线路向交流系统 2 输送电能时，C1 为整流运行状态，C2 为逆变运行状态（C1 相当于电源，C2 相当于负载）。设直流线路电阻为 R，则线路电流为

$$I_d = (U_{d1} - U_{d2})/R \tag{7-77}$$

C1 送出的功率和 C2 接受的功率分别为

$$\left.\begin{aligned} P_{d1} &= U_{d1} I_d \\ P_{d2} &= U_{d2} I_d \end{aligned}\right\} \tag{7-78}$$

注意逆变器 C2 的直流电压 U_{d2} 与直流电流 I_d 的方向相反，只要 U_{d1} 大于 U_{d2}，就有满足式（7-77）的直流电流通过直流线路。因此通过调整直流电压的大小就可以调整输送功率的大小。必须指出，如果 U_{d2} 的极性不变，即使 U_{d2} 大于 U_{d1}，C2 也不能向 C1 输送功率。换句话说，式（7-77）的值不能为负，这是因为换流器只能单向导通。如果要调整输送功率的方向，则必须通过换流器的控制，使两端换流器的直流电压极性同时相反，也就是 C1 为逆变运行状态，C2 为整流运行状态。

换流器的控制是直流系统控制的关键。分析表明，通过调整换流器控制角（α_1、μ_2）及换流变压器的变比（k_{T1}、k_{T2}）可以控制直流线路的输送功率。直流线路两端的交流系统电压对直流线路的输送功率可产生直接影响，但交流系统采取调控措施远没有调整直流系统中换流器的触发角和换流变压器变比方便。换流器触发角的调整由调整触发电路的电气参数实现，其调整速度非常快，大约在 1～10ms 的数量级；换流变压器变比依靠分接头的机械调整实现，调整一级大约需要 5～6s。

在电力系统运行中，一般的控制过程是：首先由自动控制系统调整触发角（α_1、μ_2）而使整个电力系统快速地达到合适的运行状态；然后通过调整换流变压器变比（k_{T1}、k_{T2}）使换流器的触发角运行在合适的值域；最后通过交流系统的优化调整使全系统运行在理想状态。实际稳态运行中必须根据系统的运行要求对直流系统中各个换流器的控制方式加以指定。最常用的正常运行控制方式为：调整整流器的触发角使其直流电流为定值，即定电流控制方式；调整逆变器的触发角使其熄弧超前角为常数，即定熄弧角控制方式。在潮流计算中一般考虑以下几种控制方式：

（1）定电流控制；

（2）定电压控制；

（3）定功率控制；

（4）定控制角控制；

（5）定变比控制。

3. 交直流混合系统的潮流与状态估计

（1）潮流计算。目前采用的交直流混合系统的潮流计算方法主要分为统一迭代法和交替迭代法两类。

统一迭代法是以极坐标下的牛顿法为基础，将交流节点电压的幅值和相角与直流系统中的直流电压、直流电流、换流变压器变比、换流器的功率因数及换流器控制角统一进行迭代求解。该方法具有良好的收敛性。

交替迭代法则是在计算过程中将交流系统方程和直流系统方程分别进行求解。在求解交

流系统方程时，将直流系统用接在相应节点上已知的注入有功功率和无功功率来代替。在求解直流系统方程时，将交流系统模拟成加在换流器交流母线上的一个恒定电压。

（2）状态估计。状态估计是利用实时量测系统的冗余度来提高数据精度，自动排除随机干扰所引起的错误信息，估计电力系统的运行状态。在状态估计中首先必须明确状态量和量测量。详细的交直流混合系统的状态估计算法可以参考有关文献，这里就不再阐述。

交直流混合系统的量测量 Z 主要包括交流系统量测量、直流系统量测量和交直流联接部分量测量三部分：

1）交流系统量测量，即为原交流系统远动测量值，包括注入有功、无功功率量测，线路有功、无功功率量测，母线电压量测以及电流量测等。

2）直流系统量测量，即为原直流系统远动量测量，包括直流节点 i_d 的注入电流 I_{di}、直流电压 U_{di}、直流注入功率 P_{di}、直流线路 i_d—j_d 功率 P_{dij} 以及直流线路电流 I_{dij} 等，如图 7-37所示。

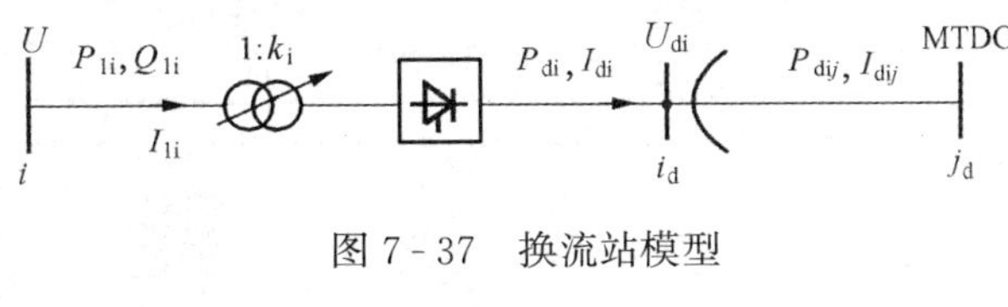

图 7-37 换流站模型

3）交直流连接部分量测量，包括注入换流站的电流 I_{1i}、有功功率 P_{1i}、无功功率 Q_{1i}、整流变压器变比 k_i 以及换流器换相角 θ_i 等。

（3）交直流混合系统的状态变量。交流系统状态变量主要包括节点电压幅值和相角，即 $X_{ac}=[\theta, U]^T$。经过分析可知直流系统的状态变量可取为 $X_{dci}=[U_{di}, I_{di}, k_i, \cos\theta_i, I_{1i}, \varphi_i]^T$，式中 I_{1i} 为从母线 i 流向换流站的电流；φ_i 为电压 U_i 和电流 I_{1i} 之间的相角差；k_i 为换流变压器变比；θ_i 为换流器换相角；U_{di} 为节点 i_d 的电压。

三、继电保护及故障信息管理系统

1. 建立继电保护及故障信息管理系统的意义

现代大电网的运行越来越依赖于对各种信息的有效分析和处理。在电力系统发生故障，尤其是大面积复杂故障时，仅仅依靠来自 SCADA 系统的保护、开关触点的变位信息，调度运行人员难以做出准确判断，来自继电保护装置和故障录波器的信息越来越成为事故分析和系统恢复的重要依据。当前绝大多数的国产或进口保护装置以及录波器具备了以数据方式向电网调度中心传输故障信息的能力，电力通信网的快速发展为继电保护及故障信息管理系统的发展奠定了基础，IEC 60870—5—103/104 标准的推出和全面推广应用为故障信息的集成提供了前提。

继电保护及故障信息管理系统的服务对象包括两类：一类是岗位级服务对象，包括调度运行人员、继电保护专业人员、现场运行人员、设备维护人员、系统维护人员；另一类是系统级服务对象，包括各类监控系统和电力调度管理信息系统。

2. 继电保护及故障信息管理系统的结构

继电保护及故障信息管理系统由调度端（主站端）、厂站端（子站端）和通信传输网络三部分组成。厂站端是一个信息采集中心，采集数字式保护和录波器的信息，完成不同设备的规约转换，并实现与主站的信息交互。调度端在厂站信息集成的基础上提供一个规范化的全网继电保护故障信息数据中心，在故障信息数据中心的基础上对继电保护及安全自动装置提供统一的分析平台，帮助调度中心快速、简便、全面获取故障信息，快速做出事故处理方案，优化生产调度与管理决策，提供设备的健康状况，实现设备事故的超前控制，减少电网的事故损失。调度端系统一个配置示例如图 7－38 所示，厂站端系统的一个组成示意如图 7－39所示。

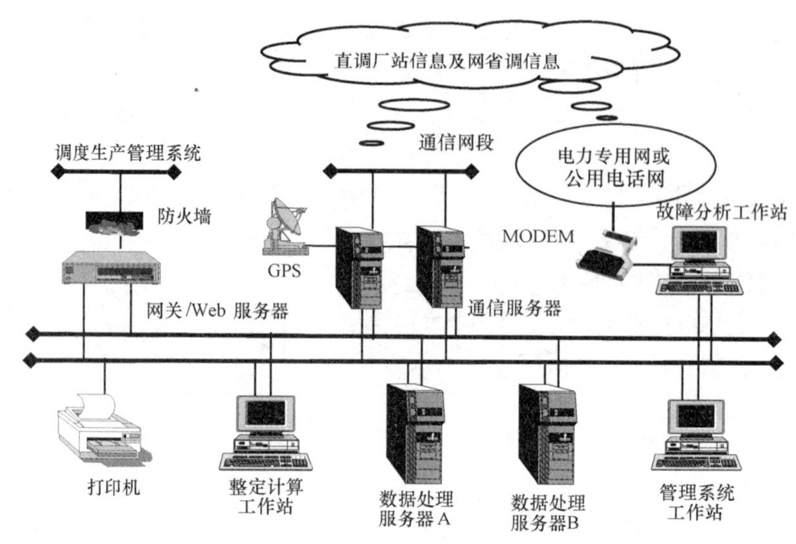

图 7－38　继电保护及故障信息管理系统调度端系统配置示例

3. 继电保护及故障信息管理系统功能

（1）总体功能。具有浏览器方式和图形化的用户界面，满足分区、分层、分类的管理模式；具有图形绘制软件，使用户快速形成系统拓扑接线图，厂站主接线及保护配置图，并在可视化的图形界面上进行电力系统电网参数和设备的管理工作。用户接口和智能化设备的规约具有开放性，允许并满足用户后期开发。

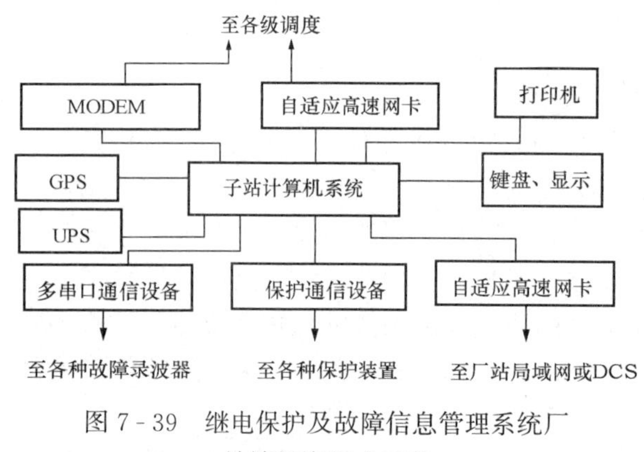

图 7－39　继电保护及故障信息管理系统厂站端系统组成示意

集成电力系统整定计算软件，能够满足继电保护工作中各种分析计算的要求；集成继电保护行为分析软件，实现各种保护动作分析和管理功能；集成录波分析软件，实现各种录波分析和管理功能。

（2）继电保护运行管理功能。

继电保护的专业管理：包括继电保护专业管理及技术监督，技术标准、管理标准的颁布与实施，管理台账、统计、通报、文件管理等。

继电保护的生产管理：包括对调度范围内系统运行方式、整定计算用的系统参数、保护装置的运行参数、定值单、设备台账以及继电保护装置原理图进行统一管理。能够自动连接调度生产有关数据（如检修票等），做到与一次设备的检修与投退同步。

继电保护设备管理：包括检查保护装置的运行参数、核对运行定值，发现问题及时报警。对保护设备进行定检管理、投退管理、缺陷处理管理，具有到期提示和逾期报警等功能。

(3) 继电保护整定计算功能。继电保护整定计算系统是一套包括整定计算软件、短路电流计算程序、整定计算校核程序及保护定值管理软件的综合系统。

整定计算软件要求具有友好的用户界面和较高的计算速度。能做到全部自动计算和自动计算与人工干预相结合，以方便随时修改参数后再次计算，方便的数据输入输出格式便于填写和阅读。整定计算软件应能完成对电网发电厂、变电站所装设的继电保护设备的整定计算。

复故障短路电流计算程序既能独立运行，也可应用于整定计算之中。能计算系统任意点的各种类型故障，并能考虑到平行线的互感、线路分布电容、串联补偿元件等的影响以及独立的对地支路（高压并联电抗器、交流滤波器等）。

保护定值管理应建立于关系数据库，并有友好的用户界面。

整定计算校核程序运用数据库数据，模拟各种类型故障，对整定计算结果进行校核，为确定保护定值提供依据；还可以从 SCADA/EMS 系统截取系统实时数据，模拟各种类型故障对运行保护定值进行校核，确保保护定值的正确性；在电力系统结构发生变化时，校核已运行保护设备定值是否满足要求，对不满足要求的定值可进一步计算，提出满足要求的定值。

(4) 电网故障信息处理功能。系统能自动接收直调厂、站的故障录波信息和继电保护运行信息，能显示各子站与主站间的通信状态，并能进行通信控制。能对直调厂、站的保护装置、故障录波装置进行分类查询、管理和报告提取等操作。能够进行波形分析、相序分量分析、谐波分析、测距、参数修改等，在辅助平面进行阻抗分析（域定义、自定义判据可选）。为适应事故重演要求，应建立波形数据库。利用双端测距软件准确判断故障点，给出巡线范围。利用录波信息分析电网运行状态及继电保护装置动作行为，提出分析报告。能按时间、区域、设备、故障类型及保护动作情况等分类整理归档，动作统计分析，打印图表并产生相应的历史数据记录信息。

四、电力系统实时动态监测系统

1. 电力系统的实时动态监控的意义

目前，以 SCADA/EMS 为代表的调度自动化系统是在潮流水平上的电力系统稳态行为监测系统，缺点是不能很好地监测和辨识电力系统的动态行为。部分带有同步定时的故障录波装置由于缺少全局算法和必要的通信联系，也无法实时观测和监督电力系统的动态行为。随着电网互联规模的扩大，电网调度部门迫切需要一种实时反映大电网动态行为的监测手段。在重要的变电站和发电厂安装同步相量测量装置，构建电力系统实时动态监测系统，并通过调度中心主站实现对电力系统动态过程的监测和分析，显得十分重要。

电力系统实时动态监测系统（real time power system dynamic monitoring system）是基于同步相量测量以及现代通信技术，对地域广阔的电力系统动态过程进行监测和分析的系统。该系统实时同步测量、快速传输的特点非常适合电网实现大范围快速控制，是控制大区间或省间功率交换、限制事故区域扩展、提高主网架安全稳定水平的最具潜力的手段。该系统将成为电力系统调度中心的动态实时数据平台的主要数据源之一，并逐步与 EMS 系统及安全自动控制系统相结合，以加强对电力系统动态安全稳定地监控，提高调度机构准确把握系统运行状态的能力，并有助于研究大电网的动态过程，为制订电力系统控制策略和设计、运行、规划方案提供依据。

2. 电力系统的实时动态监测系统结构

电力系统实时动态监测系统结构示意图如图 7 - 40 所示。主站安装在电力调度中心，是用于接收、管理、存储、分析、告警、决策和转发动态数据的计算机系统。子站是安装在同一发电厂或变电站的相量测量装置和数据集中器的集合。子站可以是单台相量测量装置，也可以由多台相量测量装置和数据集中器构成。一个子站可以同时向多个主站传送测量数据。相量测量装置（PMU）是用于进行同步相量的测量和输出以及进行动态记录的装置。PMU 的核心特征包括基于标准时钟信号的同步相量测量、失去标准时钟信号的守时能力、PMU 与主站之间能够实时通信并遵循有关通信协议。数据集中器是用于站端数据接收和转发的通信装置，能够同时接收多个通道的测量数据，并能实时向多个通道转发测量数据。

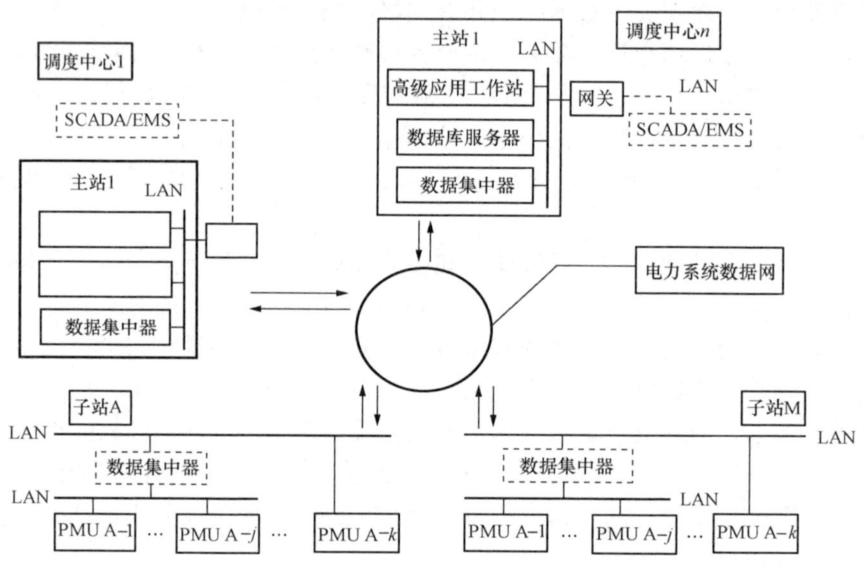

图 7 - 40 电力系统实时动态监测系统结构示意图

3. 相量测量装置

相量测量装置 PMU 的基本功能应同时具有实时监测、动态数据记录和实时通信功能，且三者不能相互影响和干扰。应能够通过人机接口，对装置进行参数配置、定值整定，并能够监视装置的运行状态等信息。

在实时监测功能方面，应能同步测量安装点的三相基波电压、三相基波电流、电压电流的基波正序相量、频率和开关量信号。安装在发电厂时宜具有测量发电机内电势和发电机功角的功能；条件具备时，能够测量发电机的励磁电压、励磁电流和转速信号。应至少能将所测的电压基波正序相量一次值、电流基波正序相量一次值、频率、发电机内电势实时传送到主站。装置应具备同时向多个主站实时传送动态数据的能力。装置应能接受多个主站的召唤命令，实时传送部分或全部测量通道的动态数据。

在动态数据记录功能方面，应能连续记录所测电压电流基波正序相量、三相电压基波相量、三相电流基波相量、频率及开关状态信号；此外，安装在发电厂时宜连续记录发电机内电势。当装置监测到电力系统发生扰动时，装置应能结合时标建立事件标识，并向主站发送告警信息。记录的数据应有足够的安全性。不应因直流电源中断而丢失已记录的数据；不应因外部访问而删除记录数据；不应提供人工删除和修改记录数据的功能。应具有响应主站召唤向主站传送记录数据的能力。

在通信功能方面，要求能向主站实时传送动态数据、装置的状态信息，能向主站传送动态数据记录文件，能向当地厂站监控系统传送装置的状态及数据信息，能接收并响应主站下达的命令。

此外，装置应对动态数据的时钟同步状态进行标识。装置应具有在线自动检测功能，在正常运行期间，装置中的单一部件损坏时，应能发出装置异常信号。装置应设有自恢复电路，在正常情况下，装置不应出现程序走死的情况，在因干扰而造成程序走死时，应能通过自复位电路自动恢复正常工作。装置的所有引出端子不允许同装置的 CPU 及 A/D工作电源系统有电的联系，针对不同回路，可以分别采用光电耦合、继电器转接、带屏蔽层的变换器磁耦合等隔离措施。CT、PT 断线、直流电源消失、装置故障、通信异常时，相量测量装置应发出告警信号，以便现场运行人员及时检查、排除故障。装置的时钟信号及其他告警信号在失去直流电源的情况下不能丢失，在电源恢复正常后应能重新正确显示并输出。

4. 电力系统实时动态监测系统的主站

主站的硬件配置宜参照 EMS 系统技术要求。在系统由动态监测转向动态控制时，主站应具备足够的安全性和可靠性。主站软件平台应具有良好的开放性，并应采用安全可靠的操作系统（如 UNIX、LINUX 等）。操作系统应符合 POSIX（Portable Operating System Interface，可移植操作系统接口）标准。主站应以数据库的方式存储数据，数据保存时间应不少于 30 天。主站数据库应为开放式数据库，具备与其他系统（如 EMS、电力系统分析程序等）交换数据的功能（数据交换格式宜符合 IEC 61970 的规定）。

主站的基本功能应能监视和管理相量测量装置的工作状态，应能接收、转发、存储和管理来自子站或其他主站的测量数据，应能接收和转发相量测量装置的事件标识。

主站的基本应用功能包括：

（1）电网实时动态监测及报警：监测电力系统的运行状态，并以数字、曲线或其他适当形式显示系统频率、节点电压、线路潮流和系统功角。运行状态异常时，以音响、推画面、推报警窗口等方式报警。

（2）低频振荡监测功能：能够准确捕捉电网发生的低频振荡并发出告警、触发高密度数据记录。

（3）辅助服务质量监视功能：监视发电机组参与调频的性能。

（4）电网事故分析：对监测的数据进行统计、分析和输出。

主站的高级应用功能包括利用动态数据进行离线/在线计算、分析（控制决策），逐渐具备或完善电压和频率波动安全评估、电压稳定监测、低频振荡分析、动态扰动识别以及系统失稳预警、模型与参数校核等功能。

5. 电力系统实时动态监测系统的通信

各站点之间通信通道宜采用电力调度数据网络。当系统不具备网络通信条件时，可采用专用通信通道（如 64K/2M G. 703 通道等），通信速率不低于 19. 2Kbit/s。主站之间的通道带宽应不低于 2Mbit/s。主站与子站之间的通信，底层网络传输协议应采用 TCP 协议，应用层协议应符合有关要求。

相量测量装置与当地厂、站监控系统通信应符合 IEC 60870 - 5 - 103 标准或 IEC 61850 系列标准。

电力系统实时动态监测系统与调度自动化系统（SCADA/EMS）之间互联推荐采用下列方式之一：

（1）数据库接口方式，采用 ISO 标准 SQL 语言进行数据库访问。

（2）数据文件方式，格式可参考 IEC 61970 CIM/XML（Common Information Model，公共信息模型/Extensible Markup Language，可扩展的标志语言）。

（3）网络通信方式，应用层协议宜参照有关要求，或参照 IEC 60870 - 6 TASE2。

电力系统实时动态监测系统与安全自动控制系统之间互联推荐采用下列方式之一：

（1）网络通信方式，应用层协议宜参照有关要求，或参照 IEC 60870 - 5。

（2）数据库接口方式，采用 ISO 标准 SQL 语言进行数据库访问。

主站间数据交换应采用网络方式。主站之间的底层网络传输协议宜采用 TCP 协议；应用层协议应符合有关要求，并应建立双向实时数据管道。主站间应能互传动态数据，每个主站应可同时向多个其他主站传送数据。主站间传输速率应可以整定，至少应具有 25、50、100 次/s 的可选传输速率。

6. 相量测量装置的布点

要实现对电力系统运行的闭环监测与控制，首要条件是建立一套完备的量测系统，以达到系统完全可观测。传统观点认为电力系统的电压相角很难直接测量，所以普遍采用状态估计加以估算，而且这种估算是基于系统准稳态运行条件。如果全网所有母线都配置了相量测量装置 PMU，则整个节点的电压相量都是可观测的，不需进行任何传统状态估计。如果每个发电厂和变电站都装设 PMU，则在系统动态过程中所采集的信息量相当于一次数字仿真能提供的时间响应曲线，且都具有统一的时标，则整个系统的动态就是可观测的。

考虑到目前 PMU 的价格昂贵，一次性投资让系统达到完全可观很难实现，而分阶段安装 PMU 则比较现实，即在初期先安装一定数量的 PMU 以保证系统可观，以后再逐步安装 PMU，以提高测量冗余度。从优化角度看，PMU 的布点就是要确定 PMU 的配置数目和配置位置。

五、风电大规模并网与调度运行

1. 开发利用风电的意义

工业革命以来发达国家经济发展和文明进步的背后，是大规模化石能源的燃烧和森林的乱砍滥伐。目前地球已经不堪重负，高碳模式无以为继。以低碳经济为内涵的发展模式日益得到各国的重视和认可。低碳经济是以低能耗、低污染、低排放为基础的经济模式，是人类社会继农业文明、工业文明之后的又一次重大进步，其意义十分重大。低碳经济与低碳能源是密不可分的，因为低碳经济的实质是能源高效利用、清洁能源开发、追求绿色 GDP 的问题，核心是能源技术和减排技术创新、产业结构和制度创新以及人类生存发展观念的根本性转变。如果说，清洁生产是低碳经济的关键环节，循环利用是低碳经济的有效方法，持续发展是低碳经济的根本方向的话，那么无疑，低碳能源是低碳经济的基本保证。

目前，我国已经形成了煤炭为主体、电力为中心、石油天然气和可再生能源全面发展的能源供应格局，电力企业是温室气体排放的主要部门。2009 年，我国向世界郑重承诺：到

2020 年，单位国内生产总值二氧化碳排放比 2005 年下降 40%～45%，非化石能源占一次能源消费的比重达到 15%左右。采取切实措施大力减少电力企业温室气体排放，对实现我国节能减排目标和应对气候变化行动的成效有着至关重要的影响。其中，大力发展核能、水能、风能、太阳能等清洁、可再生能源，是减少温室气体排放的重大措施之一。作为技术相对成熟并具备规模化开发条件和商业化发展前景的新能源，风电的发展成为世界主要国家调整能源结构、创造新的经济增长点的重要选择。风能实现低碳发展的重要作用已得到广泛认同，风电日益成为各国节能减排的主要力量。

2. 风电的功率特性

风是地球上的一种自然现象，它是由太阳辐射热引起的。从某种程度上分析，特定地点风的日变化规律是有周期性的。风能服从一定的概率分布，风速分布的拟合模型有皮尔逊分布、瑞利分布和威布尔分布等，其中威布尔分布应用广泛。图 7-41 所示为某风区 70m 高度的风频曲线和风速累计概率分布。

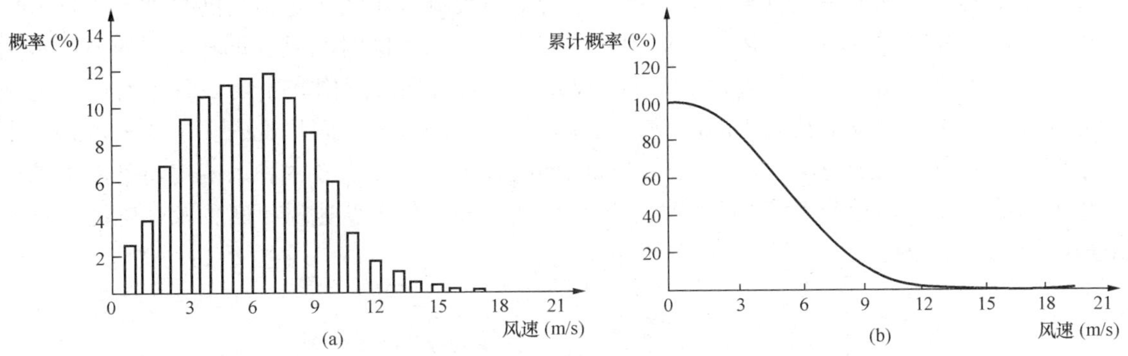

图 7-41　某风区 70m 高度的风频曲线和风速累计概率分布

(a) 风频曲线；(b) 风速累计概率分布

风电的功率特性体现在下面三方面：

(1) 风电功率具有变动性。风电功率的变动性，是其不同于常规电源的主要特点。但是风电功率在不同时间内的波动或变化是有规律的。根据对实际风电运行情况的统计，我国大部分地区风电日功率呈现“昼低夜高”的特点，如图 7-42 (a) 所示。就季节变化而言，我国风电一般在冬季和春节功率较大，夏季功率最小，如图 7-42 (b) 所示。

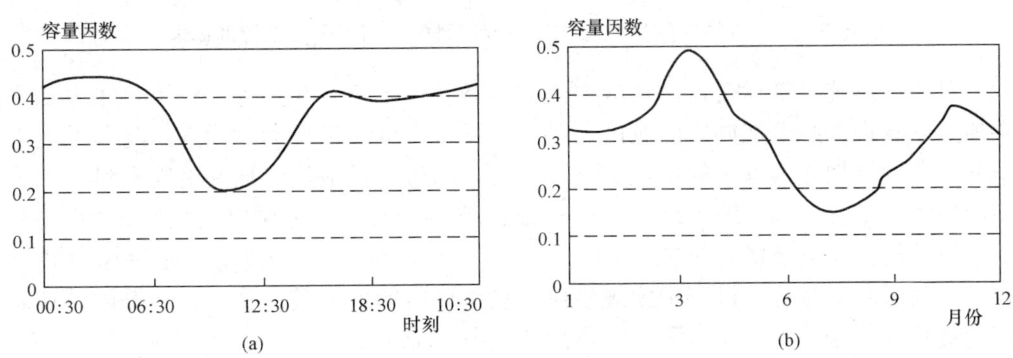

图 7-42　某风电基地的风电功率特性

(a) 风电功率“昼低夜高”；(b) 风电功率的季节变化

（2）不同风电场功率之间具有相关性和互补性。在小时级以下短时间尺度内，当风电基地来大风或来小风时，风峰、风谷依次经过不同地理位置的风电场，由于风电场之间的分散效应，各风电机组和风电场功率存在一定的互补性。对于长时间、大范围而言，即使风电场之间地理位置比较分散，但各风电场功率变化仍趋接近，从而风电基地的总功率变动较大。

（3）风电功率的预测性。风随时间的变化是可以预测的，因此风电功率也是可以预测的。风电功率的预测有多种不同方法，典型的预测方法依赖于风电场的物理描述和统计方法，结合天气预报提供的风力数据和风电场提供的发电数据，利用预测软件平台，进行风电功率预测。

3. 大规模风电并网对电网运行带来的挑战

我国的风电坚持采取大规模并网、远距离输送和分散接入、就地消纳相结合的政策。大规模风电接入电网，对电网运行带来一系列挑战。

（1）对电网安全稳定运行带来挑战。风电等不稳定功率电源的大规模并网，客观上改变了瞬时平衡的电力系统一直以来沿袭的“以电源的可调度性来满足负荷的随机性”的电力供应模式。风电并网对电力系统运行所产生的可能影响，在不同时间尺度下和不同的地区范围内有不同表现，如图 7-43 所示。在年、月以及日的长时间尺度内，主要表现为对区域电网的充裕性和系统运行效率及减排的影响；而在秒级和分钟级短时间尺度内，主要表现为对本地系统电能质量、电压稳定性，以及对区域电网的稳定性、传输效率和系统旋转备用需求等产生的影响。当然，随着传统类型的恒速风机的淘汰和现代可变速风机的普及，电能质量和电压稳定将不会成为问题。

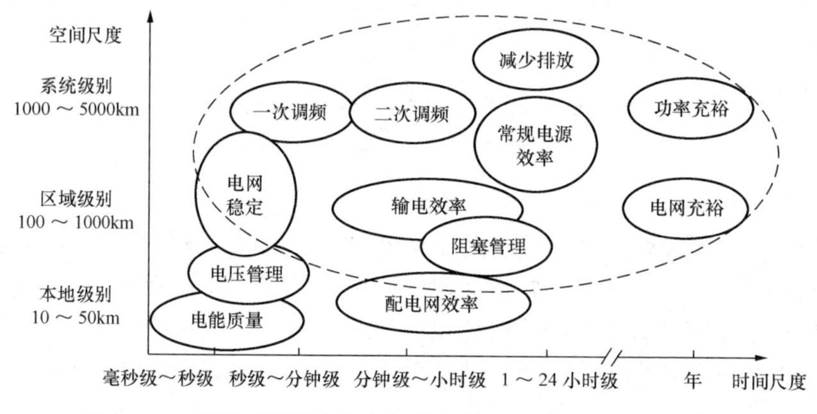

图 7-43　不同时间尺度和空间尺度下风电并网对电力系统的影响

（2）对电力系统经济运行带来挑战。主要体现在：第一，在同等条件下，风电功率的不确定性加大了实现系统经济调度的难度。第二，系统发电功率变动性增大，将降低电力设备的可用率，从而增加电力系统的供电成本。第三，为确保供电稳定性和电能质量，系统对辅助服务设备的需求会增加。统计表明，风电分钟级出力波动约为风电装机容量的±5%，小时级出力波动约为风电装机容量的±10%～±35%，4～12h 功率波动多超过风电装机容量的±50%。为应对实时运行过程中大规模风电功率可能的缺失或过剩，日前调度计划需要预留足够的旋转备用容量，从而需要大大增加系统备用成本。

4. 风电调度自动化系统的框架

风电调度自动化系统包括风电场监控子系统、电力数据网和风电调度自动化主站三部分，其框架如图 7-44 所示。

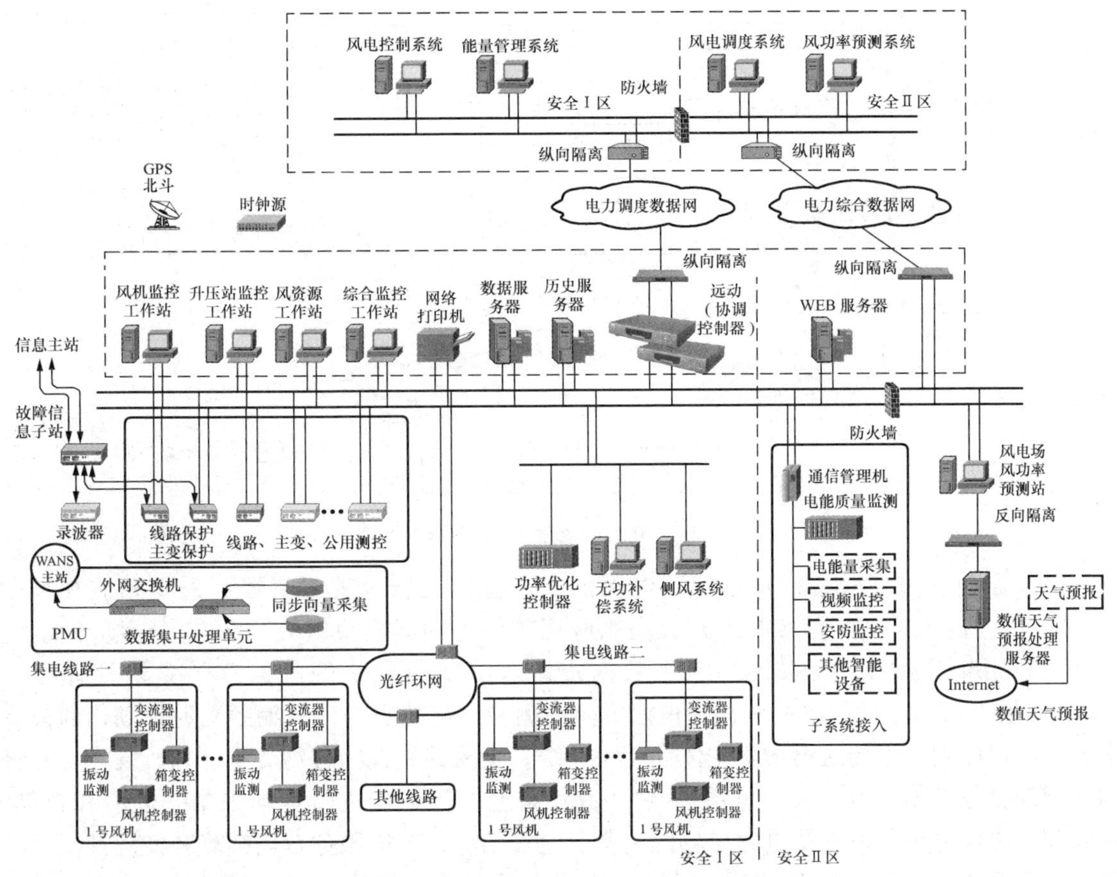

图 7-44　风电调度自动化系统框架

风电场监控子站系统是风电调度自动化的基础保障，是实现风电可测、可控及可调度，促进风电与电网协调发展的有效手段，发展方向是风电场及变电站设备的一体化监控。电力数据网包括电力调度数据网和电力综合数据网，并要注意安全Ⅰ区和安全Ⅱ区的有效隔离。风电调度自动化主站实现风电场运行信息的监视、控制、风电功率预测、风电日前及实时计划、运行数据分析与在线计算、风电运行仿真等功能。

六、EMS 与电力市场关系

（一）电力市场运营系统

电力市场运营系统是支持电力市场运营的计算机、数据网络与通信设备、各种技术标准和应用软件的有机组合，是保证电力市场公平、公正、公开竞争和电网的安全、稳定、优质、经济运行的技术保证。电力市场运营系统主要由以下子系统组成：能量管理系统（Energy Management System，EMS）、交易管理系统（Trade Management System，TMS）、电能量计量系统（Tele Meter Reading System，TMR）、结算系统（Settlement & Billing System，SBS）、合同管理系统（Contract Management System，CMS）、报价处理系统（Bidding Process System，BPS）、市场分析与预测系统（Market Analysis & Forecast System，MAF）、交易信息系统（Trade Information System，TIS）和报价辅助决策系统（Bidding

Support System，BSS)。其逻辑结构如图 7-45 所示。

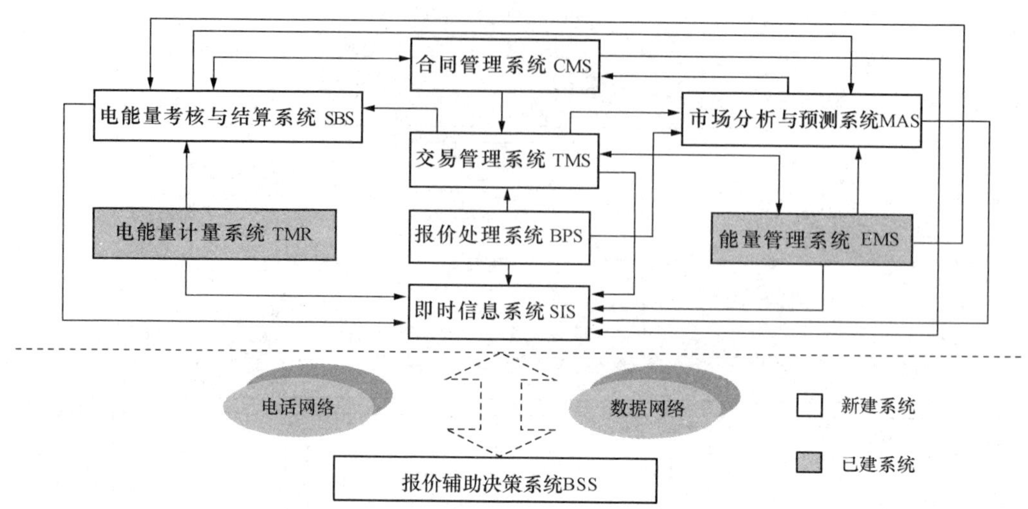

图 7-45　电力市场运营系统逻辑结构

能量管理系统（EMS）用于保障电网的安全稳定运行，主要由数据采集和监视控制(SCADA)、自动发电控制（AGC）及高级应用软件等功能模块组成。在电力市场环境中，要充分利用现有的 EMS 系统功能和数据资源，实现信息资源的共享。交易管理系统(TMS）依据市场主体的申报数据，根据负荷预测和系统约束条件，编制交易计划，通过安全校核后将计划结果传送给市场主体和相关系统。交易计划包括合约交易计划、现货交易计划和辅助服务计划。电能量计量系统（TMR）对电能量数据进行自动采集、远传和存储、预处理、统计分析，以支持电力市场的运营、电费结算、辅助服务费用结算和经济补偿计算等。结算系统（SBS）根据电能量计量系统提供的有效电能数据、交易管理系统的交易计划和交易价格数据、调度指令、EMS 系统的相关运行数据、合同管理系统的相关数据，依据市场规则，对市场主体进行结算。合同管理系统（CMS）对市场主体之间的中期合同和长期合同进行管理，对已签订的合同进行录入、合同电量分解、完成情况跟踪、滚动平衡，根据现有市场情况对已签订的合同进行评估，以长期负荷预测的结果和市场未来供需状况及市场价格的预测为依据，进行未来合同的辅助决策。报价处理系统（BPS）接收市场主体的注册和申报数据，并对申报数据进行预处理。市场分析与预测系统（MAF）对电力市场运行情况进行信息采集和分析，从而使市场主体能够提前了解市场未来的发电预期目标、负荷预测、交易价格走势、输电网络可用传输能力及系统安全水平，便于交易决策。交易信息系统(TIS）对系统运行数据和市场信息进行发布、存档、检索及处理，使所有市场主体能够及时地、平等地访问相关的市场信息，保证电力监管机构对市场交易信息的充分获取。系统运行数据和市场信息包括预测数据、计划数据、准实时数据、历史数据、报表数据等。报价辅助决策系统（BSS）根据市场分析与预测系统（MAF）和交易信息系统（TIS）发布的信息，结合市场主体本身的成本分析和市场规则，形成报价决策方案，进行电量及电价的数据申报。

（二）电力市场对 EMS 相关技术的影响

电力市场的实施对 EMS 的各级软件功能都有不同程度的影响。

1. 负荷预测

传统的负荷预报概念就是利用已知的负荷历史数据及影响负荷变化的各种因素的信息，采用各种预测方法，总结出负荷变化规律，建立负荷模型。

负荷预报是EMS的基本功能，也是市场环境下编排调度计划的基础，对于该功能不完善的EMS，可以单独实现，或在交易管理系统中实现。为了按电力市场运营规则进行结算，并进行必要的市场运营考核监督，EMS为结算系统提供带时标的系统环境数据，如频率曲线、实际负荷曲线、实际出力曲线、备用容量曲线、控制命令或调整指令记录、电压检测点的电压曲线等。

在电力市场中，负荷预测的模型必须考虑负荷对电价的响应。电价随时间和电网的运行状态的改变而改变，发电企业相应地对电价做出响应，负荷高时可能会使发电企业提高报价。某一时段的电价对本时段的负荷和其他时段的负荷都会有影响。而且，负荷的高低直接影响机组的上网机会和结算电价，对其精度有更高的要求。在传统的EMS中，一般只需要短期负荷预报，精度为3%～5%，且不太需要人工干预；而在电力市场中，对负荷预报功能的要求将增加，为保证其精度，充分利用调度员的经验，应在负荷预报模块中提供较多的人工干预手段。应该提高超短期负荷预报的精度，要求平均误差小于1%，最大不超过3%。

2. 发电计划

在电力市场中制订计划的依据是交易合同和投标信息。不仅要制订发供电计划，还要制订辅助服务计划，并且计划的制订过程是交互性的，每个时段都可以根据需要进行调整，或人工干预。PMOS中的发电计划模块与传统EMS中的发电计划模块相比有以下几点不同：

（1）发供电计划：不再由调度方直接制订，而是根据各发电机组的报价、依据购电费用最小的原则按报价由高到低排序而制订；根据不同的市场规则规定，提前1天市场排定的发电计划称为预调度（现货）计划；实时电力市场则根据超短期负荷预测和各电厂机组的实时重申报价编制实时发电计划。

（2）经济调度与机组组合：由于传统EMS中的发电计划的制订原则是全系统的发电费用最低，而进入电力市场后，如在发电侧开放的电力市场模式下，以各省电力公司为代表的单一购买者制订发电计划时，在保证系统安全的前提下，必然要以其购电费用最低为目标。因此，传统的经济调度与机组组合模块的算法将不再适应电力市场的需求。

（3）网间功率交换计划与交易评估：在其他电网也实现了电力市场的前提下，根据购电成本最低的原则和区域间的交换合同制订交换功率计划。为了保证经济性，需要利用实际的运行方式与预先计划的方式进行比较，做短期评估，帮助电力系统人员确定其与相邻电力公司进行电力交易的费用和可行性。

（4）水电计划和水火电联合经济调度：水电厂若作为竞价实体参与市场运营，水电计划要服从系统购电费用最小的需要，由电力市场中的预调度系统和实时调度系统安排；水电厂若不参与市场竞价，可以作为固定出力参与市场。

3. 系统控制与辅助服务管理

辅助服务是指为了保证电力系统安全、促进电力交易、保证电力供应所提供的服务，包括频率与有功控制、无功与电压控制、运行有功备用和黑启动等。根据系统安全的需要，辅助服务方式分为基本辅助服务和有偿辅助服务两种。前者是由市场运行部门在并网协议中对参与者所提出的辅助服务最低技术性能要求；后者是在实时运行中，市场运行部门根据系统需要购买的辅助服务。

在传统的EMS中，自动发电控制（AGC）是其中最重要的控制功能。电力市场环境下，电网AGC面临着新的问题：①是否要坚持电网频率统一调节原则；②是否需要传统电网AGC的经济调度功能；③如何科学合理地选择参与电网AGC的电厂；④怎样对参与电网AGC的电厂进行考核结算。

在我国电力市场建设初期，电网中的AGC机组容量占总装机容量的比例并不是足够大的情况下，为了满足电网的需要和电力市场的稳定，仍需由电网调度交易中心指定AGC机组的发电。参与电能市场、执行发电计划的机组和用于调频、调联络线偏差的AGC机组分开，某一时段内相对固定若干台AGC机组专用于调频和调联络线偏差，这些AGC机组将不再参与电能市场。各提供AGC服务的发电企业根据机组技术规范、AGC投运试验所得的数据等向电网调度中心申报机组的性能参数，包括机组的最大可调容量，最小可调容量、最大和最小的加减负荷速度等。提供AGC服务的发电企业在认可电网调度中心制定的费用结算和考核办法后，严格执行调度命令，调度没有发布调整命令时，不能主动参与频率调整，只能按计划曲线发电；而调度要求投运AGC时，必须按调节要求履行提供辅助服务的义务。电网对提供辅助服务的AGC机组进行合理的经济补偿，并有一系列考核办法针对辅助服务质量的优劣实施奖励和惩罚，以提高AGC机组的积极性。

在完整的电力市场内，AGC机组作为一种特殊的机组将参与多种市场交易，从商品类型不同的角度来看，有电能市场和辅助服务市场。对于其参与的电能市场而言，又可以根据交易时间的不同周期划分为远期市场、现货市场和实时市场。而对于其参与的辅助服务市场，不能简单地等同于电能市场中的划分，因为虽然频率调整是实时的，但提供调频服务的具体时段和量值均无法预测。频率调整的这种特殊性使调频服务的交易与电能交易有所不同，对于调频服务只能有质的规定和量的范围，所以需要提前进行这种辅助服务的承诺性交易。

有功备用包括旋转备用、非旋转备用和替代备用。三者的区别主要在于各机组响应调度的速度。对于旋转备用，机组始终处于开机状态，可以在极短的时间内响应调度需要；对于非旋转备用，机组处于停机状态，但可以在10min内成为可调度机组；对于替代备用，是指可在60min内成为可用的发电容量。

无功功率控制作为一种辅助服务，是使电网中的输电交易能够顺利完成的一个必要条件，尤其当输电网在重负荷下运行时，电压和无功功率控制变得格外重要。大多的无功电价研究通常采用最优潮流（OPF）方法，并将有功发电成本最小作为优化目标。

电力市场运营机制的一个重要前提是电能量计量系统，它以一个独立系统的形式出现。目前的独立的电能量测量系统采集的电能量数据作为电力市场的结算来说都存在不少问题。假如要根据各时段发电机电能量结算中不仅需要准确的电能量记录数值，且必须结合各时段的各机组功率和联络线传输功率偏离合同规定的数值及延续时间，以及当时的电网频率等来进行结算。这需要与EMS同步采集相关数据，并存储下来，才能进行。又如线路开关检修、旁路开关带路时的电能量测量，也必须在EMS采集到的信息综合处理的基础上进行判断。

4. 系统暂态安全稳定分析

电力系统的暂态安全稳定包括电压安全性、频率安全性和功角稳定性三类，分别涉及无功平衡、有功平衡和力矩平衡等问题。在电力市场环境下，稳定问题可以分为物理过程的稳定性和经济活动的稳定性。建立既反映电力系统物理规律又反映经济规律的电力系统模型，是解决稳定问题的理想化的有效途径。

电力市场和跨大区联网使得电力系统的运行条件苛刻而不确定。在运行风险增加的情况下，物理过程的稳定需要有更可靠的稳定控制系统。原国家经贸委 2001 年对《电力系统稳定导则》进行了重新修订。其中，增加对电力生产企业的要求，加强受端系统管理，以适应网厂分开条件下的安全稳定，在新一代的关于稳定分析的软件模块中必须注意：同步、电压、频率稳定性的协调分析；有动态安全约束的优化，与电力市场结合；引入概率观点；引入风险观点。

思　考　题

1. 调度中心主站系统有哪几种结构形式？各自的特点是什么？
2. 电力系统状态估计的作用和状态估计过程如何？
3. 电力系统静态安全包括哪些主要内容？
4. 电力系统负荷预测有哪些方法？各适应哪种场合？
5. 经济调度与安全调度之间的关系是什么？
6. 传统的 AGC 控制与进入电力市场的 AGC 控制有什么不同？
7. 同步相量测量 PMU 的原理与用途是什么？
8. 大规模发展风电的技术难点是什么？
9. 电力市场对 EMS 相关技术的影响有哪些？

参 考 文 献

[1] 毕胜春. 电力系统远动及调度自动化. 北京：中国电力出版社，2000.
[2] 黄益庄. 变电站综合自动化技术. 北京：中国电力出版社，2000.
[3] 杨新民. 电力系统微机保护培训教材. 2版. 北京：中国电力出版社，2008.
[4] 刘健，倪建立，邓永辉. 配电自动化系统. 2版. 北京：中国水利水电出版社，2003.
[5] 王明俊，于尔铿，刘广一. 配电系统自动化及其发展. 北京：中国电力出版社，1998.
[6] 方富淇. 配电网自动化. 北京：中国电力出版社，2000.
[7] 盛寿麟. 电力系统远动原理. 北京：中国电力出版社，1993.
[8] 殷小贡，刘涤尘. 电力系统通信工程. 武汉：武汉大学出版社，2000.
[9] 商国才. 电力系统自动化. 北京：中国电力出版社，1999.
[10] 于尔铿. 能量管理系统. 北京：科学出版社，1998.
[11] 提兆旭. 电力系统计算机调度自动化. 上海：上海交通大学出版社，1995.
[12] 王梅义. 大电网系统技术. 2版. 北京：中国电力出版社，1995.
[13] 刘晨晖. 电力系统负荷预报理论与方法. 北京：水利电力出版社，1985.
[14] 诸骏伟. 电力系统分析（上）. 北京：水利电力出版社，1995.
[15] 韩肖清. 电力系统运行控制与调度. 北京：中国水利水电出版社，1999.
[16] 韩祯祥. 电力系统自动控制. 北京：水利电力出版社，1994.
[17] 沈金官. 电网监控技术. 北京：中国电力出版社，1997.
[18] 张伯明. 高等电力网络分析. 2版. 北京：清华大学出版社，2007.
[19] 中国电力百科全书—电力系统卷. 2版. 北京：中国电力出版社，2001.
[20] 王士政. 电网调度自动化与配网自动化技术. 北京：中国水利水电出版社，2003.
[21] 中华人民共和国经贸委员会. 电力系统安全稳定导则. 北京：中国电力出版社，2001.
[22] 王锡凡. 现代电力系统分析. 北京：科学出版社，2003.
[23] 周全仁，张清益. 电网分析与发电计划. 长沙：湖南科学技术出版社，1996.
[24] PRABHA KUNDUR. 电力系统稳定与控制. 北京：中国电力出版社，2002.
[25] 金午桥. 变电站自动化系统的发展策略. 电力系统自动化，1999，23（22）：16-21.
[26] 陶晓农. 分散式变电站监控系统中的通信技术方案. 电力系统自动化，1999，22（4）：12-16.
[27] 唐涛. 国内外变电站无人值班与综合自动化技术发展综述. 电力系统自动化，1995，19（10）：10-16.
[28] 王兆家，岑宗浩，等. 华东电网多功能功角实时监测系统的开发及应用. 电网技术，2002，26（8）：73-77.
[29] 付强，王少荣，等. 基于PMU同步数据的电力系统暂态稳定分析方法综述. 继电器，2003，31（1）：76-79.
[30] 李海锋，等. 配电网故障恢复重构算法研究. 电力系统自动化，2001，25（8）：34-37.
[31] 毕鹏翔，等. 配电网络重构的研究. 电力系统自动化，2001，（14）：54-60.
[32] 辛耀中，等. 中国电力数据网络建设和运行中应注意的四个关系. 电力系统自动化，1998，22（1）：1-5.
[33] 黄晓莉. 面向21世纪的国家电力数据网络. 电力系统自动化，1999，（22）：45-49.
[34] 刘落飞，等. 关于建立华中电力调度系统数据网络的技术探讨. 电力系统自动化，1996，（12）：50-54.
[35] 谭文恕. 变电站通信网络和系统协议IEC 61850介绍. 电网技术，2001，（9）.

[36] 赵祖康. 电力系统信息传输协议综述. 电力系统自动化，2000，(22)：65-70.
[37] 李贵存，刘万顺，等. 配电自动化馈线终端的信息采集与通信规约. 电网技术，2000，(7).
[38] 吴涤，杨常府，等. IEC 870—5—101 远动规约在国内的应用与实践. 电力自动化设备，2002，(2).
[39] 胡继芳，王宁. IEC 61970 与新一代 EMS 数据库管理系统. 电力系统自动化，2000，(24)：38-40.
[40] 张慎明，黄海峰. 基于 IEC 61970 标准的电网调度自动化系统体系结构. 电力系统自动化，2002，(10)：45-47.
[41] 王益民，辛耀中，等. 调度自动化及数据网络的安全防护. 电力系统自动化，2001，(21)：5-8.
[42] 胡炎，董名垂，等. 电力工业信息安全的思考. 电力系统自动化，2002，(7)：1-4.
[43] 辛耀中. 新世纪电网调度自动化技术发展趋势. 电网技术，2001，(12).
[44] 张海波，等. 电力系统状态估计的混合不良数据检测方法. 电网技术，2001，(10).
[45] 徐春晖，张伯明，汤磊. TH2100SCADA 系统中前置部分的研究. 电力自动化设备，2001，(3).
[46] 王业平，等. WNT-8000 新一代综合调度自动化系统——（二）前置系统. 电力系统自动化，1997，(1)：59-61.
[47] 王强，韩英铎. 电力系统厂站及调度自动化综述. 电力系统自动化，2000，(5)：61-64.
[48] 阎欣，等. 电力系统可观察性分析及测点布置. 电力系统自动化，1997，(5)：37-40.
[49] 李碧君，等. 电力系统状态估计问题的研究现状和展望. 电力系统自动化，1998，(11)：53-60.
[50] 潘莹玉. 我国电网调度自动化系统的发展与现状. 继电器，2000，(6)：58-61.
[51] 邓佑满，等. 面向对象的 EMS 数据库设计. 电力系统自动化，1999，(7)：24-27.
[52] 张伯明，等. 面向地区电网的 EMS 应用软件. 电力系统自动化，2000，(5)：40-44.
[53] 汤磊，张伯明，徐春晖. 能量管理系统中实时数据和历史数据处理. 中国电力（电力信息化增刊），2001.
[54] 吴轶文，等. 调度自动化系统中的数据图形一体化. 电力系统自动化，2000，(14)：52-54.
[55] 吴文传，等. 调度自动化系统实时数据库模型的研究与实现. 电网技术，2001，(9).
[56] 王永福，等. 基于 Linux 的能量管理系统. 电力系统自动化，2001，(20)：55-58.
[57] 张力平，徐正清. 新型电网调度员培训模拟系统. 中国电力，1999，(12).
[58] 于尔铿，等. 电力市场的技术支持系统. 电力系统自动化，1999，(2)：24-28.
[59] 张伯明，等. 多端交直流系统状态估计. 中国电机工程学报，2000，(11).
[60] 葛炬，张粒子，等. AGC 机组参与电力市场辅助服务的探讨. 电网技术，2002，(12).
[61] 国家电网公司防止电气误操作安全管理规定. 国家电网安监 [2006] 904 号文.
[62] 袁大陆，杜艳明. 电力系统防误操作情况及防误装置的应用. 高压电器，2002，(5).
[63] 国网能源研究院. 风电与电网协调发展综合解决策略——国际经验和中国实践. 北京：中国电力出版社，2011.
[64] 张劲松，俞建育. 电子式电压互感器在数字化变电站中的应用. 华东电力，2009，(8).
[65] 陈文升，顾立新. 电子式互感器的应用研究. 华东电力，2009，(8).
[66] 李瑞生，李燕斌，周逢权. 智能变电站功能架构及设计原则. 电力系统保护与控制，2010，(21).